一流本科专业一流本科课程建设系列教材

数控加工编程与实践

主　编　周利平

副主编　尹　洋　封志明　刘小莹

参　编　陈　宏　黄　江　张庆功　陈　昶

主　审　黄洪钟

机械工业出版社

本书在编写中力求反映数控技术及其应用的基础知识、核心技术和新成就，并兼顾对读者工程实践能力的培养。同时，本书在内容上注重先进性、科学性和实用性，在文字叙述上力求通俗易懂、逻辑严谨、便于教学。

本书共13章，分为基础理论篇和实践实训篇。基础理论篇从原理的角度出发，简要介绍数控技术基本概念、数控加工原理、CNC插补原理、刀补原理、伺服电动机及调速控制原理；从应用的角度出发，详细介绍CNC加工编程的基本知识，包括CNC加工编程基本概念、编程步骤、工艺处理和数学处理方法，并结合实例介绍数控车床、数控铣床、加工中心的手工编程方法和循环功能、子程序、用户宏程序技术的应用。实践实训篇包括数控编程上机实践、数控加工编程课程设计、数控装备课程设计、数控机床调整实验等实践性教学环节。数控机床调整实验及相关课程设计环节的设置，让读者更系统地验证、巩固和加深所学的理论知识，掌握数控技术基本理论及实际操作，培养其理论联系实际的能力。

本书可以用作高等工科院校机械工程、机械设计制造及其自动化、机电一体化等相关专业的本科教材，也可用作职业技术院校的同类专业教材，还可供数控加工技术人员及相关工程技术人员参考。

为了方便教学，本书配备电子课件等教学资源。凡选用本书作为教材的教师均可登录机械工业出版社教育服务网 www.cmpedu.com 下载。

图书在版编目（CIP）数据

数控加工编程与实践 / 周利平主编 . —北京：机械工业出版社，2024.6
一流本科专业一流本科课程建设系列教材
ISBN 978-7-111-75872-3

Ⅰ . ①数…　Ⅱ . ①周…　Ⅲ . ①数控机床 – 程序设计 – 高等学校 – 教材
Ⅳ . ① TG659

中国国家版本馆 CIP 数据核字（2024）第 104146 号

机械工业出版社（北京市百万庄大街 22 号　邮政编码 100037）
策划编辑：王玉鑫　　　　　　　　责任编辑：王玉鑫　章承林
责任校对：杨　霞　马荣华　景　飞　　封面设计：王　旭
责任印制：常天培
北京机工印刷厂有限公司印刷
2024 年 9 月第 1 版第 1 次印刷
184mm×260mm • 18 印张 • 457 千字
标准书号：ISBN 978-7-111-75872-3
定价：59.80 元

电话服务　　　　　　　　　　　网络服务
客服电话：010-88361066　　机　工　官　网：www.cmpbook.com
　　　　　010-88379833　　机　工　官　博：weibo.com/cmp1952
　　　　　010-68326294　　金　　书　　网：www.golden-book.com
封底无防伪标均为盗版　　　机工教育服务网：www.cmpedu.com

前言

制造业是国民经济的支柱产业，是工业化和现代化的主导力量。数控技术是现代制造业的基础技术，在我国实现经济社会转型发展和参与全球经济合作、体现国家产业竞争力以及实现“中国制造 2025”目标等方面具有战略性支撑作用。随着数控技术在制造业中的广泛应用，在机械制造领域我国数控装备的产量、功能和技术水平都有了长足进步，但相关产业部门也面临着数控加工应用技术人才短缺的困境，故掌握数控技术是当代机械类专业本科生应具备的基本能力。同时，智能制造等新工业革命对工程教育也提出了新的要求和挑战，“中国制造 2025”以智能制造作为主攻方向，而数控加工技术是智能制造的技术基础。因此，以“数控加工编程”为载体开展教学，大力培养符合现代制造业需求的数控加工技术的高级专门人才，是适应“新工科”卓越创新人才培养内涵要求的新模式，符合工程教育客观规律和国家战略规划要求。

本书是首批国家级一流本科专业——机械设计制造及其自动化专业核心课程“数控技术概论及加工编程”的配套教材。本书涉及的内容属于机械类专业“机械制造工程原理与技术”核心知识领域。“数控技术概论及加工编程”课程是 2023 年获批认定的第二批国家级一流本科课程（线下）。同时，该课程有慕课“ CNC 加工编程”，于 2019 年 10 月在智慧树平台上线运行，2023 年 1 月获批省级一流本科课程（线上）。本书依托省级虚拟仿真实验教学中心，构建了数控编程虚拟仿真实验项目，为数控编程实践教学提供了实训资源和平台。为培养适应国家和地方经济社会发展需要、符合现代制造业需求的高级专门人才，本书以本科教学质量国家标准、工程教育认证标准、一流本科课程建设指导思想为指导，结合国家级一流本科专业建设指标点和课程体系的改革思路，重新优化课程目标，重塑课程内容，创新教学方法，有机融入思政目标，构建“专业知识 + 能力培养 + 思政育人”三位一体的教学模式。本书在编写中注重理论基础和系统性，强化对学生工程能力和创新能力的培养。同时，本书还引入数控加工工程案例，案例贯穿“工艺分析—工艺设计—仿真加工准备—仿真加工运行”全过程，突出应用性和先进性；通过案例教学模式，增强教学逻辑性，提高教学吸引力，激发学生的学习积极性和自主性。

本书分为基础理论篇和实践实训篇。基础理论篇包含第 1 ～ 6 章，其中，第 1 ～ 3 章，从原理的角度出发，简要介绍数控技术基本概念、数控加工原理、CNC 插补原理、刀补原理、伺服电动机及调速控制原理；第 4 ～ 6 章，从应用的角度出发，详细介绍 CNC 加工编程的基本知识，包括 CNC 加工编程基本概念、编程步骤、工艺处理和数学处理方法，并结合实例介绍数控车床、数控铣床、加工中心的手工编程方法和循环功能、子程序、用户宏程序技术的应用。实践实训篇包含第 7 ～ 13 章，内容包括数控编程上机实践、数控加工编程课程设计、数控装备课程设计、数控机床调整实验等实践性教学环节。为便于数控编程实训中查阅相关工艺参数和数控指令，本书以线上资源形式提供了“附录 A　常用切削用量”“附录 B　宇龙数控加工仿真软件支持的 FANUC 数控指令格式”“附录 C　FANUC 数控指令”。

本书由西华大学周利平教授担任主编，西华大学尹洋教授、封志明副教授和成都医学院刘小莹副教授担任副主编，西华大学陈宏、黄江、张庆功、陈昶参加了编写。各章编写分工为：陈宏编写第 1 章；尹洋编写第 2、5、12 章；陈昶编写第 3 章；封志明编写第 4、9 章；周利平编写第 6、7 章；张庆功编写第 8 章和线上附录；刘小莹编写第 10、11 章；黄江编写第 13 章。

全书由电子科技大学黄洪钟教授主审，黄教授提出了许多宝贵意见，在此表示衷心的感谢，还要感谢上海数林软件有限公司、成都金大立科技有限公司为本书提供了工程案例和相关资料。另外，本书在编写中还参阅了大量的相关文献，在此向相关作者表示感谢！

由于数控技术还在不断研究和迅猛发展中，限于编者水平及经验，书中难免有疏漏和不妥之处，敬请广大读者不吝指正。

编　者

目　录

基础理论篇

第 1 章

绪 论

教学目标：

1）了解数控技术及数控机床的基本概念，明确数控技术在我国实施“中国制造2025”目标中的重要支撑作用。

2）回顾国内外数控技术发展历程，学习工程技术人员的敬业精神和职业素养。通过对比分析与先进国家差距，坚定“四个自信”，激发学生科技报国的家国情怀和使命担当。

3）了解数控加工轨迹控制原理和数控机床工作过程，认识数控加工特点，理解数控加工的优势和局限性；熟悉数控机床的组成与分类；了解数控机床与数控技术的发展概况，增强国际视野，认识我国目前数控技术的综合实力，激发学生的爱国热情和责任担当，树立为中华民族伟大复兴而勤奋学习的信念。

数控技术，是集现代精密机械、计算机、自动控制、电气传动、测量及监控等多学科领域最新成果为一体的综合应用技术，是现代先进制造技术的基础和核心，也是提高产品质量和劳动生产率必不可少的手段。尤其在当今全球化智能制造潮流的推动下，智能制造成为制造技术发展的主攻方向。而采用数控技术作为核心控制技术的数控机床、工业机器人等设备是智能制造系统的基本组成单元，在实现智能制造（Intelligent Manufacturing，IM）、柔性制造（Flexible Manufacturing，FM）、计算机集成制造（Computer Integrated Manufacturing，CIM）和网络化制造（Networked Manufacturing，NM）中起着举足轻重的作用。由于数控技术较早地应用于机床设备，本书主要讨论机床数控技术。

数字控制（Numerical Control，NC）是用数字化信号对设备运行及其加工过程进行控制的一种自动化技术，简称数控。数控机床就是采用了数控技术的机床。根据国际信息处理联盟（Internation Federation of Information Processing，IFIP）第五技术委员会对数控机床的定义：“数控机床是一种装有程序控制系统的机床，该系统能够逻辑地处理具有使用代码或其他符号编码指令规定的程序。”该定义中所指的程序控制系统就是所说的数控系统。数控机床是一种利用数字信息通过计算机进行控制的高效、能自动化加工的机床。它能够按照机床规定的数字化代码，把各种机械位移量、工艺参数、辅助功能（如刀具交换、切削液开与关等）表示出来，经过数控系统的逻辑处理与运算，发出各种控制指令，实现要求的机械动作，自动完成零件加工任务。在被加工零件或加工工序变换时，它只需改变控制的指令程序就可以实现新的加工。所以，数控机床是一种灵活性很强、技术密集度及自动化程度很高的机电一体化加工设备。

1.1 数控加工原理

1.1.1 数控机床的加工运动

机械加工是由切削的主运动和进给运动共同完成的，控制主运动以得到合理的切削速度，控制进给运动以得到各种不同的加工表面。金属切削机床加工零件，就是操作者根据图样的要求，不断改变刀具与工件之间的运动参数（位置、速度等），使刀具对工件进行切削加工，最终得到需要的合格零件。数控机床加工，是把刀具与工件的坐标运动分割成一些最小的单位量，即最小位移量，由数控系统按照零件加工程序的要求，使相应坐标移动若干个最小位移量，从而实现刀具与工件相对运动的控制，以完成零件的加工。

在三坐标的数控机床中，各坐标的运动方向通常是相互垂直的，即各自沿笛卡儿坐标系的 X、Y、Z 轴的正负方向移动。如何控制这些坐标运动来完成各种不同的空间曲面的加工，是数字控制的主要任务。在三维空间坐标系中，空间任何一点都可以用 X、Y、Z 的坐标值来表示，一条空间曲线也可以用三维函数来表示。怎样控制各坐标轴的运动才能完成曲面加工呢？下面用二维空间的曲线加工方法加以说明。

如图 1-1 所示，在平面上，要加工任意曲线 L，要求刀具 T 沿曲线轨迹运动，进行切削加工。将曲线 L 分割成 l_0、l_1、l_2、…、l_i 等线段，用直线（或圆弧）代替（逼近）这些线段，当逼近误差 δ 相当小时，这些折线段之和就接近曲线。即曲线加工时刀具的运动轨迹与理论上的曲线（包括直线）不吻合，而是一个逼近折线。由数控机床的数控装置进行计算、分配，通过两个坐标轴最小单位量的单位运动（Δx，Δy）的合成，连续不断地控制刀具运动，不偏离地走出直线（或圆弧），从而非常逼真地加工出平面曲线。

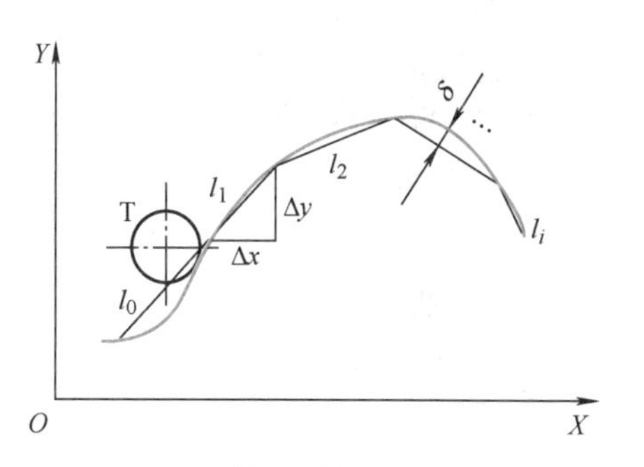

图 1-1 数控机床运动控制原理

这种在允许的误差范围内，用沿曲线（精确地说，是沿逼近函数）的最小单位移动量合成的分段运动代替任意曲线运动，以得出所需要的运动，是数字控制的基本构思之一。它的特点是不仅对坐标的移动量进行控制，而且对各坐标的速度及它们之间的比率都要进行严格控制，以便加工出给定的轨迹。

1.1.2 数控机床的工作过程

数控机床的加工过程，就是将加工零件的几何信息和工艺信息编制成程序，由输入部分送入计算机，再经过计算机的处理、运算，按各坐标轴的位移分量送到各轴的驱动电路，经过转换、放大后驱动伺服电动机带动各轴运动，并进行反馈控制，使各轴精确运动到要求的位置。如此继续下去，各个运动协调进行，实现刀具与工件的相对运动，一直到加工完零件的全部轮廓。

数控机床的工作过程大致可分为以下几步。

1. 数控编程

首先根据零件加工图样进行工艺处理，对工件的形状、尺寸、位置关系、技术要求进行分析，然后确定合理的加工方案、加工路线、装夹方式、刀具及切削参数、对刀点、换刀点，同时还要考虑所用数控机床的指令功能。工艺处理后，根据加工路线、图样上的几何尺寸，计算刀具中心运动轨迹，获得刀位数据。如果数控系统有刀具补偿功能，则只需要计算出轮廓轨迹上的坐标值。最后，根据加工路线、工艺参数、刀位数据及数控系统规定的功能指令代码及程序段格式，编写数控加工程序（NC 代码）。

2. 程序输入

数控加工程序通过输入装置输入数控系统。目前，采用的输入方法主要有 USB 接口、RS232C 接口、手动数据输入（MDI）、分布式数字控制（Distributed Numerical Control，DNC）接口、网络接口等。数控系统一般有两种不同的输入工作方式：一种是边输入边加工，DNC 即属于此类工作方式；另一种是一次性将零件数控加工程序输入计算机内部的存储器中，加工时再由存储器一段一段地往外读出，USB 接口即属于此类工作方式。

3. 译码

NC 代码是编程人员在计算机辅助制造（CAM）软件上生成或手工编制的，是文本数据，它的表达可以较容易地被编程人员直接理解，但却无法被硬件直接使用。输入完成后，需进行译码处理。输入的程序中含有零件的轮廓信息（如直线的起点和终点坐标，圆弧的起点、终点、圆心坐标，孔的中心坐标和深度等），切削用量（进给速度、主轴转速），辅助信息（换刀、切削液开与关、主轴顺转与逆转等）。数控系统以程序段为单位，按照一定的语法规则把这些程序解释、翻译成计算机内部能识别的数据格式，并以一定的数据格式存放在指定的内存区内。在译码的同时还完成对程序段的语法检查，一旦有错，会立即给出报警信息。

4. 数据处理

数据处理一般包括刀具补偿、速度计算以及辅助功能的处理。刀具补偿有刀具半径补偿和刀具长度补偿两种。刀具半径补偿的任务是根据刀具半径补偿值和零件轮廓轨迹计算出刀具中心轨迹。刀具长度补偿的任务是根据刀具长度补偿值和程序值计算出刀具轴向实际移动值。速度计算是根据程序中所给的合成进给速度计算出各坐标轴运动方向的分速度。辅助功能的处理主要是完成指令的识别、存储、设标志，这些指令大都是开关量信号，现代数控机床由 PLC 控制。

5. 插补

数控加工程序提供了刀具运动的起点、终点和运动轨迹，而刀具从起点沿直线或圆弧运动轨迹走向终点的过程则要通过数控系统的插补软件来控制。插补的任务就是通过插补计算程序，根据程序规定的进给速度要求，完成在轮廓起点和终点之间的中间点的坐标值计算，也即数据点的密化工作。

6. 伺服控制与加工

伺服系统接受插补运算后的脉冲指令信号或插补周期内的位置增量信号，经放大后驱动伺服电动机带动机床的执行部件运动，从而加工出零件。

1.1.3 数控机床的特点

数控机床是一种高效、新型的自动化机床，具有广泛的应用前景。与普通机床相比，数控机床具有以下特点：

1. 适应性强

数控机床由于采用数控加工程序控制，当加工对象改变时，只要改变数控机床的加工程序就能适应新零件的自动化加工，而不需要改变机械部分和控制部分的硬件。因此，它能适应当前市场竞争中对产品不断更新换代的要求，较好地解决了多品种、小批量产品生产的自动化问题。

2. 精度高，质量稳定

数控机床的传动件，特别是滚珠丝杠，制造精度很高，装配时消除了传动间隙，并采用了提高刚度的措施，因而传动精度很高。机床导轨采用滚动导轨或粘贴摩擦系数很小且动、静摩擦系数很接近的以聚四氟乙烯为基体的合成材料，因而减小了摩擦阻力，消除了低速爬行。在闭环、半闭环伺服系统中，装有精度很高的位置检测元件，并随时把位置误差反馈给计算机，使之能够及时地进行误差校正，因而使数控机床能获得很高的加工精度。数控机床的一切动作都是按照预定的程序自动工作的，与手工操作相比，数控机床没有人为干扰，因而加工质量稳定。

3. 生产率高

数控机床的进给运动和多数主运动都采用无级调速，且调速范围大，可选择合理的切削速度和进给速度，提高切削效率，有效地减少加工中的切削工时。数控机床还具有自动换刀、自动交换工作台和自动检测等功能，可实现在一次装夹后几乎完成零件的全部加工，这样不仅可减少装夹误差，还可减少半成品的周转时间，并且无须工序间的检验与测量，使辅助时间大为缩短。因此，与普通机床相比，数控机床生产率高出 3 ～ 4 倍。对于复杂型面的加工，生产率可提高十倍，甚至几十倍。

4. 减轻劳动强度，改善劳动条件

利用数控机床进行加工，操作者只要按图样要求编制零件的加工程序，然后输入并调试程序，安装毛坯件进行加工，监督加工过程并装卸零件，大大减轻了劳动强度。此外，数控机床一般都具有较好的安全防护、自动排屑、自动冷却、自动润滑装置，操作者的劳动条件也得到了很大的改善。

5. 有利于生产管理现代化

数控机床使用数字信息作为控制信息，用数控机床加工能准确计算零件的加工时间，这样有利于与计算机连接，构成由计算机控制和管理的生产系统，实现生产管理现代化。

6. 使用、维护技术要求高

数控机床是综合多学科、新技术的产物，价格昂贵，设备一次性投资大，相应地，需要有较高水平的技术工人进行机械操作和维护。

1.2 数控机床的组成与分类

1.2.1 数控机床的组成

数控机床是由普通机床演变而来的。它的控制采用计算机数字控制方式，各个坐标方向的运动均采用单独的伺服电动机驱动，取代了普通机床中联系各坐标方向运动的复杂机械传动链。一般来说，数控机床由机床本体、数控系统、机电接口等组成，如图 1-2 所示。

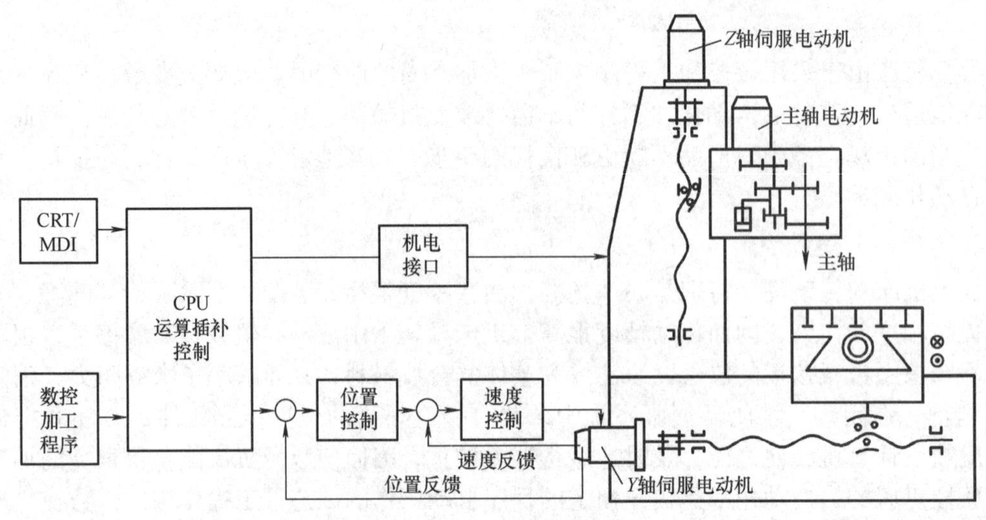

图 1-2 数控机床的组成

1. 机床本体

机床本体包括机床的主运动部件、进给运动部件、执行部件和底座、立柱、刀架、工作台等基础部件。数控机床是一种高精度、高效率和高度自动化的机床，故要求机床的机械结构应具有较高的精度和刚度，且精度保持性要好，主运动、进给运动部件运动精度也要高。数控机床的主运动、进给运动都由单独的电动机驱动，传动链短、结构较简单。机床的进给传动系统一般均采用精密滚珠丝杠、精密滚动导轨副、摩擦特性良好的滑动（贴塑）导轨副，以保证进给系统的灵敏和精确。在加工中心上还有刀库和自动交换刀具的机械手。同时，机床还有一些良好的配套设施，如冷却、自动排屑、防护、可靠的润滑、编程机和对刀仪等装置，以利于充分发挥数控机床的功能。

2. 数控系统

数控系统由输入/输出装置、计算机数控（Computer Numerical Control，CNC）装置、伺服系统、检测系统、可编程控制器（Programmable Logic Controller，PLC）等组成。数控系统输入装置可以通过多种方式输入数控加工程序和各种参数、数据（如前所述），一般配有 CRT 或液晶显示器作为输出设备显示必要的信息，并能显示图形。CNC 装置是数控系统的核心，用以完成加工过程中各种数据的计算，利用这些数据由伺服系统将 CNC 装置的微弱指令信号通过解调、转换和放大后驱动伺服电动机，实现刀架或工作台运动，完成各坐标轴的运动控制。检测系统主要用于闭环和半闭环控制，用以检测运动部件的坐标位置，进行严格的速度和位置反馈控制。PLC 用来控制电器开关，如主轴的起动与停止、各类液压阀与气压阀的动作、换刀机构的动作、切削液的开与关、照明控制等。

3. 机电接口

PLC 完成上述开关量的逻辑顺序控制，这些逻辑开关量的动力是由强电线路提供的，而这种强电线路不能与低压下工作的控制电路或弱电线路直接连接，必须经过机电接口电路转换成 PLC 可接收的信号。

1.2.2 数控机床的分类

随着数控技术的发展，数控机床的品种规格越发繁多，分类方法不一。根据数控机床的功能和组成的不同，可以从多种角度对数控机床进行分类，通常从以下三个方面进行分类。

1. 按工艺用途分类

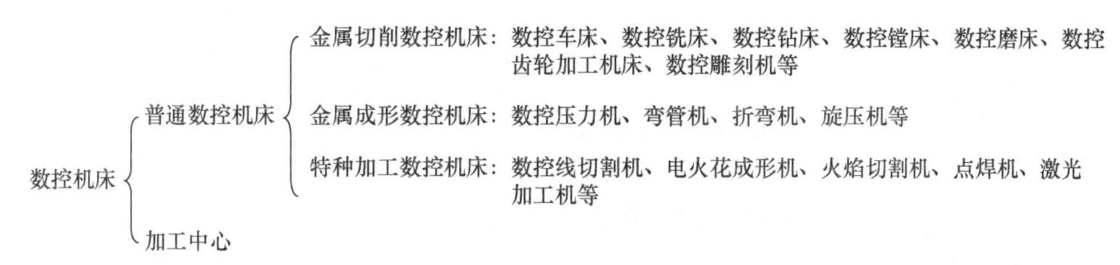

其中，加工中心是一种带有自动换刀装置的数控机床，它的出现打破了一台机床只能进行一种工艺加工的传统概念，能实现工件在一次装夹后自动地完成多种工序的加工。为扩大加工范围和减少辅助时间，有些加工中心还能自动更换工作台、刀库和主轴。

当前，在同一台数控机床上实现“增材加工 + 切削加工”功能的增减材混合加工（Hybrid Machining）新型结构机床也已经进入实用化发展阶段。

2. 按运动控制方式分类

1）点位控制数控机床。这类机床只要求控制机床的运动部件从一点到另一点的精确定位，对其移动的运动轨迹则无严格要求，在移动过程中刀具不进行切削加工。点位控制主要用于数控钻床、数控坐标镗床、数控压力机、数控点焊机、数控测量机等。为提高生产率且保证定位精度，空行程时以机床设定的最高进给速度快速移动，在接近终点前进行分级或连续降速，然后以低速准确运动到终点位置，以减少因运动部件惯性引起的定位误差。图 1-3 所示为数控钻床加工示意图。

2）直线控制数控机床。这类机床在点位控制基础上，除了控制点与点之间的准确定位外，还要求运动部件按给定的进给速度，沿平行于坐标轴或与坐标轴成 45° 角的方向进行直线移动和切削加工，如图 1-4 所示。目前，具有这种运动控制的数控机床已很少。

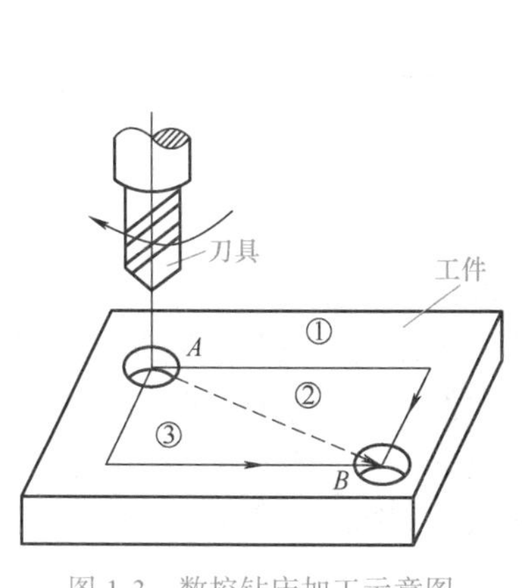

图 1-3　数控钻床加工示意图

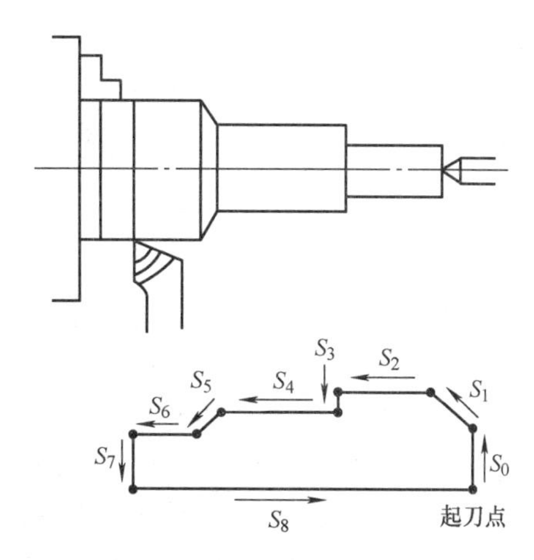

图 1-4　直线控制数控车床加工示意图

3）轮廓控制数控机床。轮廓控制（又称连续控制）数控机床的特点是机床的运动部件能够实现两个或两个以上的坐标轴同时进行联动控制。它不仅要求控制机床运动部件的起点与终点坐标位置，而且对整个加工过程每一点的速度和位移量也要进行严格的、不间断的控制，从而使刀具与工件间的相对运动符合工件加工轮廓要求。这种控制方式要求数控装置在加工过程中不断进行多坐标之间的插补运算，控制多坐标轴协调运动。这类数控机床可加工曲线和曲面，如图 1-5 所示。

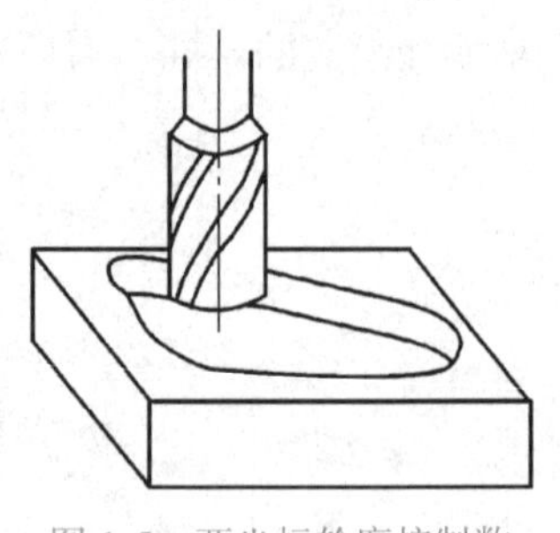
图 1-5 两坐标轮廓控制数控机床加工示意图

3. 按伺服系统控制方式分类

1）开环控制数控机床。开环控制数控机床不带位置检测装置。数控装置发出的控制指令直接通过驱动电路控制伺服电动机的运转，并通过机械传动系统使执行机构（刀架、工作台）运动，如图 1-6 所示。开环控制数控机床结构简单、价格便宜，控制精度较低。目前，在国内开环控制多用于经济型数控机床，以及对旧机床的改造。

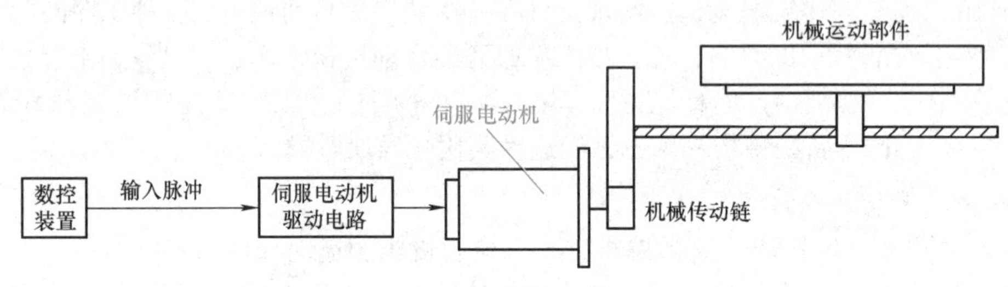

图 1-6 开环控制系统框图

2）闭环控制数控机床。闭环控制数控机床带有位置检测装置，而且检测装置装在机床运动部件上，用以把坐标移动的准确位置检测出来并反馈给数控装置，将其与插补计算的指令信号相比较，根据差值控制伺服电动机工作，使运动部件严格按实际需要的位移量运动，如图 1-7 所示。

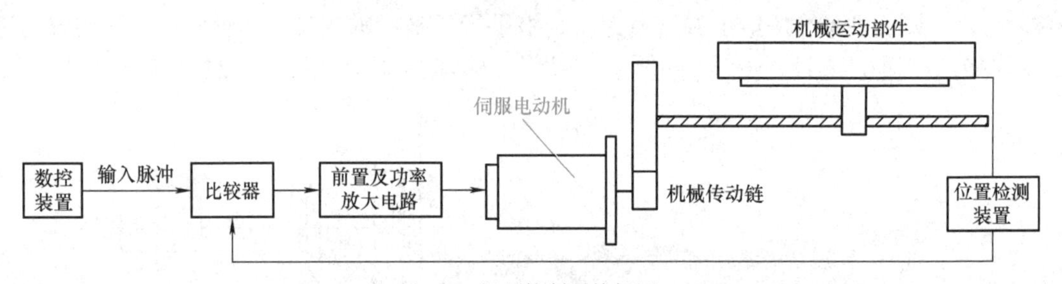

图 1-7 闭环控制系统框图

从理论上讲，闭环控制系统中机床工作精度主要取决于位置检测装置的精度，而与机械传动系统精度无关。因此，采用高精度位置检测装置可以使闭环控制系统达到很高的工作精度。但是由于许多机械传动环节都包含在反馈回路内，而各种反馈环节中丝杠与螺母、工作台与导轨的摩擦，以及各部件的刚性、传动链的间隙等都是可变的，因此，机床的谐振频率、爬行、运动死区等造成的运动失步可能会引起振荡，降低了系统稳定性。此外，机床调试和维修比较困难，且结构复杂、价格昂贵。

3）半闭环控制数控机床。半闭环控制数控机床也带有位置检测装置，与闭环控制数控机床的不同之处是检测装置装在伺服电动机或丝杠的尾部，用测量电动机或丝杠转角的方式间接检测运动部件的坐标位置，如图 1-8 所示。由于电动机到工作台之间的传动部件有间隙、弹性变形和热变形等因素，因而检测的数据与实际的坐标值仍然存在误差。但由于丝杠副、机床运动部件等大惯量环节不包括在闭环内，因此可以获得稳定的控制特性，使系统的安装调试方便，而且半闭环系统还具有价格较便宜、结构较简单、检测元件不容易受到损害等优点。因此，半闭环控制正成为目前数控机床首选的控制方式，广泛用于加工精度要求不是很高的数控机床上。

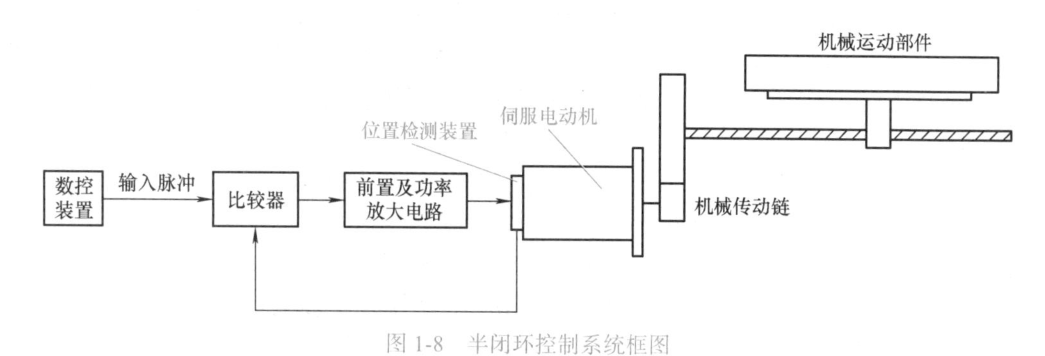

图 1-8 半闭环控制系统框图

除了以上三种基本分类方法外，还有其他的分类方法，例如：按控制坐标数和联动坐标数分类，有两轴、两轴半、三轴、四轴、五轴联动以及三轴两联动、四轴三联动等；按控制装置类型分类，有硬件数控、计算机数控（又称软件数控）；按功能水平分类，有高、中（普及型）、低（经济型）档数控等。

1.3 数控机床与数控技术的发展

数控机床的研制最早是从美国开始的。20 世纪 40 年代世界上首台数字电子计算机的诞生，使数控机床的出现成为可能。1948 年，美国帕森斯公司（Parsons Co.）受美国空军的委托，在研制加工直升机叶片轮廓检验样板的机床时，首先提出了用电子计算机控制机床加工复杂曲线样板的设想，后与麻省理工学院（MIT）伺服机构研究所进行合作研制，于 1952 年研制成功了世界上第一台使用专用电子计算机控制的三坐标立式数控铣床，其数控系统采用电子管，研制过程中运用了自动控制、伺服驱动、精密测量和新型机械结构等方面的技术成果。后来又经过改进，于 1955 年实现了产业化，并批量投放市场，但由于技术上和价格上的原因，只局限在航空航天工业中应用。数控机床的诞生，对复杂曲线、型面的加工起到了非常重要的作用，同时也推动了美国航空航天工业和军事工业的发展。1958 年开始，德国、日本、中国都开始陆续开发、生产和使用数控机床。

1958 年由清华大学和北京第一机床厂研制出中国（也是亚洲）第一台数控机床，这台数控机床研制成功之后，引起了中国工业界极大的轰动，也震惊了世界。在 20 世纪 80 年代曾有过高速发展的阶段，许多机床厂实现了从传统产品向数控化产品的转型，并有许多厂家生产经济型数控机床。但总的来说，这一阶段技术水平不高，质量不佳。所以在 20 世纪 90 年代初期面临国家经济由计划经济向市场经济转移调整时，机床行业经历了几年最困难的萧条时期，生产能力降到 50%。但从 1995 年以后，国家因扩大内需启动机床市场，加强限制进口数控设备的审批，重点投资和支持关键数控系统、设备、技术攻关，对数控设备生产起到了很大的促进作用。尤其是在 1999 年以后，国家向国防工业及关键民用工业部门投入大量技改资金，使数控设备制造市场一派繁荣。从 2000 年 8 月的上海数控机床展览会和 2001 年 4 月北京国际机床展览会上，也可以看到多品种产品的繁荣景象。我国从 20 世纪 90 年代末开始掌握基于通用 32 位工控机开放式体系结构的数控系统，一举登上当代同一起跑线，开发出能与加工中心、车削中心、齿轮机床配套的数控系统，并开发出三维激光视觉检测、螺旋桨七轴五联动加工和世界独创的空间曲面插补软件。我国数控机床的发展已经由成长期进入成熟期，数控机床成为当代机械制造业的主流装备。

我国数控机床经过多年的发展，正在改变国外强手在中国市场的垄断局面，但也存在以下问题：高技术水平产品、全功能产品、配套的高质量功能部件、数控系统附件等主要依靠进口；低技术水平的产品竞争激烈，靠相互压价促销；自行开发能力有限，相对有较高技术水平的产品主要依靠进口图样、合资生产或进口件组装等。

随着微电子和计算机技术的不断发展，数控机床的数控系统一直在不断更新，到目前为止已经历了 2 个阶段共 6 代变化。

第 1 阶段的数控系统主要是由硬件连接构成的，称为硬件数控（NC），具体分为：采用电子管的为第 1 代（1952—1959 年）；采用晶体管分离元件的为第 2 代（1959—1965 年）；采用小、中规模集成电路的为第 3 代（1965 年开始）。

第 2 阶段数控系统的功能主要由软件完成，称为计算机数控（CNC），又称为软件数控，具体分为：从 1970 年开始，采用大规模集成电路的小型通用计算机数控系统为第 4 代；1974 年，微处理器开始用于数控系统为第 5 代；1990 年，基于个人计算机（PC）为平台的数控系统为第 6 代。

第 6 代数控系统由于采用了工业控制级的 PC，除了具有通用 PC 的卓越性能之外，其可靠性指标——平均故障间隔时间（Mean Time Between Failures，MTBF）已从 10000h 提高到了 125 个月。随着 PC 产品的频繁升级换代，且 PC 上几乎所有的新技术都能应用于数控系统，故使数控系统更新周期大大缩短。由于提供了开放式平台，编程人员开发出了可供数控系统应用的极为丰富的软件资源，使数控功能得到了极大的扩展。凡是在 PC 上可运行的 CAD/CAM 等软件都能在数控系统中运行。与早期数控装置相比，基于 PC 平台的数控系统不仅使控制轴的数目大大增多，而且其功能也远远超出了控制刀具运动轨迹和机床动作的范畴，并且能够完成自动编程、自动检测、故障诊断与网络通信等功能。

随着工业 4.0 的发展，融合智能传感、物联网 / 工业互联网、大数据、云计算、人工智能、数字孪生和赛博物理系统的第 7 代智能数控装置及智能机床正在向我们走来。当今数控技术正在朝着以下几个方向发展。

1.3.1 高生产率

速度、精度和效率是机械制造技术的关键性能指标。数控机床的高生产率主要体现在高速加工和功能复合化两个方面。

1. 高速加工

高速数控加工源于 20 世纪 90 年代初，以电主轴和直线电动机的应用为特征。传统机床，不论是普通机床还是数控机床，从电动机到执行部件，往往要经过一系列的带、齿轮、离合器、丝杠副等中间机械传动环节，造成很大的转动惯量，使工作部件的运动无法达到高速加工所要求的速度和加速度；当工作部件在起动、加减速、反向和停止时，这些机械元件中发生的弹性变形、摩擦磨损和反向间隙等，会产生工作部件运动的滞后现象及其他许多非线性误差，影响了机床对运动指令的快速反应。此外，这个传动链在高速运转时还会造成巨大的振动与噪声，影响高速加工的精度、表面质量，并对生产环境造成严重的噪声污染。

为了满足高速加工的要求，高速机床应尽量缩短机床传动链的长度，最好取消从电动机到工作部件之间的一切中间传动环节，使电动机和机床的工作部件合二为一，从而使传动链的长度等于零，实现机床的“零传动”。

“零传动”是现代高速机床的基本特征，它不仅大大简化了机床的传动与结构，而且提高了机床的动态灵敏度、加工精度和工作可靠性。这是为满足高速加工要求而出现的一种新型传动方式，是近十年来机床设计理论和制造技术的一个重大创新。

目前，实现主轴超高速运转的方法主要是采用电主轴。电主轴是将主轴和电动机集成在一起的结构，取消了主传动链中的一切中间传动环节，是实现高速机床主运动系统“零传动”的典型结构。现有数控机床主轴转速一般可达15000～30000r/min，采用电主轴的主轴转速可高达100000r/min。

为了保证高速切削加工具有高的轮廓精度，必须同时提高轴向进给速度和轴向进给的加、减速度，对高速进给系统的要求不仅能够达到高速运动，而且要求瞬时达到高速、瞬时准停等，所以要求具有很大的加速度及很高的定位精度。传统的伺服电动机+滚珠丝杠的进给传动方案由于受自身结构的限制已经不能满足要求。目前，国外的一些机床公司在其高速机床产品上采用了直线电动机快速进给单元，取消了进给电动机和执行部件（工作台、溜板等）的一切中间传动环节，把机床的进给传动链长度缩短为零，实现了机床进给的“零传动”。

直线电动机起动的推力大，可以实现大范围的加速和减速，动体质量小，易于实现高速运行，并且在任意速度下可以实现平稳移动。由于没有运动转换机构，整个进给单元结构简单，静、动刚度高，噪声小，重量轻，维修方便，实现了电动机对工作台的直接驱动。同时，直线电动机的次级是一段一段连续铺在机床床身上的，次级铺到哪里，初级（工作台）就可运动到哪里，不管有多远，对整个进给系统的刚度没有任何影响，这点是滚珠丝杠所望尘莫及的。直线电动机在高速机床上的成功应用，是进给传动设计理论和生产技术上的重大变革，是20世纪90年代机床制造技术上的一个新的技术高峰。

高速加工还要求数控系统的运算速度快、采样周期短（有些系统的速度环、位置环为0.1ms），要求数控系统具有足够的超前路径加（减）速优化预处理能力，即应具有超前程序段预处理能力（有些系统可提前处理2500个程序段），在多轴联动控制时，可根据预处理缓冲区里的G代码规定的内容进行加（减）速优化处理。为保证加工速度，第6代数控系统可在每秒内进行2000～10000次进给速度的改变。

2. 功能复合化

数控机床的功能复合化是指工件在一台机床上一次装夹后，通过自动换刀、旋转主轴头或转台等各种措施，完成多工序、多表面的复合加工。如20世纪70年代出现了车削中心，在数控车床的回转刀架上增加了动力刀架，能驱动刀具做回转运动，可进行钻、扩、铰、攻螺纹、镗、铣等加工，并使主轴具有*C*轴功能。20世纪80年代又出现了双主轴车削中心，两个主轴同步同心回转，当一个主轴夹持的工件加工完后，主轴不停止转动，另一个主轴移过来，同步夹紧已加工端，再接续加工，可实现回转件的全部加工，提高了生产率。20世纪90年代出现的车铣中心，增加了大功率刀具驱动轴，刀具轴具有*B*轴和*Y*轴功能，有刀库和换刀机构，能进行车、铣、钻、镗等加工。有的车削中心在回转刀架上安装了第二主轴和砂轮轴，可实现外圆磨削，在第二主轴上也可安装齿轮刀具，加工带轴的齿轮和蜗轮，甚至可实现*X*、*Y*、*Z*、*B*、*C*五轴联动，用指形齿轮铣刀加工弧齿锥齿轮等。到了21世纪，出现了将一台立车、一台立式加工中心和一台卧式加工中心集成在一起的复合机床，还有由加工中心和棒料车床集成的复合化机床。

未来，功能复合化将从不同切削加工工艺复合（如车铣、铣磨）向不同成形方法的组合（如增材制造、减材制造和等材制造等成形方法的组合或混合），数控机床与机器人"机－机"融合与协同等方向发展；从"CAD–CAM–CNC"的传统串行工艺链向基于3D实体模型的"CAD+CAM+CNC集成"一步式加工方向发展；从"机－机"互联的网络化，向"人－机－物"互联、边缘/云计算支持的加工大数据处理方向发展。

1.3.2 高精度

早期数控机床的加工精度仅为0.01mm数量级，现代数控机床由于采用了高速CPU芯片、RISC芯片、多CPU控制系统和带高分辨力绝对式检测元件的交流数字伺服系统，同时采取了改善机床动态、静态特性等有效措施，以及滚珠丝杠副、静压导轨、直线滚动导轨、塑料滑动导轨等的使用，其加工精度已大大提高。目前，普通数控机床的加工精度已达5μm，精密加工中心达1～1.5μm，而超精密加工中心已开始进入纳米级（0.001μm）。

在全闭环的数控机床中，坐标检测装置多是光栅测量尺。测量尺的分辨力都在1μm以上，运动件的定位精度可达1～2μm。在超高精加工的数控机床中采用激光直线测量装置，测量精度可达0.001μm级，在切深方向的进给采用电致（磁致）伸缩材料，进给精度很高。有的公司在主轴端部装有轴向尺寸传感器，可与机床数控系统连接，进行轴向尺寸补偿。此外，在机床上装有多种监控、检测装置，如红外线、声发射、温度测量、功率测量、激光检测等手段对加工精度、刀具的磨损与破坏和工件的装夹等进行监控，提高了机床的综合性能，使之能够更为精确可靠地自动工作。

数控机床在发展过程中，一直在努力追求更高的加工精度、切削速度、生产率和可靠性。未来数控机床将通过进一步优化的整机结构、先进的控制系统和高效的数学算法等，实现复杂曲线与曲面的高速、高精度直接插补和高动态响应的伺服控制；通过数字化虚拟仿真、优化的静/动态刚度设计、热稳定性控制、在线动态补偿等技术大幅度提高可靠性和精度保持性。

在机床结构方面，20世纪90年代问世的基于Stewart平台并联结构的虚拟轴机床（Virtual Axis Machine Tools）在结构技术上实现了突破性进展。图1-9所示为清华大学研制的VAMTIY型虚拟轴机床原型样机示意图，该机床通过可以伸缩的六条"腿"4(可变长杆）连接定平台（工作台1）和动平台（工作主轴3），工件装在工作台1上，刀具2与工作主轴3受六条"腿"4（可变长杆）控制，每条"腿"均由各自的伺服电动机和精密滚珠丝杠单独驱动，控制这六条"腿"的伸缩就可以控制装备主轴头的动平台在空间中的位置和姿势，以满足刀具运动轨迹的要求，实现具有六自由度运动的复杂曲面切削加工。机床在运动过程中看不到普通机床所固有的三维坐标轴，传统意义的X、Y、Z轴虚拟地存在于控制系统之中。虚拟轴机床的名称即由

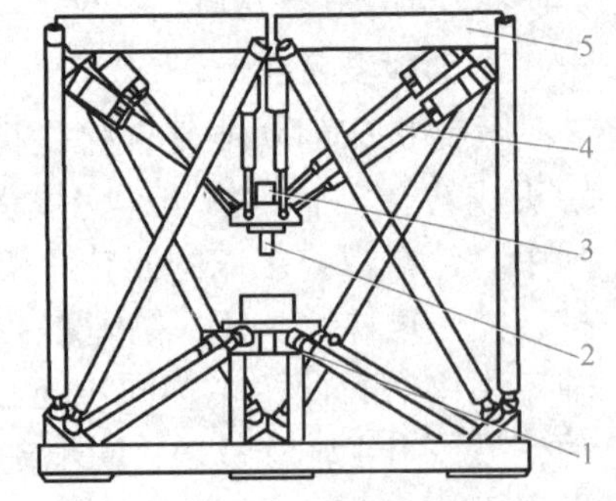

图1-9 VAMTIY型虚拟轴机床原型样机示意图

1—工作台 2—刀具 3—工作主轴 4—可变长杆 5—框架

此得来。机床的基座与主轴平台间是由六根杆并联地连接的，由此又称之为并联机床（Parallel-Structured Machine Tools）。机床的形状酷似六足虫，故又被称为六足虫机床（Hexapod Machine Tools）或六条腿机床（6-leg Machine Tools）。

这种新型机床完全打破了传统机床结构的概念，抛弃了固定导轨的导向方式，采用了多杆并联机构驱动，大大提高了机床的刚度，使加工精度和加工质量都有较大的改进，另外，由于其进给速度的提高，从而使高速、超高速加工更容易实现。由于这种机床具有高刚度、高承载能力、高速度、高精度以及重量轻、机械结构简单、标准化程度高等优点，在许多领域都得到了成功的应用。虚拟轴数控机床被认为是20世纪最具有革命性的机床设计的突破，代表了21世纪机床发展的方向。

1.3.3 智能化

在新一代的数控系统和伺服装置中，基于“进化计算”（Evolutionary Computation）、“模糊系统”（Fuzzy System）和“神经网络”（Neural Network）等方法的新的控制模型，大大提高了数控机床的“智能化”和自适应性。例如，在数控系统中配备编程专家系统、故障诊断专家系统、参数自动设定和刀具自动管理及补偿等自适应调节系统。同时，在高速加工时的综合运动控制中引入基于上述技术的提前预测和预算功能、动态前馈功能，以及在压力、温度、位置、速度控制等方面采用模糊控制等，也会使数控系统的控制性能得以大幅提高。

在《国家智能制造标准体系建设指南（2021版）》中，数控机床隶属于智能装备序列。随着人工智能技术的实用化，通过传感器和标准通信接口，感知和获取机床状态和加工过程的信号及数据，通过变换处理、建模分析和数据挖掘对加工过程进行学习，形成支持最优决策的信息和指令，实现对机床及加工过程的监测、预报和控制，满足优质、高效、柔性和自适应加工要求的智能化数控机床正处在蓬勃发展中。“感知、互联、学习、决策、自适应”将成为数控机床智能化的主要功能特征，加工大数据、工业物联网、数字孪生、边缘计算/云计算、深度学习等新技术将有力助推未来智能机床技术的发展与进步。

1.3.4 网络化

网络化数控装备是近几年来国际著名机床博览会的一个新亮点。数控装备的网络化将极大地满足生产线、制造系统、制造企业对信息集成的需求，也是实现新的制造模式，如敏捷制造、虚拟企业、全球制造的基础单元。在第6代开放式数控系统中，安装网络通信及其配套软件可实现网络化制造。有资料显示，在多种小批量生产中，一台数控机床实际上只有25%的时间在切削，这个数据在联网后可提高到65%，使生产率提高1.6倍。联网可使企业与企业之间进行跨地区的协同设计、协同制造、信息共享、远程监控、远程服务，以及进行企业与社会之间的供应、销售和服务。网络化能够为制造商提供完整的生产数据信息，数据传递速度也得到了很大的提高。通过网络可以将工件的加工程序传送给远地机床，进行远程控制加工，也可以进行远程诊断并发出指令进行调整。这就使各地区某些分散的数控机床通过网络联系在一起，相互协调、统一优化调度，使产品加工不局限在某个工厂内，而成为社会化的产品。

复习思考题

1-1 什么是数字控制？数控机床由哪几部分组成？

1-2 简述数控机床的工作原理。

1-3 试述数控机床的优缺点。

1-4 什么是点位控制、直线控制和轮廓控制？

1-5 说明三种伺服系统控制方式的控制特点。

1-6 数控系统的发展至今有几代？如何划分？

1-7 数控技术的发展趋势是什么？

1-8 查阅资料了解我国第一台数控机床的研制过程。

1-9 了解我国数控功能部件的产业现状。

1-10 简述数控技术对现代制造业的影响。

第 2 章

数控机床的控制原理

教学目标：

1）了解插补的基本概念和插补方法的分类，掌握插补误差的计算与分析方法，通过详细解读误差产生的原因，引导学生形成透过现象看本质的哲学思维。

2）了解数控机床加工轨迹控制算法的基本原理，掌握直线插补和圆弧插补的计算方法，引导学生养成严谨细致、实事求是的工作态度。

3）了解刀具半径补偿的基本概念，熟悉C刀具半径补偿的实现原理；掌握C刀具半径补偿程序段间转接情况的分析，理解刀具半径补偿功能在提高编程效率、保证加工质量方面的重要性和科学性，增强创新思维、创新能力。

2.1 概述

2.1.1 插补的基本概念

插补技术是数控系统的核心技术。在数控加工过程中，数控系统要解决控制刀具或工件运动轨迹的问题，在数控机床中，刀具或工件能够移动的最小位移量称为数控机床的脉冲当量或最小分辨力。刀具或工件是一步一步移动的，移动轨迹是由一个个小线段构成的折线，而不是光滑的曲线。也就是说，刀具不能严格地按照所加工的零件廓形（如直线、圆弧或椭圆、抛物线等其他类型曲线）运动，而只能用折线逼近所需加工的零件轮廓线型。

根据零件轮廓线型上的已知点，如直线的起点、终点，圆弧的起点、终点和圆心等，数控系统按进给速度的要求、刀具参数和进给方向的要求等，计算出轮廓线上中间点位置坐标值的过程称为“插补”。插补的实质就是根据有限的信息完成“数据密化”的工作。数控系统根据这些坐标值控制刀具或工件的运动，实现数控加工。插补运算具有实时性，其运算速度和精度直接影响数控系统的性能指标。

如图 2-1 所示，数控机床加工廓形是直线 OE 的零件时，已知的信息仅为直线的终点坐标（x_e, y_e），经插补运算后，刀具或工件的进给运动轨迹，即该直线段的插补轨迹，可以是图 2-1 中实折线 $O \to A' \to A \to B' \to B \to C' \to C \to D' \to D \to E' \to E$，也可以是图中虚折线 $O \to A'' \to A \to B'' \to B \to C'' \to C \to D'' \to D \to E'' \to E$，还可以有其他进给路线。

图中A'、A、B'、B、C'、C、D'、D、E'（A''、A、B''、B、C''、C、D''、D、E''）为插补运算后的中间坐标点，数控系统控制刀具或工件不断地运动到这些坐标点，拟合出零件轮廓。刀具沿什么路线进给，由数控机床的数控系统使用的插补方法决定。虽然存在插补拟合误差，但由于脉冲当量相当小（可达到pm级，最大也为μm级），插补拟合误差完全在加工误差范围内。

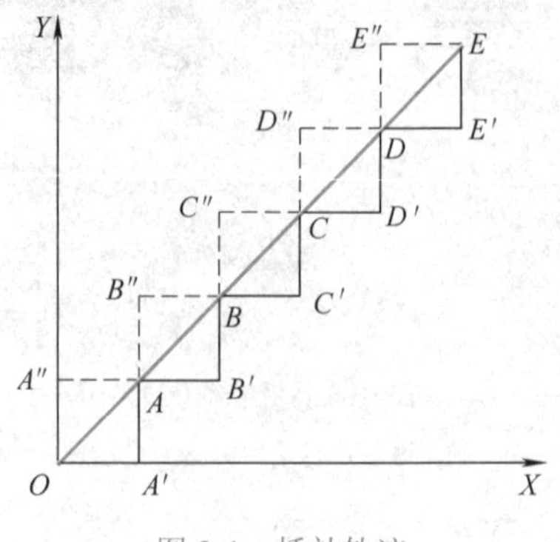

图2-1 插补轨迹

2.1.2 插补方法的分类

数控系统中完成插补运算工作的装置或程序为插补器。插补器可分为硬件插补器、软件插补器及软、硬件插补器三种类型。早期的数控（NC）系统使用硬件插补器，它由逻辑电路组成，特点是运算速度快，但灵活性差，结构复杂，成本较高。计算机数控（CNC）系统多采用软件插补器，它主要由微处理器组成，通过计算机程序来完成各种插补功能，特点是结构简单，灵活易变，但速度较慢。随着微处理器运算速度和存储容量的不断提高，为了满足日益增长的插补速度和精度要求，现代CNC系统大多采用软件插补或软、硬件插补相结合的方法，由软件完成粗插补，硬件完成精插补。粗插补采用软件方法先将加工轨迹分割为线段，精插补采用硬件插补器，将粗插补分割的线段进一步密化数据点。粗、精插补相结合的方法对数控系统运算速度要求不高，并可节省存储空间，且响应速度和分辨力都比较高。

由于直线和圆弧是构成零件轮廓的基本线型，因此CNC系统一般都具有直线插补和圆弧插补两种基本功能。在三坐标以上联动的CNC系统中，一般还具有螺旋线插补功能。在一些高档CNC系统中，已经出现了抛物线插补、渐开线插补、正弦线插补、样条曲线插补和球面螺旋线插补等功能。

插补的方法和原理很多，根据数控系统输出伺服驱动装置信号的不同，插补方法可归纳为基准脉冲插补和数据采样插补两种类型。

1. 基准脉冲插补

基准脉冲插补又称脉冲增量插补或行程标量插补，其特点是数控装置在插补结束时向各个运动坐标轴输出一个基准脉冲序列，驱动各坐标轴进给电动机的运动。每个脉冲使各坐标轴仅产生一个脉冲当量的增量，代表了刀具或工件的最小位移；脉冲的数量代表了刀具或工件移动的位移量；脉冲序列的频率代表了刀具或工件运动的速度。

基准脉冲插补的插补运算简单，容易用硬件电路实现，运算速度很快。早期的NC系统都是采用这类方法，在目前的CNC系统中也可用软件来实现，但仅适用于一些由步进电动机驱动的中等精度或中等速度要求的开环数控系统。有的数控系统将其用于数据采样插补中的精插补。

基准脉冲插补的方法很多，如逐点比较法、数字积分法、数字脉冲乘法器法、最小偏差法、矢量判别法、单步追踪法、直接函数法等，其中应用较多的是逐点比较法和数字积分法。

2. 数据采样插补

数据采样插补又称为数据增量插补、时间分割法或时间标量插补，其特点是数控装置产生的不是单个脉冲，而是标准二进制字。插补运算分两步完成。第一步为粗插补，采用时间分割思想，把加工一段直线或圆弧的整段时间细分为许多相等的时间间隔，称为插补周期 T。在每个插补周期内，根据插补周期 T 和编程的进给速度 F 计算轮廓步长 $l=FT$，将轮廓曲线分割为若干条长度为轮廓步长 l 的微小直线段；第二步为精插补，数控系统通过位移检测装置定时对插补的实际位移进行采样，根据位移检测采样周期的大小，采用基准脉冲直线插补，在轮廓步长内再插入若干点，即在粗插补算出的每一微小直线段的基础上再做“数据点的密化”工作。一般将粗插补运算称为插补，由软件完成，而精插补可由软件实现，也可由硬件实现。

计算机除了完成插补运算外，还要执行显示、监控、位置采样及控制等实时任务，所以插补周期应大于插补运算时间与完成其他实时任务所需的时间之和。插补周期与采样周期可以相同，也可以不同，一般取插补周期为采样周期的整数倍，该倍数应等于对轮廓步长 l 实时精插补时的插补点数。如美国 A–B 公司的 7300 系统中，插补周期与位置反馈采样周期相同；日本 FANUC 公司的 7M 系统中，插补程序每 8ms 被调用一次，计算出下一个周期各坐标轴应该行进的增量长度，而位置反馈采用程序每 4ms 被调用一次，将插补程序算好的坐标增量除以 2 后再进行直线段的进一步密化（即精插补）。现代数控系统的插补周期已缩短到 2 ～ 4ms，有的已经达到零点几毫秒。

由以上分析可知，数控采样插补算法的核心问题是如何计算各坐标轴的增量 Δx 或 Δy，有了前一插补周期末的动点坐标值和本次插补周期内的坐标增量值，就很容易计算出本次插补周期末的动点指令位置坐标值。对于直线插补来讲，由于坐标轴的脉冲当量很小，再加上位置检测反馈的补偿，可以认为插补所形成的轮廓步长 l 与给定的直线重合，不会造成轨迹误差。而圆弧插补所形成的轮廓步长 l 作为内接弦线或割线（又称内外差分弦）来逼近圆弧，因而不可避免地会带来轮廓误差。如图 2-2 所示，设用内接弦线或割线逼近圆弧时产生的最大半径误差为 δ，在一个插补周期 T 内逼近弦线 l 所对应的圆心角（步距角）为 θ，圆弧半径为 R，刀具进给速度为 F，则采用弦线对圆弧进行逼近时，由图 2-2a 可知

$$R^2-(R-\delta)^2=\left(\frac{l}{2}\right)^2$$

$$2R\delta-\delta^2=\frac{l^2}{4}$$

舍去高阶无穷小 δ^2，可得

$$\delta=\frac{l^2}{8R}=\frac{(FT)^2}{8R} \tag{2-1}$$

采用割线对圆弧进行逼近时，假设内外差分弦的半径误差相等，即 $\delta_1=\delta_2=\delta$，则由图 2-2b 可知

$$(R+\delta)^2-(R-\delta)^2=\left(\frac{l}{2}\right)^2$$

$$4R\delta=\frac{l^2}{4}$$

$$\delta=\frac{l^2}{16R}=\frac{(FT)^2}{16R} \tag{2-2}$$

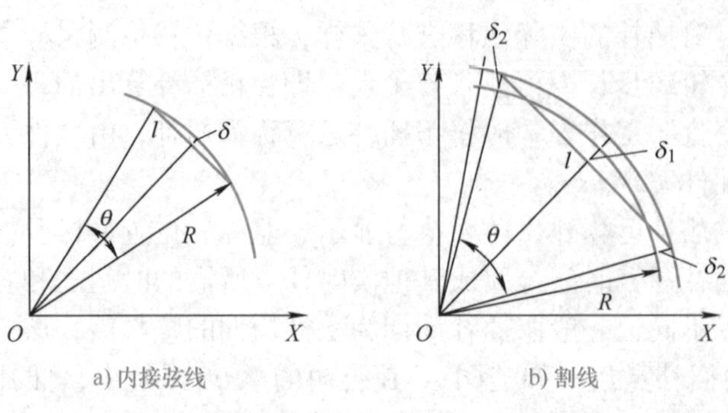

a) 内接弦线　b) 割线

图 2-2　内接弦线、割线逼近圆弧的径向误差

显然，当轮廓步长 l 相等时，割线的半径误差是内接弦线的一半；若令半径误差相等，则割线的轮廓步长 l 或角步距 θ 是内接弦线的 $\sqrt{2}$ 倍。但由于采用割线对圆弧进行逼近时计算复杂，故应用较少。

从以上分析可以看出，逼近误差 δ 与进给速度 F 的二次方及插补周期 T 的二次方成正比，与圆弧半径 R 成反比。由于数控机床的插补误差应小于数控机床的分辨力，即应小于一个脉冲当量，所以进给速度 F、圆弧半径 R 一定的条件下，插补周期 T 越短，逼近误差 δ 就越小，当 δ 给定及插补周期 T 确定之后，可根据圆弧半径 R 选择进给速度 F，以保证逼近误差 δ 不超过允许值。

以直流或交流电动机为驱动装置的闭环或半闭环系统都采用数据采样插补方法，粗插补在每一个插补周期内计算出坐标实际位置增量值，而精插补则在每一个采样周期反馈实际位置增量值及插补程序输出的指令位置增量值，然后算出各坐标轴相应的插补指令位置和实际反馈位置的偏差，即跟随误差，最后根据跟随误差算出相应坐标轴的进给速度，输出给驱动装置。

数据采样插补的方法也很多，有直线函数法、扩展数字积分法、二阶递归扩展数字积分法、双数字积分插补法等，其中应用较多的是直线函数法、扩展数字积分法。

2.2 逐点比较法

逐点比较法又称代数运算法或醉步法，是早期数控机床开环系统中广泛采用的一种插补方法，可实现直线插补、圆弧插补，也可用于其他非圆二次曲线（如椭圆、抛物线和双曲线等）的插补，其特点是运算直观，最大插补误差不大于一个脉冲当量，脉冲输出均匀，调节方便。

逐点比较法的基本原理是每次仅向一个坐标轴输出一个进给脉冲，每走一步都要将加工点的瞬时坐标与理论的加工轨迹相比较，判断实际加工点与理论加工轨迹的偏移位置，通过偏差函数计算二者之间的偏差，从而决定下一步的进给方向。每进给一步都要完成偏差判别、坐标进给、偏差计算和终点判别四个工作节拍。下面分别介绍逐点比较法直线插补和逐点比较法圆弧插补的原理。

2.2.1　逐点比较法直线插补

设在 OXY 平面的第一象限有一加工直线 OA，如图 2-3 所示，直线的起点为坐标原点 O，终点坐标为 $A(x_e,y_e)$，若加工时的动点为 $P(x_i,y_j)$，则过点 A、P 的直线方程可表示为

$$\frac{y_j}{x_i}-\frac{y_e}{x_e}=0\text{，即 }x_e y_j - y_e x_i = 0$$

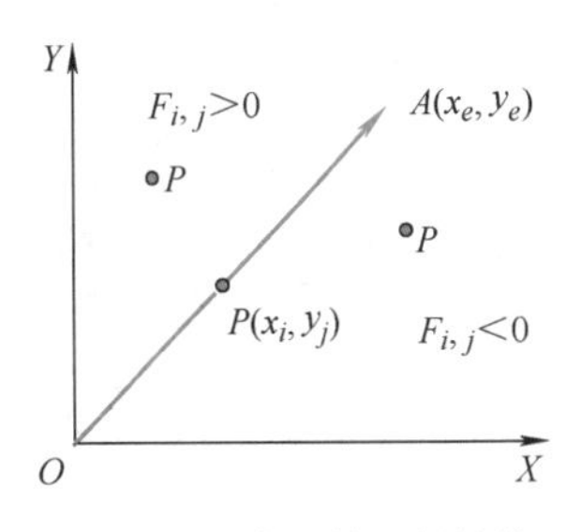

图 2-3　逐点比较法插补第一象限直线

令 $F_{i,j}=x_e y_j - y_e x_i$ 为偏差判别函数，则有：

1）当 $F_{i,j}=0$ 时，加工点 P 在直线上。

2）当 $F_{i,j}>0$ 时，加工点 P 在直线上方。

3）当 $F_{i,j}<0$ 时，加工点 P 在直线下方。

由图 2-3 可以看出，当点 P 在直线上方时，应该向 $+X$ 方向进给一个脉冲当量，以趋向该直线；当点 P 在直线下方时，应该向 $+Y$ 方向进给一个脉冲当量，以趋向该直线；当点 P 在直线上时，既可向 $+X$ 方向也可向 $+Y$ 方向进给一个脉冲当量。通常，将点 P 在直线上的情况同点 P 在直线上方归于一类，则有：

1）当 $F_{i,j}\geqslant 0$ 时，加工点向 $+X$ 方向进给一个脉冲当量，到达新的加工点 $P_{i+1,j}$，此时 $x_{i+1}=x_i+1$，则新加工点 $P_{i+1,j}$ 的偏差判别函数 $F_{i+1,j}$ 为

$$F_{i+1,j}=x_e y_j - y_e x_{i+1} = x_e y_j - y_e(x_i+1) = F_{i,j} - y_e \tag{2-3}$$

2）当 $F_{i,j}<0$ 时，加工点向 $+Y$ 方向进给一个脉冲当量，到达新的加工点 $P_{i,j+1}$，此时 $y_{i+1}=y_i+1$，则新加工点 $P_{i,j+1}$ 的偏差判别函数 $F_{i,j+1}$ 为

$$F_{i,j+1}=x_e y_{j+1} - y_e x_i = x_e(y_j+1) - y_e x_i = F_{i,j} + x_e \tag{2-4}$$

由此可见，新加工点的偏差 $F_{i+1,j}$ 或 $F_{i,j+1}$ 是由前一个加工点 $P_{i,j}$ 和终点的坐标值递推出来的，如果按式（2-3）、式（2-4）计算偏差，则计算大为简化。

用逐点比较法插补直线时，每一步进给后，都要判别当前加工点是否到达终点，一般可采用如下三种方法判别：

1）设置一个终点减法计数器，存入各坐标轴插补或进给总步数，在插补过程中每进给一步，就从总步数中减去 1，直到计数器中的存数被减为零，表示到达终点。

2）各坐标轴分别设置一个进给步数的减法计数器，当某一坐标方向有进给时，就从其相应的计数器中减去 1，直到计数器中的存数被减为零，表示到达终点。

3）设置一个终点减法计数器，存入进给步数最多的坐标轴的进给步数，在插补过程中每当该坐标轴方向有进给时，就从计数器中减去，直至计数器中的存数被减为零，表示到达终点。

综上所述，逐点比较法的直线插补过程为每进给一步都要完成以下四个节拍（步骤）：

1）偏差判别。根据偏差值判别当前加工点位置是在直线的上方（或直线上），还是在直线的下方。起始时，加工点在直线上，偏差值 $F_{i,j}=0$。

2）坐标进给。根据判别的结果，控制向某一坐标方向进给一步。

3）偏差计算。根据式（2-3）、式（2-4）计算出进给一步后到新加工点的偏差，提供

给下一步作为判别的依据。

4）终点判别。在计算新偏差的同时，还要进行一次终点判别，以确定是否到达了终点，若已达到，就停止插补。

逐点比较法插补第一象限直线的流程如图 2-4 所示。

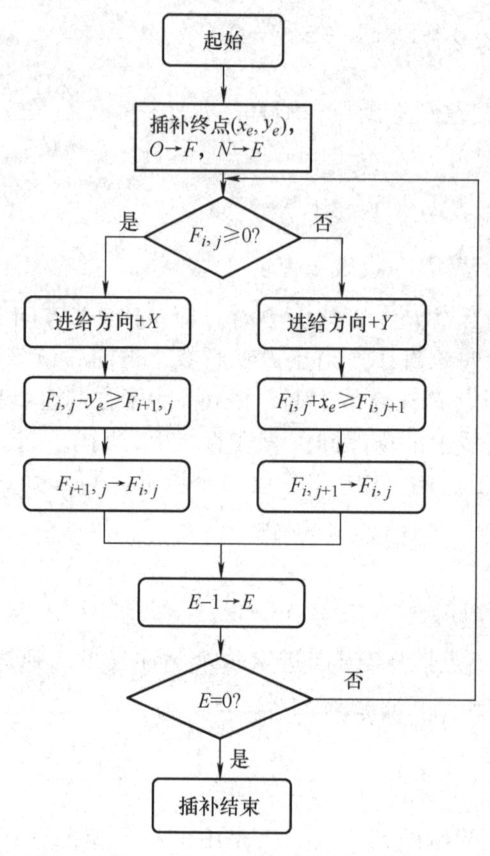

图 2-4 逐点比较法插补第一象限直线的流程

例 2-1 设加工第一象限直线 OA，起点为坐标原点 O，终点为 A（6，4），试用逐点比较法对其进行插补，并画出插补轨迹。

插补从直线的起点开始，故 $F_{0,0}=0$；终点判别寄存器 E 存入 X 和 Y 两个坐标方向的总步数，即 E=6+4=10，每进给一步减 1，E=0 时停止插补。插补运算过程见表 2-1，插补轨迹如图 2-5 所示。

表 2-1 例 2-1 中的直线插补运算过程

步数	偏差判别	坐标进给方向	偏差计算	终点判断
0			$F_{0,0}=0$	E=10
1	$F_{0,0}=0$	+X	$F_{1,0}=F_{0,0}-y_e=0-4=-4$	E =10−1=9
2	$F_{1,0}<0$	+Y	$F_{1,1}=F_{1,0}+x_e=-4+6=2$	E =9−1=8
3	$F_{1,1}>0$	+X	$F_{2,1}=F_{1,1}-y_e=2-4=-2$	E =8−1=7
4	$F_{2,1}<0$	+Y	$F_{2,2}=F_{2,1}+x_e=-2+6=4$	E =7−1=6

（续）

步数	偏差判别	坐标进给方向	偏差计算	终点判断
5	$F_{2,2}>0$	$+X$	$F_{3,2}=F_{2,2}-y_e=4-4=0$	$E=6-1=5$
6	$F_{3,2}=0$	$+X$	$F_{4,2}=F_{3,2}-y_e=0-4=-4$	$E=5-1=4$
7	$F_{4,2}<0$	$+Y$	$F_{4,3}=F_{4,2}+x_e=-4+6=2$	$E=4-1=3$
8	$F_{4,3}>0$	$+X$	$F_{5,3}=F_{4,3}-y_e=2-4=-2$	$E=3-1=2$
9	$F_{5,3}<0$	$+Y$	$F_{5,4}=F_{5,3}+x_e=-2+6=4$	$E=2-1=1$
10	$F_{5,4}>0$	$+X$	$F_{6,4}=F_{5,4}-y_e=4-4=0$	$E=1-1=0$

以上仅讨论了逐点比较法插补第一象限直线的原理和计算公式，插补其他象限的直线时，其插补计算公式和脉冲进给方向是不同的，通常有两种方法解决：

（1）分别处理法　可根据上面插补第一象限直线的分析方法，分别建立其他三个象限的直线插补计算公式，会有 4 组计算公式；脉冲进给的方向也由实际象限决定。

（2）坐标变换法　通过坐标变换将其他三个象限直线的插补计算公式统一于第一象限的公式中，这样都可按第一象限直线进行插补计算；而进给脉冲的方向则仍由实际象限决定，该种方法是最常采用的方法。

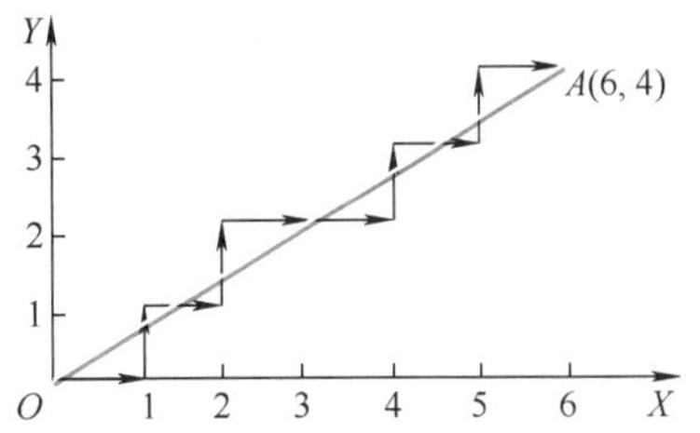

图 2-5　例 2-1 中的直线插补轨迹

坐标变换就是将其他各象限直线的终点坐标和加工点的坐标均取绝对值，这样，它们的插补计算公式和插补流程与插补第一象限直线时一样，偏差符号和进给方向可用图 2-6 所示的简图表示，图中 L_1、L_2、L_3、L_4 分别表示第一、二、三、四象限的直线。

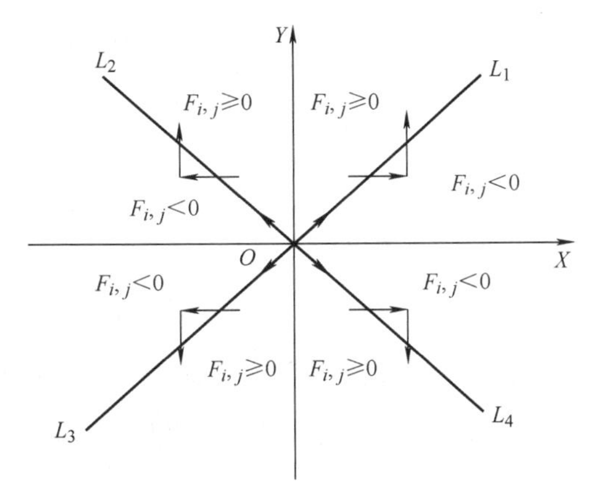

图 2-6　逐点比较法插补不同象限直线的偏差符号和进给方向

2.2.2　逐点比较法圆弧插补

逐点比较法圆弧插补的过程与直线插补的过程类似，每进给一步也都要完成四个工作节拍：偏差判别、坐标进给、偏差计算、终点判别。但是，逐点比较法圆弧插补以加工点与圆心的距离是大于还是小于圆弧半径来作为偏差判别的依据。如图 2-7 所示的圆弧，其圆心位于原点 O，半径为 R，令加工点的坐标为 $P(x_i, y_j)$，则逐点比较法圆弧插补的偏差判别函数为

$$F_{i,j} = x_i^2 + y_j^2 - R^2 \tag{2-5}$$

当 $F_{i,j} = 0$ 时，加工点在圆弧上；当 $F_{i,j} > 0$ 时，加工点在圆弧外；当 $F_{i,j} < 0$ 时，加工点在圆弧内。同插补直线时一样，将 $F_{i,j} = 0$ 同 $F_{i,j} > 0$ 归于一类。

下面以第一象限圆弧为例，分别介绍顺时针圆弧和逆时针圆弧插补时的偏差计算和坐标进给情况。

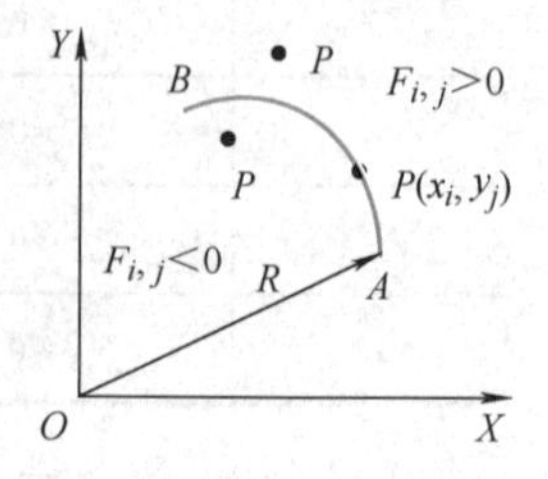

图 2-7 圆弧插补原理

1. 插补第一象限逆圆弧

1）当 $F_{i,j} \geqslant 0$ 时，加工点 $P(x_i, y_j)$ 在圆弧上或圆弧外，$-X$ 方向进给一个脉冲当量，即向趋近圆弧的圆内方向进给，到达新的加工点 $P_{i-1,j}$，此时 $x_{i-1} = x_i - 1$，则新加工点 $P_{i-1,j}$ 的偏差判别函数 $F_{i-1,j}$ 为

$$\begin{aligned} F_{i-1,j} &= x_{i-1}^2 + y_j^2 - R^2 \\ &= (x_i - 1)^2 + y_j^2 - R^2 \\ &= (x_i^2 + y_j^2 - R^2) - 2x_i + 1 \\ &= F_{i,j} - 2x_i + 1 \end{aligned} \tag{2-6}$$

2）当 $F_{i,j} < 0$ 时，加工点 $P(x_i, y_j)$ 在圆弧内，$+Y$ 方向进给一个脉冲当量，即向趋近圆弧的圆外方向进给，到达新的加工点 $P_{i,j+1}$，此时 $y_{j+1} = y_j + 1$，则新加工点 $P_{i,j+1}$ 的偏差判别函数 $F_{i,j+1}$ 为

$$\begin{aligned} F_{i,j+1} &= x_i^2 + y_{j+1}^2 - R^2 \\ &= x_i^2 + (y_j + 1)^2 - R^2 \\ &= (x_i^2 + y_j^2 - R^2) + 2y_j + 1 \\ &= F_{i,j} + 2y_j + 1 \end{aligned} \tag{2-7}$$

2. 插补第一象限顺圆弧

1）当 $F_{i,j} \geqslant 0$ 时，加工点 $P(x_i, y_j)$ 在圆弧上或圆弧外，$-Y$ 方向进给一个脉冲当量，即向趋近圆弧的圆内方向进给，到达新的加工点 $P_{i,j-1}$，此时 $y_{j-1} = y_j - 1$，则新加工点 $P_{i,j-1}$ 的偏差判别函数 $F_{i,j-1}$ 为

$$\begin{aligned} F_{i,j-1} &= x_i^2 + y_{j-1}^2 - R^2 \\ &= x_i^2 + (y_j - 1)^2 - R^2 \\ &= (x_i^2 + y_j^2 - R^2) - 2y_j + 1 \\ &= F_{i,j} - 2y_j + 1 \end{aligned} \tag{2-8}$$

2）当 $F_{i,j}<0$ 时，加工点 $P(x_i,y_j)$ 在圆弧内，+X 方向进给一个脉冲当量，即向趋近圆弧的圆外方向进给，到达新的加工点 $P_{i+1,j}$，此时 $x_{i+1}=x_i+1$，则新加工点 $P_{i+1,j}$ 的偏差判别函数 $F_{i+1,j}$ 为

$$\begin{aligned}F_{i+1,j}&=x_{i+1}^2+y_j^2-R^2\\&=(x_i+1)^2+y_j^2-R^2\\&=(x_i^2+y_j^2-R^2)+2x_i+1\\&=F_{i,j}+2x_i+1\end{aligned} \tag{2-9}$$

由以上分析可知，新加工点的偏差是由前一个加工点的偏差 $F_{i,j}$ 及前一点的坐标值 x_i、y_j 递推出来的，如果按式（2-6）～式（2-9）计算偏差，则计算大为简化。需要注意的是，x_i、y_j 的值在插补过程中是变化的，这一点与直线插补不同。

与直线插补一样，除偏差计算外，还要进行终点判别。圆弧插补的终点判别可采用与直线插补相同的方法，通常，通过判别插补或进给的总步数及分别判别各坐标轴的进给步数来实现。

逐点比较法插补第一象限逆圆弧的流程如图 2-8 所示。

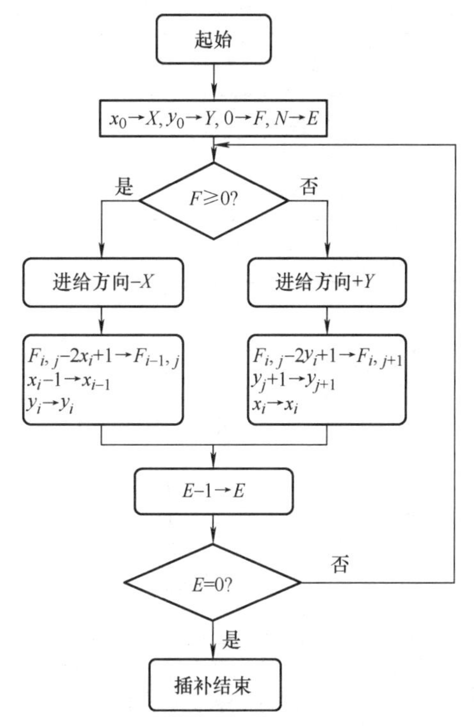

图 2-8　逐点比较法插补第一象限逆圆弧的流程

例 2-2　设加工第一象限逆圆弧 AB，起点 A（6，0），终点 B（0，6），试用逐点比较法对其进行插补并画出插补轨迹。

插补从圆弧的起点开始，故 $F_{0,0}=0$；终点判别寄存器 E 存入 X 和 Y 两个坐标方向的总步数，即 E=6+6=12，每进给一步减 1，E=0 时停止插补。应用第一象限逆圆弧插补计

算公式，其插补运算过程见表 2-2，插补轨迹如图 2-9 所示。

表 2-2 例 2-2 中的逆圆弧插补运算过程

步数	偏差判别	坐标进给方向	偏差计算	坐标计算	终点判断
0			$F_{0,0}=0$	$x_0=6$，$y_0=0$	$E=12$
1	$F_{0,0}=0$	$-X$	$F_{-1,0}=F_{0,0}-2x_0+1=0-12+1=-11$	$x_1=6-1=5$，$y_1=0$	$E=12-1=11$
2	$F_{-1,0}<0$	$+Y$	$F_{-1,1}=F_{-1,0}+2y_1+1=-11+0+1=-10$	$x_2=5$，$y_2=0+1=1$	$E=11-1=10$
3	$F_{-1,1}<0$	$+Y$	$F_{-1,2}=F_{-1,1}+2y_2+1=-10+2+1=-7$	$x_3=5$，$y_3=1+1=2$	$E=10-1=9$
4	$F_{-1,2}<0$	$+Y$	$F_{-1,3}=F_{-1,2}+2y_3+1=-7+4+1=-2$	$x_4=5$，$y_4=2+1=3$	$E=9-1=8$
5	$F_{-1,3}<0$	$+Y$	$F_{-1,4}=F_{-1,3}+2y_4+1=-2+6+1=5$	$x_5=5$，$y_5=3+1=4$	$E=8-1=7$
6	$F_{-1,4}>0$	$-X$	$F_{-2,4}=F_{-1,4}-2x_5+1=5-10+1=-4$	$x_6=5-1=4$，$y_6=4$	$E=7-1=6$
7	$F_{-2,4}<0$	$+Y$	$F_{-2,5}=F_{-2,4}+2y_6+1=-4+8+1=5$	$x_7=4$，$y_7=4+1=5$	$E=6-1=5$
8	$F_{-2,5}>0$	$-X$	$F_{-3,5}=F_{-2,5}-2x_7+1=5-8+1=-2$	$x_8=4-1=3$，$y_8=5$	$E=5-1=4$
9	$F_{-3,5}<0$	$+Y$	$F_{-3,6}=F_{-3,5}+2y_8+1=-2+10+1=9$	$x_9=3$，$y_9=5+1=6$	$E=4-1=3$
10	$F_{-3,6}>0$	$-X$	$F_{-4,6}=F_{-3,6}-2x_9+1=9-6+1=4$	$x_{10}=3-1=2$，$y_{10}=6$	$E=3-1=2$
11	$F_{-4,6}>0$	$-X$	$F_{-5,6}=F_{-4,6}-2x_{10}+1=4-4+1=1$	$x_{11}=2-1=1$，$y_{11}=6$	$E=2-1=1$
12	$F_{-5,6}>0$	$-X$	$F_{-6,6}=F_{-5,6}-2x_{11}+1=1-2+1=0$	$x_{12}=1-1=0$，$y_{12}=6$	$E=1-1=0$

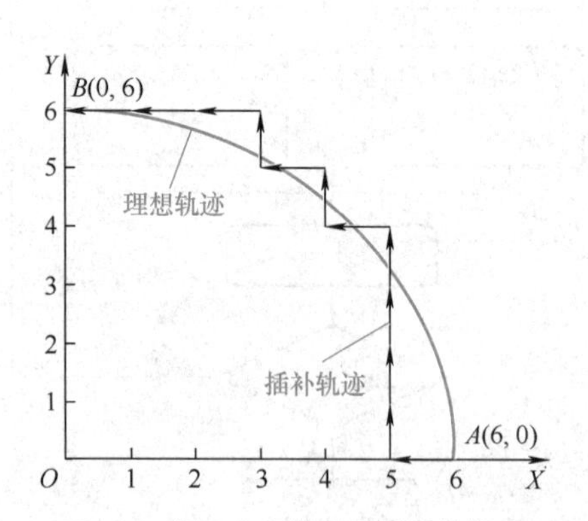

图 2-9 例 2-2 中的逆圆弧插补轨迹

例 2-3 设加工第一象限顺圆弧 AB，起点 A（0，6），终点 B（6，0），试用逐点比较法对其进行插补并画出插补轨迹。

插补从圆弧的起点开始，故 $F_{0,0}=0$；终点判别寄存器 E 存入 X 和 Y 两个坐标方向的总步数，即 E=6+6=12，每进给一步减 1，E=0 时停止插补。应用第一象限顺圆弧插补计算公式，其插补运算过程见表 2-3，插补轨迹如图 2-10 所示。

表 2-3　例 2-3 中的顺圆弧插补运算过程

步数	偏差判别	坐标进给方向	偏差计算	坐标计算	终点判断
0			$F_{0,0}=0$	$x_0=0$，$y_0=6$	$E=12$
1	$F_{0,0}=0$	$-Y$	$F_{0,-1}=F_{0,0}-2y_0+1=0-12+1=-11$	$x_1=0$，$y_1=6-1=5$	$E=12-1=11$
2	$F_{0,-1}<0$	$+X$	$F_{1,-1}=F_{0,-1}+2x_1+1=-11+0+1=-10$	$x_2=0+1=1$，$y_2=5$	$E=11-1=10$
3	$F_{1,-1}<0$	$+X$	$F_{2,-1}=F_{1,-1}+2x_2+1=-10+2+1=-7$	$x_3=1+1=2$，$y_3=5$	$E=10-1=9$
4	$F_{2,-1}<0$	$+X$	$F_{3,-1}=F_{2,-1}+2x_3+1=-7+4+1=-2$	$x_4=2+1=3$，$y_4=5$	$E=9-1=8$
5	$F_{3,-1}<0$	$+X$	$F_{4,-1}=F_{3,-1}+2x_4+1=-2+6+1=5$	$x_5=3+1=4$，$y_5=5$	$E=8-1=7$
6	$F_{4,-1}>0$	$-Y$	$F_{4,-2}=F_{4,-1}-2y_5+1=5-10+1=-4$	$x_6=4$，$y_6=5-1=4$	$E=7-1=6$
7	$F_{4,-2}<0$	$+X$	$F_{5,-2}=F_{4,-2}+2x_6+1=-4+8+1=5$	$x_7=4+1=5$，$y_7=4$	$E=6-1=5$
8	$F_{5,-2}>0$	$-Y$	$F_{5,-3}=F_{5,-2}-2y_7+1=5-8+1=-2$	$x_8=5$，$y_8=4-1=3$	$E=5-1=4$
9	$F_{5,-3}<0$	$+X$	$F_{6,-3}=F_{5,-3}+2x_8+1=-2+10+1=9$	$x_9=5+1=6$，$y_9=3$	$E=4-1=3$
10	$F_{6,-3}>0$	$-Y$	$F_{6,-4}=F_{6,-3}-2y_9+1=9-6+1=4$	$x_{10}=6$，$y_{10}=3-1=2$	$E=3-1=2$
11	$F_{6,-4}>0$	$-Y$	$F_{6,-5}=F_{6,-4}-2y_{10}+1=4-4+1=1$	$x_{11}=6$，$y_{11}=2-1=1$	$E=2-1=1$
12	$F_{6,-5}>0$	$-Y$	$F_{6,-6}=F_{6,-5}-2y_{11}+1=1-2+1=0$	$x_{12}=6$，$y_{12}=1-1=0$	$E=1-1=0$

以上仅讨论了逐点比较法插补第一象限顺、逆圆弧的原理和计算公式，插补其他象限圆弧的方法同直线插补一样，通常也有两种方法：

（1）分别处理法　可根据上面插补第一象限圆弧的分析方法，分别建立其他三个象限顺、逆圆弧的偏差函数计算公式，这样会有 8 组计算公式；脉冲进给的方向由实际象限决定。

（2）坐标变换法　通过坐标变换将其他各象限顺、逆圆弧插补计算公式都统一于第一象限的顺、逆圆弧插补公式，不管哪个象限的圆弧都按第一象限顺、逆圆弧进行插补计算，而进给脉冲的方向则仍由实际象限决定，该种方法也是最常采用的方法。

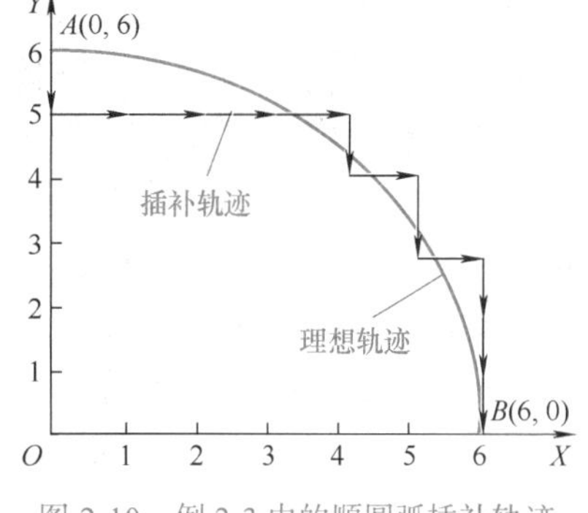

图 2-10　例 2-3 中的顺圆弧插补轨迹

坐标变换就是将其他各象限圆弧加工点的坐标均取绝对值，这样，按第一象限逆圆弧插补运算时，如果将 X 轴的进给反向，即可插补出第二象限顺圆弧；将 Y 轴的进给反向，即可插补出第四象限顺圆弧；将 X、Y 轴两者的进给都反向，即可插补出第三象限逆圆弧。也就是说，第二象限顺圆弧、第三象限逆圆弧及第四象限顺圆弧的插补计算公式和插补流程图与插补第一象限逆圆弧时一样。同理，第二象限逆圆弧、第三象限顺圆弧及第四象限逆圆弧的插补计算公式和插补流程图与插补第一象限顺圆弧时一样。

从插补计算公式及例 2-2、例 2-3 中还可以看出，按第一象限逆圆弧插补时，把插补运算公式的 X 坐标和 Y 坐标对调，即以 X 作 Y、以 Y 作 X，那么就得到第一象限顺圆弧。

插补四个象限的顺、逆圆弧时偏差符号和进给方向可用图 2-11 表示。

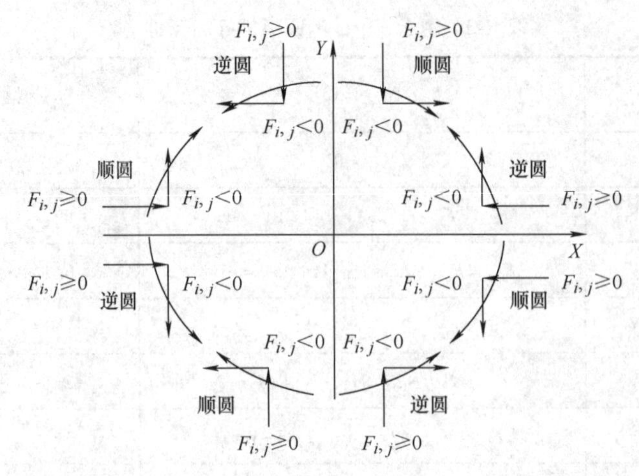

图 2-11 逐点比较法插补四个象限顺、逆圆弧的偏差符号和进给方向

逐点比较法插补圆弧时，相邻象限的圆弧插补计算方法不同，进给方向也不同，过了象限如果不改变插补计算方法和进给方向，就会发生错误。圆弧过象限的标准是 x_i =0 或 y_j =0。每走一步，除进行终点判别外，还要进行过象限判别，到达过象限点时要进行插补运算的变换。

2.3 数字积分法

数字积分法又称数字微分分析器（Digital Differential Analyzer，DDA）法，是利用数字积分的原理，计算刀具沿坐标轴的位移，使刀具沿着所加工的轨迹运动。采用数字积分法进行插补，运算速度快、脉冲分配均匀、易于实现多坐标联动或多坐标空间曲线的插补，所以在轮廓控制数控系统中得到了广泛应用。

如图 2-12 所示，由高等数学可知，求函数 $y=f(x)$ 对 x 的积分运算，从几何概念上讲，就是求此函数曲线与 X 轴在积分区间所包围的面积 F。

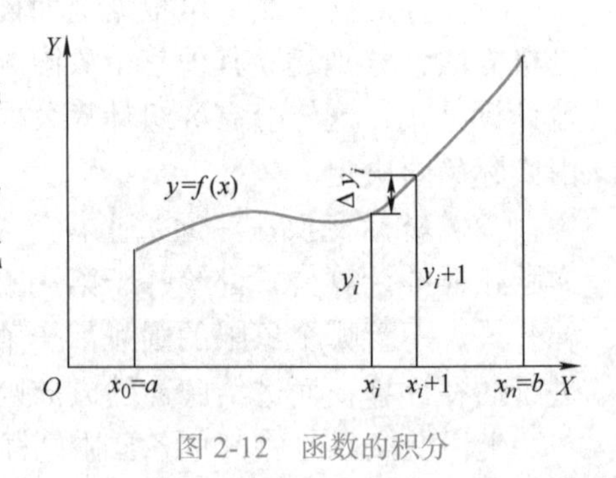

图 2-12 函数的积分

若把自变量的积分区间 [a，b] 等分成许多有限的小区间 $\Delta x(\Delta x = x_{i+1} - x_i)$，这样，求面积 F 可以转化成求有限个小区间内微小矩形面积之和，即

$$F=\sum_{i=0}^{n-1}\Delta F_i=\sum_{i=0}^{n-1}y_i\Delta x$$

数字运算时，Δx 一般取单位“1”，即一个脉冲当量，则

$$F=\sum_{i=0}^{n-1}y_i$$

由此可见，函数的积分运算变成了对变量的求和运算。当所选取的积分间隔 Δx 足够小时，则用求和运算代替求积运算所引起的误差可以不超过允许的误差值。

下面分别介绍 DDA 法直线插补和圆弧插补原理。

2.3.1　DDA 法直线插补

在 OXY 平面上对直线 OA 进行插补，如图 2-13 所示，直线的起点为原点 O，终点为 $A(x_e, y_e)$，设进给速度 V 是均匀的，直线 OA 的长度为 L，则有

$$\frac{V}{L}=\frac{V_x}{x_e}=\frac{V_y}{y_e}=k \tag{2-10}$$

式中　V_x ——动点在 X 方向的移动速度；

V_y ——动点在 Y 方向的移动速度；

k ——比例系数。

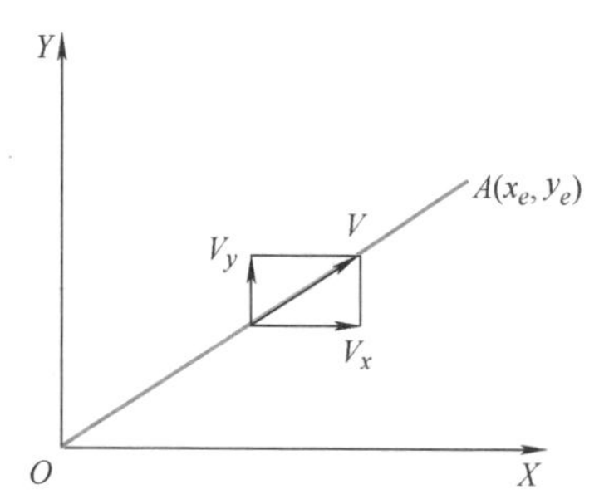

图 2-13　DDA 法直线插补原理

由式（2-10）可得

$$\begin{cases} V_x = kx_e \\ V_y = ky_e \end{cases} \tag{2-11}$$

在 Δt 时间内，X 和 Y 方向上的移动距离微小增量 Δx 、Δy 应为

$$\begin{cases} \Delta x = V_x \Delta t \\ \Delta y = V_y \Delta t \end{cases} \tag{2-12}$$

将式（2-11）代入式（2-12）得

$$\begin{cases} \Delta x = V_x \Delta t = kx_e \Delta t \\ \Delta y = V_y \Delta t = ky_e \Delta t \end{cases} \tag{2-13}$$

因此，动点从原点走向终点的过程，可以看作各坐标每经过一个单位时间间隔 Δt 分别以增量 kx_e 、ky_e 同时累加的结果。设经过 m 次累加后，X 和 Y 方向分别都到达终点 $A(x_e, y_e)$，则

$$\begin{cases} x_e = \sum\limits_{i=1}^{m}(kx_e)\Delta t = mkx_e \Delta t \\ y_e = \sum\limits_{i=1}^{m}(ky_e)\Delta t = mky_e \Delta t \end{cases} \tag{2-14}$$

取 Δt =1，则有

$$\begin{cases} x_e = mkx_e \\ y_e = mky_e \end{cases} \tag{2-15}$$

式（2-13）也变为

$$\begin{cases} \Delta x = kx_e \\ \Delta y = ky_e \end{cases} \tag{2-16}$$

由式（2-15）可知，mk=1，即

$$m = \frac{1}{k} \tag{2-17}$$

因为累加次数 m 必须是整数，所以比例系数 k 一定为小数。选取 k 时主要考虑 Δx、Δy 应不大于 1，以保证坐标轴上每次分配的进给脉冲不超过一个单位步距，即由式（2-16）得

$$\begin{cases} \Delta x = kx_e < 1 \\ \Delta y = ky_e < 1 \end{cases} \tag{2-18}$$

另外，x_e、y_e 的最大容许值受寄存器的位数 n 的限制，最大值为 $2^n - 1$，所以由式（2-18）得

$$k(2^n - 1) < 1\text{，即 } k < \frac{1}{2^n - 1}$$

一般取

$$k = \frac{1}{2^n} \tag{2-19}$$

则有

$$m = 2^n \tag{2-20}$$

式（2-20）说明 DDA 法直线插补的整个过程要经过 2^n 次累加才能到达直线的终点。

当 k=1/ 2^n 时，对二进制数来说，kx_e 与 x_e 的差别只在于小数点的位置不同，将 x_e 的小数点左移 n 位即为 kx_e。因此，在 n 位的内存中存放 x_e（x_e 为整数）和存放 kx_e 的数字是相同的，只是认为后者的小数点出现在最高位数 n 的前面，这样，对 kx_e 与 ky_e 的累加就分别可转变为对 x_e 与 y_e 的累加。

DDA 法直线插补器的关键部件是累加器和被积函数寄存器，每个坐标方向都需要一个累加器和一个被积函数寄存器。以插补 *OXY* 平面上的直线为例，一般情况下，插补开始前，累加器清零，被积函数寄存器分别寄存 x_e 和 y_e。插补开始后，每来一个累加脉冲 Δt，被积函数寄存器里的坐标值在相应的累加器中累加一次，累加后的溢出作为驱动相应坐标轴的进给脉冲 Δx 或 Δy，而余数仍寄存在累加器中。当脉冲源发出的累加脉冲数 m 恰好等于被积函数寄存器的容量 2^n 时，溢出的脉冲数等于以脉冲当量为最小单位的终点坐标，表明刀具运行到终点。*OXY* 平面的 DDA 法直线插补器的示意图如图 2-14 所示。

DDA 法直线插补的终点判别比较简单。由以上的分析可知，插补一直线段时只需要完成 m=2^n 次累加运算，即可到达终点位置。因此，可以将累加次数 m 是否等于 2^n 作为终点判别的依据，只要设置一个位数也为 n 位的终点计算寄存器，用来记录累加次数，当计数器记满 2^n 个数时，停止插补运算。

用软件实现 DDA 法直线插补时，在内存中设立几个存储单元，分别存放 x_e 及其累加值 $\sum x_e$ 或 y_e 及其累加值 $\sum y_e$，在每次插补运算循环过程中进行以下求和运算：

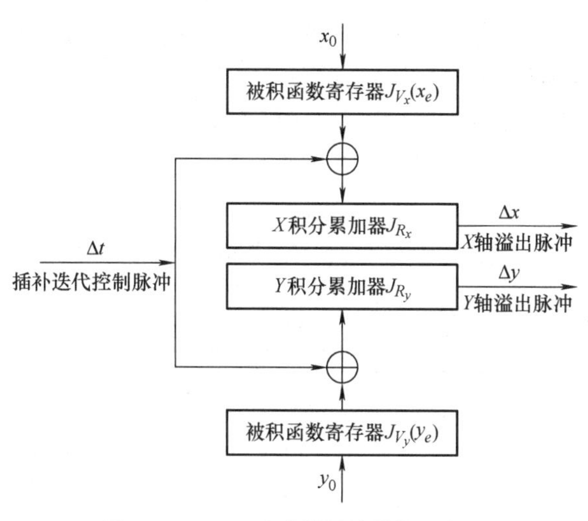

图 2-14　DDA 法直线插补器的示意图

$$\sum x_e + x_e \rightarrow \sum x_e$$

$$\sum y_e + y_e \rightarrow \sum y_e$$

用运算结果溢出的脉冲 Δx 和 Δy 控制机床进给，就可走出所需的直线轨迹。DDA 法直线插补第一象限的程序流程如图 2-15 所示。

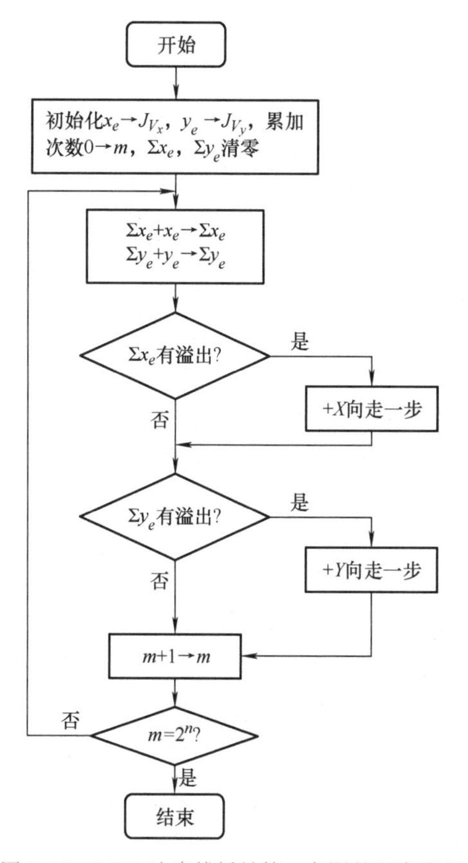

图 2-15　DDA 法直线插补第一象限的程序流程

例 2-4 设直线 OA 的起点为原点 O，终点为 A（8，6），采用四位寄存器，试写出直线 OA 的 DDA 法插补过程并画出插补轨迹。

由于采用四位寄存器，所以累加次数 $m=2^4=16$。插补运算过程见表 2-4，插补轨迹如图 2-16 所示。

表 2-4 例 2-4 中的直线插补运算过程

累加次数 m	X 积分器			Y 积分器		
	J_{V_x}（存x_e）	$J_{R_x}\left(\sum x_e\right)$	Δx	J_{V_y}（存y_e）	$J_{R_y}\left(\sum y_e\right)$	Δy
0	1000	0000	0	0110	0000	0
1		1000	0		0110	0
2		0000	1		1100	0
3		1000	0		0010	1
4		0000	1		1000	0
5		1000	0		1110	0
6		0000	1		0100	1
7		1000	0		1010	0
8		0000	1		0000	1
9		1000	0		0110	0
10		0000	1		1100	0
11		1000	0		0010	1
12		0000	1		1000	0
13		1000	0		1110	0
14		0000	1		0100	1
15		1000	0		1010	0
16		0000	1		0000	1

以上仅讨论了 DDA 法插补第一象限直线的原理和计算公式。插补其他象限的直线时，一般将其他各象限直线的终点坐标均取绝对值。这样，它们的插补计算公式和插补流程图与插补第一象限直线时一样，而脉冲进给方向总是直线终点坐标绝对值增加的方向。

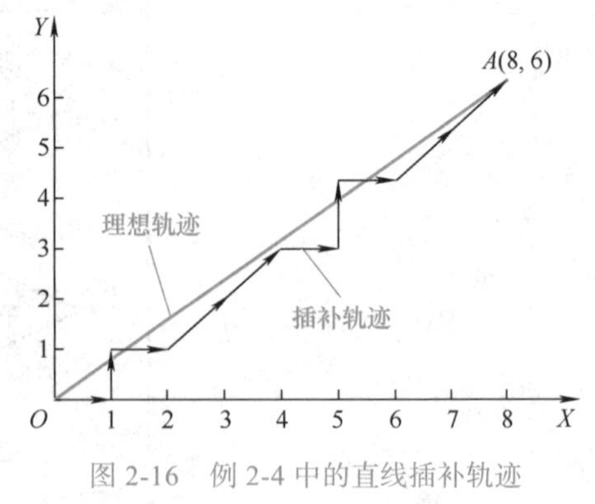

图 2-16 例 2-4 中的直线插补轨迹

2.3.2 DDA 法圆弧插补

下面以第一象限逆圆弧为例，说明 DDA 法圆弧插补原理。如图 2-17 所示，设刀具沿半径为 R 的圆弧 AB 移动，刀具沿圆弧切线方向的进给速度为 V，$P(x_i, y_j)$ 为动点，则有如下关系式

$$\frac{V}{R}=\frac{V_x}{y_j}=\frac{V_y}{x_i}=k \tag{2-21}$$

由式（2-21）可得

$$\begin{cases} V_x = ky_j \\ V_y = kx_i \end{cases} \tag{2-22}$$

当刀具沿圆弧切线方向匀速进给，即 V 为恒定时，可以认为 k 为常数。

在一个单位时间间隔 Δt 内，X 和 Y 方向上的移动距离微小增量 Δx 、Δy 应为

$$\begin{cases} \Delta x = V_x \Delta t = ky_j \Delta t \\ \Delta y = V_y \Delta t = kx_i \Delta t \end{cases} \tag{2-23}$$

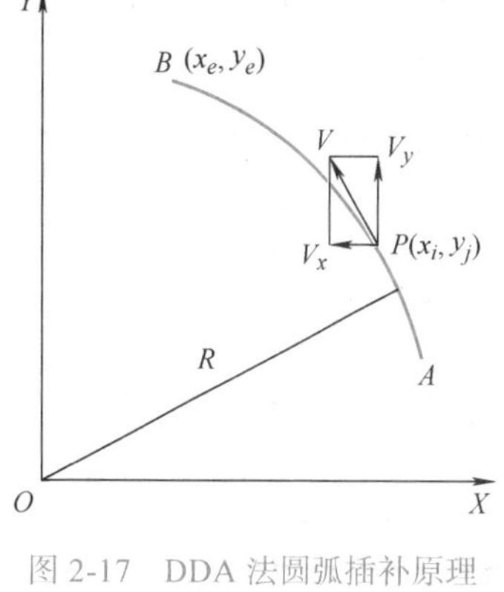

图 2-17　DDA 法圆弧插补原理

根据式（2-23），仿照直线插补的方法也用两个积分器来实现圆弧插补，如图 2-18 所示。图中系数 k 的省略原因和直线插补时类同，但必须注意 DDA 法圆弧插补与直线插补的区别：

1）坐标值 x_i 、y_j 存入被积函数寄存器 J_{V_x} 、J_{V_y} 的对应关系与直线不同，恰好位置互调，即 y_i 存入 J_{V_x}，而 x_i 存入 J_{V_y} 中。

2）被积函数寄存器 J_{V_x} 、J_{V_y} 寄存的数值与直线插补时还有一个本质的区别：直线插补时 J_{V_x} 、J_{V_y} 分别寄存的是终点坐标 x_e 、y_e，是常数；而在圆弧插补时寄存的是动点坐标 x_i 、y_j，是变量。因此，在刀具移动过程中必须根据刀具位置的变化来更改寄存器 J_{V_x} 、J_{V_y} 中的内容。在起点时，J_{V_x} 、J_{V_y} 分别寄存起点坐标值 y_0 、x_0 。在插补过程中，J_{R_y} 每溢出一个 Δy 脉冲，J_{V_x} 寄存器应该加“1”；反之，当 J_{R_x} 溢出一个 Δx 脉冲时，J_{V_y} 应该减“1”，减“1”的原因是刀具在做逆圆运动时 x 坐标做负方向进给，动点坐标不断减少。

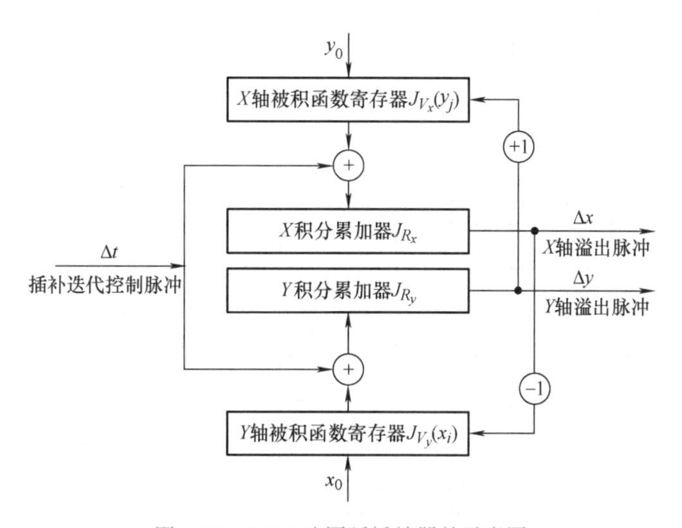

图 2-18　DDA 法圆弧插补器的示意图

对于其他象限的顺、逆圆弧插补运算过程和积分器结构基本上与第一象限逆圆弧是一致的，但区别在于，控制各坐标轴的 Δx 、Δy 的进给方向不同，以及修改 J_{V_x} 、J_{V_y} 内容时

是加“1”还是减“1”，要由 x_i 和 y_j 坐标值的增减而定，见表 2-5。

表 2-5　DDA 法圆弧插补时坐标值的修改

	SR1	SR2	SR3	SR4	NR1	NR2	NR3	NR4
J_{V_x}（y_j）	−1	+1	−1	+1	+1	−1	+1	−1
J_{V_y}（x_i）	+1	−1	+1	−1	−1	+1	−1	+1
Δx	+	+	−	−	−	−	+	+
Δy	−	+	+	−	+	−	−	+

注：表中 SR1、SR2、SR3、SR4 分别表示第一、第二、第三、第四象限的顺圆弧，NR1、NR2、NR3、NR4 分别表示第一、第二、第三、第四象限的逆圆弧。

DDA 法圆弧插补的终点判别一般采用各轴设一个终点判别计数器，分别判别其是否到达终点，每进给一步，相应轴的终点判别计数器减“1”，当某轴的终点判别计数器减为“0”时，该轴停止进给。当各轴的终点判别计数器都减为 0 时表明到达终点，停止插补。另外也可根据 J_{V_x}、J_{V_y} 中的存数来判断是否到达终点，如果 J_{V_x} 中的存数是 y_e、J_{V_y} 中的存数是 x_e，则圆弧插补到终点。

例 2-5　设第一象限逆圆弧的起点为 A（5，0），终点为 B（0，5），采用三位寄存器，试写出 DDA 法插补过程并画出插补轨迹。

在 X 和 Y 方向分别设一个终点判别计数器 E_X、E_Y，E_X =5，E_Y =5，X 积分器和 Y 积分器溢出时，就在相应的终点判别计数器中减“1”，当两个计数器均为“0”时，插补结束。插补运算过程见表 2-6，插补轨迹如图 2-19 所示。

表 2-6　例 2-5 中的圆弧插补运算过程

累加次数 m	X 积分器			E_X	Y 积分器			E_Y
	J_{V_x}（存 y_j）	J_{R_x}	Δx		J_{V_y}（存 x_i）	J_{R_y}	Δy	
0	000	000	0	101	101	000	0	101
1	000	000	0	101	101	101	0	101
2	000	000	0	101	101	010	1	100
	001							
3	001	001	0	101	101	111	0	100
4	001	010	0	101	101	100	1	011
	010							
5	010	100	0	101	101	001	1	010
	011							
6	011	111	0	101	101	110	0	010
7	011	010	1	100	101	011	1	001
	100				100			
8	100	110	0	100	100	111	0	001

（续）

累加次数 m	X 积分器			E_X	Y 积分器			E_Y
	J_{V_x}（存 y_j）	J_{R_x}	Δx		J_{V_y}（存 x_i）	J_{R_y}	Δy	
9	100	010	1	011	100	011	1	000
	101				011			
10	101	111	0	011	011			
11	101	100	1	001	011			
					010			
12	101	001	1	001	010			
					001			
13	101	110	0	001	001			
14	101	011	1	000	001			
					000			

2.3.3 DDA 法插补进给速度的均化

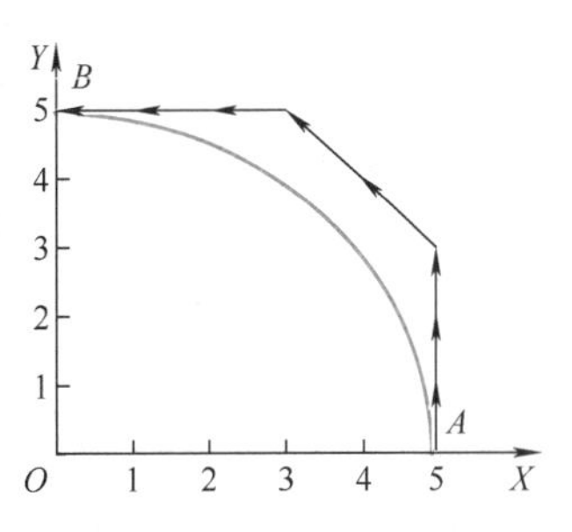

图 2-19　例 2-5 中的圆弧插补轨迹

由前述 DDA 法直线插补的分析可知，判断终点是用累加次数 m 为条件的，当累加寄存器的位数一旦选定，比如 n 位，累加次数即为常数 $m=2^n$ 了，而不管加工行程长短都需做 m 次计算。这就造成行程长进给速度加快，行程短进给速度变慢，使之各程序段进给速度不均匀，其结果将影响进给表面质量和效率，为此要进行速度均化处理。

先给出寄存器左移规格化的概念。规定：寄存器内的数，经左移后最高位为“1”，称为左移规格化；反之最高位为“0”，称为非规格化，如图 2-20 所示。

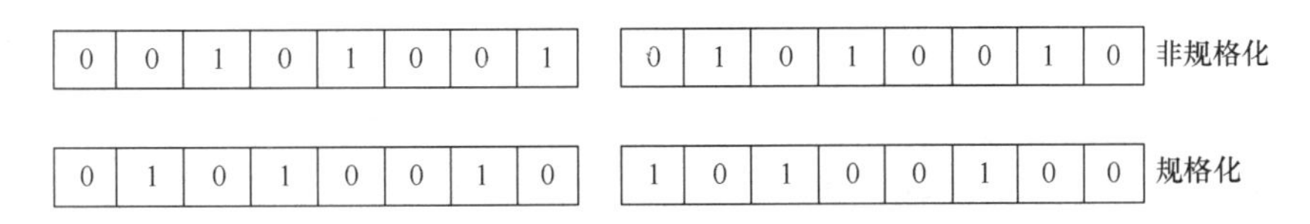

图 2-20　左移规格化处理

DDA 法插补进给速度均化处理，一般用左移规格化处理完成。但直线和圆弧插补进给速度均化有所不同，现分别讨论。

1. 直线插补的进给速度均化

直线插补的进给速度均化方法是：先将终点坐标的缩小值 kx_e，ky_e 分别转化成二进制装入被积函数寄存器 J_{V_x}、J_{V_y}，然后将这两个寄存器的内容同时左移，直到 J_{V_x}、J_{V_y} 之一达到左移规格化为止。与此同时，J_{V_x} 和 J_{V_y} 每左移一位，判断终点寄存器 J_E 从最高位自动补“1”右移。此过程如图 2-21 所示。

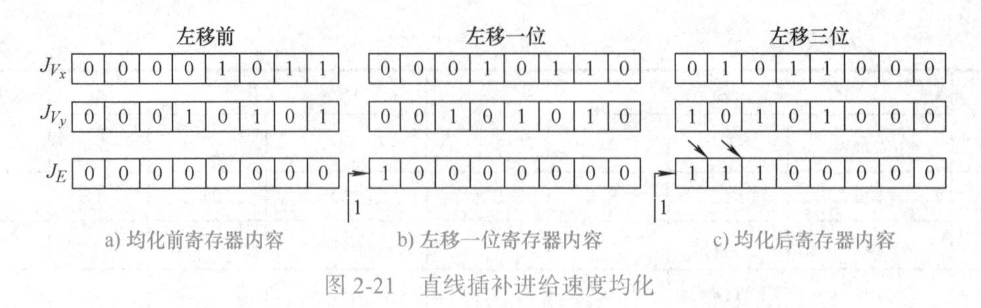

图 2-21 直线插补进给速度均化

上述进给速度均化方法中，J_{V_x} 和 J_{V_y} 每左移一位，相当于其内容增大 2^1 倍，如左移 p 位则增大 2^p 倍。由于是 J_{V_x} 和 J_{V_y} 同时左移，在其一达到左移规格化后左移位数相同，因而其内容也扩大同样的倍数，保持两数的比值不变，所以直线的斜率不变，故对加工没有影响。另外，由于 J_{V_x} 和 J_{V_y} 的内容增加，就使累加次数减少（因为容量一定）。若左移 p 位，则累加次数就减少到原来的 $\frac{1}{2^p}$，即从原来的 2^n 次减少到 2^{n-p} 次。而在一程序段间隔时间内，各坐标分配的脉冲数应等于 x_e、y_e 值，这样作为判断终点累加次数的寄存器 J_E 也必须相应减少。这恰恰由 J_E 从最高位自动补 p 个“1”右移得以实现。

综上所述可以理解：均化处理后，行程短的程序段，累加次数 m 减少得多，则进给速度提高得多；而行程长的程序段，累加次数 m 减少得少，则进给速度提高得较少，因而能达到进给速度相对均匀的目的。

2. 圆弧插补的进给速度均化

圆弧插补的进给速度均化方法与直线均化方法类似，但寄存器左移至次高位，即第（n−1）位为“1”，就必须停止左移，不能移至最高位为“1”。这是因为寄存器的内容在插补过程中不断变化，如果取最高位为“1”，可能导致溢出，使插补计算不准确。

当 J_{V_x} 装入 y_j 值后，通过左移 Q 位使 J_{V_x} 次高位为“1”，则 y 值扩大了 2^Q 倍，J_{V_x} 的内容变为 $2^Q y_j$，当 Y 积分器 J_{R_y} 有一脉冲溢出时，则 J_{V_x} 中的内容修正值为

$$2^Q(y_j+1)=2^Q y_j+2^Q$$

此式说明：若均化过程左移 Q 位，当 J_{R_y} 有一脉冲溢出 Δy 时，J_{V_x} 中的数值修正值不是加 1，而应是加上 2^Q，即 J_{V_x} 寄存器第 Q+1 位加“1”。同理，当 J_{R_x} 寄存器有一脉冲溢出 Δx 时，J_{V_y} 寄存器中的数值修正值不是减 1，而应减去 2^Q，即第 Q+1 位减“1”。

2.4 时间分割插补法

1. 时间分割法直线插补原理

在时间分割插补法中，首先根据加工指令中的进给速度 F，计算出每一插补周期的轮廓步长 l，即用插补周期为时间单位，将整个加工过程分割成许多个单位时间内的进给过程。以插补周期为时间单位，则单位时间内移动的路程等于速度，即轮廓步长 l 与轮廓速度 f 在数值上相等。插补计算的主要任务是计算出下一个插补点的坐标，从而算出轮廓速度 f 在各个坐标轴的分速度，即下一个插补周期内的各个坐标的进给量 Δx、Δy。控制 X、

Y 坐标轴分别以 Δx、Δy 为速度协调进给，即可走出逼近直线段，到达下一个插补点。在进给过程中，对实际位置进行采样，与插补计算的坐标值进行比较，得出位置误差，位置误差在后一采样周期内修正。采样周期可以等于插补周期，也可小于插补周期，如插补周期的 1/2。

设指令进给速度为 F，其单位为 mm/min，插补周期为 8ms，l 的单位为 μm，则

$$l=\frac{F\times1000\times8}{60\times1000}=\frac{2}{15}F \tag{2-24}$$

无论进行直线插补还是圆弧插补，都必须先用式（2-24）计算出单位时间（插补周期）的进给量，然后才能进行插补点的计算。

设要加工 OXY 平面上的直线 OA，如图 2-22 所示，直线起点在坐标原点 O，终点为 $A(x_e, y_e)$。当刀具从 O 点移动到 A 点时，X 轴和 Y 轴移动的增量分别为 x_e 和 y_e。要使动点从 O 点到 A 点沿给定直线运动，必须使 X 轴和 Y 轴的运动速度始终保持一定比例关系，这个比例关系由终点坐标（x_e，y_e）的比值决定。

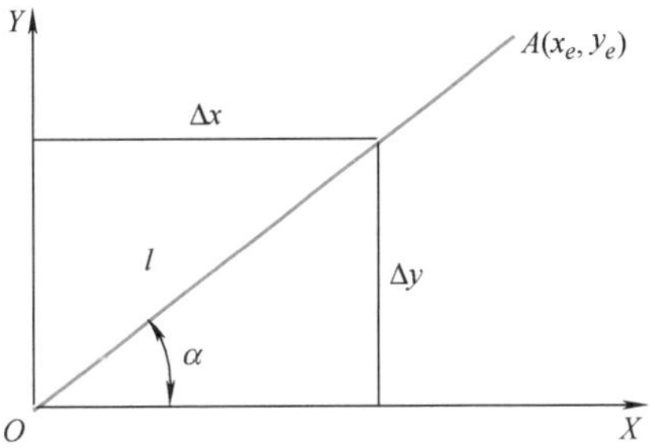

图 2-22　时间分割法直线插补

设要加工的直线与 X 轴的夹角为 α，已计算出的轮廓步长 l，即单位时间间隔的进给量。于是有

$$\Delta x= l\cos\alpha \tag{2-25}$$

$$\Delta y=\frac{y_e}{x_e}\Delta x=\Delta x\tan\alpha \tag{2-26}$$

而

$$\cos\alpha=\frac{x_e}{\sqrt{x_e^2+y_e^2}}=\frac{1}{\sqrt{1+\tan^2\alpha}} \tag{2-27}$$

式中　Δx ——X 轴插补进给量；

　　　Δy ——Y 轴插补进给量。

时间分割插补法计算结果，就是算出下一单位时间间隔（插补周期）内各个坐标轴的进给量。因此，时间分割插补法插补计算可按以下步骤进行：

1）根据加工指令中的速度值 F，计算轮廓步长 l。

2）根据终点坐标值 x_e、y_e，计算 $\tan\alpha$。

3）根据 $\tan\alpha$ 计算 $\cos\alpha$。

4）计算 X 轴进给量 Δx。

5）计算 Y 轴进给量 Δy。

在进给速度不变的情况下，各个插补周期的 Δx、Δy 不变，但在加减速过程中是要变化的。为了和加减速过程采用统一的处理办法，所以即使在匀速段也进行插补计算。

2. 时间分割法圆弧插补原理

时间分割法圆弧插补也必须根据加工指令中的进给速度 F，计算出轮廓步长，即单位时间（插补周期）内的进给量 l，才能进行插补运算。圆弧插补运算，就是以轮廓步长为圆弧上相邻两个插补点之间的弦长，由前一个插补点的坐标和圆弧半径，计算由前一插补

点到后一插补点两个坐标轴的进给量 Δx、Δy。

如图 2-23 所示的顺圆弧，A 点为圆弧上的一个插补点，其坐标为（x_i，y_i），B 点为经 A 点之后一个插补周期应到达的另一插补点，B 点也应在圆弧上。A 点和 B 点之间的弦长等于轮廓步长 l。AP 是圆弧在 A 点的切线，M 点是弦 AB 的中点，$OM \perp AB$，$ME \perp AF$，E 为 AF 的中点。圆心角具有以下关系：

$$\phi_{i+1}=\phi_i+\delta$$

式中　δ——轮廓步长 l 所对应的圆心角增量，也称步距角。

因为 $OA \perp AP$，所以 $\triangle AOC \sim \triangle PAF$　则

$$\angle AOC=\angle PAF=\phi_i$$

因为 AP 为切线，所以

$$\angle BAP=\frac{1}{2}\angle PAF=\frac{1}{2}\delta$$

$$\alpha=\angle PAF+\angle BAP=\phi_i+\frac{1}{2}\delta$$

在 $\triangle MOD$ 中

$$\tan(\phi_i+\frac{1}{2}\delta)=\frac{\overline{DH}+\overline{HM}}{\overline{OC}-\overline{CD}}$$

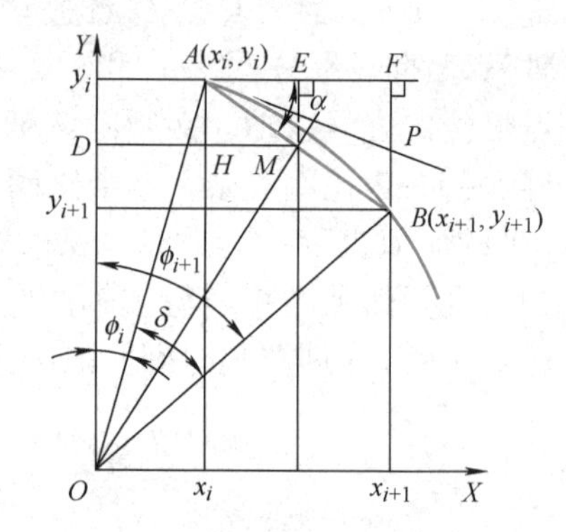

图 2-23　时间分割法圆弧插补

将 $\overline{DH}=x_i$，$\overline{OC}=y_i$，$\overline{HM}=\frac{1}{2}l\cos\alpha=\frac{1}{2}\Delta x$，$\overline{CD}=\frac{1}{2}l\sin\alpha=\frac{1}{2}\Delta y$ 代入上式，则有

$$\tan\alpha=\tan(\phi_i+\frac{1}{2}\delta)=\frac{x_i+\frac{1}{2}l\cos\alpha}{y_i-\frac{1}{2}l\sin\alpha}=\frac{x_i+\frac{1}{2}\Delta x}{y_i-\frac{1}{2}\Delta y} \tag{2-28}$$

式（2-28）中，$\cos\alpha$ 和 $\sin\alpha$ 均为未知，要计算 $\tan\alpha$ 仍然困难。为此，采用一种近似算法，即以 $\cos45°$ 和 $\sin45°$ 来代替 $\cos\alpha$ 和 $\sin\alpha$。这样，式（2-28）可改为

$$\tan\alpha\approx\frac{x_i+\frac{1}{2}l\cos45^\circ}{y_i-\frac{1}{2}l\sin45^\circ} \tag{2-29}$$

因为 A 点的坐标值 x_i、y_i 为已知，要求出 B 点的坐标可先求 X 轴的进给量 Δx：

$$\cos\alpha=\frac{1}{\sqrt{1+\tan\alpha}}$$

$$\Delta x=l\cos\alpha$$

因为 A（x_i，y_i）和 B（x_{i+1}，y_{i+1}）是圆弧上相邻两点，必须满足下列关系式

$$x_i^2+y_i^2=(x_i+\Delta x)^2+(y_i-\Delta y)^2$$

经展开整理后可得

$$\Delta y=\frac{\left(x_i+\frac{1}{2}\Delta x\right)\Delta x}{y_i-\frac{1}{2}\Delta y} \tag{2-30}$$

由式（2-30）可计算出 Δy。式（2-30）实际上仍为一个 Δy 的二次方程，如果要用解方程的方法求 Δy，则较复杂。这里可以直接用式（2-30）进行迭代计算。第一次迭代，等式右边的 Δy 由下式决定

$$\Delta y=\Delta x\tan\alpha$$

计算出式（2-30）左边的 Δy 后代入右边再计算左边的 Δy，直到等式两边的 Δy 相等（误差小于一个脉冲当量）为止。

由此可得下一个插补点 B（x_{i+1}，y_{i+1}）的坐标值

$$x_{i+1}=x_i+\Delta x,\ y_{i+1}=y_i-\Delta y$$

在用式（2-29）近似计算 $\tan\alpha$ 时，势必造成 $\tan\alpha$ 的偏差，进而造成 Δx 的偏差。但是，这样的近似计算并不影响 B 点仍在圆弧上。这是因为 Δy 是通过式（2-30）计算出来的，满足式（2-30），B 点就必然在圆弧上。$\tan\alpha$ 的近似计算，只造成进给速度的微小偏差，实际进给速度的变化小于指令进给速度的 1%。这么小的进给速度变化在实际切削中是微不足道的，可以认为插补速度是均匀的。

时间分割插补法用弦线逼近圆弧，因此插补误差主要为半径的绝对误差。插补周期是固定的，该误差取决于进给速度和圆弧半径。因为逼近误差 $\delta=\frac{(FT)^2}{8R}$ [见式（2-1）]，为此，当加工的圆弧半径确定后，为了使径向误差不超过允许值，对进给速度要有一个限制。

当要求 $\delta\leqslant 1\mu m$，插补周期 T=8ms 时，则进给速度

$$F\leqslant\sqrt{8\delta R}/T=\sqrt{450000R}$$

2.5　刀具半径补偿

数控系统对刀具的控制是以刀架参考点为基准的，零件加工程序给出零件轮廓轨迹，如果不做处理，则数控系统仅能控制刀架参考点的实际加工轨迹，但实际上是要用刀具的刀尖实现加工的，这样需要在刀架的参考点与加工刀具的刀尖之间进行位置偏置。这种位置偏置由两部分组成：刀具半径补偿及刀具长度补偿。不同种类的机床与刀具，需要考虑的刀具补偿参数也不同。对铣刀而言，只有刀具半径补偿；对钻头而言，只有刀具长度补偿；但对车刀而言，却需要刀具长度补偿和刀具半径补偿。本书只介绍刀具半径补偿。

2.5.1　刀具半径补偿

在轮廓加工过程中，由于刀具总是有一定的半径（如铣刀半径），刀具中心的运动轨迹与工件轮廓是不一致的，如图 2-24 所示。若不考虑刀具半径，直接按照工件轮廓编程是比较方便的，但这时刀具中心运动轨迹是工件轮廓，而加工出来的零件尺寸比图样要求

小了一圈（外轮廓加工）或大了一圈（内轮廓加工）。所以必须使刀具沿工件轮廓的法向偏移一个刀具半径 r，这种偏置习惯上称为刀具半径补偿，也就是要求数控系统具有半径偏移的计算功能。具有这种刀具半径补偿功能的数控系统，能根据按照工件轮廓编制的加工程序和输入系统的刀具半径值进行刀具偏移计算，自动地加工出符合图样要求的工件。

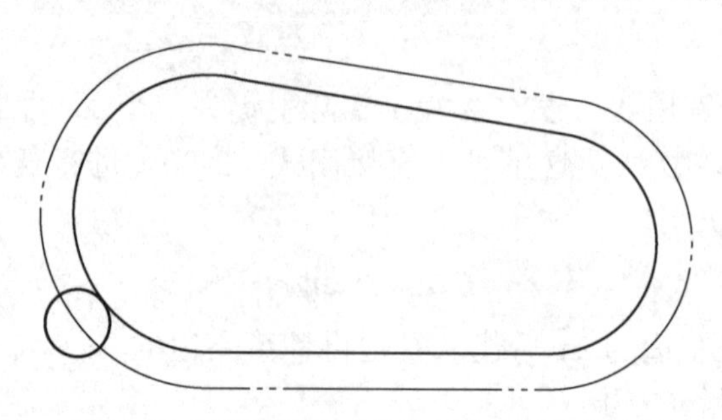

图 2-24 工件轮廓与刀具中心运动轨迹的关系

根据 ISO 标准，当刀具中心轨迹在编程轨迹前进方向右边时，称为右刀具半径补偿，用 G42 表示；在左边时用 G41 表示，称为左刀具半径补偿；当取消刀具半径补偿时用 G40 表示。需指出，刀具半径补偿通常不是程序编制人员完成的，编制人员只是按零件图样的轮廓编制加工程序，同时用指令 G41、G42、G40 告诉 CNC 系统刀具是按零件内轮廓运动还是外轮廓运动，实际的刀具半径补偿是在 CNC 系统内部由计算机自动完成的。CNC 系统根据零件轮廓尺寸（直线或圆弧以及起点和终点）和刀具运动的方向指令（G41、G42、G40），以及实际加工中所用的刀具半径自动地完成刀具半径补偿计算。

在实际轮廓加工过程中，刀具半径补偿的执行过程分为刀具半径补偿的建立、进行和撤销三个步骤。

1）刀具半径补偿的建立。刀具由起刀点接近工件，因为建立刀具半径补偿，所以本程序段执行后，刀具中心轨迹的终点不在下一程序段指定的轮廓起点，而是在法线方向上偏移一个刀具半径的距离，偏移的左右方向取决于 G41 还是 G42，如图 2-25 所示。

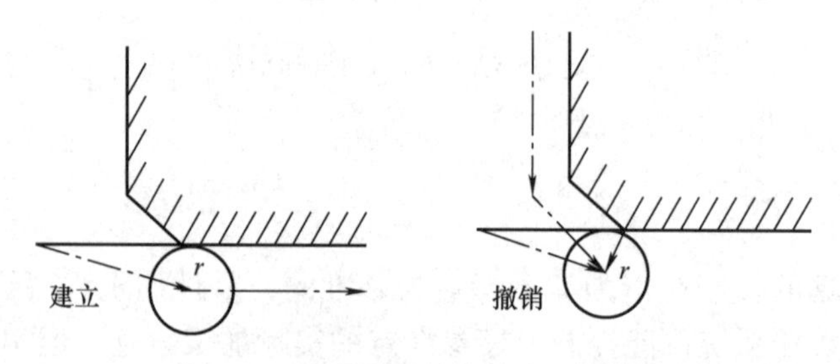

图 2-25 刀具半径补偿的建立与撤销

2）刀具半径补偿的进行。一旦建立刀具半径补偿，则刀具半径补偿状态一直维持到刀具半径补偿撤销。在刀具半径补偿进行期间，刀具中心轨迹始终偏离程序轨迹一个刀具半径的距离。

3）刀具半径补偿的撤销。刀具撤离工件，回到起刀点。这时应按编程的轨迹和上段程序末刀具的位置，计算出运动轨迹，使刀具回到起刀点。刀具半径补偿撤销命令用 G40 指令。刀补仅在指定的二维坐标平面内进行。平面的指定代码为 G17（*XY* 平面）、G18（*XZ* 平面）、G19（*YZ* 平面）。刀具半径值通过代码 D 来指定。

刀具半径补偿方法主要分为 B（Basic）刀具半径补偿和 C（Complete）刀具半径补偿。

2.5.2　B 刀具半径补偿

B 刀具半径补偿为基本的刀具半径补偿，它根据程序段中零件轮廓尺寸和刀具半径计算出刀具中心的运动轨迹，对于一般的 CNC 装置，所能实现的轮廓控制仅限于直线和圆弧。对直线而言，刀具补偿后的刀具中心轨迹是与原直线相平行的直线，因此刀具补偿计算只要计算出刀具中心轨迹的起点和终点坐标值。对于圆弧而言，刀具补偿后的刀具中心轨迹是与原圆弧同心的一段圆弧，因此对圆弧的刀具补偿计算需要计算出刀具补偿后圆弧的起点和终点坐标值以及刀具补偿后的圆弧半径值。

B 刀具半径补偿要求编程轮廓的过渡方式为圆角过渡，即轮廓线之间以圆弧连接，并且连接处轮廓线必须相切，如图 2-26 所示。切削内轮廓角时，过渡圆弧的半径应大于刀具半径。

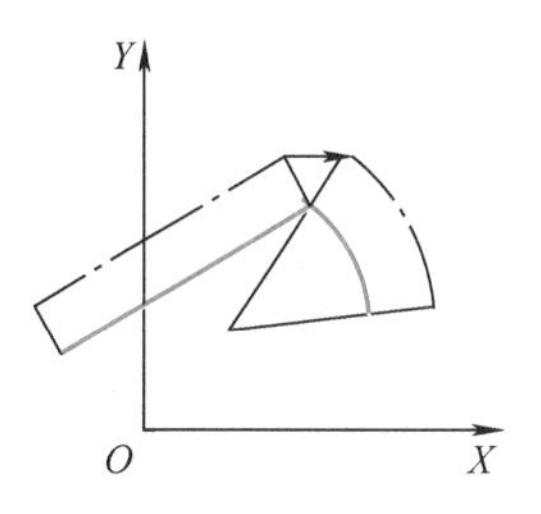

图 2-26　B 刀具半径补偿圆角过渡

直线的 B 刀具半径补偿如图 2-27 所示。被加工直线段的起点为原点 O，终点为 A（x，y），假定上一程序段加工完后，刀具中心在点 O_1 且坐标值已知。刀具半径为 r，现计算刀具半径补偿后直线 O_1A_1 的终点 A_1（x_1，y_1）。设刀具半径补偿矢量 AA_1 的投影坐标为 Δx 和 Δy，则

$$\begin{cases} x_1 = x + \Delta x \\ y_1 = y - \Delta y \end{cases}$$

由于 $\angle XOA = \angle A_1AK = \alpha$，则有

$$\begin{cases} \Delta x = r\sin\alpha = \dfrac{ry}{\sqrt{x^2+y^2}} \\ \Delta y = r\cos\alpha = \dfrac{rx}{\sqrt{x^2+y^2}} \end{cases}$$

$$\begin{cases} x_1 = x + \dfrac{ry}{\sqrt{x^2+y^2}} \\ y_1 = y - \dfrac{ry}{\sqrt{x^2+y^2}} \end{cases}$$

圆弧的 B 刀具半径补偿如图 2-28 所示。设被加工圆弧的圆心坐标为（0，0），圆弧半径为 R，圆弧起点为 A（x_0，y_0），终点为 B（x_e，y_e），刀具半径为 r。

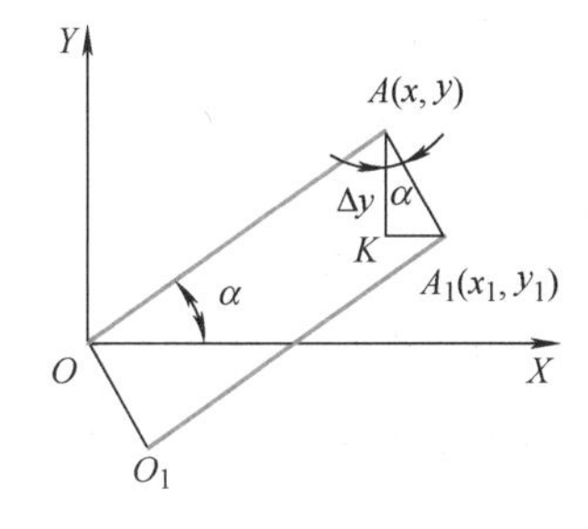

图 2-27　直线的 B 刀具半径补偿

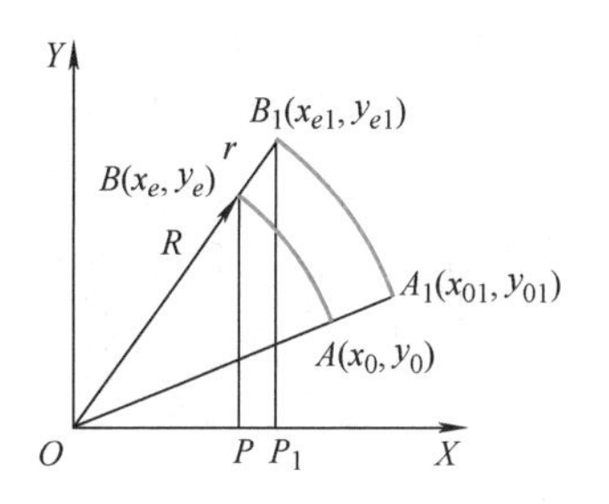

图 2-28　圆弧的 B 刀具半径补偿

设 $A_1(x_{01},y_{01})$ 为前一段程序刀具中心轨迹的终点，且坐标为已知。因为是圆角过渡，A_1 点一定在半径 OA 或其延长线上，与 A 点的距离为 r。A_1 点即为本段程序刀具中心轨迹的起点。现在计算刀具中心轨迹的终点 $B_1(x_{e1},y_{e1})$ 和半径 R_1。因为 B_1 点在半径 OB 或其延长线上，三角形 $\triangle OBP$ 或 $\triangle OB_1P_1$ 相似。根据相似三角形定理，有

$$\frac{x_{e1}}{x_e}=\frac{y_{e1}}{y_e}=\frac{R+r}{R}$$

则有

$$x_{e1}=\frac{x_e(R+r)}{R}$$

$$y_{e1}=\frac{y_e(R+r)}{R}$$

$$R_1=R+r$$

以上为刀具偏向圆外侧的情况，刀具偏向圆内侧时与此类似。

2.5.3 C 刀具半径补偿

对于具有 B 刀具半径补偿的 CNC 装置，编程人员必须事先估计轮廓上的尖角点（斜率不连续的点），并人为在程序中加以处理，显然很不方便。

C 刀具半径补偿则能自动处理两个相邻程序段之间连接（即尖角过渡）的各种情况，并直接求出刀具中心轨迹的转接交点，然后再对原来的刀具中心轨迹做伸长或缩短修正。

数控系统中 C 刀具半径补偿方式如图 2-29 所示，在数控系统内，设置有工作寄存器 AS，存放正在加工的程序段信息；刀补寄存器 CS 存放下一个加工程序段信息，缓冲寄存器 BS 存放再下一个加工程序段的信息；输出寄存器 OS 存放运算结果，作为伺服系统的控制信号。因此，数控系统在工作时，总是同时存储有连续三个程序段的信息。

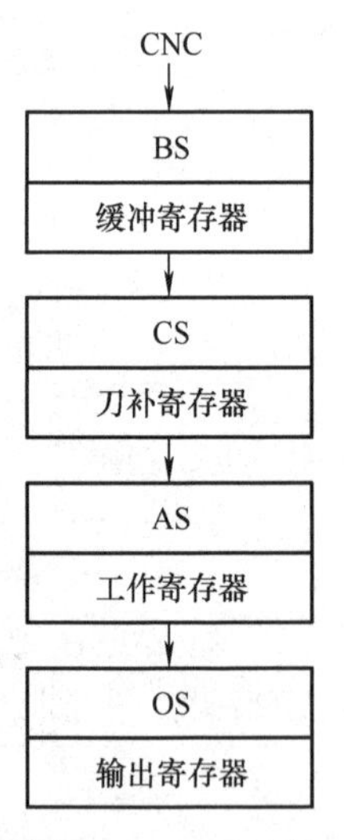

图 2-29 C 刀具半径补偿方式

当 CNC 系统启动后，第一段程序首先被读入 BS，在 BS 中算得的第一段编程轨迹被送到 CS 暂存，又将第二段程序读入 BS，算出第二段的编程轨迹。接着，对第一、二段编程轨迹的连接方式进行判别，根据判别结果再对 CS 中的第一段编程轨迹做相应的修正，修正结束后，顺序地将修正后的第一段编程轨迹由 CS 送到 AS，第二段编程轨迹由 BS 送到 CS。随后，由 CPU 将 AS 中的内容送到 OS 进行插补运算，运算结果送往伺服机构以完成驱动动作。当修正了的第一段编程轨迹开始被执行后，利用插补间隙，CPU 又命令第三段程序读入 BS，随后又根据 BS、CS 中第三、第二段编程轨迹的连接方式，对 CS 中的第二段编程轨迹进行修正。如此往复，可见 C 刀具半径补偿工作状态下，CNC 装置内总是同时存有三个程序段的信息，以保证刀具半径补偿的实现。

在具体实现时，为了便于交点的计算，需对各种编程情况进行综合分析，从中找出规

律。可以将 C 刀具半径补偿方法中所有的输入轨迹当作矢量进行分析，显然，直线段本身就是一个矢量，而圆弧则将圆弧的起点、终点、半径及起点到终点的弦长都作为矢量。刀具半径也作为矢量，在加工过程中，它始终垂直于编程轨迹，大小等于刀具半径，方向指向刀具圆心。在直线加工时，刀具半径矢量始终垂直于刀具的移动方向；圆弧加工时，刀具半径矢量始终垂直于编程圆弧的瞬时切点的切线，方向始终在改变。

1. 程序段间转接情况分析

在 CNC 系统实际加工过程中，随着前后两段编程轨迹的连接方式不同，相应刀具中心的加工轨迹也会产生不同的转接形式，主要有以下几种：直线与直线转接；直线与圆弧转接；圆弧与圆弧转接。根据两段程序轨迹的矢量夹角 α 和刀具补偿方向的不同，又有伸长型、缩短型和插入型几种转接过渡方式。

（1）直线与直线转接的情况　图 2-30 所示为直线 OA 与直线 AF 在左刀具半径补偿（G41）的情况下，刀具中心轨迹在连接处的过渡形式。

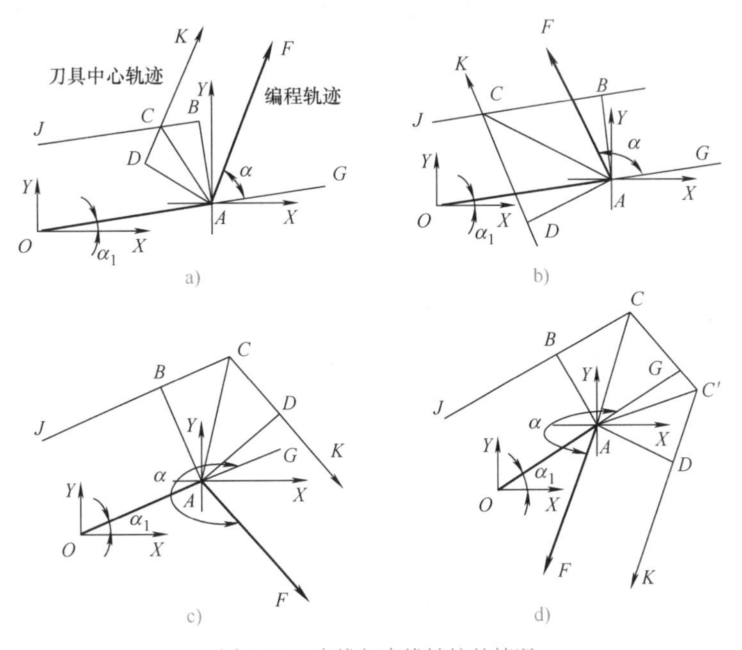

图 2-30　直线与直线转接的情况

图 2-30a、b 中，$\overrightarrow{AB}$、$\overrightarrow{AD}$ 为刀具半径矢量。对应于编程轨迹 $\overrightarrow{OA}$、$\overrightarrow{AF}$，刀具中心轨迹 $\overrightarrow{JB}$ 与 $\overrightarrow{DK}$ 将在 C 点相交。这样，相对 $\overrightarrow{OA}$ 与 $\overrightarrow{AF}$ 而言，将缩短一个 CB 与 DC 的长度。这种转接称为缩短型转接。

在图 2-30c 中，C 点处于 $\overrightarrow{JB}$ 与 $\overrightarrow{DK}$ 的延长线上，因此称之为伸长型转接。而在图 2-30d 中，若仍采用伸长型转接，势必会增加刀具非切削的空行程时间。为解决这个不足，令 BC 等于 $C'D$ 且等于刀具半径，同时，在中间插入过渡直线 CC'。即刀具中心除沿原编程轨迹伸长移动一个刀具半径外，还必须增加一个沿直线 CC' 的移动，对于原来的程序而言，等于中间插入了一个程序段，这种转接称为插入型转接。在同一坐标平面内直线转接直线时，α 在 0° ～ 360° 范围内变化，相应刀具中心轨迹的转接将按缩短型转接、插入型转接和伸出型转接这三种类型顺序地进行。

（2）圆弧与圆弧的转接情况、直线与圆弧转接情况　这两种转接类型的判断等效于直线与直线转接，可以由读者参考相关书籍自行思考。

由以上分析可知，以刀具半径补偿方向、等效规律及角 α 的变化三个条件，各种轨迹间的转接形式分类是不难区分的。转接矢量的计算可采用三角函数法和解析几何法等进行。

2. C 刀具半径补偿举例

图 2-31 所示为 C 刀具半径补偿实例。CNC 系统要完成从 O 点到 H 点的编程轨迹加工，其加工过程如下：

1）首先读入 OA 程序段，算出 $\overrightarrow{OA}$。因是刀具半径补偿建立，所以继续读下一段。

2）读入 AA' 程序段，因是插入型转接，算出 $\overrightarrow{r_{D2}}$、$\overrightarrow{Ag}$、$\overrightarrow{Af}$、$\overrightarrow{r_{D1}}$ 和 $\overrightarrow{AA'}$。由于上一段是刀具半径补偿建立，直接命令走 $\overrightarrow{Oe}$，$\overrightarrow{Oe}=\overrightarrow{OA}+\overrightarrow{r_{D1}}$。

3）读入 $A'F$ 程序段。由于判断出仍是插入型转接，因此算出 $\overrightarrow{r_{D3}}$、$\overrightarrow{A'i}$、$\overrightarrow{A'h}$、$\overrightarrow{r_{D2'}}$、$\overrightarrow{A'F}$，命令走 $\overrightarrow{ef}$，$\overrightarrow{ef}=\overrightarrow{Af}-\overrightarrow{r_{D1}}$。

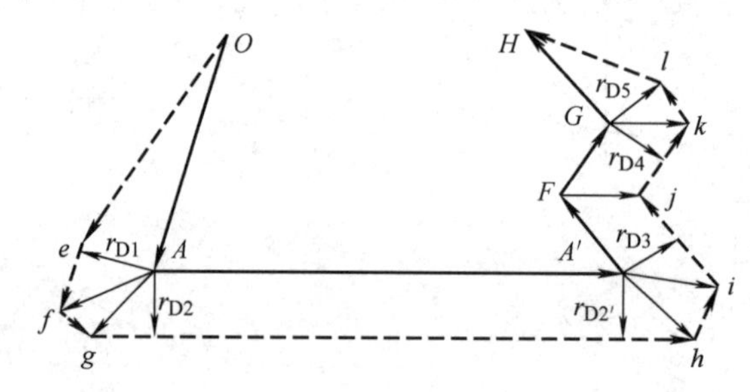

图 2-31　C 刀具半径补偿实例

4）继续走 $\overrightarrow{fg}$，$\overrightarrow{fg}=\overrightarrow{Ag}-\overrightarrow{Af}$。

5）走 $\overrightarrow{gh}$，$\overrightarrow{gh}=\overrightarrow{AA'}-\overrightarrow{Ag}+\overrightarrow{A'h}$。

6）读入 FG 程序段。因判断出是缩短型转接，所以只算出 $\overrightarrow{r_{D4}}$、$\overrightarrow{Fj}$、$\overrightarrow{r_{D3}}$、$\overrightarrow{FG}$。继续走 $\overrightarrow{hi}$，$\overrightarrow{hi}=\overrightarrow{A'i}-\overrightarrow{A'h}$。

7）走 $\overrightarrow{ij}$，$\overrightarrow{ij}=\overrightarrow{A'F}-\overrightarrow{A'i}+\overrightarrow{Fj}$。

8）读入 GH 程序段（假定有撤销刀具补偿的 G40 命令）。由于判断出是伸长型转接，所以尽管是撤销刀具半径补偿，但仍要算出 $\overrightarrow{r_{D5}}$、$\overrightarrow{GH}$、$\overrightarrow{r_{D4}}$，继续走 $\overrightarrow{jk}$，$\overrightarrow{jk}=\overrightarrow{FG}-\overrightarrow{Fj}+\overrightarrow{Gk}$。

由于上段是刀具半径补偿撤销，所以要特殊处理，直接命令走 $\overrightarrow{kl}$，$\overrightarrow{kl}=\overrightarrow{r_{D5}}-\overrightarrow{Gk}$。

9）最后走 $\overrightarrow{lH}$，$\overrightarrow{lH}=\overrightarrow{GH}-\overrightarrow{r_{D5}}$。

10）结束。

复习思考题

2-1　若加工第一象限直线 OE，起点为坐标原点 O，终点为 E（7，5）。

1）试用逐点比较法进行插补计算，并画出插补轨迹。

2）设累加器为 3 位，试用 DDA 法进行插补计算，并画出插补轨迹。

2-2　设加工第二象限直线 OA，起点为坐标原点 O，终点为 A（−6，4），试用逐点比较法对其进行插补，并画出插补轨迹。

2-3　用逐点比较法插补第二象限的逆圆弧 PQ，起点为 P（0，7），终点为 Q（−7，0），圆心为原点 O，写出插补计算过程，并画出插补轨迹。

2-4　用 DDA 法插补圆弧 AB，起点为 A（0，5），终点为 B（5，0），圆心为 O，写出插补计算过程，并画出插补轨迹。

2-5　试用逐点比较法插补原理设计直线插补控制程序流程图（含四个象限）。

2-6　试用逐点比较法插补原理设计圆弧插补控制程序流程图（含四个象限及圆弧不同走向）。

2-7　试用 DDA 法插补原理设计直线插补流程图（含四个象限）。

2-8　什么是 C 刀具半径补偿？画出圆弧与直线转接时的刀具中心轨迹。

第 3 章

数控机床的驱动与位置控制

教学目标：

1）明确数控伺服系统的基本概念，了解数控机床对伺服电动机的基本要求及数控机床伺服驱动技术的相关标准、规范。

2）掌握步进电动机的基本控制方法，掌握步进电动机的工作原理及主要特性，能够针对不同工况的数控机床选用相应的伺服电动机的类型。

3）了解数控机床常用的检测装置及其工作原理。

3.1 概述

3.1.1 伺服系统的发展

伺服一词源于“servo”，意为“伺候”“服从”。数控机床伺服驱动系统完成机床移动部件（如工作台、主轴或刀具进给等）的位置和速度控制。它接收数控系统发出的插补命令，经过信号变换、功率放大，驱动各加工坐标轴按指令脉冲运动，将插补命令转换为机械位移。

20 世纪 80 年代以后，随着电力电子器件、控制、驱动及保护等微电子技术的快速发展，电路的集成度越来越高，极大地推动了伺服系统的发展。交流伺服系统的控制方式迅速向微机控制方向发展，并由硬件伺服向软件伺服跨越，智能化的软件伺服成为伺服控制的发展趋势。在软件方式中也是从伺服系统的外环向内环，进而向接近电动机环路的更深层发展。

3.1.2 数控机床对伺服系统的基本要求

1. 精度高

一般要求定位精度为 0.01 ～ 0.001mm，有的定位精度要求达到 0.1μm。

2. 响应快速

快速响应是衡量伺服系统动态品质的指标之一。目前，数控机床的插补时间都在 10ms 以内，在较短时间内指令就要变化一次，且又不能超调，否则将形成过切，影响加工质量。同时，当负载发生突变时，速度的恢复时间也要短，且不能有振荡，这样才能得到光滑的加工表面。

3. 调速范围宽

在数控机床中，加工刀具、工件材料以及加工要求往往各不相同。目前，数控机床一般要求伺服系统的调速范围是 0 ～ 30m/min，使用直线电动机的伺服系统，最大快进速度已达到 240m/min。对于主轴电动机，要求低速恒转矩调速在 1∶100 ～ 1∶1000 范围内，高速恒功率具有 1∶10 以上的调速范围。

4. 低速大转矩

机床在低速切削时，切削深度和进给量都较大，要求伺服系统在低速时能输出较大的转矩。

5. 惯量匹配

通常要求电动机的惯量不小于移动部件惯量的 1/3。

6. 抗过载能力强

通常要求电动机在数分钟内过载 4 ～ 6 倍而不损坏。

3.1.3　伺服控制系统的分类

1. 按控制方式分类

按控制方式分类，伺服控制系统可分为开环、闭环和半闭环三种。

（1）开环伺服控制系统　开环伺服控制系统没有检测反馈装置，通常使用步进电动机作为执行元件。数控装置根据所要求的进给速度和进给位移，输出一定频率和数量的进给指令脉冲，经过驱动电路放大后，每一个进给脉冲驱动步进电动机旋转一个步距角，再经过机械传动机构转换成工作台的一个当量位移。开环伺服控制系统的精度，主要靠步进电动机的精度和机械传动机构的精度来保证，所以精度较低。另外，受步进电动机矩频特性的影响，步进电动机的转速不能太高，功率也不能太大。但是，开环伺服控制系统结构简单，运行平稳，成本低，使用维护方便，所以被广泛应用于经济型数控机床上。图 3-1 所示为开环伺服控制系统结构示意图。

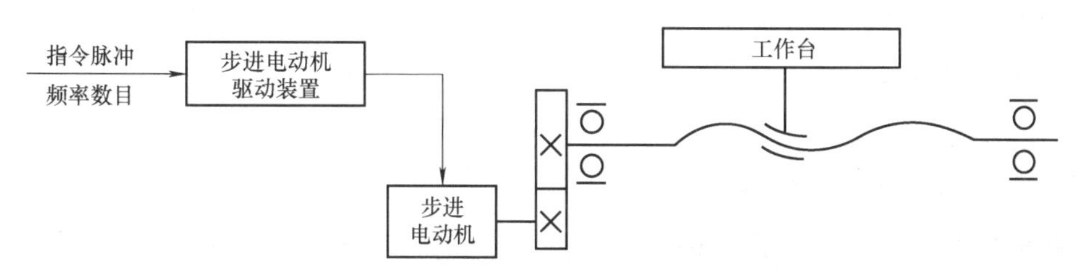

图 3-1　开环伺服控制系统结构示意图

（2）闭环伺服控制系统　闭环伺服控制系统具有检测装置，可直接检测移动部件的移动距离，通常安装在带动刀具或工件移动的部件上，如工作台的支承导轨或动导轨上。由于系统中采用了检测反馈装置和误差补偿技术，因而可以精确地控制移动距离。

由于测量元件通常装在工作台上，因而测量元件的长度应等于导轨的长度，但测量元件造价高、维修困难，因而使用受到限制。但随着对数控机床的加工精度要求越来越高，闭环伺服控制系统应用会更加广泛。图 3-2 所示为闭环伺服控制系统结构示意图。

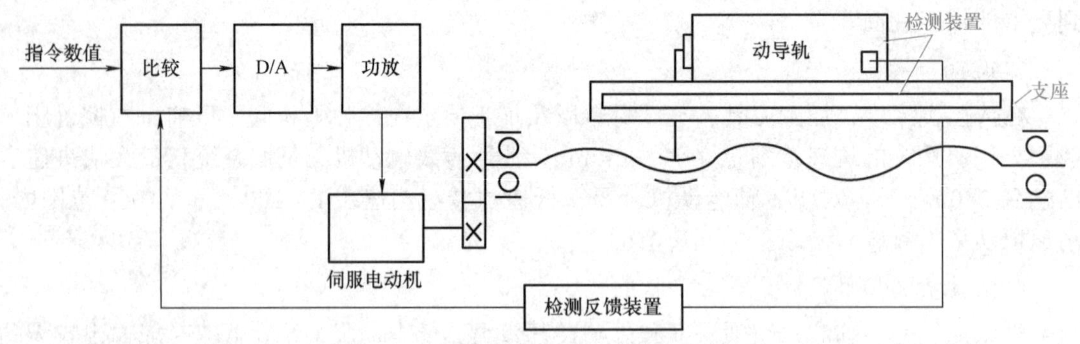

图 3-2 闭环伺服控制系统结构示意图

（3）半闭环伺服控制系统 半闭环伺服控制系统和闭环伺服控制系统的区别是，半闭环伺服控制系统中的检测装置装在伺服电动机或丝杠的尾部，在伺服电动机的尾部装有编码器和测速发电机，分别检测移动部件的位移和速度。由于从电动机到工作台还要经过齿轮和滚珠丝杠副传动，这些传动件又不可避免地存在受力变形和传动间隙等问题，因而半闭环伺服控制系统的控制精度不如闭环伺服控制系统。但半闭环伺服控制系统简单可靠，价格便宜、调整方便，故应用较多。

2. 按伺服执行元件分类

伺服控制系统按执行元件可分为步进伺服控制系统、直流伺服控制系统、交流伺服控制系统和直线伺服控制系统等，对于伺服执行元件，将在后面分类讨论。

3. 按被驱动的机构分类

伺服控制系统按被驱动的机构可分为进给伺服控制系统、主轴伺服控制系统和刀库伺服控制系统等。

4. 按驱动方式分类

伺服控制系统按驱动方式可分为液压伺服驱动控制系统、电气伺服驱动控制系统和气压伺服驱动控制系统。

5. 按控制信号分类

伺服控制系统按控制信号方式可分为数字伺服控制系统、模拟伺服控制系统和数字模拟混合伺服控制系统等。

3.2 常见伺服驱动系统及执行元件

常用的伺服执行元件主要有步进电动机、直流伺服电动机和交流伺服电动机等，近年来直线电动机也被应用在数控机床和加工中心上。常用的主轴伺服元件有直流主轴电动机和交流主轴电动机等，随着高速加工技术的发展，电主轴在数控机床和加工中心上也得到了越来越多的应用。下面分别介绍常用伺服执行元件的工作原理。

3.2.1 步进电动机及其伺服驱动控制

步进电动机在每一个电脉冲信号的驱动下转过一个固定角度，称为一步，每一步转过的角度称为步距角。由于步进电动机转子轴的角位移量与输入电脉冲数成正比，其转速与电脉冲信号的输入频率成正比，且时间同步，因此只需控制输入电脉冲的数量、频率和电动机绕组的通电相序，就可控制角位移、转速和转动方向。

1. 步进电动机的结构及工作原理

从图 3-3 中可以看出，在定子圆周上均布有六个磁极，每个磁极上绕有绕组，每对对称的磁极绕组形成一相控制绕组，共形成 A、B、C 三相绕组。在每个磁极上，面向转子的部分分布着多个小齿，这些小齿呈梳状排列，大小相同，间距相等。转子上均布 40 个齿，大小和间距与大齿上的相同。当某相（如 A 相）上的定子和转子上的小齿由于通电在电磁力作用下对齐时，另外两相（B 相、C 相）上的小齿分别向前或向后产生 1/3 齿的错齿。这种错齿行为是实现步进旋转的根本原因。这时如果在 A 相断电的同时，另外的 B、C 两相中的某一相通电，则转子在电磁力的作用下与通电相进行齿与齿对齐，即产生旋转。步进电动机每走一步旋转的角度即为错齿的角度，因此错齿的角度越小，所产生的步距角越小，则步进精度越高。现在步进电动机的步距角通常为 3°、1.8°、1.5°、0.9°、0.75°、0.5° ～ 0.09° 等，其中 0.75°、1.5°、1.8° 应用较多。但步距角越小，步进电动机结构就越复杂。

由步进电动机的结构可知，如果按某种规律分别向各相通电，那么步进电动机就能连续转动了。步进电动机的步进过程原理如图 3-4 所示。假设图中是一个三相反应式步进电动机，每个磁极只有一个齿，转子有四个齿，分别称为 0、1、2、3 齿。直流电源开关分别对 A、B、C 三相通电。图 3-4 所示的整个步进循环过程见表 3-1。

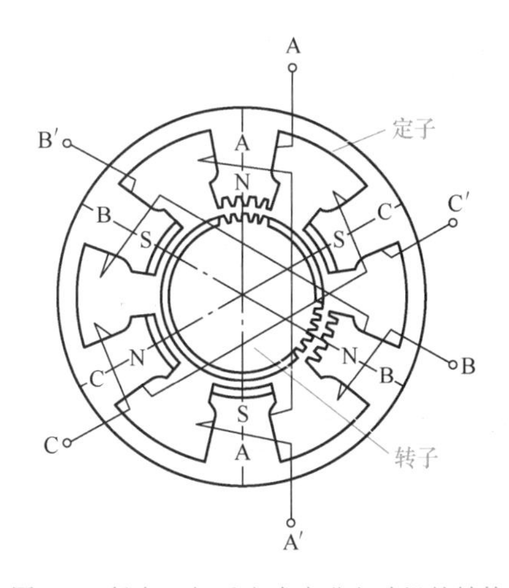

图 3-3　径向三相反应式步进电动机的结构

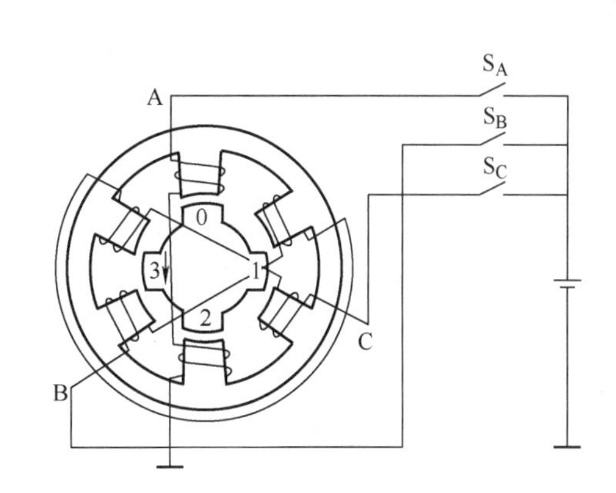

图 3-4　步进电动机的步进过程原理

表 3-1　步进电动机步进循环过程

通电相	对齐相	错齿相	转子转向
A 相（初始状态）	A 和 0、2	B、C 和 1、3	
B 相	B 和 1、3	A、C 和 0、2	逆转 1/2 齿
C 相	C 和 0、2	A、B 和 1、3	逆转 1 齿

把对一相绕组一次通电的操作称为一拍，则对三相绕组 A、B、C 轮流通电共三拍，才能使转子转过一个齿，转一齿所需的拍数为工作拍数。对 A、B、C 三相轮流通电一次称为一个通电周期，所以在一个通电周期内，步进电动机转动一个齿距。对于三相步进电动机，如果三拍转过一个齿，称为三相三拍工作方式。按 A–B–C–A……的相序顺序轮流

通电，则磁场逆时针旋转，转子也逆时针旋转，反之则顺时针转动。

2. 步进电动机的主要特性

（1）步距角 α　步距角指每给一个脉冲信号，电动机转子应转过的角度的理论值。步距角 α 反映了步进电动机的分辨能力，是决定步进伺服控制系统脉冲当量的重要参数。步距角一般由定子相数、转子齿数和通电系数决定，即

$$\alpha=\frac{360^\circ}{mzk} \tag{3-1}$$

式中　m ——定子相数；

z ——转子齿数；

k ——通电系数，若连续两次通电相数相同则为 1，若不同则为 2。

数控机床所采用的步进电动机的步距角一般都很小，如 3°/1.5°、1.5°/0.75°、0.72°/0.36° 等。步进电动机空载时，一转内实际步距角与理论步距角之间的差值称为静态步距角误差，一般范围控制在理论步距角的 5% 内。

（2）静态矩角特性　当步进电动机在不改变通电状态时，转子处于不动状态，这时在电动机轴上加一个负载转矩，转子与定子就会产生一个角位移，将此时转子所受的电磁转矩称为静态转矩 T，转动的角度称为失调角 θ，T 和 θ 的关系叫矩角特性，该特性上的电磁转矩最大值 T_{max} 称为最大静转矩，如图 3-5 所示。在一定范围内，外加转矩越大，转子偏离稳定平衡的距离越远。在静态稳定区内，当外加转矩去除时，转子在电磁转矩作用下仍能回到稳定平衡点位置。

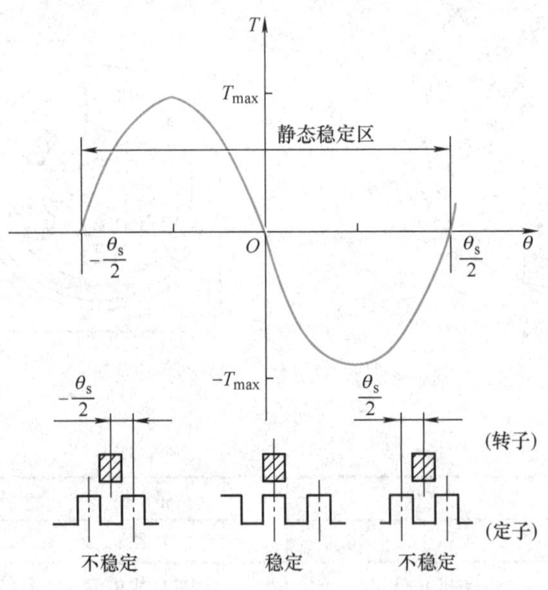

图 3-5　步进电动机静态矩角特性和静态稳定区

（3）起动频率 f_q 和起动时的惯频特性　空载时，步进电动机由静止突然起动、达到不丢步的正常运行状态所允许的最高频率，称为起动频率或突跳频率 f_q，它是反映步进电动机快速性能的重要指标。空载起动时，步进电动机定子绕组通电状态的频率不能高于该起动频率。原因是频率越高，电动机绕组的感抗越大，使得绕组中的电流脉冲变尖，幅值下降，从而使电动机输出力矩下降。

起动时的惯频特性是指电动机带动纯惯性负载时的起动频率和负载转动惯量之间的关系。一般来说，随着惯性负载加大，起动频率会下降。如果除了惯性负载外还有转矩负载，则起动频率将进一步下降。

（4）连续运行频率　步进电动机起动后，其运行速度能跟踪指令脉冲频率连续上升达到不丢步工作的最高工作频率，称为连续运行频率 f_{max}。连续运行频率通常是起动频率的 4 ～ 10 倍。随着步进电动机的运行频率增加，其输出转矩相应下降，所以步进电动机的运行频率也受所带负载转矩的影响。对于某特定步进电动机，单拍工作频率优于双拍工作频率。一个好的驱动方式和功率驱动电源可以提高起动频率和运行频率。图 3-6 所示为 11BF003 型和 70BF3–3 型三相步进电动机的频率特性。

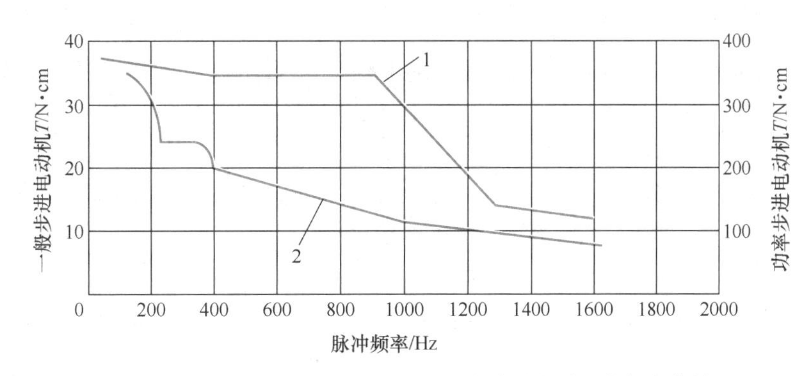

图 3-6　11BF003 型和 70BF3–3 型三相步进电动机的频率特性

1—11BF003 型功率步进电动机　2—70BF3–3 型伺服步进电动机

3. 步进电动机的分类

1）按相数可分为两相、三相、四相、五相、六相等。

2）按结构可分为单段定子式（径向式）与多端定子式（轴向式）。

3）按输出力矩大小和使用场合可分为伺服式和功率式。伺服式只能驱动小负载，一般与液压转矩放大器配用，才能驱动机床等较大负载；功率式可以直接驱动较大负载。

4）按力矩产生的原理，分为反应式（磁阻式）、励磁式、永磁式和混合式。其中：

① 反应式步进电动机的转子中无绕组，由定子磁场对转子产生的感应电磁力矩实现步进运动。反应式步进电动机有较高的力矩转动惯量比，步进频率较高，频率响应快，不通电时可以自由转动，结构简单，寿命长。

② 励磁式步进电动机的定子和转子均有励磁绕组，由它们之间的电磁力矩实现步进运动。有的励磁式步进电动机转子无励磁绕组，由永磁铁制成，转子有永久磁场，通常也把这种步进电动机称为永磁式步进电动机。混合式步进电动机综合了反应式和永磁式步进电动机的优点，具有步距角小、起动和运行频率较高、消耗功率小、效率高、不通电时有定位转矩、不能自由转动等特点，广泛应用于机床数控系统、打印机、软盘机、硬盘机以及其他装置中。

4. 步进电动机的基本工作状态

步进电动机的基本工作状态可分为静态、稳态和过渡状态三种。

（1）静态　静态是指步进电动机某相通以恒定电流，使转子处于固定位置的状态。在静态时，绕组中的电流最大，有时会产生发热现象。

（2）稳态　稳态是指步进电动机在某一固定频率下的恒速运转状态，分为低频区、共振区和高频区。

1）低频区。步进电动机工作于较低的频率区内，在这个范围内，步进电动机转子每转一步的时间比换相周期短。

2）共振区。当工作频率接近转子的共振频率或在共振频率整数倍的区域称为共振区。在这个区内会产生较大的振动，因而在使用中要设法避免。

3）高频区。高频区为高于共振区的频率区间，在这个区间内步进电动机能正常工作。

（3）过渡状态　过渡状态是指步进电动机从一种工作状态转换到另一种工作状态。起动、制动、反转过程都是过渡过程。过渡过程中频率变化差值应小于起动频率。为了避免步进电动机在过渡状态中失步，应在控制脉冲频率上采取办法来解决，通常使用升降速进行控制。

5. 步进电动机的控制原理和工作方式

要使步进电动机产生运转，必须按规定的通电时序对步进电动机各相通电，所以控制步进电动机运转的实质就是要解决各相的脉冲分配问题。

（1）三相单三拍工作方式　设三相步进电动机三相分别为A、B、C相，每次只有一相通电，其通电顺序为A→B→C→A，则励磁电流切换三次，磁场旋转一周，转子转动一个齿距，转子就会与通电相的定子齿对齐，其电压波形如图3-7所示。

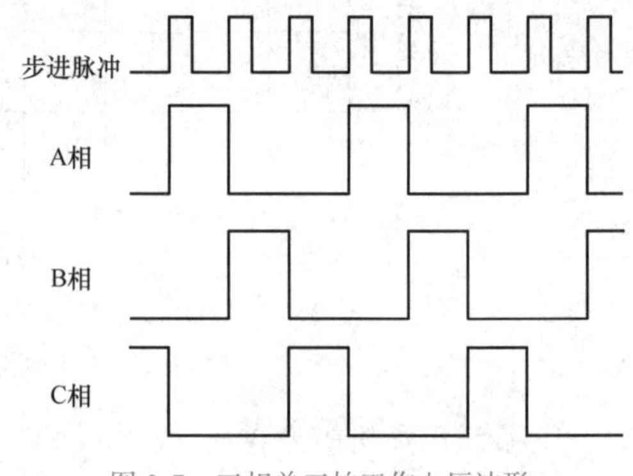

图3-7　三相单三拍工作电压波形

（2）三相双三拍工作方式　如果每次都是两相同时通电，通电方式为AB→BC→CA→AB，控制电流切换三次，磁场旋转一周，其电压波形如图3-8所示。从图3-8中可以看到，每一相都是连续通电两拍，所以励磁电流比单拍要大，所产生的励磁转矩也较大。由于有两相同时通电，所以转子齿不能和这两相定子齿对齐，而是处于两定子齿的中间位置，其步距角和单三拍相同。

（3）三相六拍工作方式　如果把单三拍和双三拍的工作方式结合起来，就形成六拍工作方式。这时通电顺序是A→AB→B→BC→C→CA→A。在六拍工作方式中，控制电流切换六次，磁场转一周，转子转动一个齿距角，其齿距角$\alpha=\dfrac{2\pi}{mzk}$。由于这时的k是单拍工作的两倍，所以齿距角是单拍工作时的1/2，每一相是连续三拍通电（图3-9），这时相电流最大，且电磁转矩也最大。

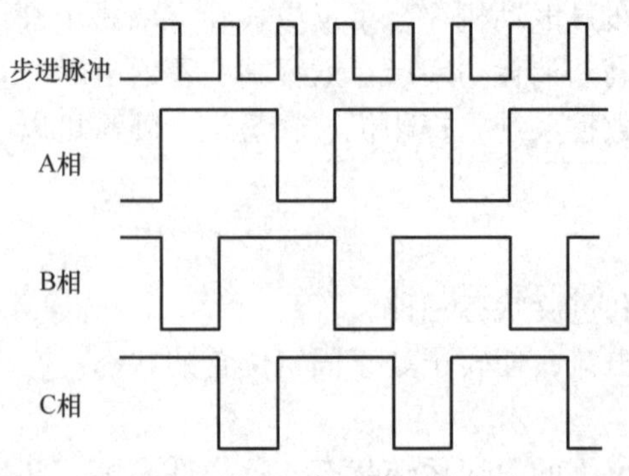

图3-8　三相双三拍工作电压波形

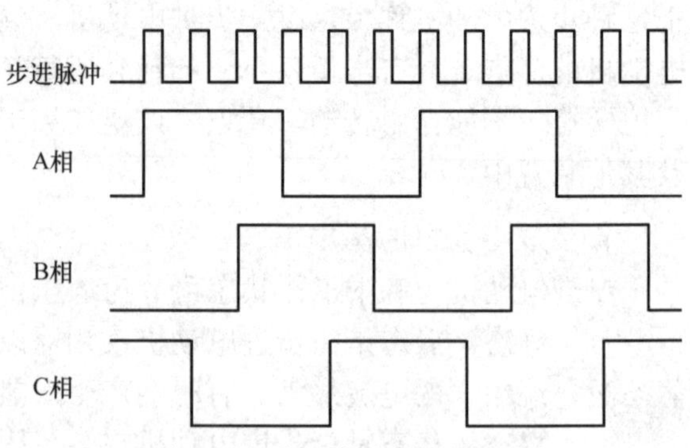

图3-9　三相六拍工作电压波形

6. 步进电动机的驱动控制单元

步进电动机的驱动控制由环形分配器和功率放大器组成。

（1）环形分配器　环形分配器的主要功能是将数控装置送来的一串指令脉冲，按步进电动机所要求的通电顺序分配给驱动电路的各相输入端，以控制励磁绕组的通断，实现步进电动机的运转和换向。当步进电动机在一个方向上连续运行时，其各相通、断的脉冲分配是一个循环，因此称为环形分配器。环形分配器既是周期性的，又是可逆的。

环形分配器的功能可由硬件或软件来实现，分别称为硬件环形分配器和软件环形分配器，下面分别介绍。

1）硬件环形分配器。以三相步进电动机为例，硬件环形分配器与数控装置的连接如图 3-10 所示，环形分配器的输入、输出信号一般为 TTL 电平，输出 A、B、C 信号变为高电平则表示相应的绕组通电，低电平则表示相应的绕组失电；CLK 为 CNC 装置所发出的脉冲信号，每一个脉冲信号的上升沿或下降沿到来时，环形分配器的输出改变一次绕组的通电状态；DIR 为 CNC 装置发出的方向信号，其电平的高低对应电动机绕组通电顺序的改变，实现步进电动机的正、反转；FULL/HALF 电平用于控制电动机的整步（三拍运行）或半步（六拍运行），通常情况下，根据需要将其接在固定的电平上即可。

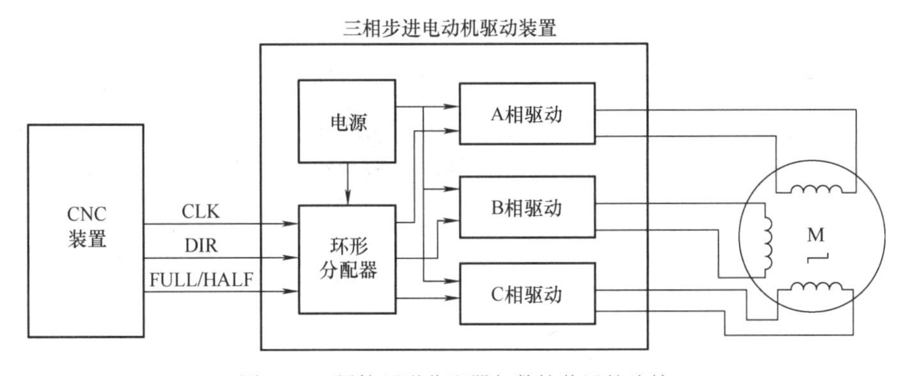

图 3-10　硬件环形分配器与数控装置的连接

CH250 是国产的三相反应式步进电动机环形分配器的专用集成电路芯片，通过其控制端的不同接法可以组成三相双三拍和三相六拍的不同工作方式，其封装和三相六拍接线方式如图 3-11 所示。

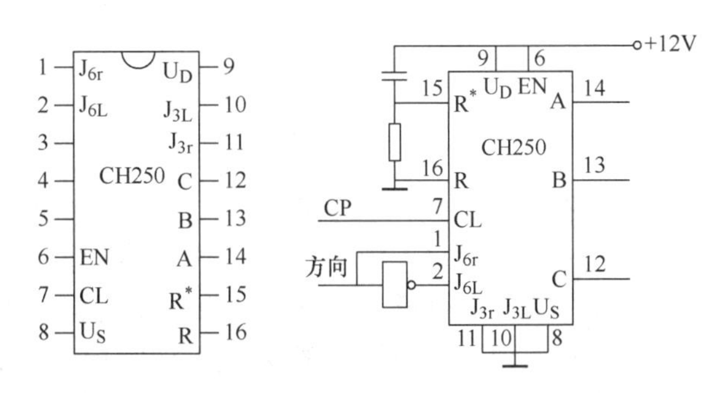

图 3-11　CH250 的封装和三相六拍接线方式

2）软件环形分配器。软件环形分配器指由数控装置中的软件完成环形分配的任务，由计算机接口直接输出脉冲的速度和顺序控制信号，驱动步进电动机各绕组的通、断电。用软件环形分配器只需编制不同的环形分配程序，即可简化线路，降低成本，并灵活地改变步进电动机的控制方案。环形分配程序的设计方法有多种，如查表法、比较法、移位寄存器法等，最常用的是查表法。

（2）功率放大器（驱动放大电路） 功率放大器的作用是将环形分配器发出的 TTL 电平信号放大成几安到十几安的电流，送至步进电动机的各绕组。步进电动机是几相的，在驱动装置中对应就有几路驱动放大电路。如图 3-10 所示的三相步进电动机，在驱动装置中就有三路驱动放大电路，每一路连接步进电动机的一相绕组。功率放大电路的控制方式很多，下面以高低电压切换驱动为例，介绍典型的驱动放大电路。

图 3-12 是一种高低电压切换驱动放大电路，其中，由脉冲变压器 T 等组成了高压控制电路。当输入信号为低电平时，VT_1、VT_2、VT_g、VT_d 均截止，电动机绕组中无电流流过，步进电动机不转动；当输入信号为高电平时，VT_1、VT_2、VT_g 饱和导通，在 VT_2 由截止过渡到饱和导通期间，与 T 一次侧串联的 VT_2 集电极回路电流急剧增加，在 T 的二次侧产生感应电压，加到高压功率晶体管 VT_g 的基极上，使 VT_g 导通，80V 的高压经过 VT_g 加到电动机绕组 L_a 上，使电流按 $L_a/(R_d+r)$ 的时间常数向电流稳定值 $U_g/(R_d+r)$ 上升。经过一段时间，VT_2 进入稳定状态（饱和导通）后，T 一次电流达到稳定值，无磁通量变化，T 二次侧的感应电压为零，VT_g 截止，这时 12V 低压电源经二极管 VD_d 加到绕组 L_a 上，维持 L_a 中的额定电流不变。

当输入脉冲结束后，VT_1、VT_2、VT_g、VT_d 又都截止，储存在 L_a 中的能量通过 R_g、VD_g 及 U_g、U_d 构成回路放电，R_g 使放电回路时间常数减小，改善电流波形的后沿。该电路由于采用高压驱动，电流增长加快，绕组上脉冲电流的前沿变陡，使电动机的转矩和起动及运行频率都得到提高。又由于额定电流是由低压维持的，故只需较小的限流电阻，功耗较小。

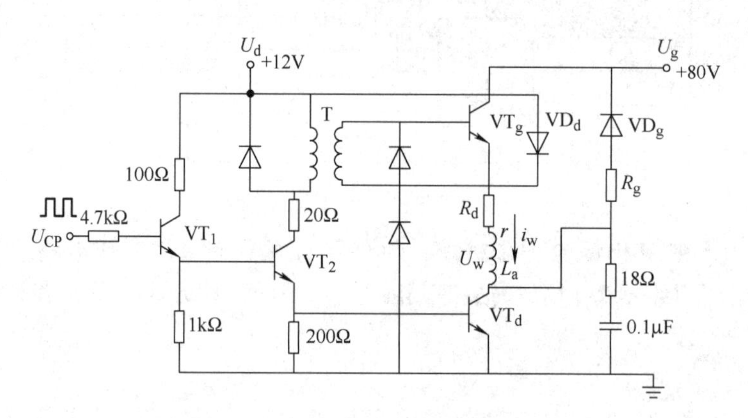

图 3-12 高低电压切换驱动放大电路

7. 步进电动机的应用

步进式伺服驱动系统中没有位置和速度检测环节，属于典型的开环控制系统，因此，它的精度主要由步进电动机的步距角和与之相连的丝杠等传动机构的精度来保证，故相对于有反馈回路的闭环伺服系统，其精度较低。步进电动机的最高运行速度通常要比伺服电动机低，并且在低速时容易产生振动，影响加工精度。但步进式伺服系统的控制和结构简单、成本低廉、调整容易，故多应用在速度和精度要求不太高的场合。

3.2.2 直流伺服电动机及其速度控制

以直流电动机作为驱动元件的伺服系统称为直流伺服驱动系统。因为直流电动机具有良好的调速特性（优于一般交流电动机，尤其是他励和永磁直流伺服电动机），机械特性比较硬，自 20 世纪 70 年代以来直流电动机在数控机床上得到了广泛的应用。

1. 结构及分类

直流伺服电动机的分类很多，根据磁场产生的方式，直流伺服电动机可分为他励式、永磁式、并励式、串励式和复励式。其中，由于永磁式直流伺服电动机没有励磁回路，外形尺寸比其他直流伺服电动机小。根据结构的不同，直流伺服电动机一般可分为电枢式、无槽电枢式、印刷电枢式、绕线盘式和空心杯电枢式等。根据控制方式的不同，直流伺服电动机可分为磁场控制式和电枢控制式。此外，为避免电刷、换向器的接触，还有无刷直流伺服电动机。下面选取几种典型的直流伺服电动机加以介绍。

（1）永磁式直流伺服电动机　永磁式直流伺服电动机又称大惯量宽调速直流伺服电动机，其定子磁极是永磁体，大多为新型的稀土永磁材料，具有较大的矫顽力和较高的磁能积，因此抗去磁能力大为提高，体积大为减小。永磁式直流伺服电动机采用电枢控制方式，调速范围较宽，转动惯量大，加速度大，在较低转速下运行平稳，能够在较大过载转矩（能产生 10 倍于额定转矩的瞬时转矩）时长时间地工作，因此可以直接与丝杠相连，省去了齿轮等传动装置，提高了机床的进给传动精度，在数控机床上得到了广泛应用。

（2）小惯量直流伺服电动机　小惯量直流伺服电动机，顾名思义具有较小的转动惯量，很适合于要求有快速响应的伺服系统，但其过载能力低，电枢转动惯量与机械传动系统匹配较差。小惯量直流伺服电动机主要有无槽电枢式、印刷电枢式和空心杯式三种。因为小惯量直流电动机最大限度地减小了电枢的转动惯量，故具备旋转平稳、机电时间常数小、响应快、低速运转性能好、能承受频繁的可逆运转的特点，在机器人的腕、臂关节及需要快速运动、高精度的伺服系统中广泛运用。

（3）改进型直流伺服电动机　在普通的他励直流电动机中，由于电枢反应磁场的影响，每极磁通降低，从而造成机械特性曲线在大负载时呈上翘现象。为此，改进型直流伺服电动机在主磁极上加入了一个匝数甚小的串励绕组（与电枢绕组相串联），以便获得近似线性的机械特性。该串励绕组产生的磁动势可以抵消电枢反应磁场的去磁作用，这种电动机转动惯量较小，过载能力强，调速范围宽，且具有较好的换向性能。

2. 调速原理与方法

直流电动机由磁极（定子）、电枢（转子）、电刷与换向片三部分组成。以他励式直流伺服电动机为例，直流电动机是基于电磁定律而工作的，即导体切割磁力线产生的电磁转矩，如图 3-13 所示。电磁电枢回路的电压平衡方程为

$$U_a = E_a + I_a R_a \tag{3-2}$$

式中　U_a ——电动机电枢的端电压（V）；

E_a ——电枢绕组的感应电动势（V）；

I_a ——电动机电枢的电流（A）；

R_a ——电枢回路的总电阻（Ω）。

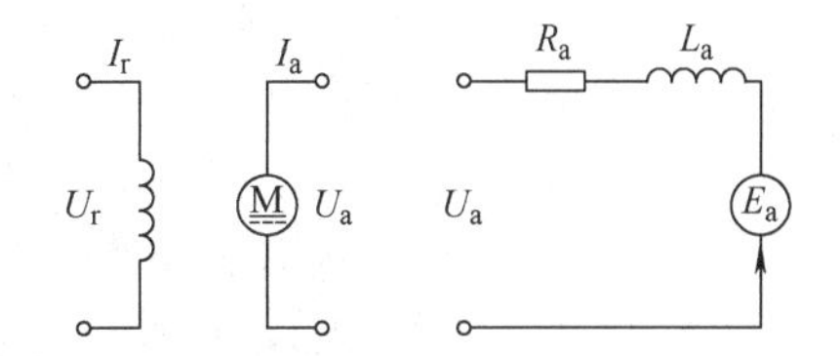

图 3-13　他励式直流伺服电动机的工作原理及等效电路

当励磁磁通 Φ 恒定时，电枢绕组的感应电动势与转速成正比，即

$$E_a = C_E \Phi n \tag{3-3}$$

式中　C_E ——电动势常数；

　　n ——电动机转速（r/min）。

电动机的电磁转矩为

$$T_m = C_T \Phi I_a \tag{3-4}$$

式中　T_m ——电动机的电磁转矩（N · m）；

　　C_T ——转矩常数。

因此，直流电动机的机械特性公式为

$$n = \frac{U_a}{C_E \Phi} - \frac{R_a}{C_E C_T \Phi^2} T_m \tag{3-5}$$

由式（3-5）可知，直流电动机的基本调速方法有三种：

（1）改变电枢电压 U_a　保持电枢电流 I_a 不变，则磁通 Φ 保持不变，由式（3-5）可知，电动机电磁转矩 T_m 保持不变，为恒定值，因此调压调速又称恒转矩调速。此方法可得到调速范围较宽的恒转矩特性，适用于主轴驱动的低速段和进给驱动。

（2）改变磁通 Φ　保持电枢电压 U_a 为额定电压，由于励磁回路的电流不能超过额定值，因此励磁电流总是向减小的趋势调整，使磁通 Φ 下降，称为弱磁调速，此时电磁转矩 T_m 也下降，由于电枢电压 U_a 不变，若保持电枢电流 I_a 不变，则输出功率维持不变，因此调磁调速又称恒功率调速。此方法可得到恒功率特性，但改变了电动机的理想转速，而且使直流电动机的机械特性变软，主要用于机床主轴电动机调速。

（3）改变电枢电阻 R_a　此法得到的机械特性较软，经济性较差，且不能实现无级调速，在数控机床中很少采用。

3.2.3　交流伺服电动机及其速度控制

近年来交流调速有了飞速的发展，交流伺服电动机克服了直流伺服电动机在结构上存在换向器和电刷易磨损、维护困难、造价高、寿命短、应用环境受到限制等缺点，同时又具有坚固耐用、经济可靠、动态响应好、输出功率大等优点。

随着新型功率开关器件及控制算法的发展，交流伺服系统日益普及，目前已逐步取代了直流伺服系统。交流伺服电动机可分为永磁式交流同步伺服电动机和感应式交流异步伺服电动机。

1. 永磁式交流同步伺服电动机

永磁式交流同步伺服电动机由定子、转子和检测元件组成，其定子三相绕组产生的空间旋转磁场和转子磁场相互作用，带动转子一起旋转；转子磁场由永磁铁产生，其工作过程中磁动势和转矩的变化如图 3-14 所示。永磁式交流同步伺服电动机的转子即图中所示的永磁体，定子三相绕组产生的旋转磁场用一对磁极 N、S 表示。假设定子绕组形成的旋转磁场以转速 n_1 顺时针旋转，当 t=0 时，旋转磁场与转子的永磁体磁场重合，转子上没有转矩产生，如图 3-14a 所示。当旋转磁场转过一个角度，由于磁极吸引，转子在电磁力的作用下受到顺时针方向的转矩作用，如图 3-14b 所示。由于负载转矩的存在，转子总是滞后于旋转磁场一个角度，当电磁转矩与负载转矩相等时，滞后角度不再增加，转子与定子旋转磁场同步转动。负载转矩越小，相差的角度就越小；负载转矩越大，相差的角度就越大，相应的电磁转矩也越大。当角度增加到如图 3-14c 所示位置时，电磁转矩还是正的，即力求使转子跟上旋转磁场；当角度增加到如图 3-14d 所示位置时，电磁转矩为零。从图 3-14e 中可以看出，当两磁场夹角为负，即转子超前于旋转磁场时，电磁转矩变为负，成为制动转矩，使转子减速。若负载转矩进一步增大，超过电动机的最大电磁转矩时，则负载拖动转子反方向旋转，如图 3-14f 所示。

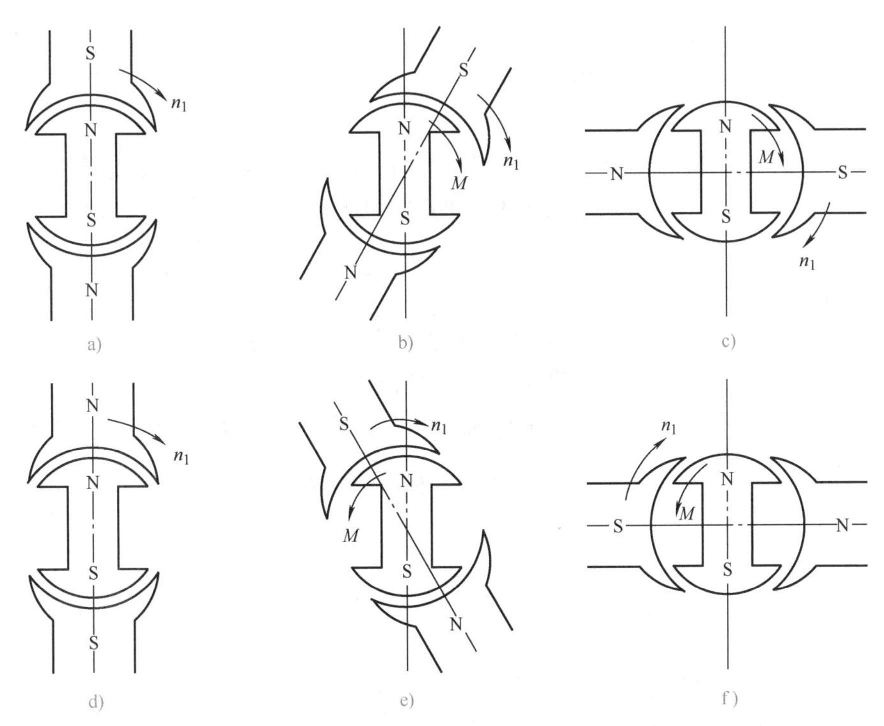

图 3-14　永磁式交流同步伺服电动机磁动势和转矩的变化

只要外负载不超过一定限度，转子就会与定子旋转磁场一起旋转。若设转子转速为 n，则

$$n=\frac{60f_1}{p} \tag{3-6}$$

式中　f_1——交流供电电源频率（定子供电频率）(Hz)；

p——磁极对数；

n——转子转速（r/min）。

由式（3-6）可知，交流同步伺服电动机的转速 n 与所接电源的频率 f_1 之间存在严格的对应关系，即在电源频率固定不变时，它的转速稳定不变。若采用变频电源给交流同步伺服电动机供电，可方便地获得与频率成正比的速度，同时可以得到较硬的机械特性及较宽的调速范围。目前，永磁式交流同步伺服电动机多用于数控机床的进给伺服系统。

实际应用中，永磁式交流同步伺服电动机为多磁极对称结构，其工作原理与单磁极相同。

2. 感应式交流异步伺服电动机

感应式交流异步伺服电动机也称笼型异步电动机，它的定子上装有对称的三相绕组，而在圆柱体的转子铁心上嵌有均匀分布的导条，导条两端分别用金属环把它们连接成一个整体。当对称三相绕组接通对称三相电源后，由电源供给励磁电流，在定子和转子之间的气隙内建立起以同步转速旋转的旋转磁场，磁场切割转子上的导条产生感应电动势和感应

电流，感应电流与定子磁场相互作用产生电磁转矩，使转子转动，转子转速 n 为

$$n=\frac{60f_1}{p}(1-s) \tag{3-7}$$

式中 s——转差率。

要产生感应电流，转子转速必须低于磁场转速，如果两者转速相同，转子导体与定子磁场产生的磁力线无相对运动，则不会产生感应电动势、电流及电磁转矩，这一点是与同步电动机的本质区别。

交流异步伺服电动机的特点是结构简单、价格便宜、过载能力强，但与交流同步伺服电动机相比，其效率低、体积大、转子有较明显的损耗和发热，在数控机床中大多使用在主轴伺服系统上。

3. 交流伺服电动机的变频调速原理与方法

由式（3-6）、式（3-7）可知，只要改变交流伺服电动机的供电频率，就可以实现调速，所以交流伺服电动机调速应用最多的是变频调速。

变频调速的主要手段是为电动机提供频率可变的电源变频器。由电工学原理知

$$U_1 \approx E_1 = 4.44 f_1 N_1 K_1 \Phi_m \tag{3-8}$$

$$\Phi_m \approx \frac{1}{4.44N_1K_1}\frac{U_1}{f_1} \tag{3-9}$$

式中 f_1——定子供电频率（Hz）;
N_1——定子绕组匝数;
K_1——定子绕组系数;
U_1——相电压（V）;
E_1——定子绕组感应电动势（V）;
Φ_m——每极气隙的磁通（Wb）。

因为 N_1K_1 为常数，当 U_1 和 f_1 为额定值时，Φ_m 达到饱和状态，以额定值为界限，供电频率低于额定值时称为基频以下调速，高于额定值时称为基频以上调速。

（1）基频以下调速 由式（3-9）可知，当 Φ_m 处在饱和值不变时，降低 f_1，U_1 必须减小，以保持 U_1/f_1 为常数。若不减小 U_1，将使定子铁心处在过饱和供电状态，这时不但不能增加 Φ_m，反而会烧坏电动机。

在基频以下调速时，保持 Φ_m 不变，即保持绕组电流不变，转矩不变，为恒转矩调速。

（2）基频以上调速 基频以上调速时，频率从额定值向上升高，受电动机耐压的影响，相电压不能升高，只能保持额定电压值。在电动机定子内，因供电的频率升高，感抗增加，相电流降低，使磁通 Φ_m 减小，因而输出转矩也减小，但因转速升高而使输出的功率保持不变，这时为恒功率调速。

图 3-15 所示为上述两种情况下的特性曲线。

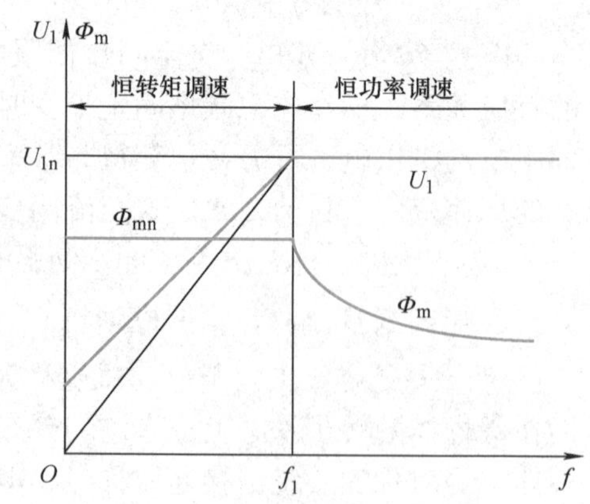

图 3-15 交流电动机变频调速的特性曲线

3.2.4　直线电动机及其在数控机床中的应用

传统“旋转伺服电动机 + 滚珠丝杠”的伺服运动进给方式已难以满足高速加工技术的需要，因此直线电动机直接驱动的传动方式应运而生。机床进给系统采用直线电动机直接驱动，取消了从电动机到工作台之间的机械传动环节，极大地缩短了机床进给传动链的长度。

直线电动机可以看作将一台旋转电动机沿径向剖开，然后将电动机的圆周展开成直线形成的。图 3-16 所示为感应式直线电动机的演变过程。

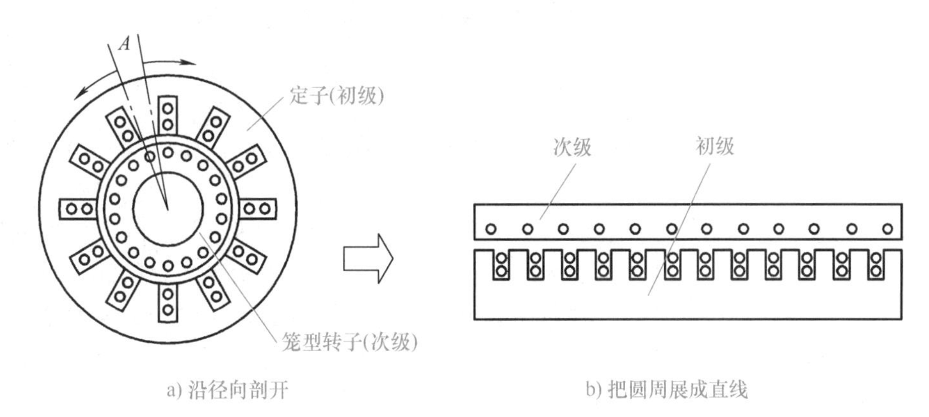

图 3-16　感应式直线电动机的演变过程

3.3　数控机床的检测装置

3.3.1　概述

数控机床的位置控制是通过比较插补计算的指令位置与检测的实际位置的差值去控制进给电动机实现的，而实际位置的检测需要借助位置检测装置来实现。目前一般直线位移检测精度均已达到 ±（0.02 ~ 0.002）mm/m，角位移测量精度达到 ±10″/360°；系统分辨力是测量元件所能正确检测的最小位移量，目前直线位移的分辨力多数为 1μm，高精度系统的分辨力可达 0.01μm，角位移的分辨力可达 0.67″。

1. 数控机床对检测装置的主要要求

在闭环或半闭环系统中，数控机床的加工精度主要由测量装置保证，因此数控机床对位置检测装置有以下几点要求：

1）在机床移动的范围内满足精度和速度要求。

2）受温度、湿度的影响小，工作可靠，抗干扰能力强。

3）便于安装和维护，适合机床运行环境。

4）成本低。

5）易于实现高速的动态测量。

2. 检测装置常用类型

数控机床检测装置的种类很多，若按被测量的几何量分，有回转型（测角位移）和直线型（测线位移）；若按检测信号的类型分，有数字式和模拟式；若按检测量的基准分，有增量式和绝对式。对于不同类型的数控机床，应根据工作条件和检测要求不同，采用相应的检测装置。

3.3.2 增量式光电编码器和接触式编码器

编码器在数控机床中有两种安装方式：一是与伺服电动机同轴连接在一起，伺服电动机再与滚珠丝杠连接，该方式中编码器在进给传动链的前端，称为内装式编码器；二是编码器连接在滚珠丝杠末端，称为外装式编码器。外装式包含的传动链误差比内装式多，因此位置控制精度较高，而内装式安装方便。

1. 增量式光电编码器

常用的光电编码器为增量式光电编码器，又称光电码盘、光电脉冲发生器、光电脉冲编码器等，是一种旋转式脉冲发生器，它可以将机械的角位移变成电脉冲，也可用于角速度检测。

如图 3-17 所示，增量式光电编码器由光源、透镜、光电码盘、光栏板、光电接收器及信号处理电路等组成。在可转动的光电码盘上刻有许多节距相等的辐射状窄缝，与它相对应的有两组静止不动的窄缝群，这些窄缝群的节距与圆盘节距相等，窄缝宽度占节距一半。静止的窄缝群位置相互错开，这样就可保证当一组窄缝群全部遮住圆盘窄缝时，另一组窄缝群刚好遮住圆盘上窄缝的一半。

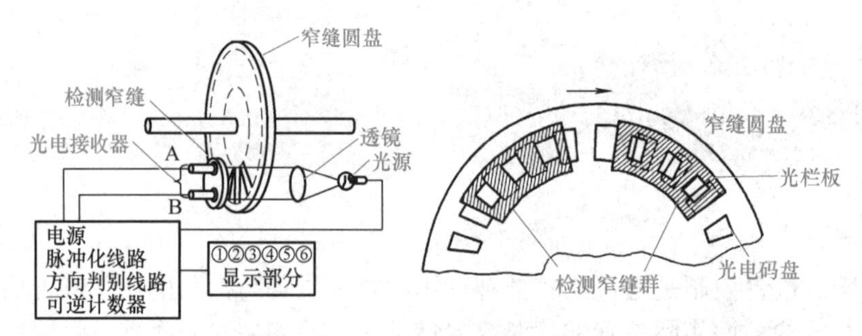

图 3-17 增量式光电编码器的工作原理

光栏板固定在底座上，与光电码盘保持较小间隙，其上制有两段线纹 A、$\bar{A}$（A 的反相）和 B、$\bar{B}$（B 的反相），每一组线纹间的节距与光电码盘相同，而 A 组和 B 组的线纹彼此相差 1/4 节距，两组条纹相对应的光电接收器所产生的信号彼此相差 90°，用来辨别光电码盘的转动方向。当圆盘转动时，光线通过光栏板和光电码盘产生明暗相间的变化，被光电接收器感知到。通过信号处理电路将光信号转换成电脉冲信号，通过计量脉冲的数量，即可测出转轴的角位移；通过计量脉冲的频率，即可测出转轴的速度；通过测量 A 组与 B 组信号相位的超前或滞后关系，即可确定被测轴的旋转方向。

图 3-18 所示为信号处理线路框图和光电输出波形。光电接收器 A、B 输出的正弦波信号经施密特电路后变成 a、b 两组方波信号。a 组方波信号又分两路输出：一路直接经微分电路，在方波的上升沿形成脉冲信号 d，再由门电路输出，形成正转脉冲 f；另一路经反相电路形成相位相反的方波 c，再经微分电路形成脉冲信号 e，由门电路送出后形成反转脉冲 g。b 组方波直接连到两个门电路的控制端，作为门电路的选通信号，因为由相位相差 90° 的两个正弦波整形得到，所以可以检测圆盘的旋转方向，若圆盘正转时，b 组信号超前 90°，则反转时它就滞后 90°。当 b 组信号超前 90° 时，它的方波正半波对应不

经反相电路 a 组方波的上升沿，正半波又使门电路选通，因此 d 组脉冲可以通过门电路形成正转脉冲 f；而 c 组方波的上升沿对应 b 组方波负半波，此时虽然微分电路输出脉冲 e，但门电路关闭，不能输出反向脉冲 g。当圆盘反转时，情况正好相反，能够输出反方向脉冲 g，不能输出正方向脉冲 f。

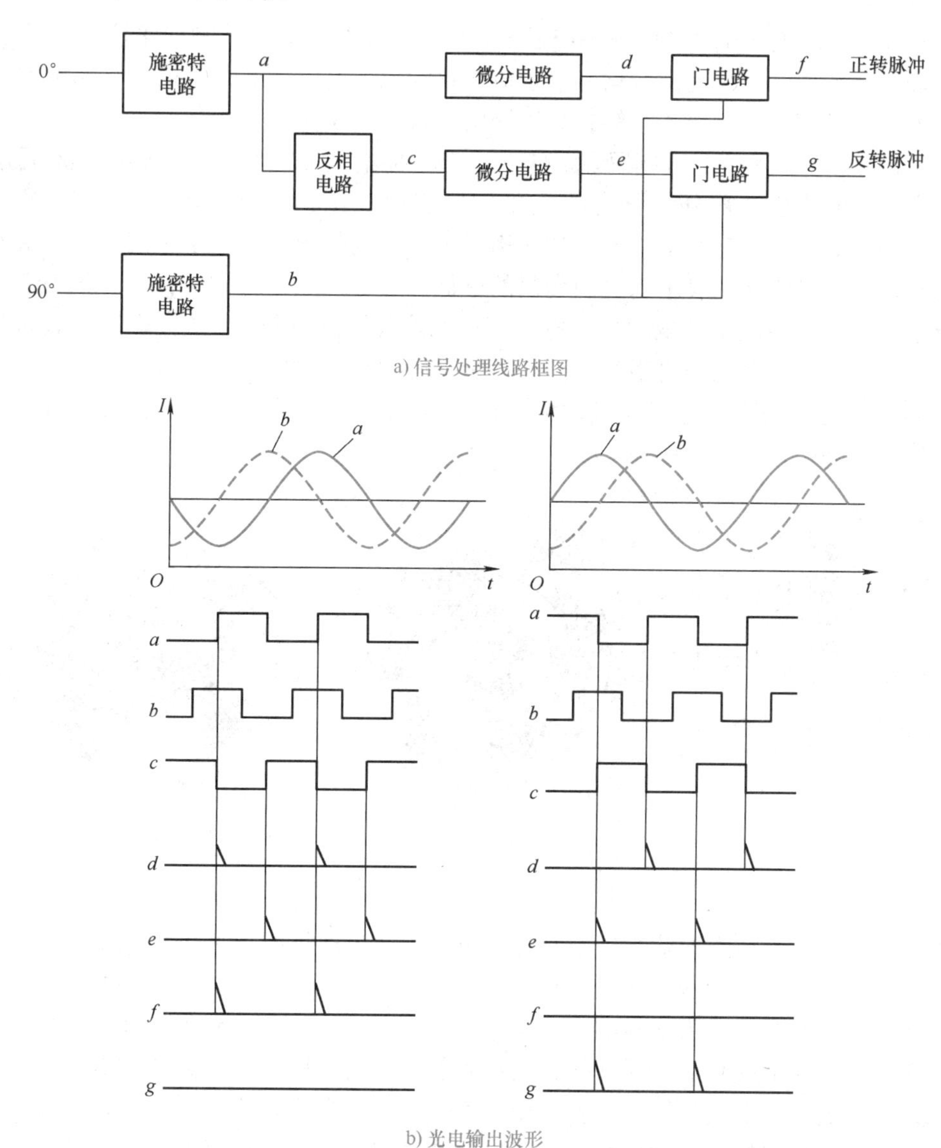

图 3-18　信号处理线路框图和光电输出波形

增量式光电编码器的测量精度取决于它所能分辨的最小角度，与光电码盘周围的条纹数有关，即分辨角 α=360°/条纹数。例如，条纹数为1024，则分辨角 α=360°/1024=0.352°。增量式光电编码器的输出信号 A、$\overline{A}$ 和 B、$\overline{B}$ 为差动信号，由此提高了信号传输的能力。在数控系统中，常对上述信号进行倍频处理，以进一步提高分辨力。例如，配置2000脉冲/转的增量式光电编码器的伺服电动机直接驱动8mm螺距的滚珠丝杠，经数控系统四倍频处理后，相当于8000脉冲/转的角度分辨力，对应工作台的直线分辨力由倍频前的0.004mm提高到了0.001mm。

增量式光电编码器的优点是没有接触磨损，光电码盘寿命长，允许转速高，而且最外圈每片宽度可做得很小，因而可以达到很高的精度。其缺点是结构复杂，价格高，光源寿命短。

2. 接触式编码器

接触式编码器是一种绝对值式的检测装置，它可以直接把被测的角位移用数字代码表示出来，而且每一个角度位置均有表示该位置的唯一对应代码，因此这种测量方式即使切断电源，也能读出角位移。接触式编码器由码盘和电刷组成。

图 3-19a 所示为 4 位二进制码盘。它在一个不导电基体上做成多个同心圆形码道和周向等分扇区，其中黑色部分为导电区，用“1”表示；其他部分为绝缘区，用“0”表示。这样，在每一个扇区，都有由“1”“0”组成的二进制代码，即每个扇区都可以由 4 位二进制代码表示，其中外圈表示二进制代码的最低位。最内圈是公共圈，它和各码道所有导电部分连在一起，经电刷和电阻接至电源正极。除公用圈以外，4 位二进制码盘的四圈码道上也都装有电刷，电刷经电阻接地。若电刷接触的是导电区域，在电刷、码盘、电阻和电源之间构成的回路中有电流流过，为“1”。当码盘旋转时，四个电刷依次输出十六个二进制编码 0000 ～ 1111，编码代表实际角位移。

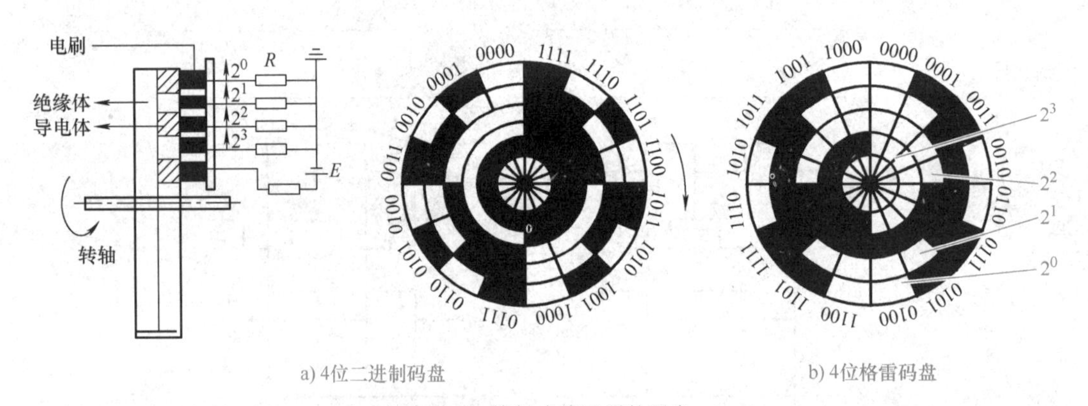

a) 4位二进制码盘　　b) 4位格雷码盘

图 3-19　接触式编码器的码盘

不难看出，码道的圈数就是二进制的位数，由此可以推断出，码盘分辨力与码道多少有关，若是 n 位二进制码盘，就有 n 圈码道，且圆周均分为 2^n 等份，即共有 2^n 个数据来分别表示其不同位置，所能分辨的最小角度 $\alpha=360°/2^n$。显然，位数 n 越大，所能分辨的角度越小，测量精度就越高。目前接触式编码器的码盘一般可以做到 8 ～ 14 位。

二进制码盘上图案变化较大，容易产生读数错误，在实际应用时，对码盘的制作和电刷的安装要求十分严格，否则就会产生非单值性误差。若电刷恰好位于两位码的中间或因为电刷接触不良，则电刷的检测读数可能会是任意的数字。例如，当电刷由位置 0111 向位置 1000 过渡时，可能会出现 8 ～ 15 之间的任意一个十进制数。为了消除这种非单值误差，一般采用循环码，即格雷码，如图 3-19b 所示，其与二进制码盘的不同之处在于，它的各码道的数码并不同时改变，任何两个相邻图案只有一个扇块变化，即只有 1 位是变化的，由此能把读数误差控制在最小单位。

接触式编码器是绝对式测量，码道多时结构复杂，精度不高。

接触式编码器的优点是结构简单、体积小、输出信号强；缺点是电刷磨损造成寿命降低，转速不能太高（一般每分钟几十转），精度受外圈码道宽度限制，因此有使用局限性。

3. 编码器在数控机床中的应用

（1）位移测量　由于增量式光电编码器每转过一个分辨角就发出一个脉冲信号，因此，根据脉冲的数量、传动比及滚珠丝杠螺距即可得出移动部件的线位移。例如，某带光电编码器的伺服电动机与滚珠丝杠直连（传动比 1∶1），光电编码器每转发出 1024 个脉冲信号，丝杠螺距为 8mm，在数控系统伺服中断时间内计脉冲数 1024 个，则在该时间段里，工作台移动的距离为

$$\frac{1}{1024}\times 1024\times 8\text{mm}=8\text{mm}$$

在数控回转工作台中，通过在回转轴末端安装编码器，可直接测量回转工作台的角位移。

在交流电动机变频控制中，与电动机同轴连接的编码器可检测电动机转子磁极相对定子绕组的角度位置，用于变频控制。把输出的脉冲 f 和 g，分别输入可逆计数器的正、反计数端进行计数，可检测到输出脉冲的数量，把这个数量乘以分辨力（转角 / 脉冲）就可测出圆盘转过的角度。为了能够得到绝对转角，在起始位置对可逆计数器清零。

（2）主轴控制　在机床主运动（主轴控制）中采用主轴位置脉冲编码器，则成为具有位置控制功能的主轴控制系统，或称 C 轴控制。主轴位置脉冲编码器的作用主要有：

1）主轴旋转与坐标轴进给的同步控制，如螺纹加工。

2）主轴定向准停控制，如换刀位置记忆。

3）恒线速度切削控制。

（3）转速测量　转速可由编码器发出的脉冲频率或周期测量。利用脉冲频率测量是在给定的时间内对编码器发出的脉冲计数，然后由式（3-10）求出其转速 n（单位为 r/min），即

$$n=\frac{60N_1}{Nt} \tag{3-10}$$

式中　t ——测速采样时间（s）；

N_1 ——t 时间内测得的脉冲个数；

N ——编码器每转脉冲数。

图 3-20 所示为利用脉冲频率测速原理图，在给定 t 时间内，使门电路选通，编码器输出脉冲允许进入计数器计数，这样可算出 t 时间内编码器平均转速。图 3-21 所示为利用脉冲周期测速原理图。

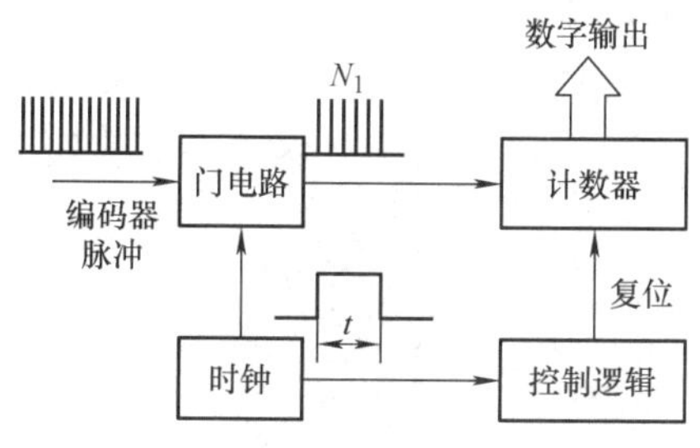

图 3-20　利用脉冲频率测速原理图

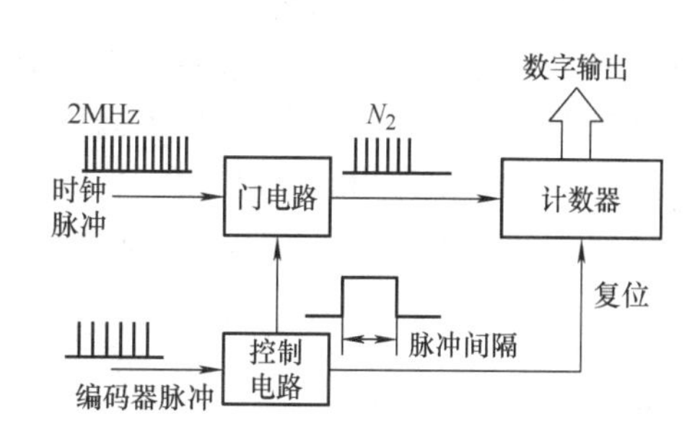

图 3-21　利用脉冲周期测速原理图

3.3.3 光栅

在数控机床的检测系统中，常用光栅来检测线位移和角位移。按形状，光栅可分为长光栅（或称直线光栅）和圆光栅。长光栅用于测量线位移，圆光栅用于测量角位移。按制造工艺，光栅可分为玻璃透射光栅和金属反射光栅。玻璃透射光栅是在光学玻璃的表面上涂上一层感光材料或金属镀膜，再在涂层上刻出光栅条纹，用刻蜡、腐蚀、涂黑等工艺制成光栅条纹。金属反射光栅是在钢尺或不锈钢带的表面，光整加工成反射光很强的镜面，用照相腐蚀工艺制作光栅。金属反射光栅线膨胀系数容易做到与机床材料一致，安装调整方便，易于制成长光栅。光栅的种类与精度见表 3-2。

表 3-2 光栅的种类与精度

<table>
<tr><th colspan="2">计量光栅</th><th>光栅长度（直径）/mm</th><th>线纹数</th><th>精度</th></tr>
<tr><td rowspan="9">长光栅</td><td rowspan="5">玻璃透射光栅</td><td>500</td><td rowspan="5">100 条 /mm</td><td>5μm</td></tr>
<tr><td>1000</td><td>10μm</td></tr>
<tr><td>1100</td><td>10μm</td></tr>
<tr><td>1100</td><td>3 ～ 5μm</td></tr>
<tr><td>500</td><td>2 ～ 3μm</td></tr>
<tr><td rowspan="2">金属反射光栅</td><td>1220</td><td>40 条 /mm</td><td>13μm</td></tr>
<tr><td>500</td><td>25 条 /mm</td><td>7μm</td></tr>
<tr><td>高精度金属反射光栅</td><td>1000</td><td>50 条 /mm</td><td>7.5μm</td></tr>
<tr><td>玻璃衍射光栅</td><td>300</td><td>250 条 /mm</td><td>± 1.5μm</td></tr>
<tr><td>圆光栅</td><td>玻璃圆光栅</td><td>$\phi 270$</td><td>10800 条 / 周</td><td>3″</td></tr>
</table>

光栅装置由标尺光栅和指示光栅组成，标尺光栅一般安装在机床活动部件（如工作台）上，指示光栅安装在机床固定部件（如机床底座）上。在标尺光栅和指示光栅上都有密度相同的许多刻线，称为光栅条纹，光栅条纹的密度一般为 25 条 /mm、50 条 /mm、100 条 /mm、250 条 /mm。对于透射光栅，这些刻线不透光（对于反射光栅，这些刻线不反光）。光线由两刻线之间窄面透射（或反射）回来，如图 3-22 所示。

当两光栅尺沿线纹方向保持一个很小的角度 θ、刻画面相对平行且有一个很小的间隙放置时，在光源的照射下，由于光的衍射或遮光效应，在与两光栅线纹角 θ 的平分线上相垂直的方向上形成明暗相间的条纹，称为“莫尔条纹”，如图 3-23 所示。由于 θ 很小，所以莫尔条纹近似于垂直于光栅的线纹。莫尔条纹中相邻两条亮纹或两条暗纹之间的距离称为莫尔条纹的宽度。当指示光栅移动时，莫尔条纹移动，且移动方向几乎与光栅移动方向垂直。当指示光栅相对标尺光栅移动一个刻线距离时，莫尔条纹也移动一个莫尔条纹间距。莫尔条纹间距与刻线间距关系如下：

$$W = \frac{P}{\theta} \tag{3-11}$$

式中 W ——莫尔条纹宽度 (mm)；

P ——两尺刻线间距（mm）；

θ ——两尺间相对倾斜角（rad）。

由此可以看出，莫尔条纹具有放大效应，若取 P=0.01mm、θ=0.001rad，则 $W\approx$ 10mm，相当于把两尺刻线距离放大 1000 倍，无须复杂的光学系统和电子放大线路，就能提高光栅测量装置的分辨力。

光电元件和指示光栅一起移动时，光电元件接收光线受莫尔条纹影响呈正弦规律变化，因此，光电元件产生按正弦规律变化的电流（电压）。

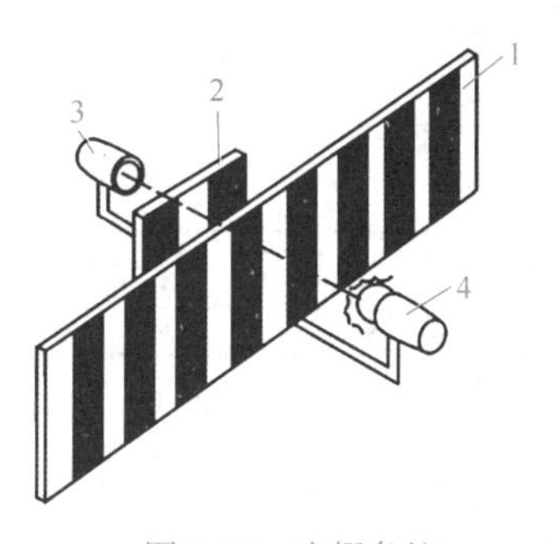

图 3-22　光栅条纹

1—标尺光栅　2—指示光栅

3—光电接收器　4—光源

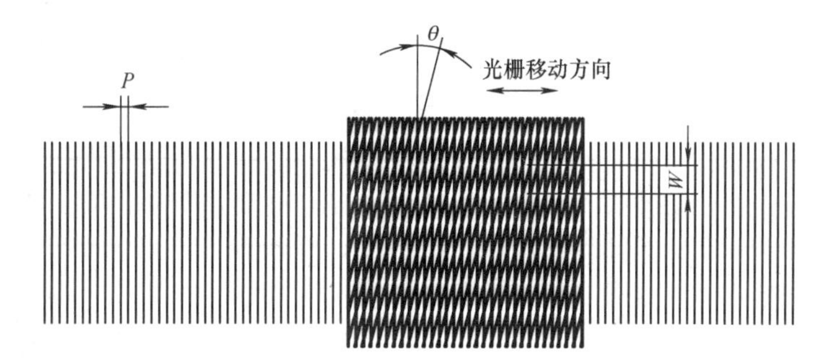

图 3-23　莫尔条纹形成原理

3.3.4　感应同步器

感应同步器是一种非接触电磁测量装置。它可以测量角位移或直线位移，输出的是模拟量，具有精度高、量程大、抗干扰能力强、对环境要求低、结构简单、工艺性好、安装方便、成本低等优点，其工作原理与旋转变压器相同。

1. 感应同步器的组成及工作原理

感应同步器分为直线式和旋转式两种，这里着重介绍直线式感应同步器。

直线式感应同步器用于直线位移的测量，它相当于一个展开的多极旋转变压器，它由定尺（相当于旋转变压器的转子绕组）和滑尺（相当于旋转变压器的定子绕组）两大部分组成，如图 3-24 所示。定尺是单向均匀感应绕组，尺长一般为 250mm，绕组节距 2τ 通常为 2mm。滑尺上有两组励磁绕组，一组叫正弦励磁绕组，另一组叫余弦励磁绕组，两绕组节距与定尺相同，并且相互错开 1/4 节距排列，当正弦励磁绕组的每一只线圈与定尺感应绕组的线圈对准时，余弦励磁绕组的每一只线圈则与定尺感应绕组的线圈相差 90° 电角度。由于 2τ 节距相当于 2π 的电角度，所以 $\tau/2$ 的距离相当于二者相差 $\pi/2$ 的电角度。

滑尺与定尺相互平行并保持一定的间距，当向滑尺上的绕组通以交流励磁电压时，则在滑尺绕组中产生励磁电流，绕组周围产生按正弦规律变化的磁场，由于电磁感应，在定尺上感应出电动势；当滑尺与定尺间产生相对位移时，由于电磁耦合的变化，使定尺上感应电动势随位移的变化而变化。表 3-3 列出了定尺感应电动势与定尺、滑尺之间相对位置的关系。

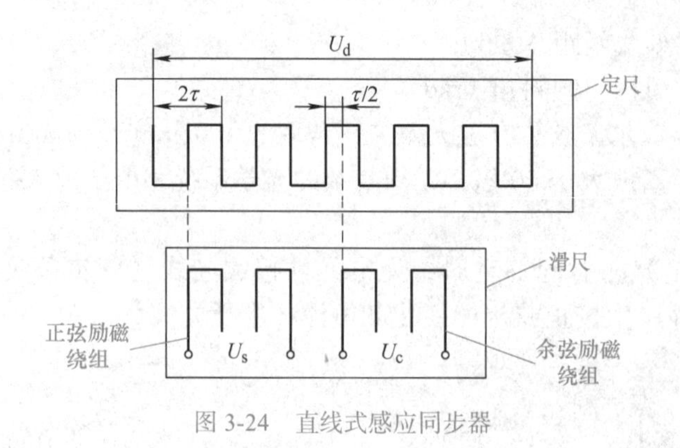

图 3-24 直线式感应同步器

表 3-3 定尺感应电动势与定尺、滑尺之间相对位置的关系

定尺		
滑尺位置	*A*	
	B	1/4
	C	2/4
	D	3/4
	E	1 节距
电磁耦合度		*Y* *A* *E* *B* *O* *D* *X* *C*

由表 3-3 可见，如果滑尺处于 *A* 点位置，即滑尺绕组与定尺绕组完全重合，则定尺上感应电动势最大。当滑尺相对定尺做平行移动时，感应电动势慢慢减小，当滑尺相对定尺刚好错开 1/4 节距时，即移至 *B* 点，感应电动势为零。再继续移动至 1/2 节距位置，即移至 *C* 点，为最大负值电动势。再移至 3/4 节距，即移至 *D* 点时，感应电动势又变为零。移至一个节距，即移至 *E* 点时，又恢复初始状态，与 *A* 点位置完全相同。这样，滑尺在移动一个节距内，感应电动势变化了一个余弦周期。

根据滑尺中励磁绕组供电方式不同，感应同步器分为相位工作方式和幅值工作方式，此处不再赘述。

2. 感应同步器测量系统

（1）鉴相测量系统　当感应同步器工作在相位工作方式时，位移指令值是以相位角度值给定的。如果以指令值相位信号作为基准相位信号，给感应同步器滑尺中两绕组供电，定尺感应电动势相位反映工作台实际位移，基准相位与感应相位差表明实际位置与指令位置差距，用其作为伺服驱动的控制信号，控制执行元件向减小误差方向移动。

（2）鉴幅测量系统　当感应同步器工作在幅值工作方式时，通过鉴别定尺绕组输出误差信号的幅值，就可进行位移测量。因此，在鉴幅测量系统中作为比较器的是鉴幅器，或称门槛电路。

3.3.5　激光干涉仪

激光干涉仪包括激光管、稳频器、光学干涉部件、光电转换元件、计数器和数字显示器等部件。目前应用较多的是单频激光干涉仪和双频激光干涉仪，而单频激光干涉仪使用时受环境影响较大，调整不便，抗干扰能力差，故常常用双频激光干涉仪代替。

复习思考题

3-1　测量装置的作用是什么？

3-2　间接测量和直接测量有何区别？

3-3　增量测量和绝对测量有何区别？

3-4　接触式编码器的码盘码道数为 8 个，当前位置输出编码数为 10001100，问相对 0 点转过多少角度？

3-5　用光电脉冲编码器测某轴转速，2min 测得 17800 个脉冲，已知此编码器每转 950 个脉冲，轴的转速是多少？

3-6　某数控车床使用步进电动机作为进给驱动，步进电动机的步距角为 1.8°，丝杠的导程为 4mm，编码器与主轴连接方式如图 3-25 所示，其中 z_1=80、z_2=40、z_3=40、z_4=20，编码器每转发出 1500 个脉冲信号，则加工导程 P=6mm 的螺纹时，工作台走一个脉冲当量，对应的编码器脉冲是多少个？

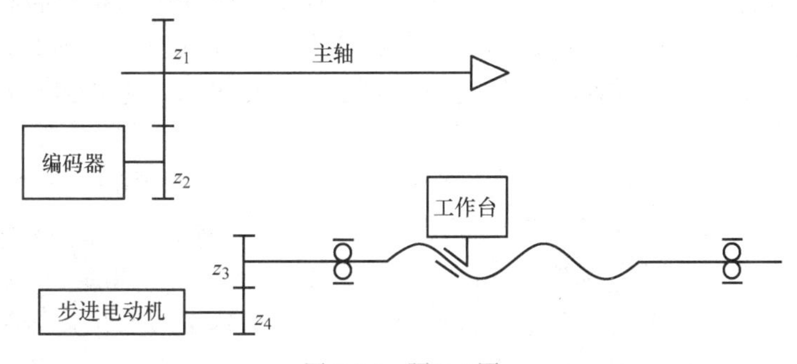

图 3-25　题 3-6 图

3-7　数控系统对伺服电动机的基本要求有哪些？模拟控制和数字控制的区别是什么？

3-8　简述步进电动机的工作原理。

3-9　步进电动机的主要特征是什么？其基本工作状态是怎样的？

3-10　步进电动机的工作方式有哪些？三相六拍是怎样工作的？

3-11　试述直流电动机的工作原理。

第4章 数控编程基础

教学目标：

1）掌握数控系统编程规则，认识遵守编程规范的重要性。

2）掌握数控坐标系标准规范和建立加工坐标系（工件坐标系）的方法，养成严格按照规程规范处理问题、做事专注的科学探索精神。

3）掌握常用编程指令使用方法，发扬工程技术人员的敬业精神和职业素养，充分利用不同指令的优势，优化程序，创新思维，提高编程效率。

4）掌握刀具补偿指令使用注意事项，通过案例分析和习题练习，培养严谨细致、追求卓越、精益求精的大国工匠精神。

4.1 数控编程基本概念

零件加工程序是控制机床运动的源程序，负责提供零件加工时机床各种运动和操作的全部信息，主要有加工工序各坐标的运动行程、速度、联动状态、主轴的转速和转向、刀具的更换、切削液的打开和关断以及排屑等。总之，数控机床的主要运动是由预先编制好的数控程序控制的。

零件加工程序的语言，在国际上大部分已经标准化了（ISO 标准、EIA 标准），世界各国都用这些标准语言编程，但有些尚未标准化，为今后技术进一步发展留有余地。对那些没有标准化的语言，各生产厂家略有不同。本章所讲的一些语言和语句格式，主要根据日本 FANUC 数控系统编写。不同类型的数控系统、不同厂家生产的机床编程的方法都不尽相同，应用时务必参阅机床编程说明书。

4.1.1 数控机床程序编制的内容和步骤

数控机床编程的主要内容有：分析零件图样、工艺分析、数学处理、编写程序清单、制作控制介质、程序输入、程序检查以及工件试切。

数控机床编程的步骤一般如图 4-1 所示。

1. 分析零件图样和工艺分析

首先，编程人员根据图样对零件的几何形状、尺寸、技术要求进行分析，明确加工的内容及要求，决定加工方案、确定加工顺序、设计夹具、选择刀具、确定合理的走刀路线及选择合理的切削用量等。同时，还应发挥数控系统的功能和数控机床本身的能力，正确选择对刀点、切入方式，尽量减少诸如换刀、转位等辅助时间。

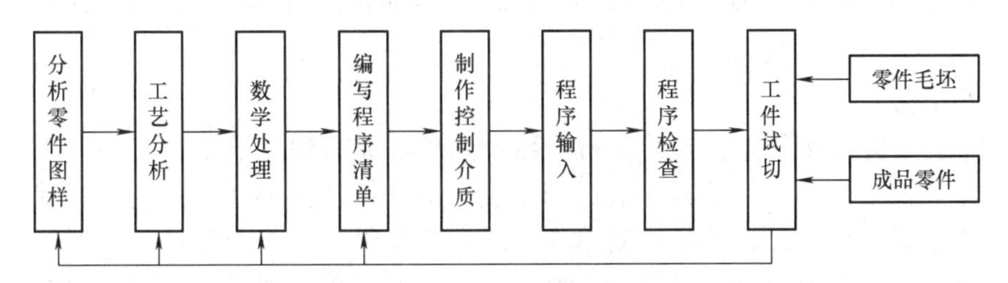

图 4-1　数控机床编程的步骤

2. 数学处理

编程前，根据零件的几何特征，先建立一个工件坐标系，根据零件图样的要求，制订加工路线，在建立的工件坐标系上，首先计算出刀具的运动轨迹。对于形状比较简单的零件（如直线和圆弧组成的零件），只需计算出几何元素的起点、终点、圆弧的圆心、两几何元素的交点或切点的坐标值。但对于形状比较复杂的零件（如非圆曲线、曲面组成的零件），当数控系统的插补功能不能满足零件的几何形状要求时，就需要计算出曲面或曲线上的很多离散点，在点与点之间用直线段或圆弧段逼近，根据要求的精度计算出其节点间的距离，这种情况一般要求用计算机来完成数值计算工作。

3. 编写程序清单

完成上述工艺处理和数学处理工作以后，根据数控系统规定的指令代码及程序段格式，逐段编写零件程序清单。此外，还应填写有关的工艺文件，如数控加工工序卡片、数控刀具明细表、工件安装和零点设定卡片、数控加工程序单等。

4. 制作控制介质和程序输入

程序编制好之后，需要制作控制介质作为数控系统输入信息的载体。早期的数控机床上使用的控制介质一般为穿孔纸带，穿孔纸带是按照国际标准化组织（ISO）或美国电子工业学会（EIA）标准代码制成的。穿孔纸带上的程序代码，通过纸带阅读装置送入数控系统，这种程序输入方式现在已经被淘汰。现代数控机床多数是直接通过数控系统操作键盘手动输入程序到存储器（也就是 CRT/MDI 方式），或通过 RS232C 接口、USB 接口、DNC 接口等多种方式将程序输入数控系统中。

5. 程序检查和工件试切

程序清单必须经过检查和工件试切才能正式使用。检查的方法是将程序内容输入数控装置中，让机床空刀运转；若是二维平面工件，还可以用笔代刀，以坐标纸代替工件，画出加工路线，以检查机床的运动轨迹是否正确；在有图形显示功能的数控机床上，可模拟刀具切削过程进行检验。但这些方法只能检验出运动是否正确，不能检验出被加工零件的加工精度。因此，必须进行工件试切。工件试切时，应该以单程序段的运行方式进行加工，随时监视加工状况，调整切削参数和状态，当发现有加工误差时，应分析误差产生的原因，找出问题所在并加以修正。

编程人员不仅要熟悉数控机床的结构、数控系统的功能及标准，而且还必须是一名合格的工艺人员，要熟悉零件的加工工艺，具备选择装夹方法、刀具、切削用量等方面的专业知识。

4.1.2 数控机床编程的方法

数控机床编程的方法有三种：手工编程、计算机辅助自动编程和图形交互式自动编程。

1. 手工编程

人工完成分析零件图样、工艺分析、数学处理、编写程序清单，直到程序的输入和检查，称为手工编程。手工编程一般适用于点位加工或几何形状不太复杂的零件，对于被加工零件轮廓的几何形状不是由简单的直线和圆弧组成的复杂零件，特别是求解空间曲面的离散点时，由于数值计算复杂，编程工作量大，校对困难，采用这种编程方法就很难完成或根本就无法实现编程，而用计算机辅助自动编程或图形交互式自动编程就很容易实现。

2. 计算机辅助自动编程

所谓计算机辅助自动编程，就是使用计算机或编程机完成零件程序编制的过程。在这个过程中，编程人员只是根据零件图样和工艺要求，使用规定的语言手工编写出一个描述零件加工要求的程序，然后将其输入计算机或编程机，便可自动地进行数值计算，并编译出零件加工程序。此外，根据要求还可以自动地打印出程序清单，制成控制介质或直接将零件程序传送到数控机床。有些装置还能绘制出零件图形和刀具轨迹，供编程人员检查程序是否正确，需要时可以及时修改。由于自动编程能够完成烦琐的数值计算和实现人工难以完成的工作，提高生产率，因而对于较复杂的零件采用自动编程更方便。

3. 图形交互式自动编程

图形交互式自动编程是基于CAD/CAM软件，利用被加工零件的二维和三维图形，人机交互完成加工图形的定义、工艺参数的设定，再经过软件自动处理生成刀具轨迹和数控加工程序。这种编程方式使得复杂曲面的加工更为方便，是目前加工复杂零件最常用的方法。

4.1.3 数控机床编程的基础知识

为了满足设计、制造、维修和普及的需要，在输入代码、坐标系、加工指令、辅助功能及程序格式方面，国际上已经形成了两个通用的标准，即国际标准化组织（International Organization for Standardization，ISO）标准和美国电子工业学会（Electronic Industries Association，EIA）标准。我国根据ISO标准制定了JB/T 3208—1999《数控机床 穿孔带程序段格式中的准备功能G和辅助功能M的代码》，尽管该标准已废止，标准涉及的产品已退出市场，但数控加工指令、辅助功能及程序格式方面目前仍以该标准为准。当然，由于各个数控生产厂家所使用的标准并不完全统一，所使用的代码、指令及其含义不完全相同，因此，还必须参照所用数控机床的编程手册进行编程。

1. 程序结构与格式

数控机床每完成一个工件的加工，需执行一个完整的程序，每个程序由许多程序段组成。一个完整的程序一般由三部分组成：程序名、程序主体、程序结束指令。例如：

```
O10
N10 G55 G90 G00 Z40.;
```

```
N20 M03 S500;
N30 X-50. Y0.;
N40 G01 Z-5. F100;
N50 G01 G42 X-10. Y0. D01;
N60 X60. Y0.;
……
N160 M02;
```

上面程序中，程序开头的“O10”就是程序名，结尾的“M02”就是程序结束指令，中间部分就是程序主体。每一个独立的程序都应有程序名，程序名由地址码O和数字组成，程序名可作为识别、调用程序的标志，可以说明该加工程序的开始。不同的数控系统，程序名地址码可以不一样。编程时应根据说明书的规定使用，否则系统将不接受。例如，FANUC系统用英文字母“O”和后面四位十进制数表示，四位数中如果前面为零则可以省略；SIEMENS系统用百分号“%”及后面四位十进制数表示程序名。程序结束指令写在程序的最后，以M02、M30或M99（子程序结束指令）作为程序结束的符号，用来结束零件加工。程序主体部分是整个程序的核心，由许多程序段组成（每一行就是一个程序段），每个程序段由一个或多个指令构成，程序主体表示出了数控机床要完成的全部动作。

程序段的基本构成如下：

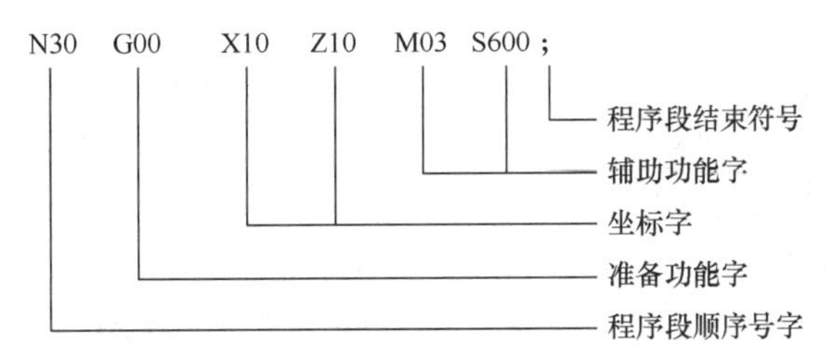

每个程序段是由按照一定顺序和规定排列的若干“字”构成，这里的“字”是程序字的简称，它是机床数字控制的专用术语。每个字又由字母和数字组成，有些字母也叫代码，它表示某种功能，如G代码、M代码，有些字母表示坐标，如X、Y、Z、U、V、W、A、B、C，还有一些表示其他功能的符号。程序段格式是指程序段的书写规则，常用的程序段格式有三种：字地址程序段格式、固定顺序程序段格式、用分隔符的程序段格式，现在一般使用字地址程序段格式。

一个程序段包括以下三大部分：

1）程序段顺序号字（N字）。也称之为程序段号，用以识别和区分程序段的标号。用地址码N和后面的若干位数字来表示。例如，N008就表示该程序段的标号为008。在大部分数控系统中，并不是对所有的程序段进行标号，可以仅对一些特定的程序段进行标号。程序段号为程序校对和检索提供了方便，特别是对于程序跳转来说，程序段号就是必要的。在加工轨迹图几何节点处标上相应顺序号字，有利于直观检查程序。

使用顺序号字有以下规则：数字为正整数；数字可以不连续；可以只在部分程序段中设顺序号，也可以全设或全不设；数字大小与程序执行顺序无关，执行顺序只与输入程序段先后有关，先输入的先执行，后输入的后执行。

2）程序段结束符号。FANUC系统使用“；”作为程序段的结束符号，但有些系统使用“*”或“LF”作为结束符号。任何一个程序段都必须有结束符号，没有结束符号的语句是错误语句，计算机不执行含有错误语句的程序段。

3）程序段的主体部分。一段程序中，除顺序号和结束符号外的其余部分是程序主体部分，主体部分规定了一段完整的加工过程。它包含了各种控制信息和数据，且由一个以上功能字组成，主要的功能字有准备功能字、坐标字、辅助功能字、进给功能字、主轴功能字和刀具功能字等。

注意：对于程序段中的坐标字，一些数控系统会区分使用小数点输入数值与无小数点输入数值。小数点可用于表示距离、时间和速度等的单位，对于距离，小数点的位置单位是 mm 或 in，对于时间，小数点的位置单位是 s。无小数点时与机床系统参数的最小设定单位有关，代表最小设定单位的整数倍。

2. 功能字

（1）准备功能字（G 功能字） G 功能字（也称 G 代码）是使数控机床做某种操作的指令，用地址码 G 和两位数字来表示，从 G00 ～ G99 共 100 种。有时，G 功能字可能还带有小数位。它们中许多已经被定为工业标准代码。

G 代码有模态 G 代码和非模态 G 代码之分。模态 G 代码：一旦执行就一直保持有效，直到被同一模态组的另一个 G 代码替代为止。非模态 G 代码：只在它所在的程序段内有效。

（2）坐标字 坐标字由坐标名和带“+”“–”符号的绝对坐标值（或相对坐标值）构成。坐标名有 X、Y、Z、U、V、W、P、Q、R、A、B、C、I、J、K 等。

例如：X+20 Y–40

在此，符号“+”可以省略。

表示坐标名的英文字母的含义如下：

X、Y、Z：坐标系的主坐标字符。

U、V、W：分别对应平行 *X*、*Y*、*Z* 坐标轴的第二坐标字符。

P、Q、R：分别对应平行 *X*、*Y*、*Z* 坐标轴的第三坐标字符。

A、B、C：分别对应绕 *X*、*Y*、*Z* 坐标轴的转动坐标字符。

I、J、K：圆弧中心坐标字符，是圆弧的圆心对圆弧起点的增量坐标，分别对应平行于 *X*、*Y*、*Z* 轴的增量坐标字符。

（3）进给功能字（F 功能字） F 功能字由地址码 F 和后面表示进给速度值的若干位数字构成。F 功能字主要是规定直线插补 G01 和圆弧插补 G02/G03 方式下刀具中心的进给速度。进给速度是指沿各坐标轴方向速度的矢量和。进给速度的单位取决于数控系统的工作方式和用户的规定，它可以是 mm/min、in/min、(°) /min、r/min、mm/r、in/r。例如，在米制编程的零件程序中，F220 就是表示进给速度为 220mm/min。

（4）主轴转速功能字（S 功能字） S 功能字用来规定主轴转速，由地址码 S 和后面的若干位数字组成，这个数值就是主轴的转速值，单位是 r/min。例如，S300 表示主轴的转速为 300r/min。

（5）刀具功能字（T 功能字） T 功能字由地址码 T 和后面表示刀具编号的数字构成。T 功能字主要是用来指定加工时使用的刀具号，也可以用来选择刀具偏置和补偿。例如，T02 表示换刀时选择 02 号刀具，如果用作刀具补偿时，T02 是指按照 02 号刀具事先设定的数据进行补偿。如果用四位数码指令时，例如 T0102，那么前面两位数字表示刀号，后面两位数字表示刀补号。

（6）辅助功能字（M 功能字）　M 功能字由地址码 M 和后面的 2 位数字构成，从 M00 到 M99 共 100 个字，其中的大部分已经标准化（符合 ISO 标准），通常称它们为 M 代码。M 功能字表示一些机床辅助动作及状态，例如，主轴正反转及停止、切削液的开与关、工作台的夹紧与松开、换刀、计划停止、程序结束等。

1）M 代码。如在同一程序段中，既有 M 代码，又有坐标运动指令时，控制系统将根据机床参数来决定执行顺序，具体如下：

① M 代码与坐标移动指令同时执行。

② 在执行坐标移动指令之前执行 M 代码，通常称之为“前置”。

③ 在坐标移动指令完成以后执行 M 代码，称为“后置”。

每一个 M 代码的执行顺序在数控机床的编程手册中都有明确的规定。

M 代码也分为模态 M 代码和非模态 M 代码两种。模态 M 代码：一旦执行就一直保持有效，直到同一模态组的另一个 M 代码执行为止。非模态 M 代码：只在它所在的程序段内有效。M 代码也可以分成两大类，一类是基本 M 代码，另一类是用户 M 代码。基本 M 代码是由数控系统定义的，而用户 M 代码则是由数控机床制造商定义的。

2）基本 M 代码。

① M00：程序暂停指令。当程序执行到含有 M00 的程序段时，先执行该程序段前的其他指令，最后执行 M00 指令，但不返回程序开始处，再启动后，接着执行后面的程序。

② M01：可选择程序停止指令。M01 和 M00 相同，只不过是 M0l 要求外部有一个控制开关。如果这个外部可选择停止开关处于关的位置，控制系统就忽略该程序段中的 M01。

③ M02：程序结束。指令 M00 和 M02 均可使系统从运行进入停顿状态。二者的区别在于：M00 指令只是使系统暂时停顿，并将所有模态信息保存在专门的数据区中，系统处于进给保持状态，单击启动键后程序继续往下执行；M02 指令则结束加工程序的运行。M00 指令主要用于在加工过程中测量工件尺寸、重新装夹工件及手动变速等固定的手工操作；M02 指令则是作为程序结束的标志。

④ M30：程序结束并再次从头执行。M30 和 M02 不同之处在于：当使用纸带阅读机输入执行零件程序时，若遇到 M30 时，不但停止零件程序的执行，纸带会自动倒带到程序的开始，再次启动时，该零件程序就再次从头执行。

（7）刀具字（D 字和 H 字）　在程序中，D 字后接一个数值是刀具半径补偿号码，填在刀具半径补偿表中，是刀具半径补偿值的地址。当使用刀具半径补偿激活时（G41、G42），就可调出刀具半径的补偿值。

H 字后接一个数值是刀具长度偏置号码，填在刀具长度的偏置表中，是刀具长度偏置值的地址。当编程使 Z 轴坐标运动时，可用相应的代码（G43、G44）调出刀具长度的偏置值。

4.2　数控机床坐标系

4.2.1　坐标轴

数控加工是建立在数字计算基础之上的，准确地说是建立在工件轮廓点坐标计算基础之上的。正确地把握数控机床坐标轴的定义、运动方向的规定，以及根据不同坐标原点建立不同坐标系的方法，是正确计算工件轮廓点坐标的关键，而且会给程序编制和使用维修带来方便。为了保证程序的通用性，国际标准化组织（ISO）对数控机床的坐标和方向制定了统一的标准。参照 ISO 标准，我国也制定了 GB/T 19660—2005《工业自动化系统与集成　机床数值控制　坐标系和运动命名》，规定了直线运动的坐标轴用 *X*、*Y*、*Z* 表示，围绕 *X*、*Y*、*Z* 轴旋转的圆周进给坐标轴分别用 *A*、*B*、*C* 表示。以下是对各坐标轴及运动方向规定的内容和原则。

1. 刀具相对于静止工件运动的原则

数控机床的进给运动是相对的，有的是刀具相对于工件运动（比如车床上工件旋转，刀具做横向和纵向的进给运动），有的是工件相对于刀具运动（比如在铣床上，铣刀回转，工件随着工作台做横向和纵向的进给运动）。编程人员在编程时不必考虑是刀具移向工件，还是工件移向刀具，只需根据零件图样假定工件是永远静止的，而刀具是相对于静止的工件而运动进行编程即可。

2. 标准坐标系各坐标轴之间的关系

在数控机床上加工零件，机床的动作是由数控系统发出的指令来控制的。为了确定机床的运动方向和移动的距离，就需要在机床上建立一个标准坐标系，以确定机床的运动方向和移动的距离，这个标准坐标系也称机床坐标系。机床坐标系中 *X*、*Y*、*Z* 轴的关系用右手直角笛卡儿法则确定，如图 4-2 所示。为编程方便，各坐标轴的名称和正负方向都符合右手法则，图中大拇指的指向为 *X* 轴的正方向，食指指向为 *Y* 轴的正方向，中指指向为 *Z* 轴的正方向。围绕 *X*、*Y*、*Z* 轴旋转的圆周进给坐标轴 *A*、*B*、*C* 的方向用右手螺旋法则确定。以大拇指指向 +*X*、+*Y*、+*Z* 方向，则其余手指握轴的旋转方向为 +*A*、+*B*、+*C* 方向。

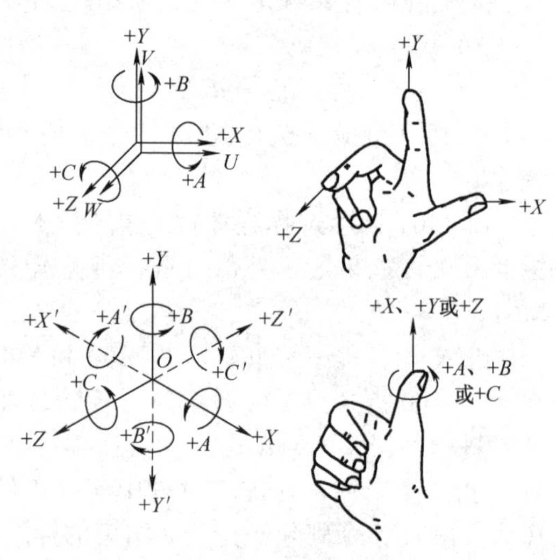

图 4-2　右手坐标系

3. 机床某一部件运动的正方向，是使刀具远离工件的方向

1）*Z* 轴及其运动方向：平行于机床主轴的刀具运动方向为 *Z* 轴方向。

2）*X* 轴及其运动方向：*X* 轴为水平方向，且垂直于 *Z* 轴并平行于工件的装夹平面。

3）*Y* 轴及其运动方向：*Y* 轴垂直于 *X*、*Z* 轴。当 +*X*、+*Z* 方向确定以后，按右手直角笛卡儿法则即可确定 +*Y* 方向。

无论哪一种数控机床都规定 *Z* 轴作为平行于主轴中心线的坐标轴。如果一台机床有多根主轴，应选择垂直于工件装夹面的主轴为 *Z* 轴。

X 轴通常选择为平行于工件装夹面，与主要切削进给方向平行。

旋转坐标轴 *A*、*B*、*C* 的方向分别对应 *X*、*Y*、*Z* 轴，按右手螺旋法则确定。图 4-3 所示为数控机床坐标轴应用实例。

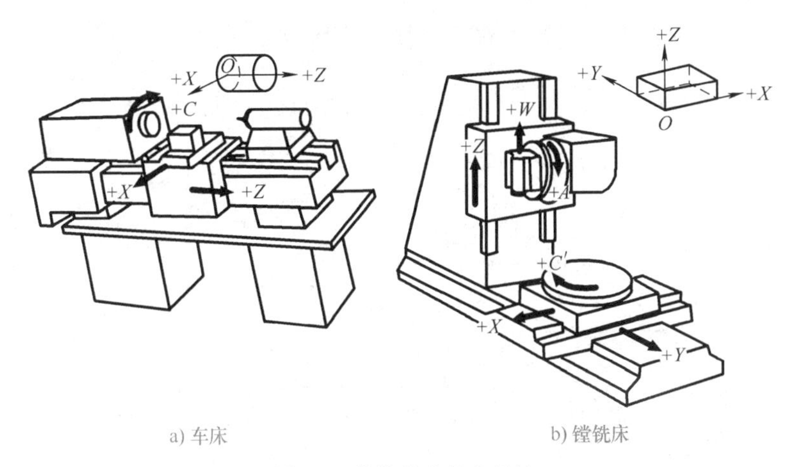

a) 车床　　b) 镗铣床

图 4-3　数控机床的坐标轴

4.2.2　坐标系

在坐标轴的方向确定以后，接着需要确定坐标原点的位置，只有当坐标原点确定后坐标系才算确定，加工程序就在这个坐标系内运行。可见，由于坐标原点不同，即使是执行同一段程序，刀具在机床上的加工位置也是不同的。

由于数控系统类型不同，所规定的建立坐标系的方法也不同，下面介绍几种情况。

1. 机床坐标系

机床坐标系是机床上固有的坐标系，是机床制造和调整的基准，是数控机床进行加工运动的基准参考点。它的坐标原点在机床上某一点，是固定不变的，机床出厂时已确定，一般情况下不允许用户随意变动机床原点。此外，机床的基准点、换刀点、托板的交换点、机床限位开关或挡块的位置都是机床上固有的点，这些点在机床坐标系中都是固定点。

机床坐标系是最基本的坐标系，是在机床回参考点操作完成以后建立的。一旦建立起来，除了受断电的影响外，不受控制程序和设定新坐标系的影响。

2. 工件坐标系

工件坐标系是程序编制人员在编程时使用的，也称为编程坐标系，用来确定工件几何形体上各要素的位置。程序编制人员以工件上的某一点为坐标原点，建立一个新坐标系，这个原点叫作工件原点或编程原点。编程原点的位置是任意的，由编程人员在编制程序时根据零件的特点选定。选择编程原点的位置时应该注意：编程原点尽量选在零件的设计基准或工艺基准上，以保证在这个坐标系内编程可以简化坐标计算，减少错误，缩短程序长度。

设定编程坐标系及其原点的时候，编程人员只需要根据零件图样来选择，与机床无关。但在实际加工中，编程时使用的原点必须在机床坐标系中确定下来，以保证加工时坐标运动的准确，也就是说，操作者在机床上装好工件之后，必须把编程原点的位置信息“告知”数控系统，这个就要通过设定工件坐标系来实现。设定工件坐标系，需要测量该工件坐标系的原点和机床坐标系原点间的距离，并把测得的距离在数控系统中预先设定，这个设定值称为工件零点偏置。在刀具移动时，工件坐标系零点偏置便自动加到按工件坐标系编写的程序坐标值上。对于编程者来说，只需按图样上的坐标来编程，而不必事先去考虑该工件在机床坐标系中的具体位置，如图 4-4 所示。

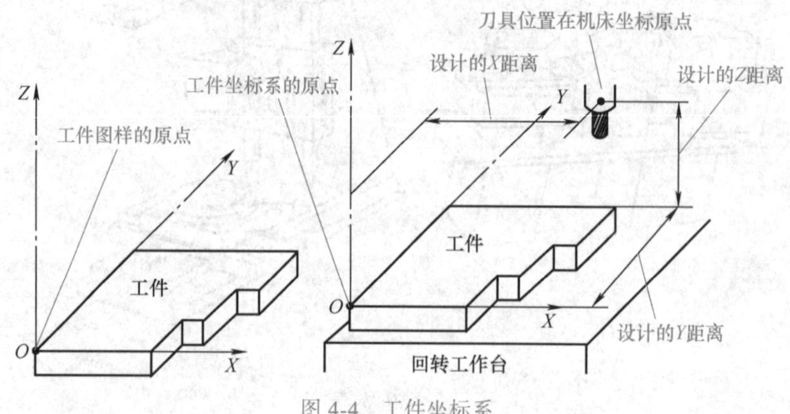

图 4-4 工件坐标系

3. 设定工件坐标系

一般来说，工件坐标系的设定方法有两种：

（1）用 G54、G55、G56、G57、G58、G59 指令设定 一般的数控系统在一个加工程序中，可以设定六个工件坐标系，分别用 G54、G55、G56、G57、G58、G59 表示。它们是同一组模态指令。也就是说，同时只能有一个有效。一旦工件坐标系被设定，在没有选择其他坐标系以前，机床运动就在该工件坐标系内进行。如图 4-5 所示，在数控系统中设置 G54 坐标系：X3 Y2，就把机床坐标系中的 X= 3、Y= 2 定义为工件坐标系的原点位置。

具体使用这种方法时，是在工件装夹好之后，通过测量该工件坐标系的原点和机床坐标系原点的距离，并把测得的距离值预先设定在数控系统偏置寄存器中，这个设定值称为工件零点偏置。如图 4-6 所示，预先将 G54、G59 的工件原点在机床坐标系中的位置（X_1，Y_1，Z_1）和（X_2，Y_2，Z_2）输入 G54、G59 相应的偏置寄存器中，使用时，在程序中 G54、G59 指令可以直接调用相应偏置寄存器中存储的偏置量，而在 G54、G59 指令后的坐标数据就是刀具在该工件坐标系（G54 或 G59）中的目标位置。

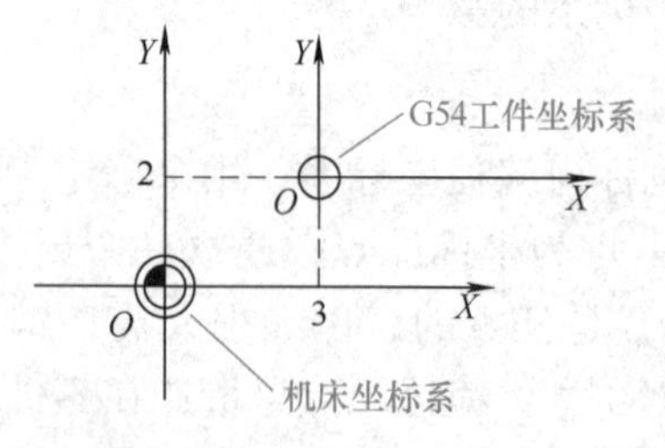

图 4-5 工件坐标系的定义

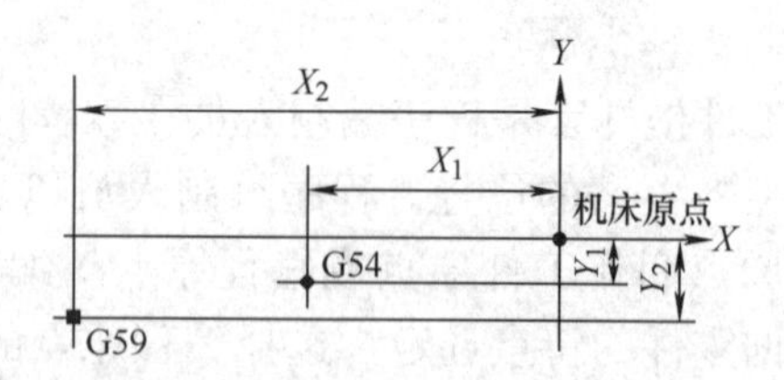

图 4-6 G54、G59 设定工件坐标系

（2）用 G92（G50）指令设定 用 G54 确定工件坐标系时，需人工输入坐标原点偏移量，不太方便。用设定工件坐标系指令 G92（在 FANUC 车削系统中为 G50）可自动地把工件坐标系的原点设定在机床坐标系的任何点，不需要人工输入。G92（非模态）是一种较灵活的工件坐标系零点设置方法，它的主要功能是：通过对刀确定起刀点与编程原点的相对位置关系，从而建立加工坐标系。

指令格式：G92 X__ Y__ Z__。

其中，X、Y、Z 后面的值是刀具的当前位置在新设定的工件坐标系中的坐标位置。

假设刀具已处在机床的某一位置，例如图 4-7 中的 P_0 点。如果以工件左端面 O 点建立工件坐标系，则可用如下语句设定工件坐标系：

```
G92 X150.0 Y100.0;
```

如果以工件右端面 O' 点建立工件坐标系的指令，则是：

```
G92 X150.0 Y20.0;
```

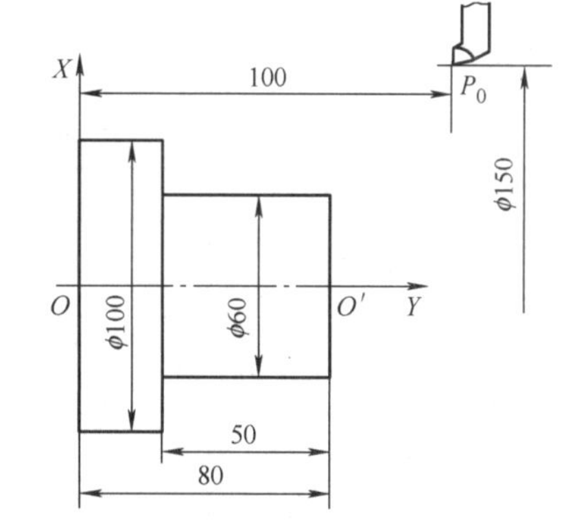

图 4-7　G92 设定工件坐标系

使用 G92 指令设定工件坐标系的方法有以下特点：

1）执行 G92 指令，不会使机床运动部件按坐标数值运动，机床不产生任何运动，它后面的坐标字是用来设定工件坐标系原点的。

2）设定的坐标系原点与当前刀具位置有关，随刀具起始点的位置不同而改变，必须保证起刀点位置与程序中 G92 指令中的坐标值一致，重复加工时应特别注意。

3）系统断电或关机后即消失。

4.3　常用编程指令

在数控机床加工中，常用 G 指令、M 指令、T 指令和 S 指令来控制各种加工操作。通常把 G 指令称为准备功能指令，又称 G 代码指令，是使数控机床准备好某种运动方式的指令，如快速定位、直线插补、圆弧插补、刀具补偿、固定循环等。把 M 指令称为辅助功能指令，又称 M 代码指令，是控制机床开 – 关功能的一种命令，比如切削液泵的开、停，主轴正、反转，工件的夹紧、松开，程序结束等。它们各有 100 种指令功能，用跟在 G 或 M 后的数字 00 ～ 99 区分。参照 JB/T 3208—1999 标准编写的 G 代码见表 4-1，M 代码见表 4-2。

表 4-1　G 代码

代码	功能	功能保持到被取消或被同样字母表示的程序指令所代替	功能仅在所出现的程序段内有效	代码	功能	功能保持到被取消或被同样字母表示的程序指令所代替	功能仅在所出现的程序段内有效
G00	点定位	a		G07	不指定	#	#
G01	直线插补	a		G08	加速		○
G02	顺时针方向圆弧插补	a		G09	减速		○
G03	逆时针方向圆弧插补	a		G10 ～ G16	不指定	#	#
G04	暂停		○	G17	*XY* 平面选择	c	
G05	不指定	#	#	G18	*XZ* 平面选择	c	
G06	抛物线插补	a		G19	*YZ* 平面选择	c	

（续）

代码	功能	功能保持到被取消或被同样字母表示的程序指令所代替	功能仅在所出现的程序段内有效
G20 ～ G32	不指定	#	#
G33	螺纹切削、等螺距	a	
G34	螺纹切削、增螺距	a	
G35	螺纹切削、减螺距	a	
G36 ～ G39	永不指定	#	#
G40	刀具补偿 / 刀具偏置注销	d	
G41	刀具补偿—左	d	
G42	刀具补偿—右	d	
G43	刀具偏置—正	#（d）	
G44	刀具偏置—负	#（d）	#
G45	刀具偏置（在第Ⅰ象限）+/+	#（d）	#
G46	刀具偏置（在第Ⅳ象限）+/–	#（d）	#
G47	刀具偏置（在第Ⅲ象限）–/–	#（d）	#
G48	刀具偏置（在第Ⅱ象限）–/+	#（d）	#
G49	刀具（沿 Y 轴正向）偏置 0/+	#（d）	#
G50	刀具（沿 Y 轴负向）偏置 0/–	#（d）	#

代码	功能	功能保持到被取消或被同样字母表示的程序指令所代替	功能仅在所出现的程序段内有效
G51	刀具（沿 X 轴正向）偏置 +/0	#（d）	#
G52	刀具（沿 X 轴负向）偏置 –/0	#（d）	#
G53	直线偏移，注销	f	
G54	（原点沿 X 轴）直线偏移	f	
G55	（原点沿 Y 轴）直线偏移	f	
G56	（原点沿 Z 轴）直线偏移	f	
G57	（原点沿 XY 轴）直线偏移	f	
G58	（原点沿 XZ 轴）直线偏移	f	
G59	（原点沿 YZ 轴）直线偏移	f	
G60	准确定位 1（精）	h	
G61	准确定位 2（中）	h	
G62	快速定位（粗）	h	
G63	攻螺纹		#
G64 ～ G67	不指定	#	#

（续）

代码	功能	功能保持到被取消或被同样字母表示的程序指令所代替	功能仅在所出现的程序段内有效	代码	功能	功能保持到被取消或被同样字母表示的程序指令所代替	功能仅在所出现的程序段内有效
G68	刀具偏置，内角	#（d）	#	G88	镗孔循环，有暂停，主轴停	e	
G69	刀具偏置，外角	#（d）	#	G89	镗孔循环，有暂停，进给返回	e	
G70～G79	不指定	#	#	G90	绝对尺寸	j	
G80	固定循环，注销	e		G91	增量尺寸	j	
G81	钻孔，划中心	e		G92	预置寄存		○
G82	钻孔，扩孔	e		G93	时间倒数，进给率	k	
G83	深孔	e		G94	每分钟进给	k	
G84	攻螺纹	e		G95	主轴每转进给	k	
G85	镗孔循环	e		G96	恒线速度	i	
G86	镗孔循环，在底部主轴停	e		G97	每分钟转数（主轴）	i	
				G98	不指定	#	#
G87	反镗循环，在底部主轴停	e		G99	不指定	#	#

注：1. 指定功能代码中，凡有小写字母a，b，c，…指示的，为同一组的代码。在程序中，这种功能指令为模态指令，可以为同类字母的指令所代替。

2. “不指定”代码，即在将来修订标准时，可能对它规定功能。

3. “永不指定”代码，即在本标准内，将来也不指定。

4. “○”符号表示功能仅在所出现的程序段内有用。

5. “#”符号表示若选作特殊用途，必须在程序格式解释中说明。

6. 功能栏（　　）内的内容，是为便于对功能的理解而附加的说明，一切内容以标准为准。

7.（d）表示可以被同栏中没有括号的字母d所注销或代替，亦可被有括号的字母（d）所注销或代替。

表 4-2　M 代码

代码	功　能	功能开始时间		功能保持到被注销或被适当程序指令代替	功能仅在所出现的程序段内有作用
		与程序段指令同时开始	在程序段指令运动完成后开始		
M00	程序停止		○		○
M01	计划停止		○		○
M02	程序结束		○		○
M03	主轴顺时针方向（运转）	○		○	
M04	主轴逆时针方向（运转）	○		○	
M05	主轴停止		○	○	
M06	换刀	#	#		○
M07	2 号切削液开	○		○	
M08	1 号切削液开	○		○	
M09	切削液关		○	○	
M10	夹紧（滑座、工件、夹具、主轴等）	#	#	○	
M11	松开（滑座、工件、夹具、主轴等）	#	#	○	
M12	不指定	#	#	#	#
M13	主轴顺时针方向（运转），切削液开	○		○	
M14	主轴逆时针方向（运转），切削液开	○		○	
M15	正运动	○			○
M16	负运动	○			○
M17 ~ M18	不指定	#	#	#	#
M19	主轴定向停止		○	○	
M20 ~ M29	永不指定	#	#	#	#
M30	纸带结束		○		○
M31	互锁旁路	#	#		○
M32 ~ M35	不指定	#	#	#	#
M36	进给范围 1	○		○	
M37	进给范围 2	○		○	
M38	主轴速度范围 1	○		○	
M39	主轴速度范围 2	○		○	
M40 ~ M45	若有需要作为齿轮换档，此外不指定	#	#	#	#
M46 ~ M47	不指定	#	#	#	#
M48	注销 M49		○	○	
M49	进给率修正旁路	○		○	
M50	3 号切削液开	○		○	
M51	4 号切削液开	○		○	
M52 ~ M54	不指定	#	#	#	#

（续）

代码	功　能	功能开始时间		功能保持到被注销或被适当程序指令代替	功能仅在所出现的程序段内有作用
		与程序段指令同时开始	在程序段指令运动完成后开始		
M55	刀具直线位移，位置 1	○		○	
M56	刀具直线位移，位置 2	○		○	
M57 ~ M59	不指定	#	#	#	#
M60	更换工件		○		○
M61	工件直线位移，位置 1	○		○	
M62	工件直线位移，位置 2	○		○	
M63 ~ M70	不指定	#	#	#	#
M71	工件角度位移，位置 1	○		○	
M72	工件角度位移，位置 2	○		○	
M73 ~ M89	不指定	#	#	#	#
M90 ~ M99	永不指定	#	#	#	#

注：1. 功能栏（　　）内的内容，是为了便于对功能的理解而附加的说明。
2. “#”表示如选作特殊用途，必须在程序说明中标明。
3. M90 ~ M99 可指定为特殊用途。
4. “不指定”代码，即将来修订标准时，可能对它规定功能。

G 指令有模态和非模态指令之分。

模态指令：也称续效指令，按功能分为若干组，表 4-1 中第 3 列标有相同字母的为同组。模态代码表示该代码一经在一个程序段中指定（如 a 组的 G01），便一直有效，直到出现同组的（a 组）的另一个 G 代码（如 G02）时才失效，与上一段相同的模态指令可省略不写。

非模态指令：又称为非续效指令，仅在出现的程序段中有效，下一段程序需要时必须重写。表中没有字母的、有“○”符号的表示对应的为非模态指令，如 G04、G92 等。

以下是一些常用编程指令，其他指令参见本书附录 C。

1. 绝对、相对坐标指令（G90、G91）

功能：数控加工中刀具的位移由坐标值表示，而坐标值有绝对坐标和相对坐标两种表达方式。刀具（机床）运动位置是相对于固定的坐标原点给出的，称为绝对坐标；刀具（机床）运动位置是相对于前一位置给出的，称为相对坐标（或增量坐标）。使用指令 G90、G91 可以分别设定绝对坐标编程方式和相对坐标编程方式。

指令格式：G90；（绝对坐标编程方式，模态，初态）

G91；（相对坐标编程方式，模态）

说明：指令 G90 设置绝对编程方式，其后程序段的坐标值均以编程原点为基准，只与目标点在坐标系中的位置有关，与刀具的当前位置无关。指令 G91 设置相对编程方式，其后程序段的坐标值为相对于刀具的当前位置的增量，与目标点在坐标系的位置无关。G90、G91 为同组模态指令，在执行时一直有效，直到被同组的其他指令取代，如 G90 被 G91 取代。

编程举例：如图 4-8 所示，现使刀具以 500mm/min 的速度由点 *A* 直线插补至点 *B*，编程如下：

（1）绝对编程　N10 G90 G01 X30 Y15 F500；

（2）相对编程　N10 G91 G01 X15 Y–15 F500；

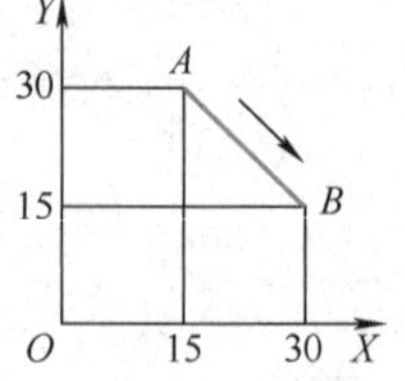

图 4-8　加工示意图 1

提示：编程方式的选取与零件尺寸标注的形式有关，如图 4-8 所示，适合采用绝对编程方式；在未指明编程方式的情况下，系统默认为绝对编程。无论是绝对尺寸还是增量尺寸，同一轴向的尺寸字的地址符要相同；有些系统可直接用地址符来区分：用 X、Y、Z 代表绝对尺寸，用 U、V、W 代表对应坐标轴的相对尺寸。此外，在设置绝对编程方式之前，必须使用指令 G92 设置初始工作坐标系，否则系统默认当前的刀具位置为编程原点。

2. 确定插补平面指令（G17、G18、G19）

功能：机床坐标系或工作坐标系的三个坐标轴 *X*、*Y*、*Z*，分别构成 *XY*、*XZ* 和 *YZ* 平面，在进行数控加工时，常需要确定刀具在哪个平面内进行圆弧插补、刀具半径补偿和钻孔运动。使用 G17、G18、G19 可以分别指定刀具在 *XY*、*XZ*、*YZ* 平面加工。

指令格式：G17；（设置加工平面为 *XY*，模态，初态）

G18；（设置加工平面为 *XZ*，模态）

G19；（设置加工平面为 *YZ*，模态）

说明：G17、G18、G19 为同组模态指令，在执行时一直有效，直到被同组的其他指令取代，如指令 G17 被 G18（或 G19）取代。

编程举例：命令刀具在 *YZ* 平面内逆时针加工 *R*10mm 圆弧，编程如下：

```
N40 G19 G03 Y-10 Z25 R10; 刀具在 YZ 平面进行逆圆弧插补运动。
```

提示：当 G17、G18、G19 指定了加工平面后，其后程序段中输入的非该平面上的坐标值将被忽略，如上例在 *YZ* 平面加工圆弧，*X* 坐标值将被忽略。值得注意的是，直线运动指令不受设置坐标平面指令的影响，在未指定的情况下，为默认在 *XY* 平面加工。

3. 快速定位指令（G00）

功能：在加工过程中，常需要刀具空运行到某一点，为下一步加工做好准备，此时利用指令 G00 可以使刀具快速移动到目标点。

指令格式：G00 X__Y__Z__；（模态、初态）

说明：地址 X、Y 和 Z 指定目标点坐标，该点在绝对坐标编程中，为工作坐标系的坐标；在相对坐标编程中，为相对于起点的增量。执行 G00 指令时，刀具的移动速度由系统参数设定，不受进给功能指令 F 的影响，并且该指令执行时一直有效，直到被同样具有插补功能的其他指令（G01/G02/G03/G05）取代。

编程举例：如图 4-9 所示，使刀具从点 *A* 快速移动到点 *B*，编程如下：

（1）绝对编程　N20 G90 G00 X25 Y30；

（2）相对编程　N20 G91 G00 X15 Y20；

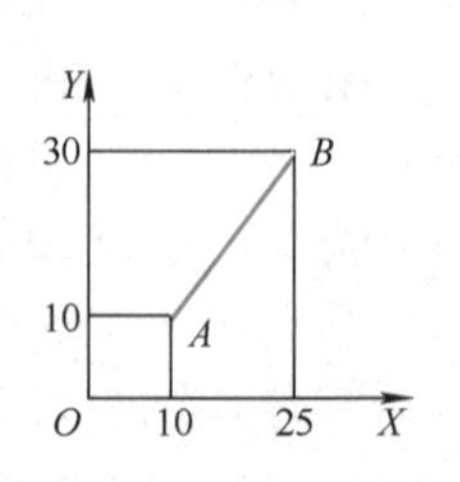

图 4-9　加工示意图 2

提示：G00 指令中默认的坐标轴视为该轴不运动，如本例中 Z 轴不动。G00 指令通常有以下三种移动方式，了解这一点，将有助于避免加工中高速运动发生干涉。

1）各轴以其最快的速度同时移动，因速度和移动距离的不同，先后到达目标点，刀具移动路线为多段直线的组合。

2）各轴按设定的速度以联动的方式移动到位，刀具移动路线为一条直线。

3）各轴按输入的坐标字顺序分别快速移动到位，刀具的移动路线为阶梯形。

4. 直线插补指令（G01）

功能：G01 用来指定直线插补，其作用是切削加工任意斜率的平面或空间直线。

指令格式：G01 X__ Y__ Z__ F__；（模态）

说明：地址 X、Y 和 Z 指定目标点坐标，该点在绝对坐标编程中，为工作坐标系的坐标，在相对坐标编程中，为相对于起点的增量；F 指定刀具沿运动轨迹的进给速度。执行该指令时，刀具以坐标轴联动的方式，从当前位置插补加工至目标点，移动路线为一直线，并且该指令一直有效，直到被具有插补功能的其他指令（G00/G02/G03/G05）取代。

提示：G01 指令中默认的坐标轴视为该轴不运动；若 F 取默认值，则按系统设置的速度进给或按前面程序段中 F 指定的速度进给。

5. 圆弧插补指令（G02、G03）

功能：G02 为顺圆弧插补；G03 为逆圆弧插补，二者均可以在指定平面内按设定的进给速度沿圆弧轨迹切削。

指令格式：

G17 G02（G03）X__ Y__ I__ J__ F__；（*XY* 平面，模态）

G18 G02（G03）X__ Z__ I__ K__ F__；（*XZ* 平面，模态）

G19 G02（G03）Y__ Z__ J__ K__ F__；（*YZ* 平面，模态）

G17 G02（G03）X__ Y__ R__；（*XY* 平面，模态，半径编程）

G18 G02（G03）X__ Z__ R__；（*XZ* 平面，模态，半径编程）

G19 G02（G03）Y__ Z__ R__；（*YZ* 平面，模态，半径编程）

圆弧插补指令见表 4-3。

表 4-3　圆弧插补指令

项	指令含义		指　令	功　能
1	平面指定		G17	指定 *XY* 平面的圆弧
			G18	指定 *XZ* 平面的圆弧
			G19	指定 *YZ* 平面的圆弧
2	圆弧旋转方向		G02	指定为顺时针旋转
			G03	指定为逆时针旋转
3	目标点位置	G90 方式	X、Y、Z 中的 2 轴	指定工作坐标系的目标点位置
		G91 方式		指定从起始点到目标点的距离
4	从起始点到圆心的距离		I、J、K 中的 2 轴	指定从起始点到圆心的矢量
	圆弧半径		R	指定圆弧半径
5	刀具进给速度		F	指定沿圆弧移动速度

说明：使用圆弧插补指令，必须先用 G17/G18/G19 指定圆弧所在平面（*XY*、*XZ* 或 *YZ* 平面），不同系统中的 I、J、K 参数的功能可能有所不同，编程时请参照所使用系统的编程手册。

圆弧顺时针（或逆时针）旋转的判别方式：在右手直角坐标系中，从垂直于圆弧平面的第三个坐标轴（如 *XY* 平面的 *Z* 轴）正向往负向看去，顺时针方向用 G02，反之用 G03，如图 4-10 所示。

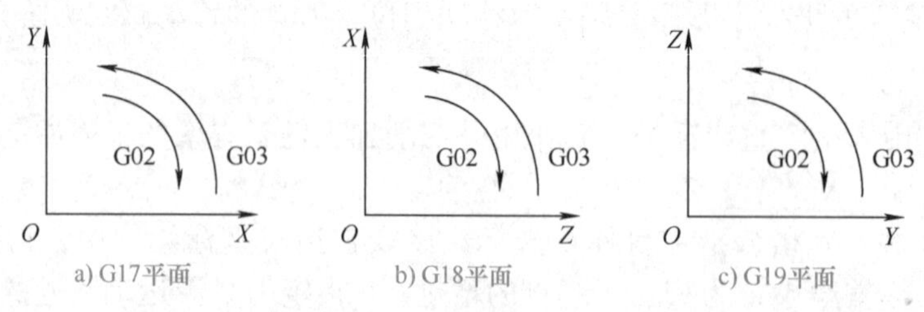

图 4-10　圆弧顺时针（或逆时针）旋转的判别方式

地址 X、Y（或 Z）指定圆弧的终点即目标点，在 G90 方式（绝对坐标编程）中该点为工作坐标系的坐标；在 G91 方式（相对编程方式）中该点为相对于起始点的增量。

I、J、K 分别为平行于 *X*、*Y*、*Z* 的轴，用来表示圆心的坐标，因 I、J、K 后面的数值为圆弧起点到圆心矢量的分量，故始终为相对于圆弧起点的增量值。

当已知圆弧终点坐标和半径，可以选取半径编程的方式插补圆弧，*R* 为圆弧半径，当圆心角小于或等于 180° 时 *R* 为正；大于 180° 时 *R* 为负。

指令 F 指定刀具沿轨迹的进给速度，默认值为系统设置的进给速度或前序程序段中指定的速度，执行 G02/G03 指令时，刀具以坐标轴联动的方式从当前位置插补加工至目标点。G02（或 G03）一直有效，直到被具有插补功能的其他指令 [G00/G01/G03（或 G02）/G05] 取代。

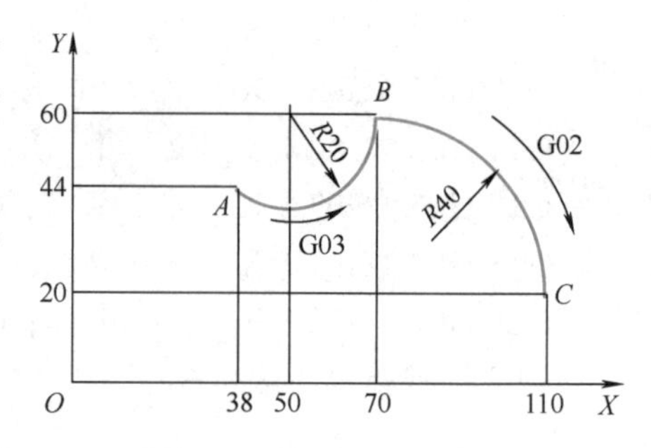

图 4-11　加工圆弧示意图 1

编程举例 1：如图 4-11 所示，在 *XY* 平面上，加工圆弧 *AB*、*BC*，加工路线为 *A* → *B* → *C*，采用圆心和终点（I，J，K）的方式编程。

（1）绝对编程

```
N10 G92 X38 Y44 Z0;                  定义起刀点的位置
N20 G90 G17 G03 X70 Y60 I12 J16;     加工 AB 段圆弧
N30 G02 X110 Y20 I0 J-40;            加工 BC 段圆弧
```

（2）相对编程

```
N10 G91 G17;                         指定在 XY 平面加工
N20 G03 X32 Y16 I12 J16 F200;        加工 AB 段圆弧
N30 G02 X40 Y-40 I0 J-40;            加工 BC 段圆弧
```

编程举例 2：如图 4-12 所示，设在 *XY* 平面上，加工圆弧 *CD*、*DC*，加工路线为 *C* → *D* → *C*，采用圆弧半径方式编程。

（1）绝对编程

```
N10 G92 X-40 Y-30 Z0;                定义起刀点的位置
N20 G90 G17 G02 X40 Y-30 R50;        加工 CD 段圆弧
N30 G03 X-40 Y-30 R-50;              加工 DC 段圆弧
```

（2）相对编程

```
N10 G91 G17;                     指定在XY平面加工
N20 G02 X80 Y0 R50 F200;         加工CD段圆弧
N30 G03 X-80 Y0 R-50;            加工DC段圆弧
```

编程举例 3：当插补整圆时，只能采用 I、J、K 编程方式，如图 4-13 所示，设在 *XY* 平面上加工 *R*20mm 整圆。

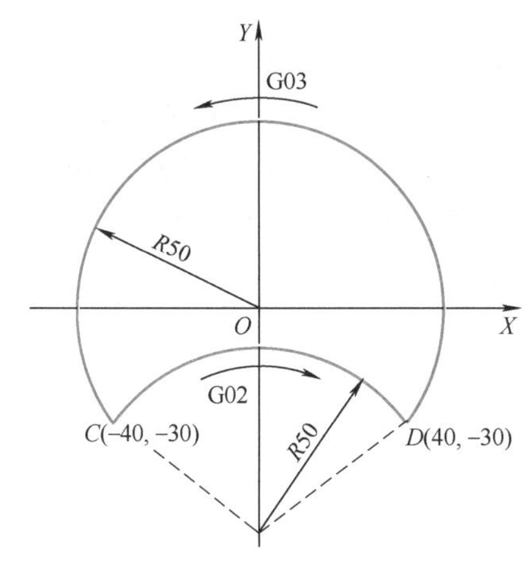

图 4-12　加工圆弧示意图 2

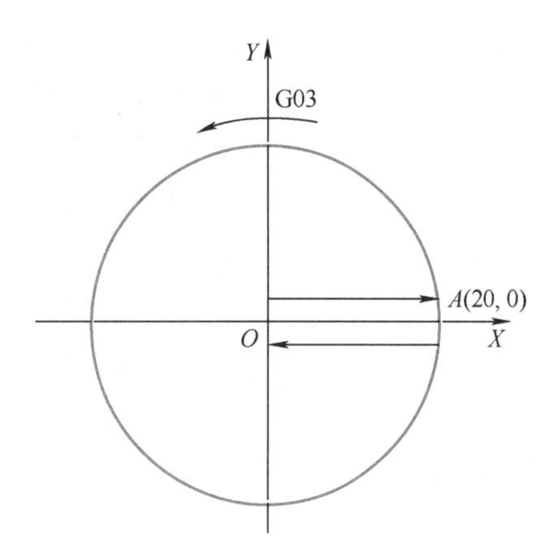

图 4-13　加工整圆示意图

（1）绝对编程

```
N10 G92 X0 Y0 Z0;                定义起刀点的位置
N20 G90 G17 G00 X20 Y0;          将刀具移至点A
N30 G03 I-20 J0 F500;            加工整圆
N40 G00 X0 Y0;                   回到起刀点
```

（2）相对编程

```
N10 G91 G17;                     相对编程，指定在XY平面加工
N20 G00 X20 Y0;                  将刀具移至A点
N30 G03 I-20 J0 F500;            加工整圆
N40 G00 X-20 Y0;                 回到起刀点
```

提示：加工平面默认为 *XY* 平面，插补圆弧的尺寸必须在一定的公差范围之内，否则编程将不能通过，并发出报警信息。本系统的公差值为 0.01mm；终点地址 X、Y、Z 若某一项值为零，表示该轴无位移，可以省略；I0、J0、K0 同样可以省略。

6. 刀具半径补偿指令（G40、G41、G42）

功能：利用 G40 指令撤销刀具半径补偿，为系统的初始状态；用 G41/G42 指令可以建立刀具半径补偿，在加工中自动加上所需的补偿量。

指令格式：G40;（撤销刀具半径补偿，模态，初态）

G41 D__;（设置左侧刀具半径补偿，模态）

G42 D__;（设置右侧刀具半径补偿，模态）

说明：G41、G42 分别指定左、右侧刀具半径补偿，即从刀具运动方向看去，刀具中心分别在工件的左、右侧，如图 4-14 所示。

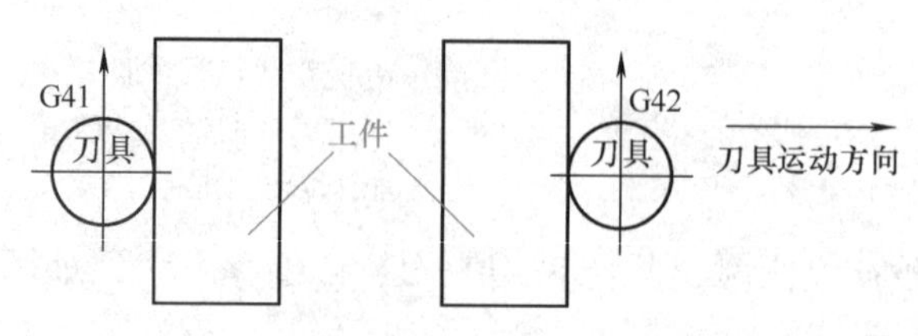

图 4-14 刀具半径补偿示意图

刀具补偿的建立和撤销只能采用 G00 或 G01 进行，而不能采用圆弧插补指令，如 G02/G03 等。地址 D 后的数值指定刀具半径补偿值的参数号（刀具半径值在装、调刀时预先测量出来，并存放在系统的刀具参数表中），执行刀补指令时系统根据 D 后的参数号调出半径补偿值，自动进行刀补计算。G40、G41、G42 指令为同组模态指令，在执行时一直有效，直到被同组的其他指令替代，如 G40 被 G41（或 G42）替代。

编程举例：如图 4-15 所示，使用刀具切削工件外形轮廓，走刀路线为 $A \rightarrow B \rightarrow C \rightarrow D \rightarrow E \rightarrow F \rightarrow G \rightarrow H \rightarrow A$，在 *BC* 段设置刀具半径补偿（加工开始前），在 *HA* 段撤销刀具半径补偿（加工完毕后），编程如下：

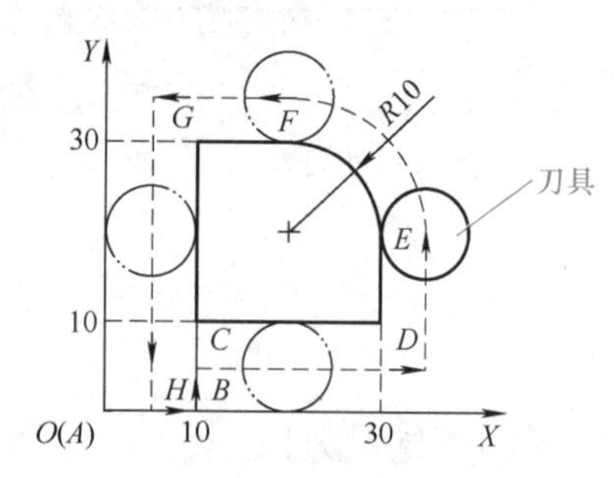

图 4-15 走刀路线示意图

（1）绝对编程

```
N10 G92 X0 Y0 Z0;          定义起刀点的位置
N20 G90 G00 X10;
N30 G42 D01 G01 Y10;       建立右侧刀具半径补偿
N40 X30;                   加工 CD 段直线
N50 Y20;                   加工 DE 段直线
N60 G03 X20 Y30 R10;       加工 EF 段圆弧
N70 G01 X10;               加工 FG 段直线
N80 Y0;                    加工 GH 段直线
N90 G40 G00 X0;            撤销刀具补偿
N100 M02;                  程序结束
```

（2）相对编程

```
N10 G91 G00 X10;
N20 G42 D01 G01 Y10;       建立右侧刀具半径补偿
N30 G01 X20;               加工 CD 段直线
N40 Y10;                   加工 DE 段直线
N50 G03 X-10 Y10 R10;      加工 EF 段圆弧
N60 G01 X-10;              加工 FG 段直线
N70 Y-30;                  加工 GH 段直线
N80 G40 X-10;              撤销刀具补偿
N90 M02;                   程序结束
```

使用刀具半径补偿功能可以带来很多便利，其优越性在于：

1）编程时编程人员不必考虑刀具的具体半径值，可直接按零件轮廓编程，简化编程。

2）当刀具磨损或重磨后，刀具半径减小，只需测出刀具新的半径值并在系统参数表中输入新的半径值即可，而不必修改程序。

3）可用同一程序（或稍做修改），甚至同一刀具进行粗、精加工。

如图 4-16 所示，轮廓加工示意图中的粗实线为工件轮廓，双点画线为刀具中心运动轨迹，它们之间的间距为刀具半径值。如果直接按刀具实际半径值 R 进行刀补，即刀具中心沿双点画线运动，则切削刃切削线的包络线即为工件轮廓。当粗加工时，让刀具补偿多偏移一个 Δ（Δ 为精加工余量），也就是说粗加工时刀补值为 $R+\Delta$，则切削刃切削线的包络线就会在工件轮廓上留下一层 Δ 的余量。然后，精加工时，用同一程序将刀补号改为存放刀具实际半径值 R 的参数号，则刀具中心将沿图示双点画线轨迹运动，即可加工出工件的最终精加工轮廓。

虽然使用刀具半径补偿功能可以带来许多方便，但使用中也应遵守相关规则，即注意事项。如果使用不当，可能会造成废品、打刀甚至影响设备或人身安全。

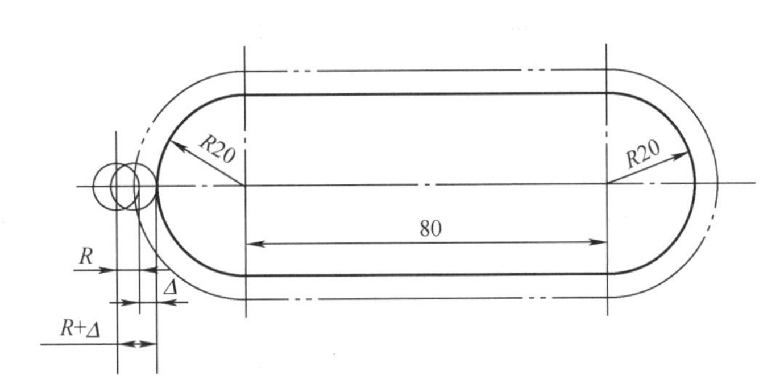

图 4-16　轮廓加工示意图

7. 刀具长度补偿指令（G43、G44、G49）

功能：利用 G49 指令可以撤销刀具长度补偿，为系统的初始状态；利用 G43、G44 指令可以建立刀具长度补偿。

刀具长度补偿的优越性：数控铣床在切削过程中不可避免地存在刀具磨损问题，譬如钻头长度变短、铣刀半径变小等，这时加工出的工件尺寸也随之变化。如果系统具有刀具长度补偿功能，就可修改长度补偿参数值，使加工出的工件尺寸仍然符合图样要求，否则就得重新编写数控加工程序。

指令格式：G49;（撤销刀具长度补偿，模态，初态）

G43 Z__ H__;（设置刀具长度正补偿，模态）

G44 Z__ H__;（设置刀具长度负补偿，模态）

说明：G43、G44 分别指定在刀具长度方向上（Z 轴）增加（正向）或减少（负向）一个刀具长度补偿值，从而保证刀具切削量与要求一致。

地址 Z 后的数值指定刀具在 Z 轴的移动量。地址 H 后的数值指定刀具长度补偿的参数号，和刀具半径补偿一样，该数字并不是刀具的长度补偿值（长度补偿值在装、调刀时预先测量出来并存放在系统的刀具参数表中），执行刀补指令时系统根据 H 后的参数号从参数表中调出长度补偿值，自动进行刀补计算。G43、G44、G49 为同组模态指令，执行时一直有效，直到被同组的其他指令替代，如 G43 被 G49 取代。

执行 G43 指令，刀具实际移动距离为 Z+H；执行 G44 指令，刀具实际移动距离为 Z−H；执行 G49 指令，刀具实际移动距离为对应的逆过程，即 Z−H 或 Z+H。

编程举例：如图 4-17 所示，设 H01 = 5，加工 $2\times\phi10$ 的孔。

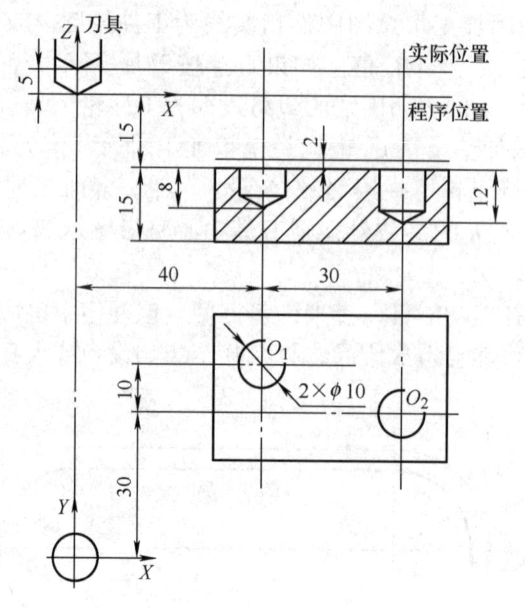

图 4-17 加工孔的示意图

`N10 G91 G00 X40 Y40;`	相对编程，刀具移至孔心 O_1 处
`N20 G44 Z-13 H01;`	设置刀具长度补偿
`N30 G01 Z-10 F800;`	加工孔 1
`N40 G04 P400;`	
`N50 G00 Z10;`	退刀
`N60 X30 Y-10;`	将刀具移至孔心 O_2 处
`N70 G01 Z-14;`	加工孔 2
`N80 G04 P400;`	
`N90 G00 Z27;`	退刀
`N100 G49 G00 X-70 Y-30;`	撤销刀具长度补偿
`N110 M02;`	程序结束

复习思考题

4-1 常用的数控机床编程方法有哪些？各自的特点是什么？

4-2 数控程序中有哪些功能字？它们各自的功能有何不同？

4-3 什么是机床坐标系？什么是工件坐标系？它们是如何建立的，都用什么指令？绝对坐标和相对坐标有什么区别，各用什么指令？

4-4 圆弧加工有几种加工方式？它们的区别是什么？

4-5 编程中采用刀具半径补偿、刀具长度补偿的优点是什么？

4-6 程序的执行是按程序段顺序号的顺序执行吗？程序段顺序号的功能是什么？

4-7 参照图 4-15，运用 G41/G42 指令编写图 4-18 所示零件的数控加工程序，材料为 45 钢，为保证高度方向的精度，Z 向分两次下刀。编写程序并在宇龙数控加工仿真软件中仿真运行。

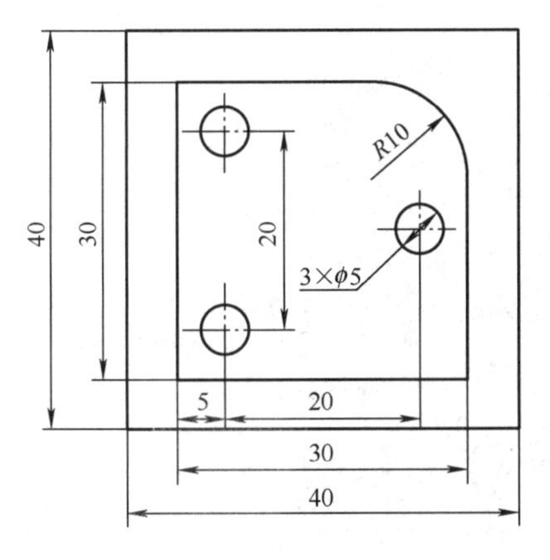

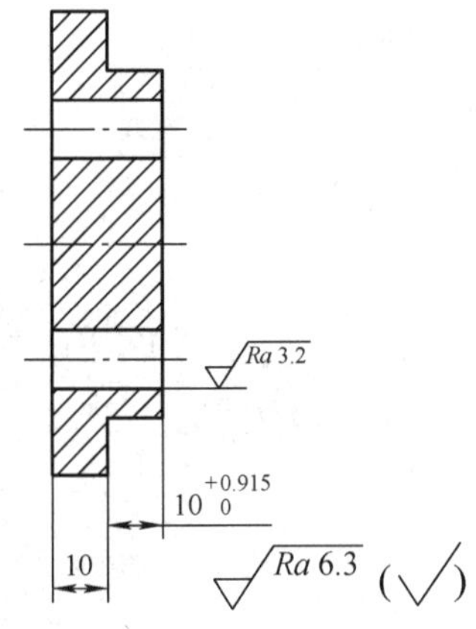

图 4-18　题 4-7 图

第5章

数控编程中的工艺分析及数学处理

教学目标：

1）了解数控加工工艺分析的主要内容和步骤，掌握数控工艺路线的设计原则和方法，能分析影响加工精度的主要因素，引导学生养成认真负责、实事求是的工作态度，培养学生严谨细致、不畏困难的工匠精神。

2）熟悉数控工艺文件的格式要求，掌握数控工艺文件的编写规范，培养学生做人做事守规矩、讲原则的意识。

3）了解数控编程中的数学处理方法；掌握基点、节点、非圆曲线、列表曲线的基本概念。

4）掌握基点、节点坐标的计算方法，能从数学处理的角度分析影响加工精度的主要因素，引导学生形成透过现象看本质的哲学思维，培养学生精益求精的科学探索精神。

工艺设计是对工件进行数控加工的前期准备工作，工艺设计的缺陷将造成数控加工质量和效率的低下。因此，合理的工艺设计方案是数控编程的依据。编程人员必须首先搞好工艺设计，然后再考虑编程。数控机床的加工工艺与通用机床的加工工艺有许多相同之处，但在数控机床上加工零件比通用机床上加工零件的工艺规程要复杂得多。在数控编程前要对所加工的零件进行工艺过程分析。工艺过程分析的基本内容是拟订加工方案，确定加工机床、加工路线和加工内容，选择合适的刀具和切削用量，确定合理的装夹方法甚至设计夹具等。在编程中，还需要进行数学处理、误差分析等，以及对一些特殊的工艺问题（如对刀点、换刀点、刀具轨迹路线设计等）也应做一些处理，因此，在编程中的工艺分析处理是数控加工的关键工作。这就要求程序设计人员首先是一个合格的工艺人员并具有多方面的知识基础，否则就无法做到全面周到地考虑零件加工的全过程，以及正确、合理地编制零件的加工程序。

5.1　零件的加工工艺分析

数控加工工艺分析涉及内容很多，其立足点是技术经济性。

5.1.1　数控加工内容的确定

某个零件的数控加工，并不是说该零件所有的工序都需要进行数控加工，需要进行数控加工的往往只是其中的一部分。因此，必须对零件的形状和技术要求进行仔细分析，确定哪些是适合、需要进行数控加工的内容和工序。选择需要进行数控加工的内容和工序，一般需要考虑：①通用机床无法加工的内容应作为优先进行数控加工的内容；②通用机床难加工，质量也难以保证的内容应作为数控加工的内容；③通用机床加工效率低，手工操作劳动强度大、质量不稳定的内容，可以考虑采用数控加工。一般来说，上述这些加工内容采用数控加工后，在产品质量、生产率与综合技术经济效益等方面都会得到明显提高。相比之下，下列一些内容则不宜选择采用数控加工。

1）需要通过较长时间占机调整的加工内容，如以毛坯的粗基准定位来加工第一个精基准的工序等。

2）按专用工装协调的孔及其他适合用模拟量传递的加工内容或者按某些特定的制造依据（如样板、样件、模胎等）加工的型面轮廓。主要原因是加工这些内容时采集编程用的数据较困难，易与检验依据发生矛盾，增加编程难度，在航空航天等领域中这类问题经常遇到。

3）不能在一次安装中加工完成的其他零星部位。这些部件若采用数控加工很麻烦，而且效果不明显，可安排普通机床补充加工。

此外，在选择和决定加工内容时，也要考虑生产批量、生产周期、工序间周转情况等。

5.1.2　数控加工零件的结构工艺性

（1）规范设计　数控加工零件建议使用规范化设计结构和规格尺寸，零件的内腔和外形最好采用统一的几何类型和尺寸，这样可以减少刀具规格的换刀次数，便于工作编程，提高效益。

（2）统一内壁圆弧的尺寸

1）内槽圆角的大小决定着刀具直径的大小，如果过小，刀具刚度不足，影响表面加工质量，工艺性较差，所以内槽圆角半径不应过小。如图 5-1 所示，零件工艺性的好坏与被加工轮廓的高低、内槽圆角的大小等有关。图 5-1b 与图 5-1a 相比，转接圆弧半径大，可以采用较大直径的铣刀来加工。加工平面时，进给次数也相应减少，表面加工质量也会好一些，所以工艺性较好。通常 $R<(1/6 \sim 1/5)H$（H 为被加工零件轮廓面的最大高度）时，可以判定零件的该部位工艺性不好。

2）铣削零件底面时，槽底圆角半径 r 不应过大。如图 5-2 所示，圆角半径 r 越大，铣刀端刃铣削平面的能力越差，效率也越低，当 r 大到一定程度时，甚至必须用球头铣刀加工，应尽量避免这种做法。因为铣刀与铣削平面接触的最大直径 $d=D-2r$（D 为铣刀直径）。当 D 一定时，r 越大，铣刀端刃铣削平面的面积越小，加工表面的能力越差，工艺性也越差。当底面铣削面积大、槽底圆角半径 r 也较大时，只能先用一把 r 较小的铣刀加工，再用符合要求 r 的刀具加工，分两次完成切削。

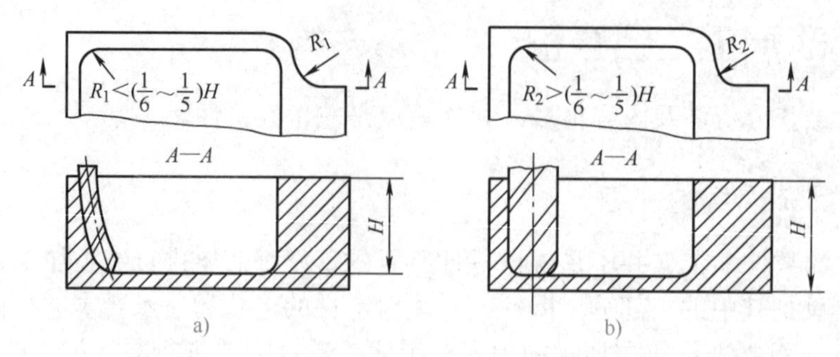

图 5-1 数控加工工艺性比较

总之，一个零件上的内槽圆角和槽底圆角半径尺寸的大小和一致性影响着加工能力、加工质量和换刀次数等。因此，圆角半径尺寸的大小要力求合理，半径尺寸尽可能一致，以改善铣削工艺性。

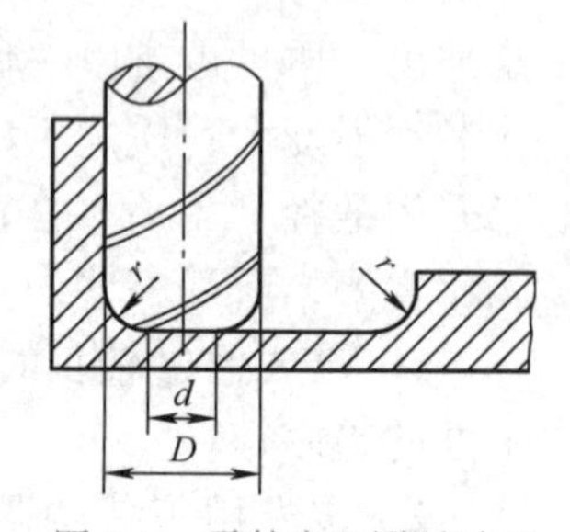

图 5-2 零件底面圆弧对工艺的影响

（3）曲面的最小曲率半径不能过小 在加工曲面时，精加工一般采用球头铣刀，刀具的半径不能大于曲面的最小曲率半径，否则会有切削不到的区域。对于大多数场合，曲面的最小曲率半径往往不是由产品的功能需要所产生的，而是由于曲面造型不当造成的。此时，可以采用曲面光顺的方法，避免曲面的局部曲率半径过小。

此外，还应分析零件要求的加工精度、尺寸公差等是否可以得到保证，是否有引起矛盾的多余尺寸或影响工序安排的封闭尺寸等。

总之，数控加工工艺取决于产品零件的结构形状、材料、尺寸和技术要求等。

5.1.3 数控加工方案的确定

1. 机床的选用

在数控机床上加工零件，一般有以下两种情况：一种是有零件图样和毛坯，要选择适合加工该零件的数控机床；另一种是已经有了数控机床，要选择适合该机床加工的零件。无论哪种情况，对于加工对象来说，考虑的因素主要有毛坯的材料和类型、零件形状复杂程度、尺寸大小、加工精度、零件数量、热处理要求等。对于机床来说，考虑的因素主要有数控机床的行程、联动轴数、机床精度和功率等。概括起来机床的选用要满足以下要求：

1）保证加工零件的技术要求，能够加工出合格产品。

2）有利于提高生产率。

3）可以降低生产成本。

2. 加工方法的选择

加工方法的选择原则是保证加工表面的精度和表面粗糙度的要求。由于获得同一级精度及表面粗糙度的加工方法一般有许多，因而在实际选择时，要结合零件的形状、尺寸大小和热处理要求等全面考虑。例如，对于尺寸公差等级为 IT7 的孔采用镗削、铰削、磨削等加工方法均可达到精度要求，但箱体上的孔一般采用镗削或铰削，而不宜采用磨削，一般小尺寸箱体孔选择铰孔，当孔径较大时则应选择镗孔。此外，还应考虑生产率和经济性的要求，以及工厂的生产设备等实际情况。常用加工方法的经济加工精度及表面粗糙度可查阅有关工艺手册。

铣削加工是机械加工中最常用的加工方法之一，它主要包括平面铣削和轮廓铣削，也可以对零件进行钻、扩、铰、镗、锪加工及螺纹加工等。数控铣削主要适用于下列几类零件的加工。

（1）平面类零件　平面类零件是指加工面平行或垂直于水平面，以及加工面与水平面的夹角为一定值的零件，这类加工面可展开为平面。

具体的平面类零件加工方法要根据具体情况灵活掌握，如图 5-3 所示，加工一个有固定斜角的斜面可以采用不同的刀具，有不同的加工方法。在实际加工中，应根据零件的尺寸精度、倾斜角的大小、刀具的形状、零件的安装方法、编程的难易程度等因素，选择一个较好的加工方案。如图 5-4 所示，加工具有变斜角的外形轮廓面，若单纯从技术上考虑，最好的加工方案是采用多坐标联动的数控机床，编程可以采用顺序铣，这样不但生产率高，而且加工质量好。如果没有多坐标联动的数控机床，也可以考虑其他可能的加工方案，例如可在两轴半坐标控制铣床上用锥形铣刀或鼓形铣刀，采用多次行切的方法进行加工，为提高零件的表面加工质量，对少量的加工残痕可用手工修磨。

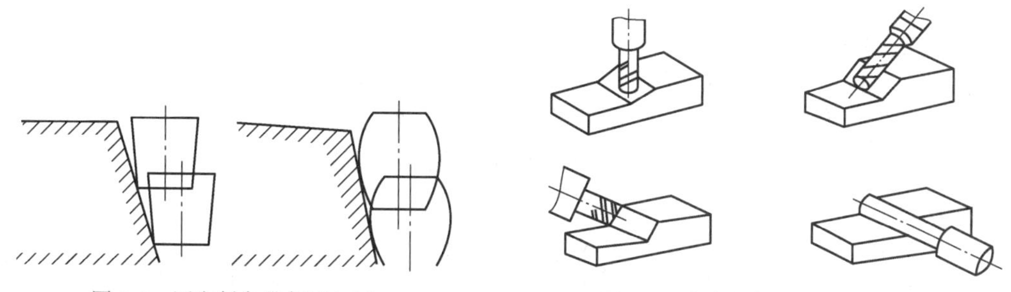

图 5-3　固定斜角的斜面加工

图 5-4　有变斜角的外形轮廓面加工

（2）直纹曲面类零件　直纹曲面类零件是指由直线依某种规律移动所产生的曲面类零件，是最简单的曲面，在航空航天领域很常见。直纹曲面类零件的加工面是不可展曲面。

当采用四坐标或五坐标数控铣床加工直纹曲面类零件时，被加工面与铣刀圆周接触的瞬间为一条直线。当然，这类零件也可在三坐标数控铣床上采用行切加工法实现近似加工。

（3）雕塑曲面类零件　雕塑曲面也称自由曲面，是最复杂的曲面，这类零件的加工面不能展成平面，数控手工编程不易，甚至不可能。一般使用球头铣刀切削，加工面与铣刀始终为点接触，若采用其他刀具加工，易产生干涉而形成过切。加工雕塑曲面类零件一般使用三坐标联动或三坐标以上的多坐标数控铣床或者加工中心。

加工效率也是加工方法选择的重要依据。例如对于有不同孔径零件的加工，可以使用立铣刀通过铣圆方式在高切削速度下加工出高精度内孔，其效果可与镗孔等加工方式相媲美。当使用一个刀具有效地加工出许多不同直径的内孔时，将使机床的加工效率、加工能力和经济性得到很好的改善。这种加工方法在生产成本、加工周期和加工精度上都可以取得很好的效果。

此外，还要考虑机床选择的合理性。对于工序比较单一的零件加工，例如，单纯铣轮廓表面或铣槽，选择数控铣床进行加工较好；而对于工序种类比较多的零件加工，如加工不仅需要铣削而且有孔加工的零件，在数控加工中心上加工较好。

零件上的加工表面，常常是通过粗加工、半精加工和精加工逐步达到的，对这些表面仅根据质量要求选择相应的最终加工方法是不够的，要注意确定合理的粗加工、半精加工方案，其不仅影响数控加工的效率和粗加工质量，而且会直接影响零件加工的成败，在高速加工中尤其敏感。因此，要正确地确定从毛坯到最终形状的加工方案。

5.1.4 工艺路线的设计

数控加工工艺路线设计是下一步工序设计的基础，其设计的质量会直接影响零件的加工质量与生产率。设计工艺路线时应对零件结构和技术要求认真分析，结合数控加工的特点灵活运用切削工艺的一般原则（在用 CAM 系统进行编程时还要考虑 CAM 系统的特点），合理安排数控加工工艺路线。

数控加工工艺路线设计与通用机床加工工艺路线设计的主要区别在于，它往往不是指从毛坯到成品的整个工艺过程，而仅是几道数控加工工序工艺过程的具体描述。因此在工艺路线设计中一定要注意到，由于数控加工工序一般都穿插于零件加工的整个工艺过程中，因而要与其他加工工艺衔接好。常见的工艺流程为：毛坯→热处理→通用机床加工→数控机床加工→通用机床加工→成品。

1. 工序的划分

在数控机床上加工零件，工序应比较集中，在一次装夹中应尽可能完成大部分工序。首先应根据零件图样，考虑被加工零件是否可以在一台数控机床上完成整个零件的加工工作，若不能，则应确定零件的哪一部分需用数控机床加工，即对零件进行工序划分。一般工序划分有以下几种方式。

（1）按零件装夹定位方式划分工序　由于每个零件结构形状不同，各表面的技术要求也往往不同，所以加工时的定位方式各有差异。一般加工外形时，以内形定位，加工内形时，以外形定位，因而可根据定位方式的不同来划分工序。

如图 5-5 所示的片状凸轮，按定位方式可以分为两道工序，第一道工序可以在普通机床上进行，以外圆表面和 *B* 面定位加工端面 *A* 和内孔 ϕ22H7，然后加工端面 *B* 和 ϕ4H7 的工艺孔；第二道工序以已加工过的两个孔和一个端面定位，在数控铣床上铣削凸轮外轮廓曲线。

（2）按粗、精加工划分工序　根据零件的加工精度、刚度和变形等因素来划分工序时，可按粗、精加工分开的原则来划分工序，即先粗加工再精加工，此时可用不同的机床或不同的刀具进行加工。通常在一次安装中，不允许将零件某一部分表面加工完毕后，再加工零件的其他表面。如图 5-6 所示，应先切除整个零件的大部分余量，再将其表面精车一遍，以保证加工精度和表面粗糙度的要求。

（3）按所用刀具划分工序　为了减少换刀次数，压缩空程时间，减少不必要的定位误差，可按刀具集中工序的方法加工零件。即在一次装夹中，尽可能用同一把刀具加工出所有可能加工的部位，然后换另一把刀加工其他部位。在专用数控机床和加工中心中常采用这种方法。

（4）以加工部位划分工序　对于加工内容很多的工件，可按其结构特点将加工部位分成几个部分，如内腔、外形、曲面或平面，并将每一部分的加工作为一道工序。

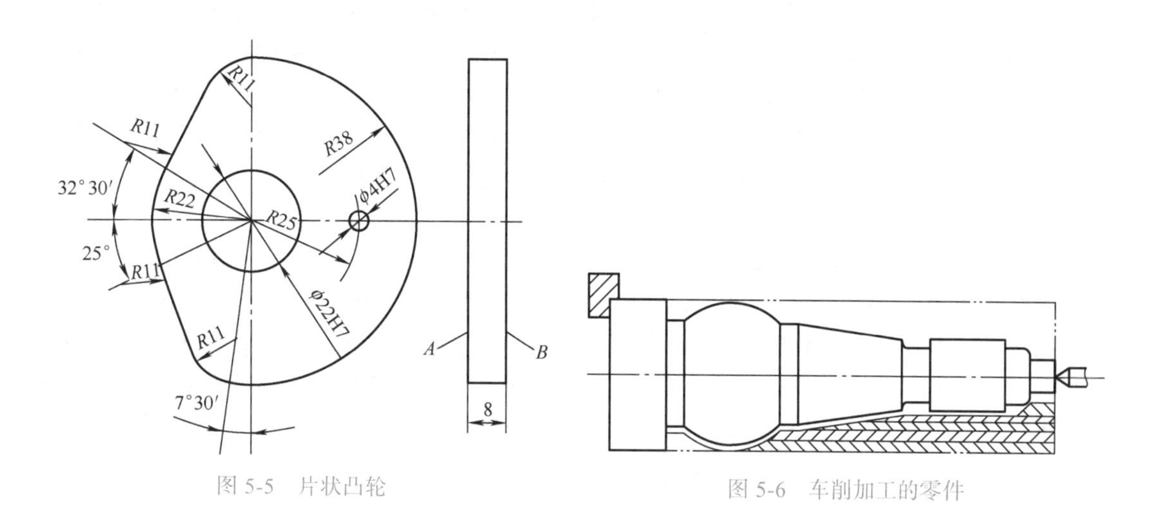

图5-5 片状凸轮　　　　图5-6 车削加工的零件

2. 工步的划分

工步的划分主要从加工精度和效率两方面考虑。在一个工序内往往要采用不同的刀具和切削用量，对零件的不同部分进行加工。为了便于分析和描述较复杂的工序，在工序内又细分为工步。下面以加工中心为例来说明工步划分的原则。

1）同一表面按粗加工、半精加工、精加工依次完成，整个加工表面按先粗后精加工分开进行。

2）对于既有铣面又有镗孔的零件，可先铣面后镗孔。这样划分工步，可以提高孔的加工精度。因为铣削时切削力较大，工件易发生变形，先铣面后镗孔，使其有一段时间恢复，可减少由变形引起的对孔精度的影响。

3）某些机床工作台回转时间比换刀时间短，可采用按刀具划分工步，以减少换刀次数，提高加工效率。

4）在自动编程时要考虑CAM系统刀轨生成方法的划分，即将工步与某种刀轨生成方法（如NX中的一个OPERATION）相对应。

总之，工序与工步划分要根据具体零件的结构特点、技术要求等情况综合考虑。

3. 加工顺序的安排

加工顺序的安排应根据零件的结构和毛坯状况，以及定位与夹紧的需要来考虑，重点应保证工件的刚性不被破坏。加工顺序的安排一般按下列原则进行：

1）按粗加工、半精加工、精加工的顺序安排。

2）上道工序的加工不能影响下道工序的定位与夹紧，中间穿插有通用机床加工工序的也要综合考虑。

3）一般情况下，先进行内腔加工工序，后进行外形加工工序。

4）以相同定位、夹紧方式或同把刀具加工的工序，最好连续进行，以减少重复定位次数、换刀次数与压板挪动次数。

5）在同一次装夹中进行的多道工序，应先安排对工件刚性破坏较小的工序。

4. 数控加工工序与普通加工工序的衔接

数控工序前后一般都穿插有其他普通工序，若衔接得不好就容易产生矛盾，最好的办法是相互建立状态要求，例如：要不要留加工余量，如果留则留多少；定位面与孔的精度要求及几何公差对校形工序的技术要求；毛坯的热处理状态等。这样做的目的是达到相互能满足加工需要且质量目标及技术要明确，使交接验收有依据。关于手续问题，如果是在同一个车间，可由编程人员与主管该零件的工艺员共同协商确定，在制订工序工艺文件中互审会签，共同负责；如果不是同一车间则可以用交接状态表进行规定，共同会签，然后反映在工艺规程中。

现在 CAM 软件已经得到普及应用，在设计工艺路线时还需要考虑 CAM 软件的特点。如在 NX 中，一个操作（OPERATION）相当于是一个工步，操作是按刀具、加工方法、几何形状和程序来组织的，因此工艺路线可以通过不同的视图反映，非常方便。实际上，由于 CAM 软件的应用，编程人员可以方便地进行组合曲面的编程，使得复杂零件的编程成为可能，因此工艺路线的安排也随之发生了变化。

5.1.5 走刀路线的确定

在数控加工中，刀具刀位点相对于工件运动的轨迹称为走刀路线。走刀路线不仅包括了加工内容，也反映出加工顺序，是编程的重要依据之一。编程时，走刀路线的确定原则主要有以下几点：

1）走刀路线应保证被加工零件的精度和表面质量，且效率更高。

2）走刀路线应使数值计算简单，以减少编程运算量。

3）走刀路线应最短，这样既可简化程序段，又可减少空走刀时间。

4）走刀路线应使所需要的刀具规格少，并减少换刀次数。

另外，确定走刀路线时，还要考虑工件的加工余量和机床刀具的系统刚度等情况，确定是一次走刀还是多次走刀完成加工。在自动编程时上述第 2 个问题已经不存在，但仍要考虑生成刀轨的流畅性，对于第 3 个问题也提供了方便的优化走刀路线的方法。

1. 点位控制机床加工路线

对于点位控制机床，只要求定位精度较高，定位过程尽可能快，而刀具相对工件的运动路线无关紧要，因此这类机床应按空行程最短来安排走刀路线。如加工图 5-7a 所示零件上的孔系，图 5-7b 所示的走刀路线为先加工完外圈孔后，再加工内圈孔，若改用图 5-7c 所示的走刀路线，将使各孔的间距总和更小，由于减少了空刀时间，则可节省加工时间，提高加工效率。

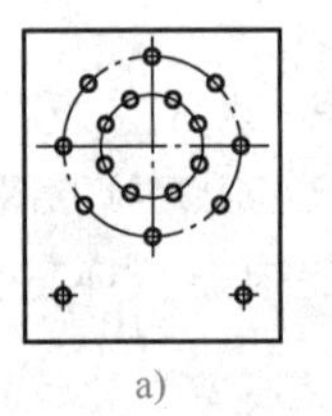
a)

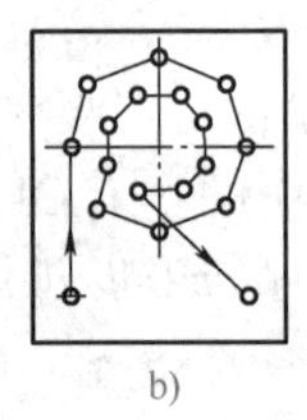
b)

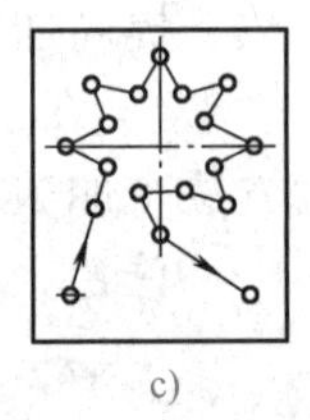
c)

图 5-7 最短走刀路线的设计

2. 车螺纹的加工路线

在数控机床上车螺纹时，刀具沿螺距方向的 Z 向进给应和机床主轴的旋转保持严格的速比关系，因此应避免在进给机构加速或减速过程中切削。为此要有引入距离 δ_1 和超越距离 δ_2。如图 5-8 所示，δ_1 与 δ_2 的数值与机床拖动系统的动态特性有关，与螺纹的螺距和螺纹的精度有关，一般 δ_1 为 2 ~ 5mm，对大螺距和高精度的螺纹取大值；δ_2 一般取为 δ_1 的 1/4 左右。若在螺纹收尾处没有退刀槽时，一般按 45° 退刀收尾。

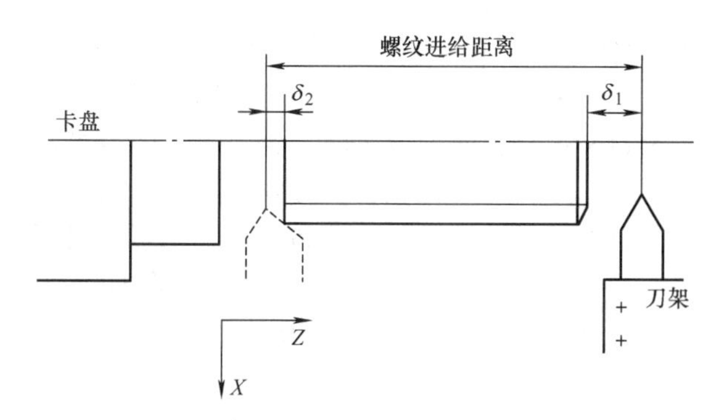

图 5-8 加工螺纹的引入距离和超越距离

3. 平面铣削的加工路线

铣削平面零件时，一般采用立铣刀侧刃进行切削。为减少接刀痕迹，保证零件表面质量，对刀具的切入和切出程序需要精心设计。如图 5-9 所示，铣削外轮廓时，铣刀的切入和切出点应沿零件轮廓曲线延长线的切向切入和切出零件表面，而不应沿法向直接切入零件，并且要有一定的重叠量，以避免加工表面产生划痕，保证零件轮廓光滑。

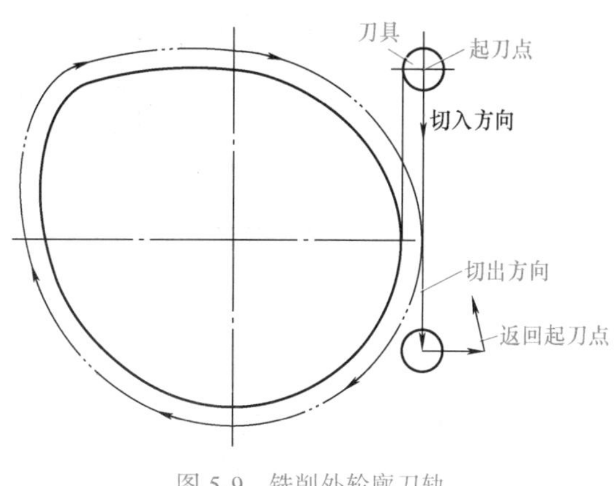

图 5-9 铣削外轮廓刀轨

铣削内轮廓表面时，切入和切出无法外延，这时铣刀可沿零件轮廓的法线方向切入和切出，并将其切入、切出点选在零件轮廓两几何元素的交点处。

凹槽的切削通常采用行切法和环切法加工的走刀路线，其中行切法（图 5-10a）又可分为横切法（轨迹为水平线）与纵切法（路线为竖直线），行切法加工的走刀路线计算比较简单，但加工的轮廓表面存在残高。环切法中刀具轨迹计算比较复杂（图 5-10b），若轮廓为直线圆弧系统组成则比较简单一些；若轮廓为曲线组合则比较复杂，但加工的轮廓表面光整。以前铣削凹槽常先用行切法加工去除大部分材料，最后环切光整轮廓表面（图 5-10c），以结合两者的优点，现在由于采用 CAM 技术，已经不存在编程难的问题了。

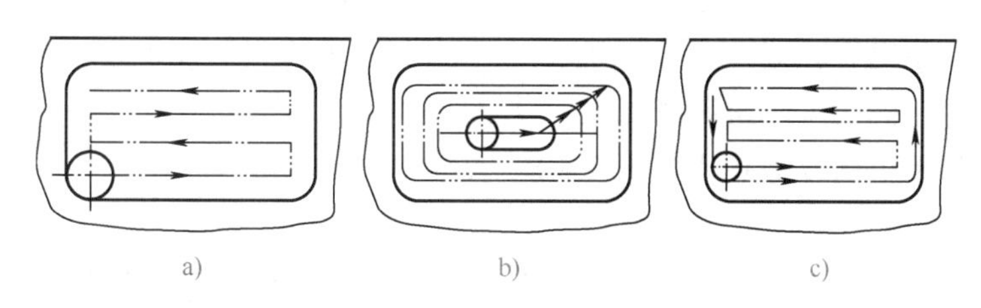

图 5-10 铣削凹槽的 3 种走刀路线

4. 铣削曲面的加工路线

在机械加工中，常会遇到各种平面及曲面轮廓零件，如凸轮、模具表面、飞机及汽车外形等。由于这类零件型面复杂，需用多坐标联动加工，因此多采用数控铣床、数控加工中心进行加工。

（1）直纹曲面加工　对于边界敞开的直纹曲面，加工时常采用球头铣刀进行“行切法”加工，即刀具与零件轮廓的切点轨迹是一行一行构成的，行间距按零件加工精度要求而确定。图 5-11 所示的零件可采用两种加工路线。采用图 5-11a 所示的加工方案时，每次沿直线加工，刀位点计算简单，程序少，加工过程符合直纹面的形成，可以准确保证母线的直线度。当采用图 5-11b 所示的加工方案时，符合这类零件数据给出情况，便于工件在加工后检验，叶形的准确度高，但刀位点计算复杂。由于曲面零件的边界是敞开的，没有其他表面限制，所以曲面边界可以延伸，球头铣刀应由边界外开始加工。

（2）平面轮廓加工　这类零件表面多由直线和圆弧或各种曲线构成，通常由两轴半联动的铣床加工。为保证加工面光滑，需要在轮廓曲线的延长线上切入和切出零件表面（图 5-11）。

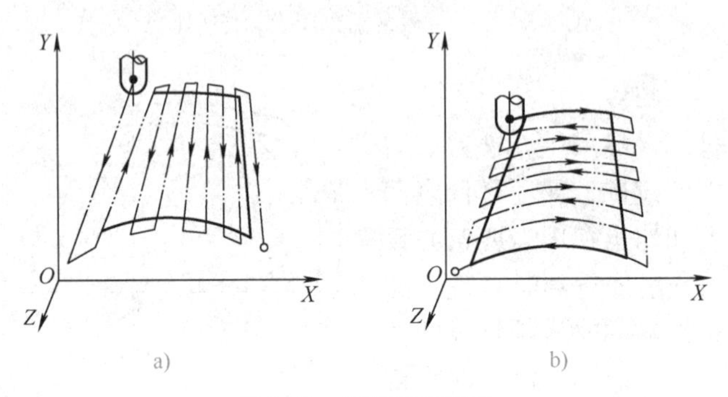

图 5-11　直纹曲面加工

（3）雕塑曲面加工　雕塑曲面加工应根据曲面形状、刀具形状以及精度要求采用不同的铣削方法。雕塑曲面加工一般采用三坐标联动加工，甚至五坐标联动加工，当然有些零件也可以用两坐标联动的三坐标行切法加工。雕塑曲面加工的编程计算相当复杂，一般采用 CAM 系统编程，精加工时多采用球头铣刀，编程方法一般为投影算法。

5.1.6　确定定位和夹紧方案

1. 定位、夹紧方案

在确定定位和夹紧方案时，除应遵循定位、夹紧基本原理（如六点定位原理、定位基准原则等）外，还应结合数控加工工艺及编程特点，注意以下几个问题：

1）尽可能做到设计基准、工艺基准与编程计算基准的统一。

2）尽量将工序集中，减少装夹次数，尽可能在一次装夹后能加工出全部待加工表面。

3）避免采用占机人工调整时间长的装夹方案。

4）夹紧力的作用点应落在工件刚性较好的部位。

2. 夹具选用

数控夹具的选用原则，首先需保证夹具的坐标方向与机床的坐标方向要相对固定；而且要便于确定零件和机床坐标系的尺寸关系。除此之外，还应考虑以下几点：

1）夹具结构应力求简单。由于零件在数控机床或加工中心上加工大都采用工序集中的原则，加工的部位较多，同时批量较小，零件更换周期短，因此夹具的标准化、通用化和自动化对加工效率的提高和加工费用的降低有很大影响。对批量小的零件应优先选用组合夹具；对形状简单的单件小批量生产的零件，可选用通用夹具，如自定心卡盘、机用虎钳等。只有对批量较大且周期性投产，加工精度要求较高的关键工序才考虑设计专用夹具，以保证加工精度和提高装夹效率。

2）加工部位要敞开。数控夹具在加工时，夹紧机构或其他元件不得影响进给，即夹具元件不能与刀具运动轨迹发生干涉。

3）数控夹具必须保证最小的夹紧变形。工件在数控加工尤其在铣削加工时，切削力大，需要的夹紧力也大，同时还要减少工件夹紧变形。因此，必须慎重选择夹具的支承点、定位点和夹紧点。如果采用了相应措施仍不能控制零件变形，则将粗、精加工分开处理，或者在粗、精加工时采用不同的夹紧力。

4）数控夹具装卸应方便。由于数控机床的加工效率高，装夹工件的辅助时间对加工效率影响较大，所以要求数控夹具在使用中装卸要快捷且方便，以缩短辅助时间，可尽量采用气动、液压夹具。

5）通过多工位夹具可一次装夹多个工件，以提高加工效率。

5.1.7　数控刀具的选择

刀具的选择是数控加工工艺设计中重要的内容之一，不仅影响机床的加工效率，而且直接影响加工质量。刀具的选择应根据机床的加工能力、工件材料的性能、加工工序、切削用量以及其他相关因素正确选用刀具及刀柄。刀具选择总的原则是：安装调整方便、刚性好、寿命长和精度高。在满足加工的前提下，尽量选用较短的刀柄，以提高刀具加工的刚性。

选取刀具时，要使刀具的尺寸与被加工工件的表面尺寸相适应。生产中，平面零件周边轮廓的加工，常采用立铣刀；铣削平面时，应选硬质合金刀片铣刀；加工凸台、凹槽时，应选高速钢立铣刀；加工毛坯表面或粗加工孔时，可选取镶硬质合金刀片的螺旋齿立铣刀；对一些立体形面和变斜角轮廓外形的加工，常采用球头铣刀、环形铣刀、锥形铣刀和盘形铣刀。

在进行自由曲面加工时，由于球头铣刀的端部切削速度为零，因此，为保证加工精度，切削行距一般取得很小，故球头铣刀常用于曲面的精加工。而平头铣刀在表面加工质量和切削效率方面都优于球头铣刀，因此，只有在保证不过切的情况下，无论是曲面的粗加工还是精加工，都应优先选择平头铣刀。另外，刀具的寿命和精度与刀具价格关系极大。必须注意的是，在大多情况下，选择好的刀具虽然增加了刀具成本，但由此带来的加工质量和加工效率的提高可以使整个加工成本大大降低。

在加工中心上，各种刀具分别装在刀库上，按程序规定随时进行选刀和换刀工作，因此必须采用标准刀柄，以便使钻、镗、扩、铣削等工序所用的标准刀具迅速、准确地装到机床主轴或刀库上。编程人员应了解机床上所用刀柄的结构尺寸、调整方法以及调整范围，以便在编程时确定刀具的径向和轴向尺寸。目前，我国的加工中心采用 TSG 工具系统，其刀柄有直柄和锥柄两种，共包括 16 种不同用途的刀柄。

在经济型数控加工中，由于刀具的刃磨、测量和更换多为人工手动进行，占用辅助时间较长，因此，必须合理安排刀具的排列顺序，一般应遵循以下原则：

1）尽量减少刀具数量。

2）一把刀具装夹后，应完成其所能进行的所有加工部位。

3）粗精加工的刀具应分开使用，即使是相同尺寸规格的刀具。

4）先铣后钻。

5）先进行曲面精加工，后进行二维轮廓精加工。

6）在可能的情况下，应尽可能利用数控机床的自动换刀功能，以提高生产率等。

5.1.8 确定刀具与工件的相对位置

对于数控机床来说，在加工开始时，确定刀具与工件的相对位置是很重要的，这一相对位置是通过确认对刀点来实现的。对刀点是指通过对刀操作确定刀具与工件相对位置的基准点。

对刀点可以设置在被加工零件上，也可以设置在夹具上与零件定位基准有一定尺寸联系的某一位置，这样才能便于确定机床坐标系与编程坐标系之间的关系，从而设定加工坐标系。对刀点的选择原则如下：

1）所选的对刀点应使数学处理和程序编制简单。

2）对刀点应选择在容易找正、便于确定零件加工原点的位置。

3）对刀点应选择在加工时检验方便、可靠的位置。

4）对刀点的选择应有利于提高加工精度。

在使用对刀点确定加工原点时，就需要进行“对刀”。所谓对刀是指使“刀位点”与“对刀点”重合的操作。每把刀具的半径与长度尺寸都是不同的，刀具装在机床上后，应在控制系统中设置刀具的基本位置。“刀位点”是指刀具的定位基准点。如图 5-12 所示，平头立铣刀、面铣刀的刀位点在铣刀底面中心，钻头的刀位点是钻头顶点，球头铣刀的刀位点是球头的球心，车刀、镗刀的刀位点是刀尖等。各类数控机床的对刀方法是不完全一样的，具体内容参见第 9 章。

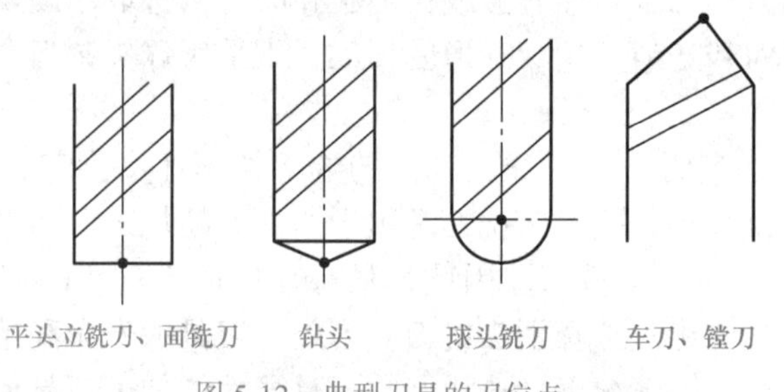

图 5-12 典型刀具的刀位点

加工中心、数控车床等采用多刀进行加工的机床，在加工过程中要自动换刀，因此编程中应规定换刀点。所谓“换刀点”就是指这些多刀机床在加工过程中换刀时的位置。对于手动换刀的数控铣床，也应确定相应的换刀位置。为防止换刀时碰伤零件、刀具或夹具，换刀点常常设置在被加工零件的轮廓之外，并留有一定安全量。换刀点设置好后，应编入程序中，以控制机床移动到换刀点换刀，其具体数值可通过实际测量或计算确定，通常直接用机床固有的参考点作为换刀点。

5.1.9 切削用量的确定

数控加工中，切削用量的合理选择是一个很重要的问题，它与生产率、加工成本、加工质量等有密切联系。对编程人员来说，合理选择切削用量的原则是：粗加工时，一般以提高生产率为主，但也应考虑经济性和加工成本；半精加工和精加工时，应在保证加工质量的前提下兼顾切削效率、经济性和加工成本。切削用量的具体数值应根据机床说明书、切削用量手册，并结合经验而定。

切削用量包括切削深度、切削速度、进给量、进给速度。对于不同的加工方法，需要选择不同的切削用量，并编入相应的数控程序内。

1. 切削深度 a_p

切削深度（也称背吃刀量）在机床、工件和刀具刚度允许的情况下，a_p 应该尽量取较大的值，这是提高生产率的一个有效措施。为了保证零件的加工精度和表面粗糙度，一般应留一定的余量进行精加工。数控机床的精加工余量可略小于普通机床。

在工艺系统刚性不足或毛坯余量很大，或余量不均匀时，粗加工（Ra10 ～ 80μm）要分几次进给，并且应当把第一、二次进给的切削深度尽量取得大一些。在中等功率机床上，粗加工时切削深度可达 8 ～ 10mm，半精加工（Ra1.25 ～ 10μm）时切削深度取为 0.5 ～ 2mm，精加工（Ra0.32 ～ 1.25μm）时切削深度取为 0.2 ～ 0.4mm。

2. 切削速度 v_c（m/min）

提高 v_c 也是提高生产率的一个措施，但 v_c 与刀具寿命的关系比较密切。随着 v_c 的增大，刀具寿命急剧下降，故 v_c 的选择主要取决于刀具寿命。另外，切削速度与加工材料也有很大关系，例如用立铣刀铣削合金钢 30CrNi2MoVA 时，v_c 可采用 8m/min 左右；而用同样的立铣刀铣削铝合金时，v_c 可选 200m/min 以上。切削速度的选择参见有关切削用量手册。

另外，在选择切削速度时，还应考虑以下几点：

1）应尽量避开积屑瘤产生的区域。

2）断续切削时，为减少冲击和热应力，要适当降低切削速度。

3）在易发生振动的情况下，切削速度应避开自激振动的临界速度。

4）加工大件、细长件和薄壁工件时，应选用较低的切削速度。

5）加工带外皮的工件时，应适当降低切削速度。

切削速度 v_c（m/min）确定后，可按式（5-1）计算出数控机床主轴转速 n（r/min）：

$$n=\frac{1000v_c}{\pi D} \tag{5-1}$$

式中　D——刀具或工件直径（mm）。

数控机床的控制面板上一般备有主轴转速修调（倍率）开关，可在加工过程中对主轴转速进行调整。

3. 进给量 f、进给速度 v_f

进给量、进给速度是数控机床切削用量中的重要参数，应根据零件的表面粗糙度、加工精度、刀具及工件材料等因素，参考切削用量手册选取。

粗加工时，由于对工件表面质量没有太高的要求，这时主要考虑机床进给机构的强度和刚度以及刀具的强度和刚度等限制因素，可根据加工材料、刀具及刀杆尺寸、工件直径及已确定的切削深度来选择进给量。

在半精加工和精加工时，则按表面粗糙度要求，根据工件材料等因素来选择进给量。

在选择进给量时，还应注意零件加工中的某些特殊因素。例如，在轮廓加工中，选择进给量时，应考虑轮廓拐角处的超程问题。特别是在拐角较大、进给速度较高时，应在接近拐角处适当降低进给速度，在拐角后逐渐升速，以保证加工精度。

确定进给速度的原则为：

1）当工件的质量要求能够得到保证时，为提高生产率，可选择较高的进给速度，一般在 100 ～ 200mm/min 范围内选取。

2）在切断、加工深孔或用高速钢刀具时，宜选较低的进给速度，一般在 20 ～ 50mm/min 范围内选取。

3）当加工精度、表面粗糙度要求高时，进给速度应选小些，一般在 20 ～ 50mm/min 范围内选取。

4）刀具空行程时，特别是远距离“回零”时，可以选择该机床数控系统给定的最高进给速度。

随着数控机床在生产实际中的广泛应用，数控编程已经成为数控加工中的关键步骤之一。在数控程序的编制过程中，要在人机交互状态下即时选择刀具和确定切削用量。因此，编程人员必须熟悉刀具的选择方法和切削用量的确定原则，从而保证零件的加工质量和加工效率，充分发挥数控机床的优点，提高企业的经济效益和生产水平。

5.1.10 金属切削液的选择

1. 金属切削液的作用

金属切削液在金属切削、磨削加工过程中具有相当重要的作用。实践证明，选用合适的金属切削液，能降低切削温度 60 ～ 150℃，降低表面粗糙度 1 ～ 2 级，减少切削阻力 15% ～ 30%，可以成倍地提高刀具寿命，并能把切屑和灰末从切削区冲走，因而提高了生产率和产品质量，故它在机械加工中应用极为广泛。切削液主要有以下四个方面的作用。

1）冷却作用：在工件切削加工过程中，能及时且迅速地降低切削区的温度，即降低通常因摩擦引起的温升。冷却也影响切削效率、切削质量及刀具寿命。

2）润滑作用：能减少切削刀具与工件间的摩擦。润滑液能浸润到刀具与工件及其切屑之间，减少摩擦和黏结，降低切削阻力，保证切削质量，延长刀具寿命。

3）洗涤作用：冲洗切屑或磨料粒子离开刀具和工件的加工区，以防它们相互黏结及黏附在工件、刀具和机床上，妨碍加工的顺利进行。

4）防锈作用：有一定的防锈性能，防止工件和机床生锈。如提高防锈性能，还可部分取代工序间防锈。

上述的冷却、润滑、洗涤、防锈四种性能不是完全孤立的，它们有统一的方面，又有对立的方面。如切削油的润滑、防锈性能较好，但冷却、洗涤性能差；水溶液的冷却、洗涤性能较好，但润滑和防锈性能差。因此，在选用切削液时要全面权衡利弊。

2. 切削液的性能要求

1）热容量大，导热性好，具有较好的冷却作用。

2）具有较高的油性或在金属表面的吸附作用，能使形成的吸附薄膜具有较高的强度，牢固地吸附在金属表面，起到良好的润滑作用。

3）防锈性好，对金属不起腐蚀作用，不会因腐蚀而损坏机床和工件的精度及表面粗糙度。

4）表面张力小，易于均匀扩散，有利于冷却和洗涤并具有较好的润滑性。

5）使用方便，价格低廉，容易配置并最好适用于多种金属材料和多种加工方式（如车、磨、刨等），有一定的透明度，在提高切削速度时不冒烟。

6）对人体无害、无毒、无异味，不会伤害皮肤及鼻腔黏膜，不刺激眼睛等。

7）稳定性好，使用寿命长。在长期使用和储存期间，不分层、不析出沉淀物，不发霉变质。

8）切削废液量大，要考虑废液处理，避免造成环境污染，以满足环保需要。

3. 切削液的选用

影响切削液选用的因素很多，一些看起来不太重要的因素有时也成了决定切削液选用的关键，因此切削液的选用因素及步骤不是固定的。但就一般情况而言，影响切削液选用的因素主要有加工工艺及相关条件（如加工方法、刀具及工件材料以及加工参数等）、对加工产品的质量要求、职业安全卫生、废液处理、有关法规方面的规定、经济性等。切削液选用的步骤大致是：

1）根据工艺条件及要求，初步判定是选用油基还是水基。一般来说，使用高速钢刀具进行低速切削时用油基，使用硬质合金刀具进行高速加工时用水基；对产品质量要求高、刀具复杂时用油基，主要希望提高加工效率时用水基；对于供液困难或切削液不易达到切削区时用油基（如内孔拉削、攻螺纹等），其他情况下尽量用水基。总体来说，用油基可获得较好的产品满意质量、较长的刀具寿命，但加工速度高时用油基会造成严重烟雾，故只能用水基。

2）根据加工工艺选用油基或水基的同时还应考虑到有关消防的规定、车间的通风条件、废液处理方法及能力以及前后加工工序的切削液使用情况等。此外，还应考虑工序间是否有清洗及防锈处理等措施。

3）根据上面两个步骤，确定油基或水基之后，再根据加工方法及条件、被加工材料以及对加工产品的质量要求选用具体品种。假设已选定用油基，再根据被加工材料的特性（如硬度、韧性等）、加工的参数（在此条件下是否易形成积屑瘤等）以及产品的表面粗糙度要求来确定切削油的极压性和活性。最后，再根据切削时的供液条件及冷却要求选用切削油的黏度。在初步选定切削液后，还应从经济性的角度进行评价，从几种可能的方案中选出经济效果最好的切削液品种。

4. 干切削技术

冷却润滑液的供给、保养和处理以及冷却润滑液设备的折旧等费用要占到工件制造成本的12%～17%，在冷却工序上存在着降低产品成本的巨大潜力。另外，冷却润滑液的大量使用是造成环境污染、破坏生态平衡的重要因素。如果经常接触冷却润滑液的反应生成物，会使人们患上肺病和皮疹。追求生态效益和经济效益是推动干切削技术发展的主要动力，近年来，人们日益认识到发展干切削（或准干切削）技术是进一步降低产品制造成本和消除冷却润滑液对环境污染的重要途径。

干切削并非只要简单地取消冷却润滑液就可以实现的。由于在切削过程中缺少了冷却润滑液的润滑、冷却和冲屑作用，会导致刀具与工件间的摩擦增大、切削温度升高、黏结加剧和切屑堵塞，从而造成刀具寿命、加工精度和切削效率的下降。为克服由于缺少了冷却润滑液而造成的困难，需要通过开发和应用耐热的硬刀具材料，合适的刀具几何形状和微量润滑材料，以及通过采用适合于干切削的机床和选择相应的加工参数来解决，保证干切削过程的可靠进行。

干切削技术经过多年的开发和试验，目前已进入了应用阶段，当年相当多的切削加工工序已完全可以用干式或通过微量润滑来解决。随着干切削工艺过程可靠性的不断提高，干切削正在逐步进入机械加工行业，特别是汽车工业等大批量生产领域。

5.2 数控加工工艺文件

零件的加工工艺设计完成后，就应该将相关内容填入相关表格或文档中，以便实施执行并将其作为编程和数控加工前技术准备的依据，这些表格或文档被称为数控加工工艺文件。数控加工工艺文件是数控加工专用技术文件，它既是数控加工、产品验收的依据，也是操作者要遵守和执行的规范，同时也是产品零件重复生产在技术上的工艺资料积累和储备。制订、编写数控加工工艺文件是数控加工工艺设计的内容之一。数控加工工艺文件主要包括数控加工工序卡、数控加工刀具卡、机床调整单和数控加工程序单等。这些专用技术文件的作用是让操作者更加明确数控程序的内容、安装与定位方式、各加工部位所选用的刀具及其他问题。目前数控加工工艺文件尚未制定国家统一标准，一般都是各企业根据本单位的特点制订一些必要的工艺文件。由于企业管理模式的不同，企业对数控加工工艺文件的格式往往不同，但其反映的主要内容大同小异。

为了加强技术文件管理，数控加工工艺文件应该走标准化、规范化的道路，但目前实行还有较大困难。以下给出的数控加工工艺文件格式仅供参考。

5.2.1 数控加工工序卡与数控加工刀具卡

数控加工工序卡是根据零件机械加工工艺流程为其中一道工序制订的，是操作人员进行数控加工的主要指导性工艺资料，见表 5-1。

表 5-1 数控加工工序卡

<table>
<tr><td colspan="2" rowspan="2">× × 公司</td><td colspan="2" rowspan="2">数控加工工序卡</td><td colspan="2">产品名称或代号</td><td colspan="3">零件名称</td><td colspan="2">零件图号</td></tr>
<tr><td colspan="2"></td><td colspan="3"></td><td colspan="2"></td></tr>
<tr><td>工艺序号</td><td>程序编号</td><td colspan="2">夹具名称</td><td colspan="2">夹具编号</td><td colspan="3">使用设备</td><td colspan="2">车间</td></tr>
<tr><td></td><td></td><td colspan="2"></td><td colspan="2"></td><td colspan="3"></td><td colspan="2"></td></tr>
<tr><td>工步号</td><td colspan="4">工步内容</td><td>刀具号</td><td>刀具规格</td><td>主轴转速 / $r \cdot min^{-1}$</td><td>进给速度 / $mm \cdot min^{-1}$</td><td>背吃刀量 /mm</td><td>备注</td></tr>
<tr><td></td><td colspan="4"></td><td></td><td></td><td></td><td></td><td></td><td></td></tr>
<tr><td></td><td colspan="4"></td><td></td><td></td><td></td><td></td><td></td><td></td></tr>
<tr><td></td><td colspan="4"></td><td></td><td></td><td></td><td></td><td></td><td></td></tr>
<tr><td></td><td colspan="4"></td><td></td><td></td><td></td><td></td><td></td><td></td></tr>
<tr><td>编制</td><td></td><td>审核</td><td colspan="2"></td><td>批准</td><td></td><td colspan="2">共 页</td><td colspan="2">第 页</td></tr>
</table>

数控加工刀具卡是刀具采购与操作人员调换刀具的主要依据，数控机床上所用的刀具一般要在对刀仪上预先调整好直径和长度，并且与相应刀柄（又称之为数控工具系统）组装在一起，再安装在机床上。调整好的刀具参数（包括直径、长度）及其编号、规格、名称、数量、所使用的刀柄型号规格、对应机床等信息填入数控加工刀具卡中，作为调整刀具的依据。典型的数控加工刀具卡见表 5-2。

表 5-2 典型的数控加工刀具卡

×× 公司		刀具目录卡片			零件名称					第 页			
数控中心					零件图号					资料编号			
序号	编码	名称	刀号	图号	规格			刀长	齿数	旋向	刀柄型号规格	刀具数量	机床
					直径	刃长	底齿						

5.2.2 机床调整单

机床调整单是机床操作人员在加工前调整机床的依据。它主要包括机床控制面板开关调整单和数控加工零件安装、零点设定卡片两部分。

机床控制面板开关调整单主要记有机床控制面板上有关“开关”的位置，如进给速度调整旋钮位置、超调（倍率）旋钮位置、刀具半径补偿旋钮位置和刀具补偿拨码开关组数值表、垂直校验开关及冷却方式等内容。

1）对于由程序中给出速度代码（如给出 F1、F2 等）而其进给速度由拨盘拨入的情况，在机床调整单中应给出各代码的进给速度值。对于在程序中给出进给速度值或进给倍率的情形，在机床调整单中应给出超调旋钮的位置。超调范围一般为 10% ～ 120%，即将程序中给出的进给速度变为其值的 10% ～ 120%。

2）对于有刀具半径偏移运算的数控系统，应将实际所用刀具半径值记入机床调整单。在有刀具长度和半径补偿开关组的数控系统中，应将每组补偿开关记入机床调整单。

3）垂直校验表是一个程序段内，从第一个“字符”到程序段结束“字符”，总“字符”数是偶数。若在一个程序内“字符”数目是奇数，则应在这个程序内加一“空格”字符。若程序中不要求垂直校验时，应在机床调整单的垂直检验栏内添入“断”，这时不检查程序段中字符数目是奇数还是偶数。

4）冷却方式开关给出的是油冷还是雾冷。

数控加工零件安装、零点设定卡片表明了数控加工零件定位方法和夹紧方法，也表明了工件零点设定的位置和坐标方向、使用夹具的名称和编号等。当然，数控机床功能不同，调整单格式也不同，由企业根据实际情况而定。

5.2.3 数控加工程序单

数控加工程序单是编程人员根据工艺分析情况，经过数据计算，按照机床的指令代码编制的。现在随着 CAM 系统的普及，复杂零件的数控加工程序单可以通过 CAM 系统生成。数控加工程序单是记录数控加工工艺过程、工艺参数、位移数据的清单，是实现数控加工的主要依据。不同的数控机床，不同的数控系统，程序格式有所不同。表 5-3 是适于 FANUC 数控系统的加工程序单。

表 5-3　适于 FANUC 数控系统的加工程序单

N	G	X（U）	Z（W）	I	J	K	F	S	T	M	CR	说明
N01											CR	程序开始
N02	G50	X200.	Z200.					S800	T10	M03		
…	…	…	…									…

数控加工程序与数控机床间的通信可通过 DNC 实现，DNC 是 Direct（Distribute）Numerical Control 的简称，意为直接数字控制（分布式数字控制）。DNC 是数控加工程序和 CNC 机床的一种最基本的连接方式。接口的通信功能主要有 3 种：下传 NC 程序；上传 NC 程序；系统状态采集和远程控制。二十世纪八九十年代的数控系统大多具有 RS-232C 串行通信接口，这种 DNC 结构直接把计算机的 RS-232C 串行通信口和 DNC 主机的 RS-232C 串行通信口相连，即直接用一台通用计算机来控制数控机床，从而实现 NC 程序的下传和上传。通过串行通信实现 NC 代码传输，传输速度一般在 110 ～ 38400bit/s 之间，最常用的是 9600bit/s。在复杂形状零件的高精度高速加工厂，这一传输速度由于满足不了高速加工的要求，从而影响加工速度，使机床的性能难以充分发挥。少数进口的高档数控系统具有网络接口，这种 DNC 结构通过直接在 DNC 主机和数控系统中插上相应的 MAP3.0 等网络通信接口卡，并运行相应的软件就可实现数控系统的局域网连接方式和数控系统所带的各种 DNC 功能，即采用计算机数控系统网络（DCN），DCN 传输速度是 DNC 传输速度的 1000 倍左右。

5.3　数控编程中的数学处理

根据被加工零件图样，按照已经确定的加工路线和允许的编程误差，计算数控编程所需要的数据，称为数控编程中的数学处理。这是工艺处理后的又一项主要准备工作。数学处理工作量的大小随被加工零件的形状、加工内容、数控系统的功能而有所不同。编制孔加工程序时数学处理工作十分简单；编制直线、圆弧类轮廓零件的加工程序时，数学处理一般需要计算相邻几何元素的交点、切点坐标；编制非圆曲线、列表曲线、曲面类零件加工程序时，数学处理很复杂，需要用直线或圆弧去逼近非圆曲线、列表曲线，计算出相邻逼近线段的交点或切点坐标，一般由计算机软件完成。

5.3.1　直线、圆弧类零件的数学处理

直线、圆弧类零件的轮廓一般由直线、圆弧组成。相邻几何元素间的交点或切点称之为基点，如两直线的交点、直线与圆弧的切点等。由于目前机床数控系统都具有直线、圆弧插补功能，因此对于由直线、圆弧构成的平面轮廓零件的数控加工，其数学处理比较简单，主要计算基点坐标。基点的计算方法可以通过联立方程组求解，也可利用几何元素间的三角函数关系求解，也可从其 CAD 图形中通过软件的“坐标捕捉”功能直接提取。

例 5-1　加工图 5-13 所示的零件轮廓（由四段直线和一段圆弧组成）。由图可知，应确定的基点坐标为 A、B、C、D、E 点。其中，A、B、D、E 各点的坐标可直接由图上的数据得出。C 点是过 B 点并与圆 O_1 相切的直线和圆 O_1 的切点，求 C 点坐标（x_C,y_C）。

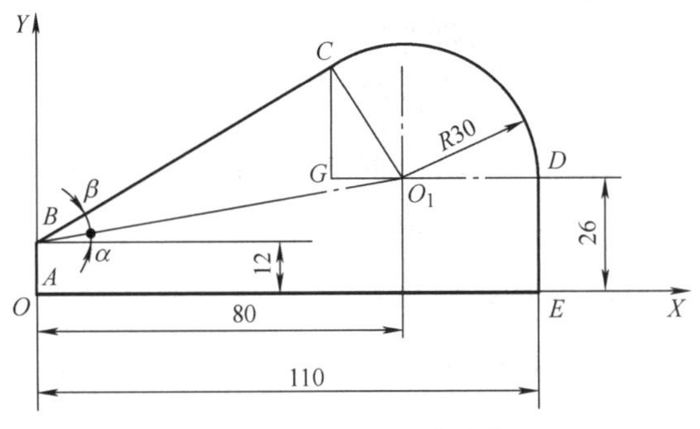

图 5-13　零件的基点计算

由图可知，直线 O_1B 在 X 轴的距离：

$$\Delta x = x_1 - x_B = 80 - 0 = 80$$

直线 O_1B 在 Y 轴的距离：

$$\Delta y = y_1 - y_B = 26 - 12 = 14$$

则

$$\alpha = \arctan\frac{\Delta y}{\Delta x} = 9.92625^\circ$$

$$\beta = \arcsin\frac{R}{\sqrt{\Delta x^2 + \Delta y^2}} = 21.67778^\circ$$

BC 直线的斜率 k 可表示为

$$k = \tan(\alpha + \beta) = 0.6153$$

BC 直线对 Y 轴的截距为

$$b=12$$

可得联立方程组为

$$\begin{cases}(x-80)^2 + (y-26)^2 = 30^2 \\ y = 0.6153x + 12\end{cases}$$

求得

$$x_C = 64.2786\text{mm}$$

$$y_C = 51.5507\text{mm}$$

对于直线、圆弧类零件轮廓基点的计算，也可以直接利用图形间的几何三角关系求解，计算过程相对简单一些。仍以图 5-13 中 C 点坐标的求解为例进行说明。过 C 点作 X 轴的垂线与过 O_1 点作 Y 轴的垂线相交于 G 点。在直角三角形 CGO_1 中

$$\angle O_1CG = \alpha + \beta$$

$$\alpha=9.92625^\circ,\quad \beta=21.67778^\circ$$

根据三角函数关系，可得

$$x_C=x_{O1}-R\sin(\alpha+\beta)=(80-30\sin31.60403^\circ)\text{ mm}=64.279\text{mm}$$

$$y_C=y_{O1}+R\cos(\alpha+\beta)=(80+30\cos31.60403^\circ)\text{ mm}=51.551\text{mm}$$

三角关系求解与联立方程组求解方法相比，计算工作量明显减少，由于计算量小，手工计算时出错率明显下降，且也容易得到所需精度。

5.3.2 非圆曲线节点的数学处理

数控加工中把除直线与圆弧之外、可以用数学方程式 $y=f(x)$ 表达的平面轮廓曲线，称为非圆曲线，如抛物线、渐开线等。如果数控装置不具备这类曲线的插补功能时，其数学处理就比较复杂，应在满足允许的编程误差条件下，用若干直线段或圆弧段去逼近给定的非圆曲线，相邻逼近线段的交点或切点称为节点。

节点的计算方法是，根据被加工曲线方程特性、逼近线段形状（比如是用直线或圆弧线段去逼近）以及允许的插补误差，利用数学关系进行求解。非圆曲线节点坐标计算过程具体分为下面四步：

1）根据加工曲线方程的特性及加工要求，选择逼近方法，即确定是采用直线逼近法还是圆弧逼近法。直线逼近法数学处理较简单，但在保证同样精度的条件下计算的坐标数据较多，且各直线段连接处存在尖角，不利于加工表面质量的提高。圆弧逼近法可大大减少计算的坐标数据，从而减少程序段数目，而且相邻圆弧彼此相切，由于一阶导数连续，工件表面更光滑，有利于加工表面质量的提高，但其数学处理过程比直线逼近法要复杂一些。

2）确定允许的逼近误差。逼近处理时，应注意逼近线段与理论曲线的误差 δ 应小于或等于编程允许误差 $\delta_{允}$，而 $\delta_{允}$ 一般取零件公差的 1/5 ~ 1/10。

3）确定计算方法。节点的计算方法较多，用直线段逼近非圆曲线时节点的计算方法就有等步长法、等间距法、等误差法等；用圆弧段逼近非圆曲线时节点的计算方法有曲率圆法、三点圆法、相切圆法和双圆弧法等。

4）根据计算方法进行节点坐标的计算。

1. 用直线段逼近非圆曲线时节点的计算

用直线段逼近非圆曲线时可以采用弦线逼近、割线逼近和切线逼近法，其中割线逼近法逼近误差较小；弦线逼近法由于节点落在曲线上，计算较为简单。虽然弦线逼近法逼近误差较大，但只要处理得当还是可以满足加工要求的，关键在于控制好插补段长度和插补误差。所以在实际应用中常用弦线逼近法来计算非圆曲线的节点坐标。弦线逼近中计算节点的方法主要有等间距法、等步长法和等误差法。下面介绍其中的等步长法和等误差法。

（1）等步长法　用直线段逼近非圆曲线时，如果每个逼近线段长度相等，则称等步长法。如图 5-14 所示，零件轮廓曲线 $y=f(x)$ 的曲率半径各处不等，曲率半径最小处逼近误差最大，因此首先应求出该曲线的最小曲率半径

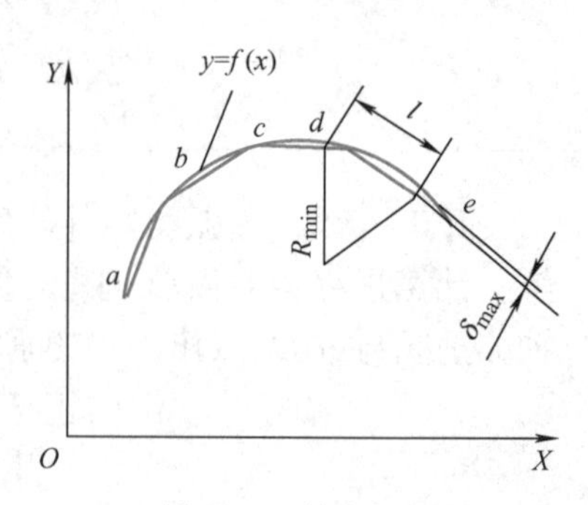

图 5-14　等步长法

R_{min}，由 R_{min} 及 $\delta_{允}$ 确定允许的步长 l，然后从曲线起点 a 开始，按等步长 l 依次截取曲线，得到 a、b、c、d 等节点，则 $\overline{ab}=\overline{bc}=\cdots=l$ 即为所求各直线段。计算步骤如下：

1）求最小曲率半径 R_{min}。设曲线为 $y=f(x)$，则其曲率半径公式为

$$R=\frac{[1+(y')^2]^{3/2}}{y''} \tag{5-2}$$

对式（5-2）中 x 求一次导数，有

$$\frac{\mathrm{d}R}{\mathrm{d}x}=\frac{3(y'')^2y'[1+(y')^2]^{1/2}-[1+(y')^2]^{3/2}y'''}{(y'')^2} \tag{5-3}$$

令

$$\frac{\mathrm{d}R}{\mathrm{d}x}=0$$

得

$$3(y'')^2y'-[1+(y')^2]y'''=0 \tag{5-4}$$

根据 $y=f(x)$ 依次求出 y'、y''、y'''，代入式（5-4）求得 x，再将 x 代入式（5-2），即可求得最小曲率半径 R_{min}。

2）计算允许步长 l。以 R_{min} 为半径作圆弧，令 $\delta_{min}=\delta_{允}$，则由几何关系可知

$$l=2\sqrt{R_{min}^2-(R_{min}-\delta_{允})^2}\approx 2\sqrt{2R_{min}\delta_{允}}$$

3）以起点 a（x_a，y_a）为圆心，以 l 为半径作圆，得到圆方程，与曲线方程 $y=f(x)$ 联立求解，可得第一个节点的坐标（x_b，y_b），再以 b 点为圆心，以 l 为半径作圆，联立求解方程组得到第二个节点，依此类推求出所有节点。

$$\begin{cases}(x-x_a)^2+(y-y_a)^2=l^2\\ y=f(x)\end{cases} \quad 可求得（x_b，y_b）$$

$$\begin{cases}(x-x_b)^2+(y-y_b)^2=l^2\\ y=f(x)\end{cases} \quad 可求得（x_c，y_c）$$

$$\vdots$$

等步长逼近法的逼近误差随轮廓曲线的变化而变化，且当曲率变化较大时，所得的节点数过多，所以这种方法多用于轮廓曲线曲率变化不大的场合。

（2）等误差法　用直线段逼近非圆曲线时，如果每个逼近误差相等，则称等误差法。如图 5-15 所示，设零件的轮廓方程为 $y=f(x)$，首先以起点 a 为圆心，以 $\delta_{允}$ 为半径作圆。然后作该圆和已知曲线的公切线，切点分别为 $P(x_P,y_P)$，T（x_T,y_T），并求出此切线的斜率。接着过点

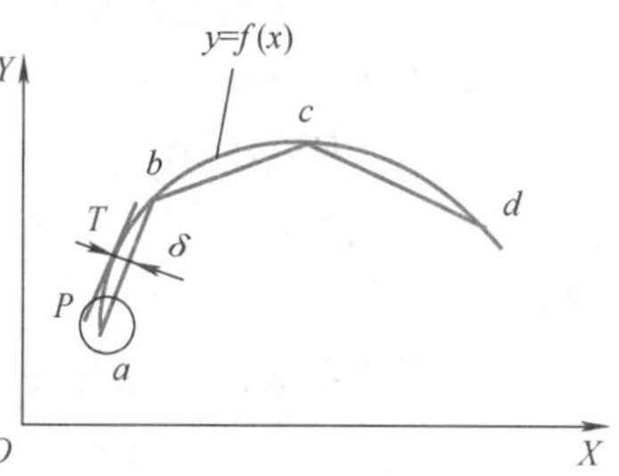

图 5-15　等误差法

a 作 PT 的平行线交曲线于 b 点，b 点即为求得的第一个节点。再以 b 点为起点用上面相同的方法求得第二个节点 c，依次类推，即可求出曲线上其余节点。计算步骤如下：

1）以起点 $a(x_a,y_a)$ 为圆心，$\delta_{允}$ 为半径作圆，得到圆方程

$$(x-x_a)^2+(y-y_a)^2=\delta_{允}^2$$

2）求圆与曲线公切线 PT 的斜率。首先联立求解以下方程组得切点坐标（x_T，y_T），（x_P，y_P）

$$\begin{cases} \dfrac{y_T-y_P}{x_T-x_P}=-\dfrac{x_P-x_a}{y_P-y_a} & （圆切线方程） \\ y_P=\sqrt{\delta_{允}^2-(x_P-x_a)^2}+y_a & （圆方程） \\ \dfrac{y_T-y_P}{x_T-x_P}=f'(x_T) & （曲线切线方程） \\ y_T=f(x_T) & （曲线方程） \end{cases}$$

然后由切点坐标求出斜率

$$k=\frac{y_T-y_P}{x_T-x_P}$$

3）过 a 点与直线 PT 平行的直线方程为

$$y-y_a=k(x-x_a)$$

4）与曲线方程联立求解得 b 点坐标（x_b，y_b）

$$\begin{cases} y-y_a=k(x-x_a) \\ y=f(x) \end{cases}$$

5）按以上步骤顺次求得 $c,d,\cdots$ 各节点坐标。

用等步长法逼近曲线时，求得的 l 是最小曲率半径处的步长，由于曲线各处曲率不一，因此逼近的线段较多；等误差法由于各逼近线段误差 δ 均相等，为允许的插补误差，虽然计算过程比较复杂，但可在保证逼近精度的条件下，对曲率变化较大的轮廓曲线有较少的程序段，使编程工作简单，并使加工速度提高。因为节点的计算可采用计算机辅助计算，所以等误差直线逼近是一种较好的拟合方法。

2. 用圆弧段逼近非圆曲线时节点的计算

用圆弧段逼近非圆曲线的方法有曲率圆法、三点圆法、相切圆法、双圆弧法等。

曲率圆法是用彼此相交的圆弧逼近非圆曲线，其基本原理是：从曲线的起点开始作与曲线内切的曲率圆，求出曲率圆的中心，再以曲率圆中心为圆心，以曲率圆半径加（减）$\delta_{允}$ 为半径，所做的圆（偏差圆）与曲线 $y=f(x)$ 的交点为下一个节点，并重新计算曲率圆中心，使曲率圆通过相邻两节点。重复以上计算即可求出所有节点坐标及圆弧的圆心坐标。

三点圆法是在已求出的各节点基础上，通过连续三点作圆弧，求出圆心坐标和圆的半径。

相切圆法是过曲线上 A、B、C、D 点作曲线的法线（图 5-16），分别交于 M、N 点，并分别以点 M、N 为圆心，AM、ND 为半径作圆弧 M 和圆弧 N，使圆弧 M 和圆弧 N 相切于 K 点。为了使两段圆弧相切，必须满足

$$\overline{AM}+\overline{MN}=\overline{DN}$$

两圆弧段与曲线逼近误差的最大值，应满足

$$\overline{BB'}=\left|\overline{MA}-\overline{MB}\right|=\delta_{允}$$

$$\overline{CC'}=\left|\overline{ND}-\overline{NC}\right|=\delta_{允}$$

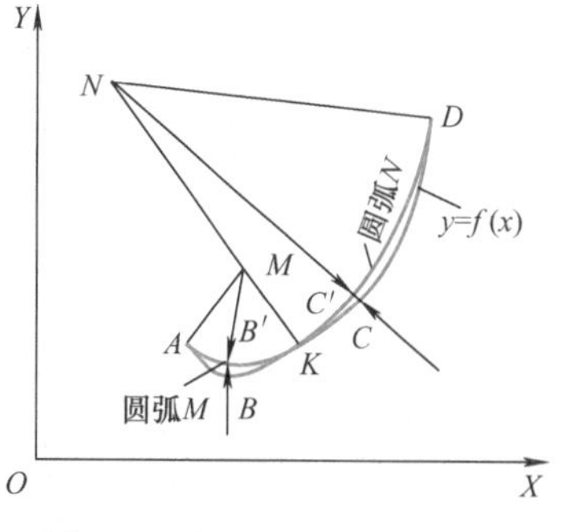

图 5-16　相切圆法圆弧段逼近

由以上条件确定的 B、C、D 三点可保证：M、N 圆弧相切条件，$\delta_{允}$条件，M、N 圆弧在 A、D 点分别与曲线相切条件。

确定 B、C、D 点后，再以 D 点为起点，确定 E、F、G 点，依次进行。每次可求得两段彼此相切的圆弧，由于在前一个圆弧的起点处与后一个圆弧终点处均可保证与轮廓曲线相切，因此，整条曲线是由一系列彼此相切的逼近圆弧组成。

双圆弧法是指在两相邻的节点间用两段相切的圆弧逼近曲线的方法。如图 5-17 所示，在曲线 $y=f(x)$ 上任取两节点 P_i（x_i，y_j）、P_{i+1}（x_{i+1}，y_{j+1}）。过 P_i 与 P_{i+1} 点分别作曲线的切线 m_i、m_{i+1}，并与直线 P_iP_{i+1} 组成一个 $\triangle P_iP_{i+1}G$。取 $\triangle P_iP_{i+1}G$ 的内心 T 作为两段圆弧相切的切点位置。过内心 T 作 P_iP_{i+1} 的垂线，与过 P_i 点所作 GP_i 的垂线交于 O_i，与过 P_{i+1} 点所作 GP_{i+1} 的垂线交于 O_{i+1}。以 O_i 点为圆心，O_iP_i 为半径作圆弧 $\overset{\frown}{P_iT}$；以 O_{i+1} 为圆心，$O_{i+1}P_{i+1}$ 为半径作另一圆弧 $\overset{\frown}{TP_{i+1}}$，这两段圆弧均能切于内心 T。这就实现了曲线上相邻两节点间的双圆弧拟合。通过误差计算，可求得逼近圆弧段与非圆曲线的最大误差，与编程允许误差 $\delta_{允}$进行比较，调整曲线上点的位置，可使实际误差小于或等于编程允许误差。下面给出圆心坐标、切点坐标、半径的计算过程。

采用双圆弧法逼近非圆曲线，双圆弧中各几何元素间的关系是在局部坐标系下计算完成的。如图 5-18 所示，取相邻节点连线为局部坐标系的 U_i 轴，U_i 轴的垂线为 V_i 轴。过 P_i 的圆弧切线与 P_iP_{i+1} 的夹角为 θ_i，过 P_{i+1} 点的圆弧切线与 P_iP_{i+1} 的夹角为 θ_{i+1}。用 L_i 表示 P_i 与 P_{i+1} 两点之间的距离，则

$$L_i=\sqrt{(x_{i+1}-x_i)^2+(y_{i+1}-y_i)^2}$$

在 $\triangle P_iTP_{i+1}$ 中，根据正弦定理可得

$$\overline{P_iT}=\frac{\sin\dfrac{\theta_{i+1}}{2}}{\sin\dfrac{\theta_i+\theta_{i+1}}{2}}\overline{P_iP_{i+1}}$$

可求得切点坐标为

$$U_T=\overline{P_iD}=\overline{P_iT}\cos(\theta_i/2)$$
$$V_T=\overline{DT}=\overline{P_iT}\sin(\theta_i/2)$$

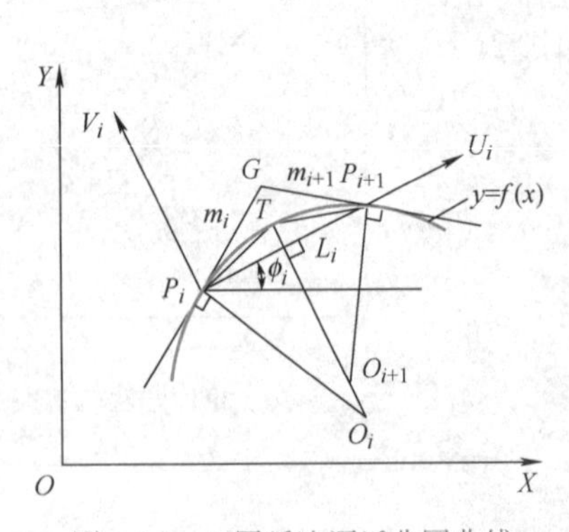

图 5-17 双圆弧法逼近非圆曲线

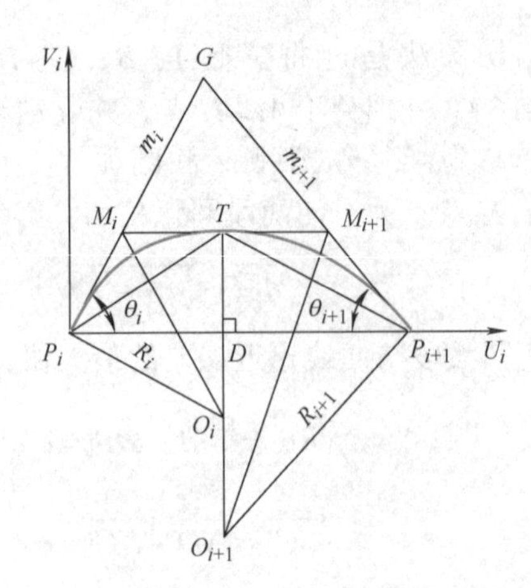

图 5-18 双圆弧坐标位置的确定

圆心 O_i、O_{i+1} 的坐标分别为

$$U_{O_i} = U_T$$
$$V_{O_i} = \overline{DO_i} = \overline{P_iD} / \tan\theta_i$$
$$U_{O_{i+1}} = U_T$$
$$V_{O_{i+1}} = \overline{DO_{i+1}} = (L_i - \overline{P_iD}) / \tan\theta_{i+1}$$

设两圆弧的半径分别为 R_i、R_{i+1}，则

$$R_i = \overline{DT} + \overline{DO_i} = V_T + V_{O_i}$$
$$R_{i+1} = \overline{DT} + \overline{DO_{i+1}} = V_T + V_{O_{i+1}}$$

局部坐标系中的坐标求得后，还要换算成整体坐标系下的坐标，换算关系为（参见图 5-17）

$$x_T = U_T \cos\phi_i - V_T \sin\phi_i + x_i$$
$$y_T = U_T \sin\phi_i + V_T \cos\phi_i + y_i$$

圆心坐标按同样的方法换算。

5.3.3 列表曲线节点的数学处理

1. 概述

上述介绍的逼近曲线的数学处理中，基本思想是将曲线用直线或圆弧来逼近，求出节点后用直线插补或圆弧插补编程，从而在一定的编程允许范围内获得零件曲线轮廓。上述方法中，节点的计算是关键，而节点计算的基础是轮廓曲线方程必须已知。

所谓列表曲线，是指已给出曲线上某些点的坐标值，但没有给出方程。在数控机床加工中，这种零件是经常遇到的，如汽轮机叶片、飞机机翼、凸轮、模具等。这些零件的图样上往往只给出有限个点的位置坐标，并不知轮廓曲线的解析表达式。因此，用上述逼近曲线的数学处理方法，并不能解决加工这种零件的编程问题。对于列表曲线的处理，一般的思想是：根据已知的几个列表点，在相邻点的区间内构造出一个简单的近似函数 $y=\varphi_i(x)$ 来代替该区间内的轮廓曲线方程（称为一次拟合），然后再用上述逼近方法对曲

线 $y=\varphi_i(x)$ 求逼近直线或圆弧的节点（称为二次拟合），用以编制该区间内的程序，重复 $n-1$ 次这样的过程（n 个点有 $n-1$ 个区间），就可以编制出列表曲线的全部轮廓加工程序。

构造区间内的函数 $y=\varphi_i(x)$ 要满足三个条件：

1）列表点要在曲线 $y=\varphi_i(x)$ 上，即列表点满足函数关系。

2）在区间内及端点处，$y=\varphi_i(x)$ 有一阶及二阶连续导数，这可保证连接点处轮廓曲线是光滑的。

3）$y=\varphi_i(x)$ 是低于三次的多项式，保证二次拟合时计算简单。

函数 $y=\varphi_i(x)$ 称为插值函数，对于不同的构造插值函数的方法，有不同的列表曲线拟合方法。常用的方法有 B 样条、三次样条、非均匀有理 B 样条（NURBS）、双圆弧样条拟合与圆弧样条拟合等。

最后，要对拟合得到的光滑曲线用直线或圆弧再次逼近，获得一系列直线或圆弧段，以满足数控编程和数控加工的需要。

因此，列表曲线轮廓零件的数学处理主要经过光顺处理、拟合处理、逼近处理三个步骤，对于第三个步骤，在 5.3.2 节中已做了描述。本小节主要介绍拟合处理。

2. 列表曲线拟合处理

（1）B 样条曲线拟合　B 样条曲线在数控加工中得到了广泛的应用，它的特点是几何性质好、计算程序简单、计算速度快。列表曲线采用 B 样条拟合时，是用许多 B 样条曲线段近似列表轮廓曲线，然后再用许多小直线段（或圆弧段）代替 B 样条曲线来组成所要求的轮廓形状。下面简介 B 样条曲线算法。

图 5-19a 表示一段三次 B 样条曲线，它由特征多边形四个顶点 V_i、V_{i+1}、V_{i+2} 和 V_{i+3} 构成。B 样条曲线段的起点 $r_i(0)$ 落在 $\triangle V_iV_{i+1}V_{i+2}$ 的中线 $V_{i+1}m$ 上距点 V_{i+1} 的 1/3 处。起点的切矢 $r_i'(0)$ 平行于 $\triangle V_iV_{i+1}V_{i+2}$ 的底边，长度为其一半。起点的二阶导矢量 $r_i''(0)$ 等于中线矢量 $\overrightarrow{V_{i+1}m}$ 的二倍。终点的情况同起点类似。

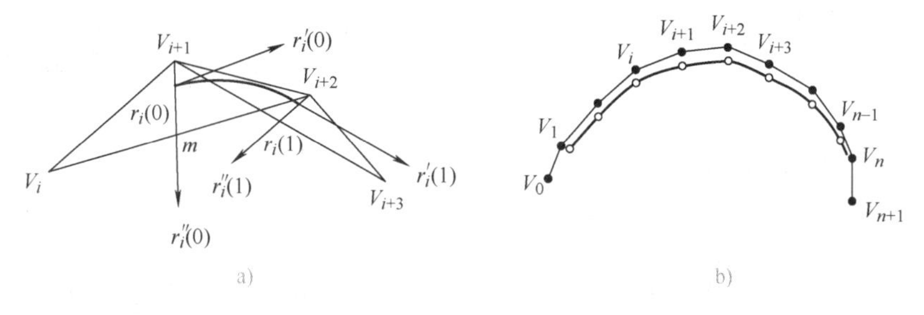

图 5-19　三次 B 样条曲线和曲线段

当特征多边形的顶点超过四点时，每增加一个顶点，则相应的样条上增加一段曲线。图 5-19b 表示出特征多边形及其对应的 B 样条曲线。如果希望 B 样条曲线要通过首末顶点，则可采用三重节点法，即在首末节点处取重复节点，或采用三顶点共线法。三次 B 样条曲线公式为

$$r_i(u)=\sum_{j=0}^{3}N_{j,4}(u)V_{i+j} \tag{5-5}$$

式中，$N_{j,4}(u)(j=0,1,2,3)$ 为三次 B 样条基函数，分别为参数 u（$0 \leqslant u \leqslant 1$）的三次多项式，即

$$N_{0,4}(u)=\frac{1}{3!}(1-3u+3u^2-u^3)$$

$$N_{1,4}(u)=\frac{1}{3!}(4-6u^2+3u^3)$$

$$N_{2,4}(u)=\frac{1}{3!}(1+3u+3u^2-3u^3)$$

$$N_{3,4}(u)=\frac{1}{3!}(3u^3)$$

由式（5-5）得

$$\begin{cases} r_i(0)=\dfrac{1}{6}(V_i+4V_{i+1}+V_{i+2})=V_{i+1}+\dfrac{1}{3}\left[\dfrac{1}{2}(V_i+V_{i+2})-V_{i+1}\right] \\ r_i(1)=\dfrac{1}{6}(V_{i+1}+4V_{i+2}+V_{i+3})=V_{i+2}+\dfrac{1}{3}\left[\dfrac{1}{2}(V_{i+1}+V_{i+3})-V_{i+2}\right] \\ r_i'(0)=\dfrac{1}{2}(V_{i+2}-V_i) \\ r_i'(1)=\dfrac{1}{2}(V_{i+3}-V_{i+1}) \\ r_i''(0)=(V_{i+2}-V_{i+1})+(V_i-V_{i+1}) \\ r_i''(1)=(V_{i+3}-V_{i+2})+(V_{i+1}-V_{i+2}) \end{cases} \tag{5-6}$$

特征多边形顶点 V_{i+j} 和三次 B 样条基函数 $N_{j,4}(u)$ 线性组合得到 $r_i(u)$。当参数 u 从 0 变到 1 时，式（5-6）就描绘出第 i 段曲线。各段曲线在连接点处保持 C^2 阶连续。

用上述方法得到的 B 样条虽然接近列表点，但并不通过列表点。在列表曲线处理中人们希望用 B 样条来拟合给定列表点（即型值点），然后再求插值点。因此需要先根据型值点计算出特征多边形顶点位置矢量 $\{V_i\}$（i=–1，0，1，…，n+1），即“反算”，再对曲线进行插值计算。

已知 n+1 个型值点 P_i（x_i，y_i）（i=0，1，2，…，n），从式（5-6）中第一、第二式可知，顶点的求解可归结为下列线性代数方程组的求解

$$r_i(0)=\frac{1}{6}(V_{i-1}+4V_i+V_{i+1})=P_i \qquad (i=0,1,\cdots,n) \tag{5-7}$$

由于方程组（5-7）有 n+3 个未知数，而方程只有 n+1 个，故必须根据端点条件补充两个方程，端点条件有多种给法，这里仅给出一种两端点切矢量的方法，即

$$\begin{cases} \dfrac{1}{2}(V_1-V_{-1})=P_0' \\ \dfrac{1}{2}(V_{n+1}-V_{n-1})=P_n' \end{cases} \tag{5-8}$$

将式（5-8）分别与式（5-7）联立，消去 V_1 和 V_{n-1} 得

$$\begin{cases}\dfrac{2}{6}V_{-1}+\dfrac{4}{6}V_0=P_0-\dfrac{P_0'}{3}\\ \dfrac{4}{6}V_n+\dfrac{2}{6}V_{n+1}=P_0+\dfrac{P_n'}{3}\end{cases} \tag{5-9}$$

用追赶法可求解由式（5-9）和式（5-7）构成的三对角线性方程组，即可求得特征多边形各顶点位置矢量。

将求得的特征多边形顶点位置矢量 $\{V_i\}$ 代入式（5-5）中，取不同的 u 值可得曲线上各插值点坐标。

（2）NURBS 曲线拟合　NURBS（Non-uniform Rational B-spline，非均匀有理 B 样条）提供了对标准解析几何和自由曲线、曲面的统一数学描述。它在三次 B 样条曲线方程（5-5）中，通过引入一个可调的权因子 W_i（i=0，1，…，n）使前述的方法更加灵活，从而可以精确地控制曲线的形状。

对于给定三维空间控制顶点 V_i（i=0，1，…，n）及其相应的权因子序列 W_i，在三维空间可定义一条 k 阶（k−1）次 NURBS 曲线，即

$$r(u)=\sum_{i=0}^{n}W_iV_iN_{i,k}(u)/\sum_{i=0}^{n}W_iN_{i,k}(u)$$

式中　$N_{i,k}(u)$——NURBS 曲线的基函数。由下述递推公式确定

$$N_{i,1}(u)=\begin{cases}1 & u\in[u_i,u_{i+1}]\\ 0 & u\notin[u_i,u_{i+1}]\end{cases}$$

$$N_{i,k}(u)=\frac{u-u_i}{u_{i+k-1}-u_i}N_{i,k-1}(u)+\frac{u_{i+k}-u}{u_{i+k}-u_{i+1}}N_{i+1,k-1}(u)$$

与 B 样条曲线相似，要使得到的曲线通过首末控制顶点，可将曲线两端点各取 k+1 个重复节点。

NURBS 方法在很多方面优于其他算法，因而在 ISO 颁布的 STEP 标准中将其作为产品数据交换的国际标准。

复习思考题

5-1　数控加工程序编制有哪些主要内容？

5-2　数控加工程序编制方法有哪几种？它们各自适用在什么场合？

5-3　使用刀具半径补偿在数控编程中有哪些好处？

5-4　加工路线选择时应注意哪些问题？

5-5　非圆曲线用直线逼近时节点的计算方法有哪几种？分别写出计算步骤。

5-6　求直线 y=2x+8 与圆 $x^2+y^2-4x=6$ 的交点坐标。

5-7　若零件轮廓为非圆曲线 x^2=16y，$\delta_{允}$=0.04mm，请按等步长法计算其节点坐标。

第 6 章 数控编程技术

教学目标：

1）了解数控车床的编程特点；熟练掌握数控车床的基本编程指令；掌握常用车削固定循环指令，并理解循环指令在提高编程效率、保证加工质量方面的重要性和科学性。

2）了解数控铣床及加工中心的编程特点；掌握子程序的基本概念；掌握数控铣床及加工中心的基本编程指令、常用孔加工固定循环指令及子程序用法，并理解循环指令及子程序在提高编程效率、保证加工质量方面的重要性和科学性。

3）通过工程案例和作业，理论联系实际，培养学生做事专注、严谨细致、精益求精的科学探索精神，弘扬大国工匠精神，增强学生的创新思维、创新能力。

数控机床程序编制的方法有两种，即手工编程、自动编程（包括语言式自动编程和图形交互式自动编程）。手工编程是指由人工完成零件图样分析、工艺处理、数值计算、程序编制等工作。自动编程是指利用计算机 CAD/CAM 软件或专用计算机系统来完成数控编程的大部分工作或全部工作，如数学处理、数控加工代码生成、加工仿真等。对于几何形状简单的零件，其数值计算比较简单，程序段不多，采用手工编程较容易完成。因此，对于点位加工或由直线和圆弧组成的二维轮廓加工、平面加工，手工编程方法仍被广泛应用。对于形状复杂的零件，特别是由非圆曲线、列表曲线组成的曲面零件，采用手工编程难度较大，数值计算较为复杂，出错率较高，编程效率较低，有些曲面零件甚至无法采用手工编程，此时就必须采用自动编程方法编制数控加工程序。但自动编程生成的程序代码在程序调试和后期程序优化中，往往又需借助于一些手工编程技术。因此，本章重点以工程实际中应用最广、最典型的数控车床、数控铣床及加工中心为例，对手工编程方法和编程实例进行介绍。

6.1 数控车床编程

车削加工是机械加工中一个主要的基本工种，数控车床是数控金属切削机床中最常用的一种机床，主要用于轴类、套类和盘类等回转体零件的加工，能够通过程序控制自动完成圆柱面、圆锥面、圆弧面、成形表面及各种螺纹的切削加工，也可进行切槽、钻、扩、铰孔等加工。数控车床按其功能可分为经济型数控车床、多功能数控车床和车削中心。经济型数控车床是一种中低档数控车床，一般采用单片机控制，成本较低，功能简单，车削精度不高。多功能数控车床是较高档次的数控车床，这类数控车床一般具有刀尖圆弧半径自动补偿、恒线速度切削、固定循环等功能，自动化程度及加工精度比较高。车削中心是在普通数控车床基础上，增加 *C* 轴和动力刀架，并配有刀库和机械手，可实现 *X*、*Z* 和 *C* 三坐标两联动控制。车削中心除可以进行一般车削加工外，还可以进行凸轮槽、曲线槽的铣削和中心线不在零件回转中心的孔以及径向孔的钻削加工。无论哪类数控车床，其编程的基本要点是相似的。

6.1.1 数控车床编程基础

1. 对刀具的要求

机夹刀具的刀体制造精度较高，有利于减少换刀和对刀时间，所以数控车床应尽可能用机夹刀。由于机夹刀在数控车床上安装时，一般不采用垫片调整刀尖高度，所以刀尖高的精度应在制造时就得到保证。

数控车床能兼作粗、精车削加工，为使粗车时能大背吃刀量、大进给量，要求粗车刀具强度高、使用寿命长；精车时应保证加工精度，要求精车刀具锋利、精度高、使用寿命长。对于刀片，大多数情况下采用涂层硬质合金刀片，以提高刀片使用寿命。对于长径比较大的内径刀杆，应具有良好的抗震结构。

2. 对刀座的要求

数控车削刀具很少直接装在数控车床刀架上，一般通过刀座进行安装。刀座的结构应根据刀具的形状、刀架的外形和刀架对主轴的配置形式来决定。目前刀座的种类繁多，标准化程度低，选型时应尽量减少种类、形式，以利于管理。

3. 对夹具的要求

数控车床上工件的装夹多采用自定心卡盘夹持，轴类零件也常采用前后两顶尖方式夹持。由于数控车床主轴转速较高，为便于工件夹紧，多采用液压高速动力卡盘，因它在生产厂已通过了严格平衡，具有高转速（极限转速可达 4000 ～ 6000r/min）、高夹紧力（最大推拉力可达 2000 ～ 8000N）、高精度、调爪方便、使用寿命长等优点。还可使用软爪夹持工件，软爪弧面由操作者随机配制，可获得理想的夹持精度。通过调整液压缸压力，可改变卡盘夹紧力，以满足夹持各种薄壁和易变形工件的特殊需要。为减少细长轴加工时受力变形，提高加工精度，以及在加工带孔轴类工件内孔时，可采用液压自动定心中心架，其定心精度可达 0.03mm。

4. 数控车床坐标系

生产中常用的卧式数控车床的刀架结构有前置和后置两种形式，如图 6-1 所示。图 6-1a 所示为前置四方形回转刀架，该刀架结构简单，装夹刀具的数目较少，操作者装卸、测量工件和观察切削情况不方便，经济型数控车床一般都采用前置刀架结构。图 6-1b 所示为后置转塔刀架，刀架后置使操作者装卸、测量工件和观察切削情况方便，中高档的数控车床一般都采用后置转塔刀架结构，其导轨一般为倾斜导轨，有利于排屑和提高机床支承刚性，从而有利于提高机床加工效率及加工精度。

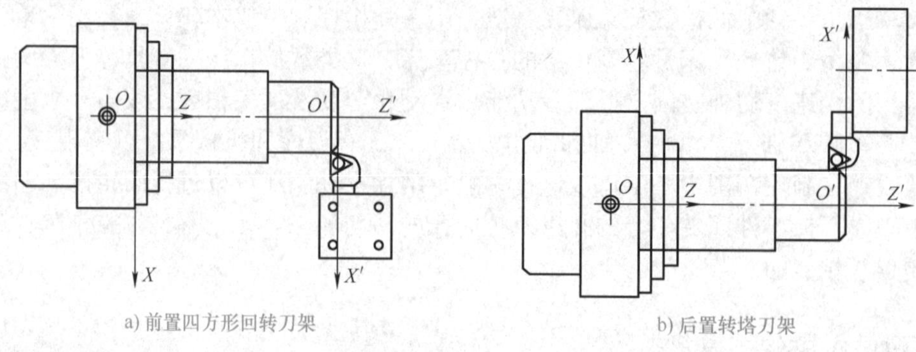

a) 前置四方形回转刀架　　b) 后置转塔刀架

图 6-1　数控车床坐标系

数控车床坐标系仍采用右手直角坐标系，分为机床坐标系和工件坐标系（编程坐标系）。根据 GB/T 19660—2005《工业自动化系统与集成　机床数值控制坐标系和运动命名》，数控车床径向为 *X* 轴、纵向（主轴轴向）为 *Z* 轴，刀具远离工件方向为坐标轴正方向。数控车床的机床原点一般定义为主轴旋转中心线与卡盘端面的交点处，图 6-1 中 *O* 点即为机床原点。工件坐标系原点从理论上讲可选在工件上任何一点，但为了便于编程和简化数值计算，数控车床的工件坐标系原点一般选在工件回转中心与工件右端面或左端面的交点上，并尽量使编程基准与设计、安装基准重合，图 6-1 中的 *O′* 点即为工件坐标系原点。

5. 数控车床的编程特点

1）数控车床编程时，可以采用绝对坐标编程、相对坐标编程和混合编程三种方式。当按绝对坐标编程时，用绝对值坐标指令 X、Z 进行编程。按相对坐标编程时，用相对值坐标指令 U、W 进行编程。在零件的一个程序段中，可以混合使用绝对值坐标指令（X 或 Z）和相对值坐标指令（U 或 W）进行编程。在有的数控车床控制系统中，若已定义有绝对坐标编程指令（G90）和相对坐标编程指令（G91）的 G 代码功能，这时只可以用 G90 或 G91 与对应地址指令编程，不能在同一程序段中混用绝对坐标和相对坐标。

2）零件的径向尺寸，无论是图样尺寸还是测量尺寸都是以直径值来表示的，所以数控车床一般采用直径编程方式，即用绝对坐标编程时，X 为直径值，用相对坐标编程时，则以刀具径向实际位移量的二倍值作为编程值。FANUC 系统一般设定为直径编程方式，若需用半径编程，则要改变系统中相关参数。有的数控车床控制系统（如 SIEMENS 802S、OpenSoft CNC 01T 等)，可用 G22（半径尺寸编程）和 G23（直径尺寸编程）进行直径和半径尺寸数据的编程转换控制。

3）由于车削加工常用的毛坯多为棒料或锻件，加工余量较大，往往需要多次重复几种固定的动作，以实现多次切除。为简化编程，数控车床控制系统具有多种不同形式的固定循环功能，在编制车削加工数控程序时，应充分利用这些循环功能。

4）编程时，常将车刀刀尖看作一个点，而实际加工中，刀具会产生磨损。同时，为了提高刀具寿命和工件表面加工质量，精加工时车刀刀尖会被磨成半径不大的圆弧，换刀时，刀尖位置的差异以及安装刀具时产生的误差等，都需要利用刀具补偿功能加以补偿。现代数控车床中都有刀具补偿功能，只要操作人员在自动加工前，将相关信息设置到数控系统参数表中，控制系统即可进行自动补偿。如果不具有刀具补偿功能，就需要编程人员进行复杂的计算，在编程中消除这类误差，无疑增加了编程的麻烦。

6.1.2　数控车床特有基本编程指令

在本书 4.1 和 4.3 节中已介绍了数控编程中常用的 G、M、F、S 和 T 指令，数控车床的编程也是使用这些指令，只是具体的一些系统会使用更多的、标准中未指定的指令功能。结合数控车削加工的特点，本小节就数控车床特有的一些常用基本编程指令进行介绍，其余相同的指令不再赘述。

1. 主轴功能指令（S）

一般情况下，主轴功能指令（S 指令）用以指定主轴的转速，即 S 地址码后面的数值是主轴转速值，单位为 r/min。在车削端面或台阶面的加工中，如果需要保证工件的表面粗糙度值一致，主轴转速可以设置成恒线速度（随着加工过程中刀尖点半径的减小，主轴转速自动增大或减小，以使切削点线速度基本不变）。

指令格式：G96 S__；

其中，S 后面的数字表示主轴线速度，单位为 m/min。

执行该指令时，数控系统根据刀尖所处位置的 X 轴坐标作为直径值 D（mm），按式（6-1）计算并控制主轴转速 n（r/min），以保证 S 表示的线速度 v（m/min）。

$$n = \frac{1\,000v}{\pi D} \tag{6-1}$$

如果要取消恒线速度控制，可用 G97 指令。

指令格式：G97 S__；

其中，S 后面的数字表示主轴转速，单位为 r/min。

当由 G96 转为 G97 时，应对 S 码赋值，否则将保留 G96 指令的最终值；当由 G97 转为 G96 时，若没有 S 指令，则按前一 G96 所赋 S 值进行恒线速度控制。

设置成恒线速度后，随着 X 值的减小主轴转速将变高，为了防止主轴转速过高而发生危险，在设置恒线速度控制前，应用 G50 指令将主轴转速限定在某一最高转速。

指令格式：G50 S__；

其中，S 后面的数字表示限定的主轴最高转速，单位为 r/min。这样在执行 G96 指令的过程中，主轴转速就不会超过这个设定的最高值了。

2. 进给功能指令（F）

数控车床有两种进给速度指令模式：一种是每转进给模式，F 指令的进给速度单位为 mm/r；另一种是每分钟进给模式，F 指令的进给速度单位为 mm/min。

指令格式：G99 F__；（每转进给模式，有的系统用 G95 指令）

G98 F__；（每分钟进给模式，有的系统用 G96 指令）

该指令为模态指令，在程序中一经指定一直有效，直到指定另一模式为止。在数控车削加工中一般采用每转进给模式，因此大多数系统开机后的默认状态为每转进给模式。

3. 刀具功能指令（T）

数控车床具有刀具位置补偿功能。刀架在换刀时前一刀尖位置和更换新刀具的刀尖位置之间会产生差异，同时由于刀具的安装误差、刀具磨损和刀具刀尖圆弧半径的存在等问题，在数控加工中必须利用刀具位置补偿功能予以补偿，才能加工出符合图样形状要求的零件。

刀具功能又称为 T 功能，它具有刀具选择和进行刀具补偿的功能。

指令格式：T__；

其中，T后面接4位数字，其中前两位代表刀具号，后两位是刀具补偿号，00表示取消某号刀的刀具补偿。

通常以同一编号指令刀具号和刀具补偿号，以减少编程时的错误，如T0101表示01号刀调用01补偿号设定的补偿值，与第4章中的刀具半径、长度补偿一样，其补偿值存储在刀具补偿存储器内。

4. 螺纹切削指令（G32）

数控车床一般都具有切削螺纹功能。在数控车床主轴上装有编码器，利用编码器输出脉冲，保证主轴每转一周，刀具准确移动一个螺纹导程。同时，由于螺纹加工一般要经过多次重复切削才能完成，每次重复切削，开始进刀的位置必须相同（即螺纹认头），否则就会乱扣。数控车床可通过编码器每转一周发出的同步脉冲实现自动认头。

指令格式：G32 X__ Z__ F__；

其中，X、Z为螺纹终点坐标值，F为螺纹导程。车削圆柱螺纹时，可省略X；车削端面螺纹时，可省略Z；车削锥螺纹时，X、Z都不能省略。有的系统规定螺纹导程用K表示，有的系统还可加工寸制螺纹和不等距螺纹，具体应用时请注意查阅有关编程说明书。

应用G32编写螺纹加工程序时，应注意以下几点：

1）螺纹切削时应在两端设置足够的升降速距离，因此起点、终点坐标应考虑进刀引入距离 δ_1 和退刀切出距离 δ_2（图5-8）。一般应根据有关手册来计算 δ_1 和 δ_2，也可利用式（6-2）和式（6-3）进行估算：

$$\delta_1 = \frac{nF}{1800} \times 3.6 \tag{6-2}$$

$$\delta_2 = \frac{nF}{1800} \tag{6-3}$$

式中 n ——主轴转速（r/min）；

F ——螺纹导程（mm）。

2）该指令在切削过程中，严格控制车刀按指令规定的螺纹导程运动，指令本身只能实现一次螺纹切削走刀控制，因此在设计程序时，应将车刀的切入、切出和返回均编入程序中。

3）螺纹加工要多次进刀才能完成，为保证螺纹质量及刀具寿命，每次进给的背吃刀量应根据螺纹深度按递减规律分配。

4）按GB/T 197—2018《普通螺纹　公差》，普通外螺纹大径的基本偏差 $es \leqslant 0$，加之螺纹车刀刀尖半径对内螺纹小径尺寸的影响，车螺纹前螺纹大径外圆的尺寸要小于螺纹公称尺寸，一般推荐大径外圆尺寸按式（6-4）计算：

$$d = D - 0.13F \tag{6-4}$$

式中 d ——螺纹大径外圆尺寸（mm）；

D ——螺纹公称直径（mm）；

F ——螺纹导程（mm）。

5）最后一次进刀完成螺纹加工，这时指令中的 X 值应为螺纹小径尺寸 d'。该值应根据有关手册进行计算，也可按式（6-5）估算：

$$d'=D-1.0825F \tag{6-5}$$

式中　d'——螺纹小径外圆尺寸（mm）；

D——螺纹公称直径（mm）；

F——螺纹导程（mm）。

例 6-1　用 G32 指令加工图 6-2 所示的圆柱螺纹（$\delta_1=3\text{mm}$，$\delta_2=1.5\text{mm}$）。设定用 5 刀完成切削，第 1～5 刀的背吃刀量依次为 $a_{p1}=0.4\text{mm}$，$a_{p2}=0.3\text{mm}$，$a_{p3}=0.2\text{mm}$，$a_{p4}=0.125\text{mm}$，$a_{p5}=0.05\text{mm}$。程序如下：

```
……
N100 G00 X35.0 Z105.0;          移至P1点
N110 X29.2;                     ap1 = 0.4mm
N120 G32 Z54.5 F2;
N130 G00 X35.0;                 退刀
N140 Z105.0;                    返回
N150 X28.6;                     ap2 = 0.3mm
N160 G32 Z54.5;
N170 G00 X35.0;                 退刀
N180 Z105.0;                    返回
N190 X28.2;                     ap3 = 0.2mm
N200 G32 Z54.5;
N210 G00 X35.0;                 退刀
N220 Z105.0;                    返回
N230 X27.95;                    ap4 = 0.125mm
N240 G32 Z54.5;
N250 G00 X35.0;                 退刀
N260 Z105.0;                    返回
N270 X27.85;                    ap5 = 0.05mm
N280 G32 Z54.5;
……
```

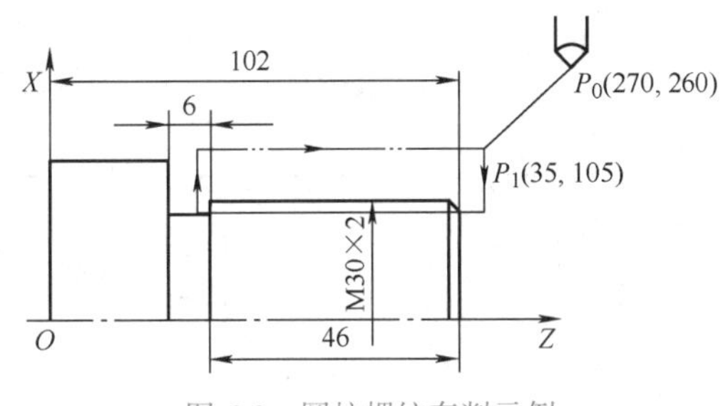

图 6-2　圆柱螺纹车削示例

6.1.3　固定循环指令

一般每个基本 G 指令对应机床的一个动作或状态，而一些加工往往由一系列连续的动作所组成，如在数控车床上对外圆柱、内圆柱、端面、螺纹面等表面进行粗加工时，刀具往往要多次反复地执行相同的动作，直至将工件切削到所要求的尺寸。于是在一个程序中可能会出现很多基本相同的程序段（变化的只是坐标尺寸、移动速度、主轴转速等），从而造成程序冗长。为了简化编程工作，数控系统可以用一个程序段来设置刀具做反复切削，这就是固定循环功能。

例如，要加工图 6-3 所示的外圆柱面，若用一般指令，程序应为：

```
N10 G00 X50.0;
N20 G01 Z-30.0 F60;
N30 X65.0;
N40 G00 Z2.0;
```

但如果用 FANUC 系统的圆柱切削循环指令 G90，则只要一个程序段就可以了，即：

```
N10 G90 X50.0 Z-30.0 F60;
```

固定循环功能包括单一固定循环和复合固定循环。各循环指令代码及指令格式随不同的数控系统会有所差别，本章所讲的语句格式，主要根据日本 FANUC 系统的材料编写，实际使用时请注意参考编程说明书。

1. 单一固定循环

（1）内（外）径车削固定循环（G90）

指令功能：该循环可用于轴类零件的圆柱和圆锥面的加工。

圆柱切削循环指令格式：G90 X（U）__ Z（W）__ F__；

圆锥切削循环指令格式：G90 X（U）__ Z（W）__ I__ F__；

指令说明：X、Z 为圆柱或圆锥面切削终点坐标，U、W 为圆柱或圆锥面切削终点相对于切削起点的坐标增量，I 为圆锥面切削始点与切削终点的半径差，当切削始点 X 坐标小于终点 X 坐标时，I 为负，反之为正。图 6-3 中虚线表示刀具按快速进给速度（G00 指令速度）切入和返回起始点的运动，实线表示刀具按 F 指令速度运动。G90 固定循环过程如图 6-3 所示。

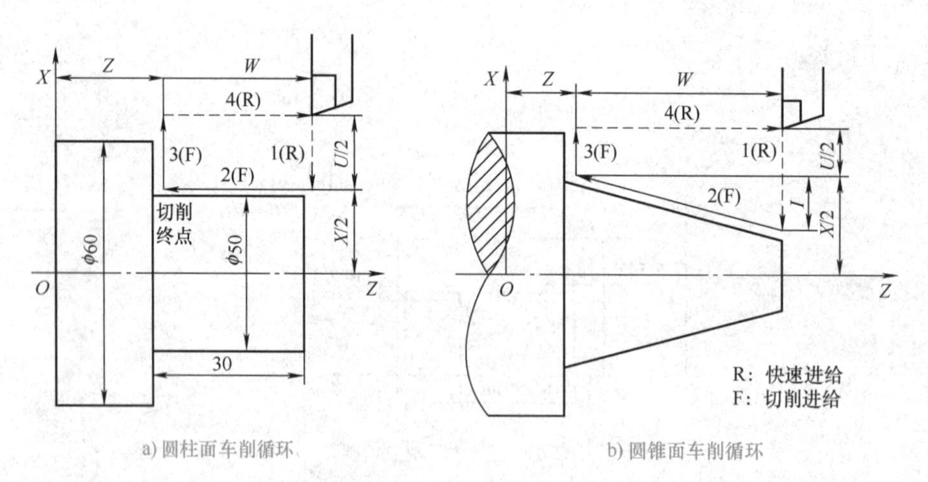

图 6-3 G90 固定循环过程

由于圆柱面车削循环路径呈一矩形，故又称矩形循环，如图 6-3a 所示；圆锥面车削循环路径呈一梯形，故又称梯形循环，如图 6-3b 所示。

例 6-2 用 G90 加工图 6-4 所示零件，分 3 次进刀加工，每次进刀的背吃刀量为

2.5mm。程序如下：

```
N10 G97 S720 M03 T01;
N20 G50 X200.0 Z200.0;          设定工件坐标系
N30 G00 X55.0 Z2.0 M08;         刀具快速移动到循环起点 A
N40 G90 X45.0 Z-25.0 F0.3;      循环①
N50 X40.0;                      循环②
N60 X35.0;                      循环③
N70 G00 X200.0 Z200.0;          结束 G90 循环，刀具快退回起始点
N80 M02;
```

上述程序中每次循环都返回循环起点 *A*，从而重复切削 $\phi 50$ 台阶端面，为了提高效率，可将循环部分程序优化为：

```
……
N40 G90 X45.0 Z-25.0 F0.3;
N45 G00 X47.0;
N50 G90 X40.0 Z-25.0;
N55 G00 X42.0;
N60 G90 X35.0 Z-25.0;
N65 G00 ……;
……
```

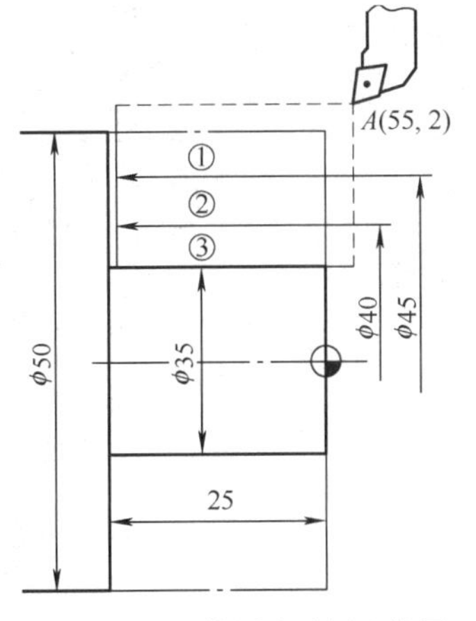

图 6-4 G90 的用法示例（外圆柱面切削）

例 6-3 用 G90 加工图 6-5 所示零件的外圆锥面，分 2 次进刀加工，每次进刀的背吃刀量为 5mm。固定循环程序段如下：

```
……
N30 G00 X65.0 Z2.0;                   刀具快速移动到循环起点 A
N40 G90 X60.0 Z-35.0 I-5.0 F0.3;      循环①
N50 X50.0;                            循环②
N60 G00 X200.0 Z200.0;                结束 G90 循环，刀具快退回起始点
```

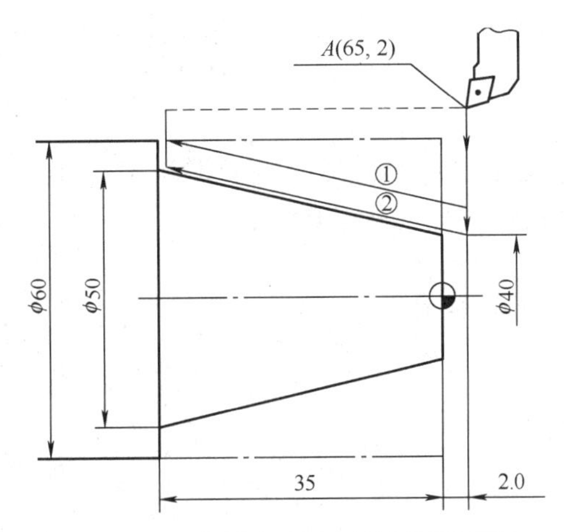

图 6-5 G90 的用法示例（外圆锥面切削）

与前例一样，上述程序中每次循环都返回循环起点，从而重复切削 $\phi 60$ 的台阶端面，为了提高效率，可仿照前例将循环部分程序优化一下，请读者自行优化。

（2）端面车削固定循环（G94）

指令功能：该循环可用于轴类零件的直端面和锥端面的加工。

直端面切削循环指令格式：G94 X（U）__ Z（W）__ F__；

锥端面切削循环指令格式：G94 X（U）__ Z（W）__ K__ F__；

指令说明：X、Z 为圆柱或圆锥面切削终点坐标，U、W 为圆柱或圆锥面切削终点相对于切削起点的坐标增量，K 为锥端面切削始点与切削终点的 Z 坐标值之差，F 表示进给速度。图中虚线表示刀具按快速进给速度（G00 指令速度）切入和返回起始点的运动，实线表示刀具按 F 指令速度运动。G94 固定循环过程如图 6-6 所示。

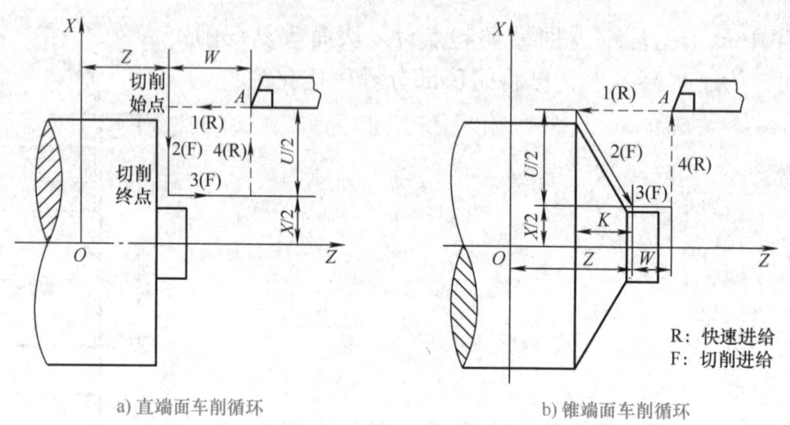

a) 直端面车削循环　　b) 锥端面车削循环

图 6-6 G94 固定循环过程

例 6-4 用 G94 加工图 6-7 所示零件，分 3 次进刀加工，每次进刀的背吃刀量为 5mm。程序如下：

```
N10 G97 S450 M03 T01;
N20 G50 X200.0 Z200.0;              设定工件坐标系
N30 G00 X85.0 Z5.0 M08;             刀具快速移动到循环起点 A
N40 G94 X30.0 Z-5.0 F0.2;           循环①
N50 Z-10.0;                         循环②
N60 Z-15.0;                         循环③
N70 G00 X200.0 Z200.0;              结束 G94 循环，刀具快退回起始点
N80 M02;
```

与例 6-2 类似，上述程序中每次循环都返回循环起点 A，从而重复切削 $\phi30$ 外径部分，为了提高效率，可将循环部分程序优化为：

```
……
N40 G94 X30.0 Z-5.0 F0.2;
N45 G00 Z-3.0;
N50 G94 X30.0 Z-10.0;
N55 G00 Z-8.0;
N60 G94 X30.0 Z-15.0;
N65 G00 ……;
……
```

例 6-5 用 G94 加工图 6-8 所示零件，分 3 次进刀加工，每次进刀的背吃刀量为 5mm。固定循环程序段如下：

```
……
N30 G00 X55.0 Z2.0;                     刀具快速移动到循环起点 A
N40 G94 X20.0 Z0.0 K-5.0 F0.2;          循环①
N50 Z-5.0;                              循环②
N60 Z-10.0;                             循环③
N70 G00 X200.0 Z200.0;                  结束 G94 循环，刀具快退回起始点
……
```

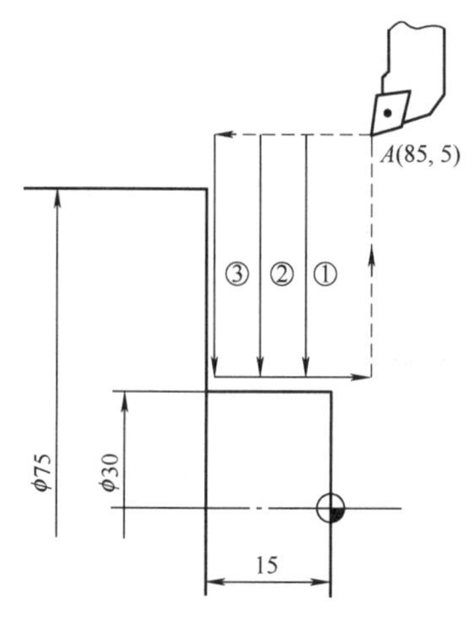

图 6-7 G94 的用法示例（直端面切削）

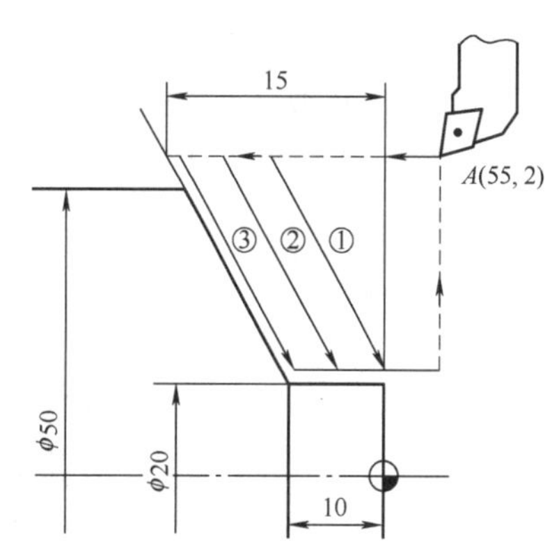

图 6-8 G94 的用法示例（锥端面切削）

与前例一样，上述程序中每次循环都返回循环起点，从而重复切削 $\phi20$ 的外径部分，为了提高效率，请读者仿照前例优化循环部分程序。

（3）螺纹切削循环（G92）

指令功能：前述螺纹切削指令（G32）只能实现一次螺纹切削走刀控制，因此在设计程序时，应将车刀的切入、切出和返回均编入程序中。而利用 G92 可以将螺纹切削过程中，从始点出发“切入—车螺纹—让刀—返回”4 个动作用一个循环指令来实现。该循环可加工圆柱螺纹和锥螺纹。

指令格式：G92 X（U）__ Z（W）__ I__ F__;

指令说明：*X*、*Z* 为螺纹切削终点坐标，*U*、*W* 为螺纹切削终点相对于切削起点的坐标增量，*I* 为螺纹切削始点与切削终点的半径差，F 为螺纹导程。G92 固定循环过程如图 6-9 所示。*I* 的值为 0 时，为圆柱螺纹（图 6-9b），否则为圆锥螺纹（图 6-9a），*I* 的正负号参见 G90 的用法。

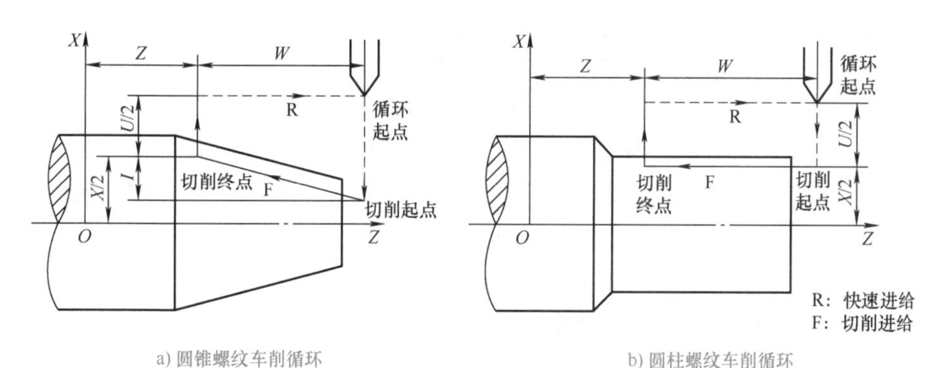

a) 圆锥螺纹车削循环
b) 圆柱螺纹车削循环

图 6-9 G92 固定循环过程

例 6-6 用 G92 加工图 6-10 所示圆柱螺纹，设进刀引入距离 $\delta_1 = 2\text{mm}$，退刀切出距离 $\delta_2 = 1\text{mm}$，分 4 次切削。螺纹部分加工程序如下：

```
……
N50 G00 X35.0 Z104.0;          刀具快速移动到螺纹循环起点 P1
N60 G92 X29.2 Z55.0 F2;        第 1 次螺纹车削循环
N70 X28.4;                     第 2 次螺纹车削循环
N80 X27.8;                     第 3 次螺纹车削循环
N90 X27.6;                     第 4 次螺纹车削循环
N100 G00 X270.0 Z260.0;        结束 G92 循环，刀具快退回起始点
……
```

关于螺纹加工的切入次数、每次切入深度、螺纹大径以及螺纹小径等参数，请参考有关手册计算。

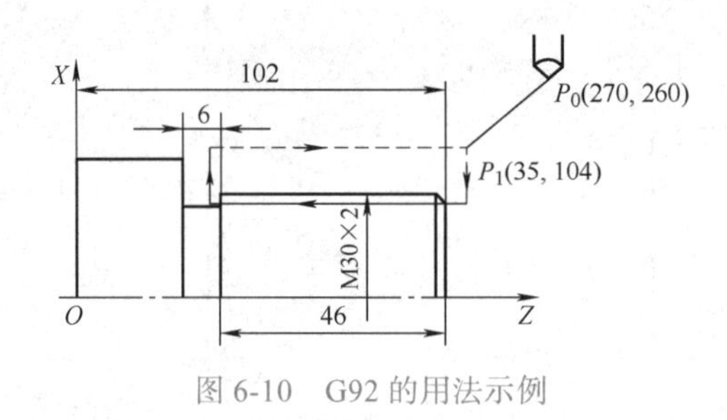

图 6-10　G92 的用法示例

2. 复合固定循环

使用 G90、G92、G94 等单一固定循环指令，可使程序得到一些简化，但如果使用复合固定循环指令，则能使程序进一步得到简化。使用复合固定循环指令编程时，只需给出精加工的路径、粗加工的背吃刀量等参数，系统就能自动计算出粗加工路径、走刀次数等，完成从粗加工到精加工的全部过程。

（1）外圆粗车循环（G71）

指令功能：该循环按指定程序段给出的精加工形状路径、精加工余量及背吃刀量，进行平行于 Z 轴的多次切削，将工件切削到精加工之前的尺寸。

指令格式：G71 U（Δd） R（e）;

G71 P（ns） Q（nf） U（Δu） W（Δw） F__ S__ T__;

指令说明：G71 复合固定循环过程如图 6-11 所示。A 为循环的起点，$A' \rightarrow B$ 为 ns 到 nf 之间的程序段描述的精加工路径，Δd 为每次进刀的背吃刀量（半径值），e 为退刀量，$\Delta u/2$ 为 X 轴方向的精加工余量（Δu 为直径值），Δw 为 Z 轴方向的精加工余量，F、S、T 指定循环进给速度、主轴转速和刀具。图中虚线表示刀具按快速进给速度（G00 指令速度）运动，实线表示刀具按 F 指令速度运动。粗车循环过程中，只有 G71 中的 F、S、T 功能有效，包含在 $ns \sim nf$ 程序段中的 F、S、T 功能被忽略。

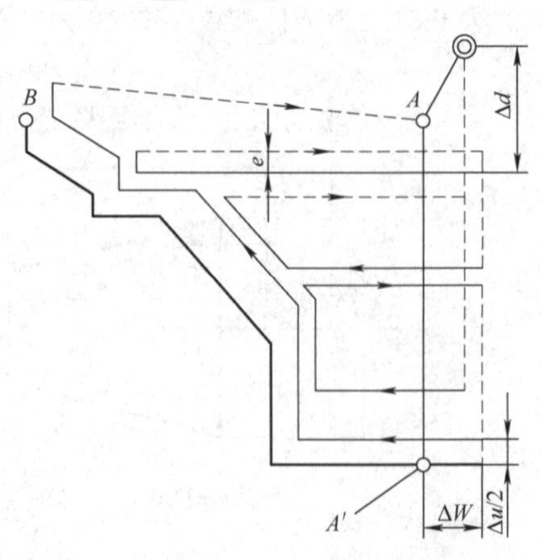

图 6-11　G71 复合固定循环过程

例 6-7 粗车图 6-12 所示零件，设粗车背吃刀量

为 2mm，退刀量为 0.5mm，X、Z 向精车余量均为 2mm，则加工程序段为：

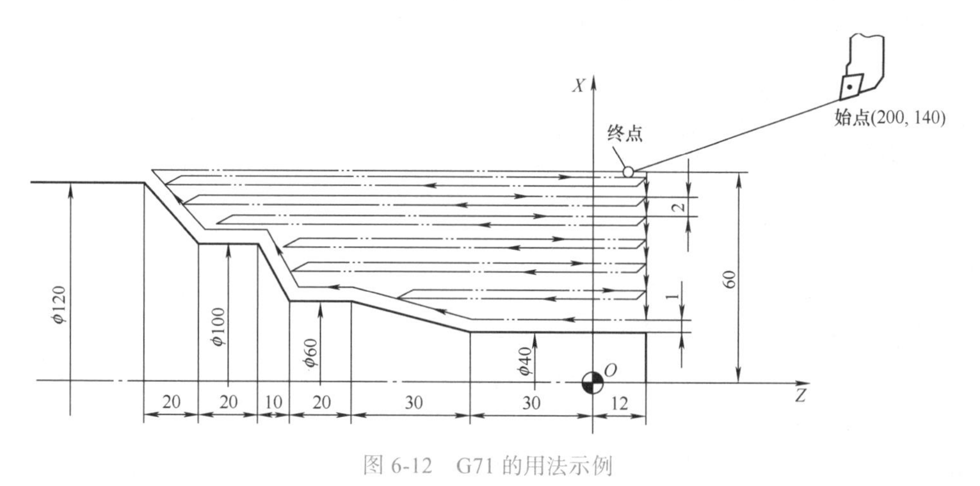

图 6-12　G71 的用法示例

```
……
N20 G00 X120.0 Z10.0 S750 M03 M08;    刀具快速移动到 G71 循环起点
N30 G71 U2.0 R0.5;
N40 G71 P50 Q110 U2.0 W2.0 F0.3 S150;
N50 G00 X40.0;                        精加工形状程序段开始
N60 G01 Z-30.0;
N70 X60.0 Z-60.0;
N80 Z-80.0;
N90 X100.0 Z-90.0;
N100 Z-110.0;
N110 X120.0 Z-130.0;                  精加工形状程序段结束
N120 G00 X125.0;
……
```

（2）端面粗车循环（G72）　该循环的功能和指令格式与 G71 基本相同，不同之处是刀具平行于 X 轴方向进行多次切削。G72 复合固定循环过程如图 6-13 所示。

例 6-8　粗车图 6-14 所示零件，设粗车背吃刀量为 3mm，退刀量为 0.5mm，X 向精车余量为 0.5mm，Z 向精车余量为 0.2mm，则加工程序段为：

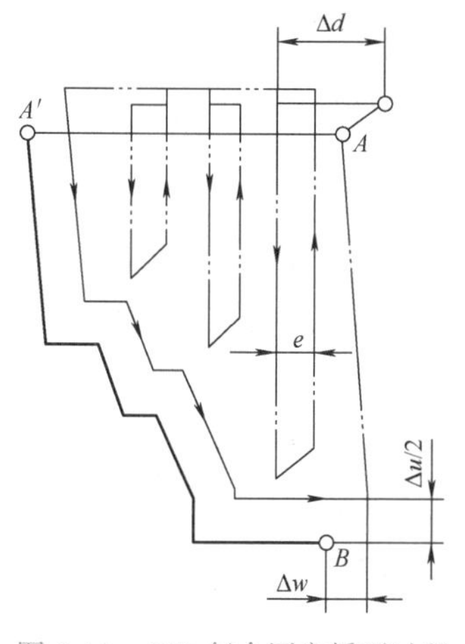

图 6-13　G72 复合固定循环过程

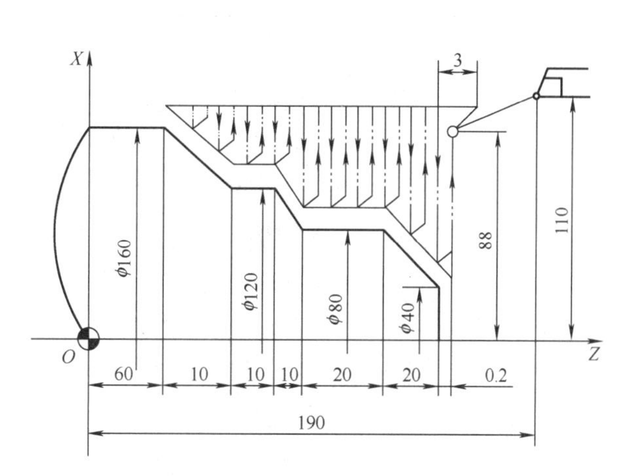

图 6-14　G72 的用法示例

```
……
N20 G00 X176.0 Z130.0 S550 M03 M08;          刀具快速移动到 G72 循环起点
N30 G72 U3.0 R0.5;
N40 G72 P50 Q110 U1.0 W0.2 F0.3 S500;
N50 G00 X160.0 Z60.0;                        精加工形状程序段开始
N60 G01 X120.0 Z70.0;
N80 Z80.0;
N90 X80.0 Z90.0;
N100 Z110.0;
N110 X36.0 Z132.0;                           精加工形状程序段结束
N120 G00 X200.0 Z200.0;
……
```

（3）闭环粗车循环（G73）

指令功能：该循环是按照一定的切削形状逐渐接近零件最终轮廓形状的一种循环切削方式。这种方式适用于毛坯轮廓形状与零件轮廓形状基本接近时毛坯的粗加工，如铸、锻件毛坯的粗车。由于这种循环的刀具路径为一封闭回路，随着刀具不断进给，封闭的切削回路逐渐接近零件的最终外形轮廓，故称之为闭环粗车循环。

指令格式：G73 U（Δi） W（Δk） R（Δd）;

G73 P（ns） Q（nf） U（Δu） W（Δw） F__ S__ T__;

指令说明：Δi 为 X 轴方向的退刀量（半径值），Δk 为 Z 轴方向的退刀量，Δd 为循环次数，其他参数与 G71 相同。G73 复合固定循环过程如图 6-15 所示。

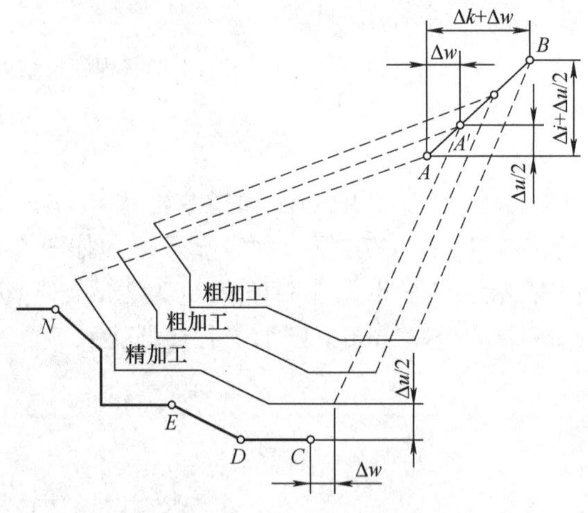

图 6-15 G73 复合固定循环过程

例 6-9 用 G73 循环指令粗车图 6-16 所示零件，设 X、Z 轴方向的退刀量均为 9.5mm，X 向精车余量为 1mm，Z 向精车余量为 0.5mm，粗车循环次数为 3 次，则加工程序段为：

```
……
N20 G00 X140.0 Z40.0 S550 M03 M08;    刀具快速移动到 G73 循环起点
N30 G73 U9.5 W9.5 R3;
N40 G73 P50 Q110 U1.0 W0.5 F0.3 S500;
N50 G00 X20.0 Z0.0;                   精加工形状程序段开始
N60 G01 Z-20.0 F0.15 S180;
```

```
N70 X40.0 Z-30.0;
N80 Z-50.0;
N90 G02 X80.0 Z-70.0 R20;
N100 G01 X100.0 Z-80.0;
N110 X105.0;                               精加工形状程序段结束
N120 G00 X200.0 Z200.0;
……
```

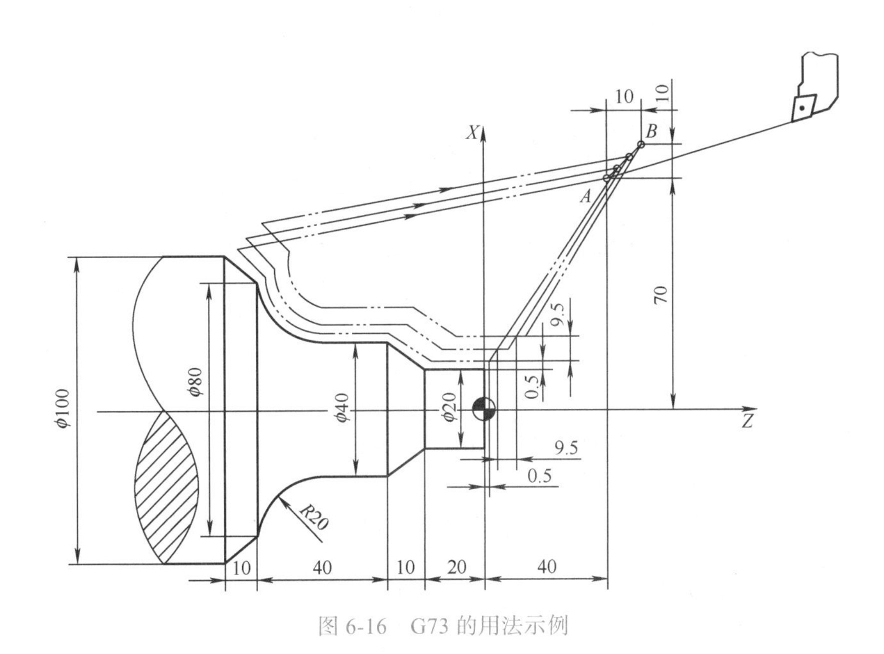

图 6-16　G73 的用法示例

（4）精车循环（G70）

指令功能：使用 G71、G72、G73 粗车工件后，可用 G70 进行精车循环，切除粗车循环留下的余量。

指令格式：G70 P（*ns*） Q（*nf*）;

指令说明：*ns*、*nf* 与 G71 相同。精车的 F、S、T 在 *ns* ～ *nf* 程序段中指定，在粗车循环中的 F、S、T 无效；若 *ns* ～ *nf* 程序段中没有指定 F、S、T，则原粗车循环中指定的 F、S、T 仍有效。如在例 6-9 中，在 N110 程序段之后再加上：

```
N115 G70 P50 Q110;
```

就可以完成从粗车到精车的全过程，且粗车的 F = 0.3mm/r，S = 500r/min，而精车的 F = 0.15mm/r，S = 180r/min。

（5）复合螺纹切削循环（G76）

指令功能：可根据有关参数控制机床多次走刀自动完成螺纹加工，较前述 G32、G92 指令简捷，可极大地简化程序设计。

指令格式：G76 P（m）（r）（α） Q（Δd_{min}） R（d）;

G76 X__　Z__　R（i） P（k） Q（Δd）F__;

指令说明：m 为精车重复次数（1 ～ 99）；r 为螺纹倒角量，大小设置在 0.0F ～ 9.9F（F 为导程），指令中取 00 ～ 99 两位整数，其中如果已加工有退刀槽，r 即可取为 0；α 为刀尖角度，可取 0°、29°、30°、55°、60°、80°，指令中用两位整数表示；Δd_{min} 为最小车削深度（半径值）；d 为精车余量（半径值）；X、Z 为螺纹终点坐标；i 为螺纹终点与起点的半径差，$i=0$ 时为圆柱螺纹；k 为螺纹牙高度（半径值），该值按螺纹标准进行计算；Δd 为第 1 次切削深度（半径值）；F 为螺纹导程。G76 复合固定循环过程如图 6-17 所示。

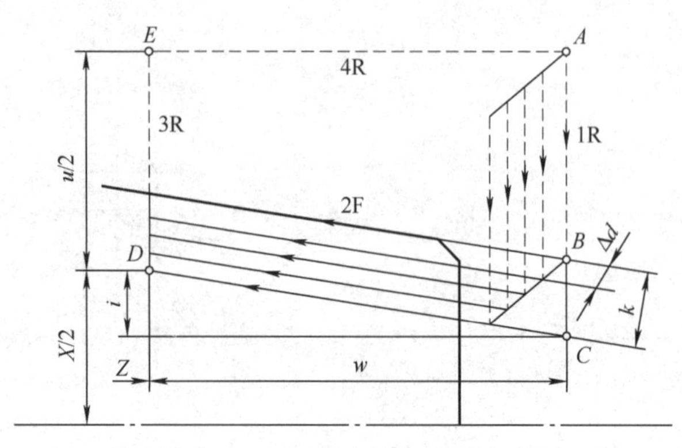

图 6-17 G76 复合固定循环过程

例 6-10 用 G76 循环指令加工图 6-18 所示零件的圆柱螺纹，螺纹导程为 6mm，倒角量为 1.2F，刀尖角度为 60°，最小车削深度 0.1mm，第 1 次车削深度为 1.8mm，精车余量为 0.1mm，螺纹牙高度为 3.68mm，精车次数 2 次，则螺纹车削程序段为：

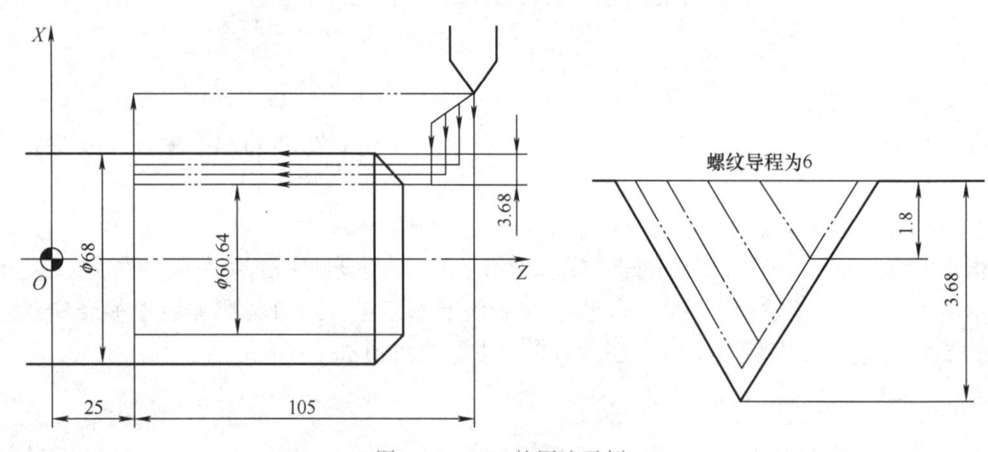

图 6-18 G76 的用法示例

```
……
G76 P02 12 60 Q0.1 R0.1;
G76 X60.64 Z25.0 P3.68 Q1.8 F6.0;
……
```

6.1.4 数控车床编程举例

在 FANUC 0i 系统数控车床上加工图 6-19 所示工件，其中 $\phi85$ 外圆已加工，工件材料为 45 钢。

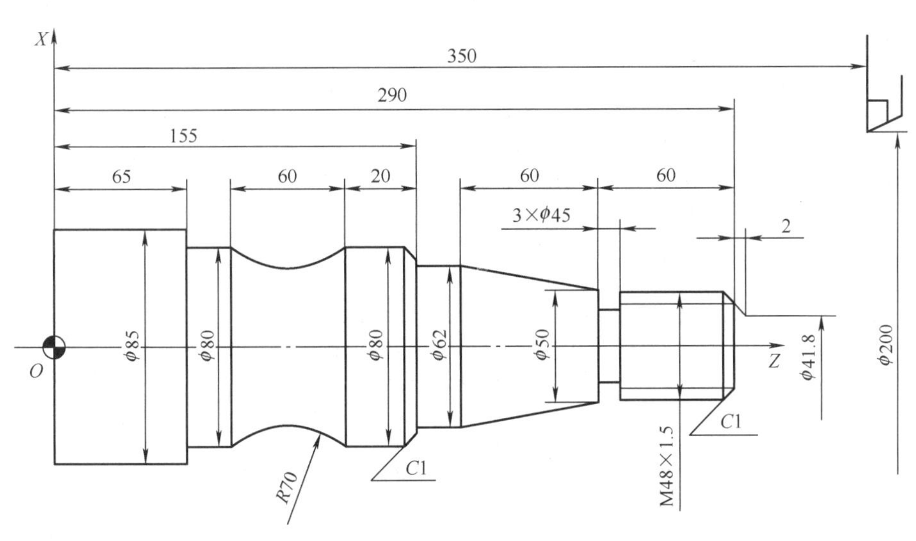

图 6-19　轴类零件车削编程实例

1. 工艺分析

工件表面由 ϕ62、ϕ80 外圆柱面、外圆锥面、R70 圆弧面、3 × ϕ45 螺纹退刀槽以及 M48 × 1.5 螺纹表面组成。根据轴类零件车削加工的一般情况，工件以 ϕ85 外圆及右端中心孔为定位基准，用自定心卡盘夹紧 ϕ85 外圆面，机床尾顶尖顶紧右中心孔。

2. 工艺设计

（1）确定走刀路线　根据表面粗糙度要求，加工阶段应分为粗、精加工，再结合螺纹的加工要求，工艺路线设计如下：

1）粗加工走刀路线为：车螺纹大径外圆→车 ϕ62 外圆→车 ϕ80 外圆→车 R70 圆弧→车 ϕ80 外圆。

2）精加工走刀路线为：倒角→车螺纹外圆→车锥面→车 ϕ62 外圆→倒角→车 ϕ80 外圆→车 R70 圆弧→车 ϕ80 外圆。

3）车 3 × ϕ45 退刀槽→车螺纹。

（2）选择加工刀具　根据加工要求，选用 90° 外圆粗车刀（T01）、93° 外圆精车刀（T02）、3mm 外圆方头切槽刀（T03）和 60° 外螺纹车刀（T04）共 4 把刀具。其中，T01 粗车外圆，T02 精车外圆，T03 切 3 × ϕ45 退刀槽，T04 车螺纹。

（3）确定切削用量　根据图样加工要求，确定切削用量见表 6-1。其中 M48 × 1.5 螺纹的进给速度为螺纹导程，即为 1.5mm/r。

表 6-1　切削用量

切削表面	切削用量	
	主轴转速 /r · min^{-1}	进给速度 /mm · r^{-1}
粗车外圆	500	0.2
精车外圆	800	0.1
退刀槽	400	0.1
螺纹	300	1.5

（4）填写数控加工工序卡　完成工艺设计后，再根据工艺设计结果，填写数控加工工序卡，见表 6-2。

表 6-2　轴类零件车削加工工序卡

<table>
<tr><td colspan="3" rowspan="2">× × 公司</td><td colspan="2" rowspan="2">数控加工工序卡</td><td>产品名称</td><td colspan="3">零件名称</td><td colspan="2">零件图号</td></tr>
<tr><td></td><td colspan="3">× × ×</td><td colspan="2">× × ×</td></tr>
<tr><td>工艺序号</td><td colspan="2">程序编号</td><td colspan="2">夹具名称</td><td>夹具编号</td><td colspan="3">使用设备</td><td colspan="2">车间</td></tr>
<tr><td>× × ×</td><td colspan="2">× × ×</td><td colspan="2">自定心卡盘</td><td>× × ×</td><td colspan="3">FANUC 0i 标准后置数控车床</td><td colspan="2">× × ×</td></tr>
<tr><td>工步号</td><td colspan="4">工步内容</td><td>刀具号</td><td>刀具规格</td><td>主轴转速 /r · min^{-1}</td><td>进给速度 /mm · r^{-1}</td><td>背吃刀量 /mm</td><td>备注</td></tr>
<tr><td>1</td><td colspan="4">粗车外圆各表面</td><td>T01</td><td>90° 外圆粗车刀</td><td>500</td><td>0.2</td><td>2</td><td></td></tr>
<tr><td>2</td><td colspan="4">精车外圆各表面</td><td>T02</td><td>93° 外圆精车刀</td><td>800</td><td>0.1</td><td>0.25</td><td></td></tr>
<tr><td>3</td><td colspan="4">切螺纹退刀槽</td><td>T03</td><td>3mm 外圆方头切槽刀</td><td>400</td><td>0.1</td><td></td><td></td></tr>
<tr><td>4</td><td colspan="4">车螺纹</td><td>T04</td><td>60° 外螺纹车刀</td><td>300</td><td>1.5</td><td></td><td></td></tr>
<tr><td>编制</td><td>× × ×</td><td colspan="2">审核</td><td>× × ×</td><td>批准</td><td>× × ×</td><td colspan="2">共　页</td><td colspan="2">第　页</td></tr>
</table>

3. 数学处理

该零件的形状简单，数学计算也相应地较为简单，由图样尺寸即可直接得到各基点坐标，不用特别计算即可直接进行编程。在螺纹加工中，螺纹大径外圆面实际车削尺寸按式（6-4）计算为 $d=D-0.13F=48\text{mm}-0.13\times1.5\text{mm}\approx47.8\text{mm}$，螺纹小径尺寸按式（6-5）计算为 $d'=D-1.0825F=48\text{mm}-1.0825\times1.5\text{mm}\approx46.38\text{mm}$。同时，根据式（6-2）计算进刀引入距离 $\delta_1=nF\times3.6/1800\text{mm}=0.9\text{mm}$，根据式（6-3）计算退刀切出距离 $\delta_2=nF/1800\text{mm}=0.25\text{mm}$。工件坐标系如图 6-19 所示。

4. 数控加工程序

```
O0001;
N10 G50 X200.0 Z350.0 T0101 G40;      设定工件坐标系，换 1 号刀，取消刀补
N20 S500 M03 G99;                     起动主轴，设定为每转进给模式
N30 G00 X41.8 Z292.0;                 快进至加工起点
N40 G71 U2.0 R1.0;                    外圆粗车循环
N50 G71 P60 Q160 U0.25 W1.0 F0.5;
```

```
N60 G01 X47.8 Z289.0 S800 F0.1;      开始描述精加工路径
N70 Z230.0;                          车螺纹大径外圆φ47.8
N80 X50.0;                           退刀至锥面小端
N90 X62.0 Z170.0;                    车锥面
N100 Z155.0;                         车φ62 外圆
N110 X78.0;                          退刀车φ80 端面
N120 X80.0 Z154.0;                   φ80 右端的 C1 倒角
N130 W-19.0;                         车φ80 外圆
N140 G02 W-60.0 R70.0;               车 R70 圆弧面
N150 G01 Z65.0;                      车左段φ80 外圆
N160 X90.0;                          退刀
N170 G00 X65.0;                      退刀
N180 Z300.0;                         刀具返回
N190 T0202 S800;                     换 2 号刀，开始进行精加工
N200 G42 G00 X65.0 Z3.0;             建立刀尖圆弧半径补偿
N210 G70 P60 Q160;                   精车循环
N220 G00 X65.0;                      退刀
N230 G40 Z300.0;                     刀具返回，取消刀补
N240 T0303 S400 M03;                 换 3 号刀，起动主轴
N250 G00 X51.0 Z230.0;               快进至车槽起点
N260 G01 X45.0 F0.1;                 车 3×φ45 退刀槽
N270 G04 P5.0;                       暂停进给 5s
N280 G00 X51.0;                      退刀
N290 G28 M05;                        返回起刀点，关主轴
N300 T0404 S300 M03;                 换 4 号刀，起动主轴
N310 G00 X55.0 Z296.0;               快进至车螺纹起点
N320 G92 X47.54 Z231.5 F1.5;         第 1 次螺纹切削循环
N330 X46.94;                         第 2 次螺纹切削循环
N340 X46.54;                         第 3 次螺纹切削循环
N350 X46.38;                         第 4 次螺纹切削循环
N360 G28 M09;                        返回起刀点，关切削液
N370 M05;
N380 M02;
```

6.2　数控铣床及加工中心编程

铣削是机械加工最常用的方法之一，包括平面铣削和轮廓铣削。使用数控铣床的目的是解决复杂的和难以加工工件的加工问题，同时可以把一些用普通机床可以加工（但效率不高）的工件，采用数控铣床加工，以提高加工效率。数控铣床可以用于包含各种平面、沟槽、孔系及曲线轮廓等复杂表面的零件加工，如凸轮、样板、模具、叶片和箱体等。一般数控铣床都必须对三轴或三个以上的轴（坐标）进行控制，同时控制轴数不低于两轴（即两轴联动）。两轴联动数控铣床用于加工平面零件轮廓，三轴及三轴以上联动的数控铣床可以完成空间曲面加工，但编程极为复杂，一般要采用计算机编程（即自动编程）。

加工中心是集铣、钻、镗等加工为一体，并装有刀库和自动换刀装置的数控机床。它的加工能力非常强，适合箱体、模具型腔等非回转体零件的加工，所配置数控系统的功能

较一般数控机床所用系统要丰富得多，所以加工中心的程序编制比功能单一的数控机床要复杂得多。由于加工中心是在数控铣床、数控镗床的基础上发展起来的，二者都具有轮廓铣削、孔系加工的功能，在编程方法上除换刀程序外基本相同，故可将二者放在一起进行讨论。

6.2.1 数控铣床及加工中心编程基础

1. 对刀具的要求

数控铣床和加工中心主要完成铣削、钻孔、扩孔、铰孔、镗孔和攻螺纹等加工任务，为充分发挥数控机床的生产率，获得满意的加工质量，应根据被加工零件材料、热处理状态、切削性能及加工余量，选择刚性好、使用寿命长的刀具。为满足高速切削和强力切削的加工要求，刀具或刀片材料一般应尽可能选用硬质合金涂层，精密镗孔等还可选用性能好、耐磨的立方氮化硼和金刚石刀具。为保证加工精度要求，刀具必须具备较高的形状精度。例如，加工中心上不能使用钻模板等辅助装置，钻孔精度除受机床结构因素影响外，主要取决于钻头本身，这就要求钻头的两切削刃必须有较高的对称度（一般为依靠钻模板加工时钻头对称度的一半）。同时，对刀具装夹装置也应提出一些必要要求，如必须保证刀具同心地夹持在刀具装夹装置内。

数控铣床除可以使用各种通用铣刀、成形铣刀外，还可使用适于加工空间曲面的球头铣刀和适于加工变斜角面的鼓形铣刀（详见本书第 5 章）。

加工中心使用的刀具由刃具和配套的装夹装置两部分组成。刃具部分和通用刃具一样，如钻头、铰刀、铣刀、丝锥等。装夹装置是机床主轴和刀具之间的连接工具，习惯上称为刀柄。为实现自动换刀功能，刀柄要满足机床主轴的自动松开和拉紧定位需要，并能准确地安装各种切削刃具，适应机械手的夹持、搬运以及刀库中的存储和识别等。由于加工中心要适应多种形式零件的不同部位、表面的加工，使用的刃具结构、形式、尺寸多种多样，因此，刃具和刀柄的系列化、标准化显得十分重要。把通用性较强的刃具和配套的刀柄标准化、系列化就构成了所谓的数控工具系统。我国目前建立的数控工具系统是镗铣类工具系统，一般分为整体式和模块式两大类。

整体式工具系统把工具柄部和装夹刃具的工作部分做成一个整体，不同的工作部分都具有相同结构的工具柄部，如图 6-20 所示。

模块式工具系统是将整体式刀杆分解成柄部（主柄模块）、连接杆（中间连接模块）、工作头（工作模块）三个主要部分，然后通过各种不同规格的中间连接模块，在保证刀杆连接精度、刚性的前提下，将这三部分连接成一整体，如图 6-21 所示。这种工具系统克服了整体式工具系统功能单一、加工尺寸不易变动的不足，显示出其经济、灵活、快速、可靠的特点，目前已成为数控加工刀具发展的方向。

2. 对夹具的要求

在数控铣床和加工中心上加工的零件一般都比较复杂，零件在一次装夹中，往往既要粗加工又要精加工，这就要求夹具既能承受较大的切削力，又能满足零件定位精度的要求。在数控铣床和加工中心上，夹具的任务不仅要装夹工件，而且要以定位基准为参考，确定加工坐标系原点。此外，加工中心的自动换刀功能又决定了在加工中不能使用钻套、镗套及对刀块等元件。因此，在选用夹具结构形式时要综合考虑各种因素，尽量做到经济、合理，一般应满足以下基本要求：

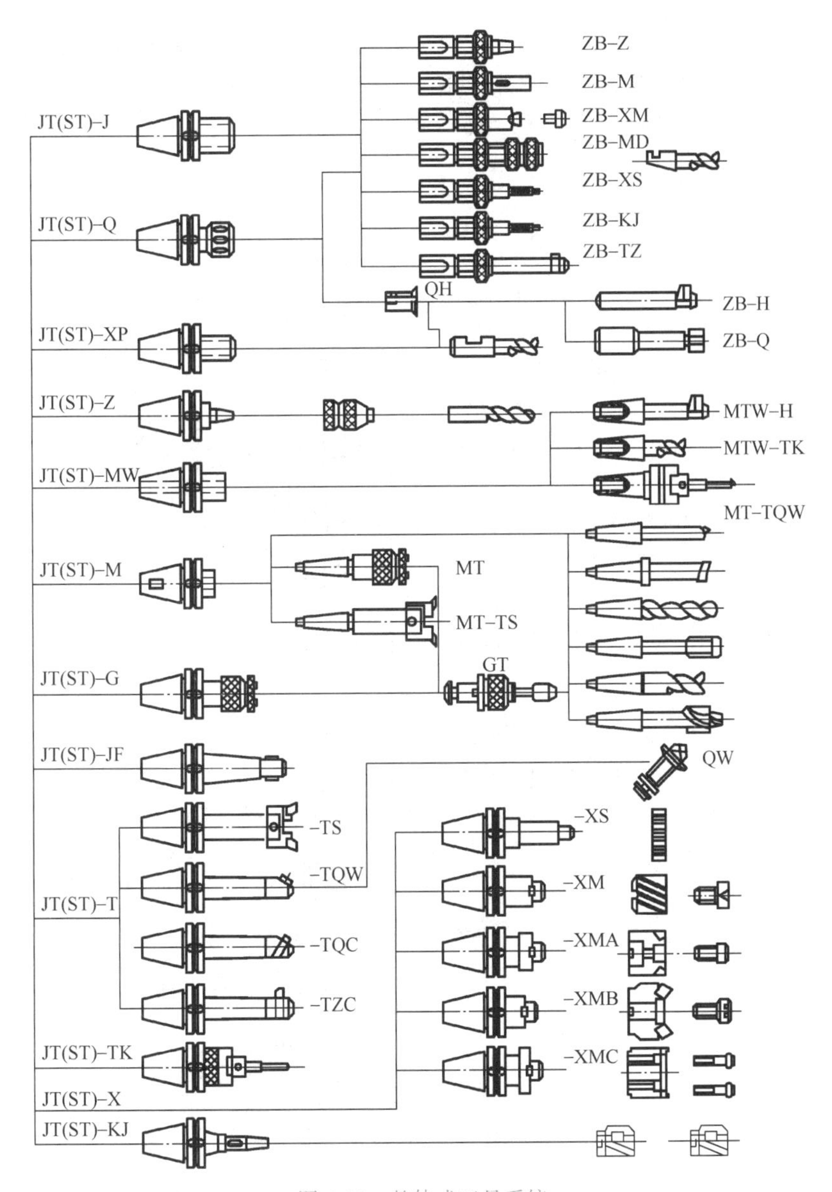

图 6-20　整体式工具系统

1）为保持工件在本工序中所有需要完成的待加工面充分暴露在外，夹具要做得尽可能开敞，因此夹紧机构元件与加工面之间应保持一定的安全距离，同时要求夹紧机构元件尽可能低，以防止夹具与铣床主轴套筒或刀套、刃具在加工过程中发生碰撞。

2）为保持零件安装方位与机床坐标系、编程坐标系方向的一致性，夹具应能保证在机床上实现定向安装，还要求能协调零件定位面与机床之间保持一定的坐标联系。

3）夹具的刚性与稳定性要好，尽量不采用在加工过程中更换夹紧点的设计，当非要在加工过程中更换夹紧点时，要特别注意不能因更换夹紧点而破坏夹具或工件的定位精度。

在数控铣床和加工中心上常用的夹具有组合夹具、专用夹具和通用夹具。通用夹具包括自定心卡盘、万能分度头、机用虎钳等，多用于生产量小的情况。组合夹具是由一套结构已标准化、尺寸已规格化的通用元件和组合元件所组成，可以根据不同零件的加工需要组成各种夹具，多用于成批生产零件的装夹。专用夹具是为一个具体零件的某个工序专门设计的夹具，使用专用夹具可以保证一批零件加工尺寸比较稳定，互换性较好，但设计、制造周期长，成本高，一般用于批量较大、精度要求高的零件的装夹。

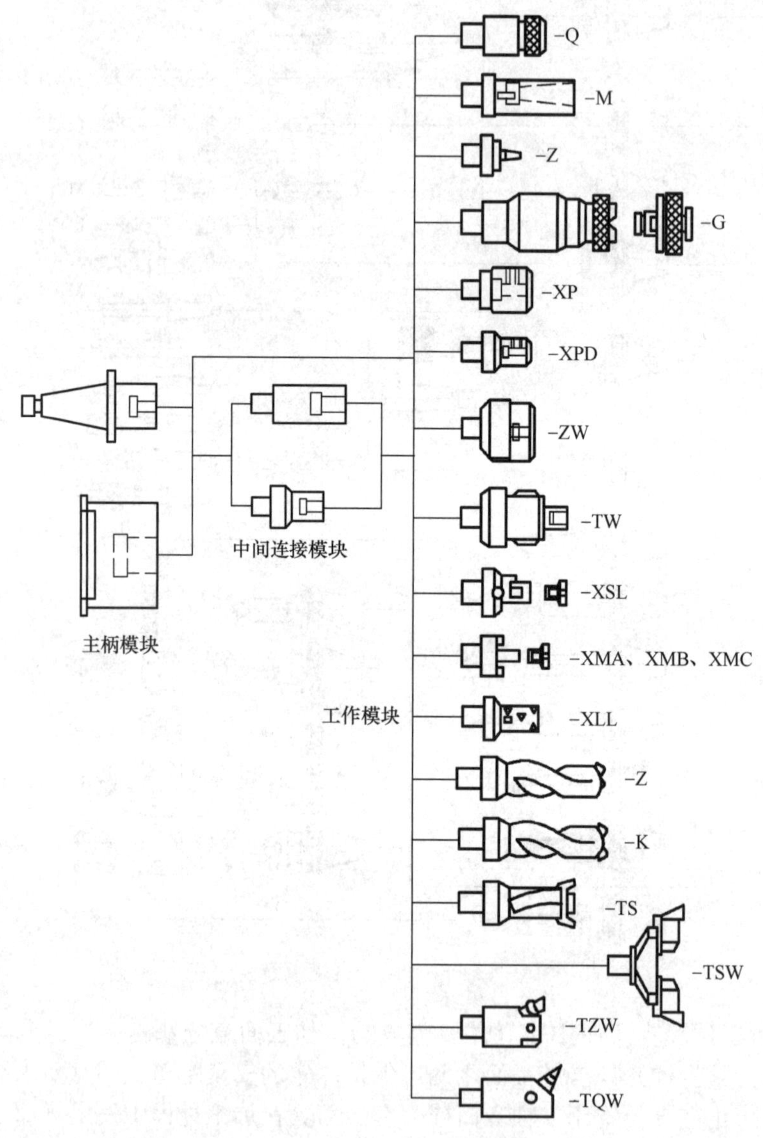

图 6-21 模块式工具系统

3. 坐标系统

数控铣床和加工中心按主轴在空间的位置可分为立式和卧式两种。立式机床主轴（*Z* 轴）轴线是竖直的，适于加工盘、套、板类零件，如图 6-22 所示。卧式机床主轴（*Z* 轴）轴线是水平的，主要用于箱体类零件的加工，如图 6-23 所示。它们一般都具有三个直线运动坐标轴，能实现两轴半联动，如果加上数控回转工作台或摆动主轴头，就能通过数控系统功能实现三轴联动、四轴联动、五轴联动等。

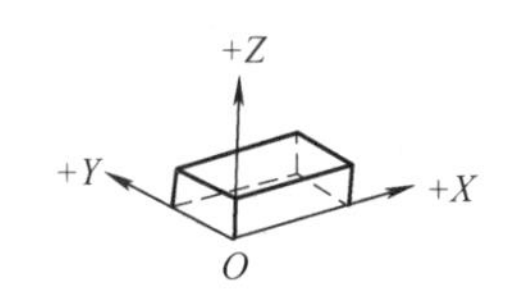

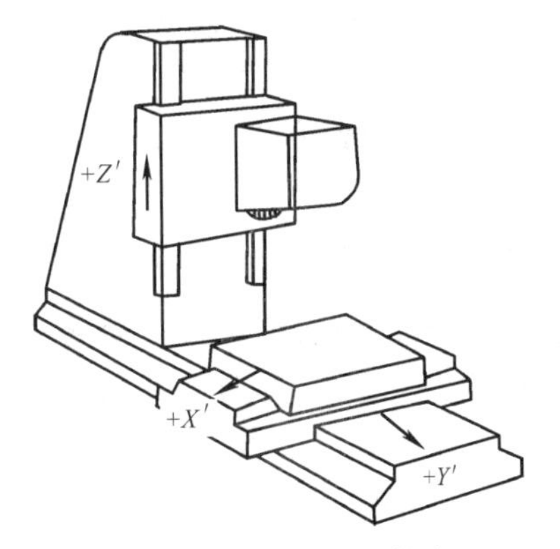

图 6-22 立式数控镗铣床

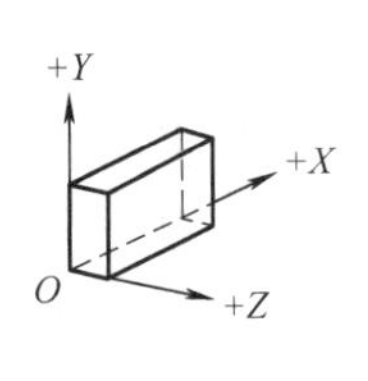

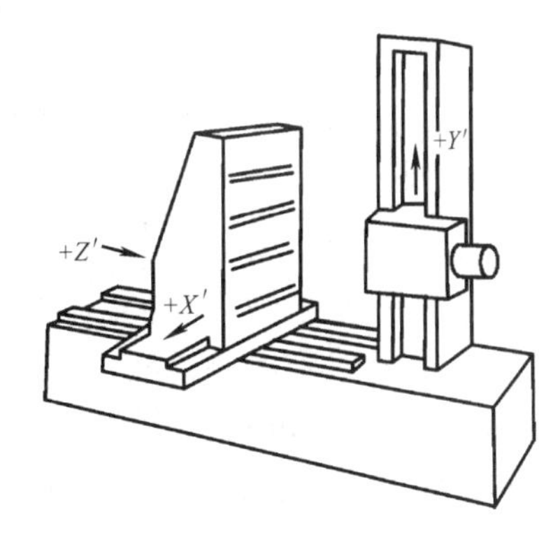

图 6-23 卧式数控镗铣床

根据 GB/T 19660—2005《工业自动化系统与集成 机床数值控制坐标系和运动命名》，对立式数控铣床和加工中心，当操作者面对机床主轴时，观察各坐标轴的运动关系为：

1）工作台左右运动的方向为 X 轴，工作台向左移动时为 X 轴正向。

2）床鞍带动工作台前后运动的方向为 Y 轴，床鞍向操作者方向移动时为 Y 轴正向。

3）主轴箱上下运动的方向为 Z 轴，主轴箱向上移动时为 Z 轴正向。

对卧式数控铣床和加工中心，当操作者面对机床主轴时，观察各坐标轴的运动关系为：

1）工作台左右运动的方向为 X 轴，工作台向右移动时为 X 轴正向。

2）主轴箱上下运动的方向为 Y 轴，主轴箱向上移动时为 Y 轴正向。

3）床鞍带动工作台前后运动的方向为 Z 轴，床鞍向操作者方向移动时为 Z 轴正向。

数控铣床和加工中心的机床原点一般定义为运动部件在坐标轴正向的极限位置，对立式机床，该点为工作台在最左端、床鞍在最前端、主轴箱在最上端时，主轴中心与主轴前端面的交点，如图 6-24 中 O_1 点；对卧式机床，该点为工作台在最右端、床鞍在最前端、主轴箱在最上端时，主轴中心与主轴前端面的交点。

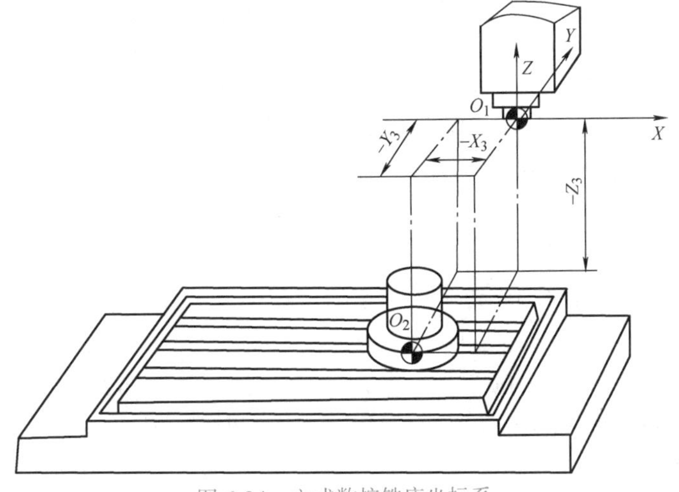

图 6-24 立式数控铣床坐标系

与数控车床类似，数控铣床和加工中心的工件坐标系原点从理论上讲可选在工件上任何一点，但为了便于编程和简化数值计算，一般应尽量选在零件的设计基准或工艺基准上，如图 6-24 中的 O_2 点。工件在机床上装夹完毕后，工件坐标系原点与机床原点在 X、Y、Z 方向存在一定的偏置量，如图 6-24 中的 $-X_3$、$-Y_3$、$-Z_3$，编程时可用 G92（FANUC 系统数控车床中用 G50）或 G54 ～ G59 指令进行设定（指令用法详见第 4 章），操作者在装夹工件后，通过对刀操作检查、调整刀具刀位点与工件坐标系之间的关系（G92）或测量并预先输入偏置量数据（G54 ～ G59），在机床上建立工件坐标系，并据此控制刀具按程序坐标值运动。

4. 编程特点

1）数控铣床和加工中心的数控系统具有多种插补功能，一般都具有直线插补和圆弧插补功能，有的还具有抛物线插补、螺旋线插补等多种插补功能。编程时要充分合理地选择这些插补功能，以提高加工精度和效率。

2）对于常见的镗铣切削加工动作，数控系统具有多种固定循环指令，有利于编程得到简化。

3）子程序也是简化编程的一种重要方式，它可将多次重复加工的内容，编成一个子程序，在重复动作时，调用这个子程序即可。事实上，固定循环指令就是相对于数控系统生产厂家，针对数控机床常见加工动作已编好的子程序库。对于某些结构相似、尺寸参数不同零件的加工编程，还可以采用变量技术，即在程序中用变量代替实际的坐标尺寸，在调用时再给变量赋值。

4）对于轴对称零件、尺寸大小成比例的系列零件，可利用系统的镜像、比例缩放、坐标旋转等功能，以提高编程效率和简化程序。例如，零件的被加工表面如果对称于 X 轴、Y 轴，只需编制其中的 1/2 或 1/4 加工轨迹程序，其他部分用镜像功能加工。另外，为了适应某些零件上圆周分布孔的加工和圆周镗、铣加工的需要，有的系统具有极坐标编程功能。

5）数控铣床不具备刀库和自动换刀装置，加工中如果需要换刀，需由人工手动换刀，而加工中心通常采用自动换刀，自动换刀要留出足够的换刀空间，以避免换刀时发生撞刀事故。换刀前要取消刀补，要使主轴定向定位。

6）不同的加工中心，其换刀程序有所不同，通常选刀和换刀可分开进行。换刀完毕起动主轴后，方可进行下面程序段的加工内容。选刀可与机床加工重合起来，即利用切削时间进行选刀。多数加工中心都规定了换刀点位置，即定距换刀，主轴只有走到这个位置，机械手才能执行换刀动作。一般立式加工中心规定换刀点的位置在机床 Z_0（即机床 Z 轴零点）处，卧式加工中心规定在 Y_0（即机床 Y 轴零点）处。换刀程序可采用两种方法设计。

方法一：
```
N10 G28 Z10 T0202      返回参考点，选 T02 号刀
N11 M06                主轴换上 T02 号刀
……
```

方法二：
```
N10 G01 Z-10 T0202     切削过程中选 T02 号刀
……
N017 G28 Z10 M06       返回参考点，换上 T02 号刀
N018 G01 Z-20 T03      切削加工同时选 T03 号刀
……
```

方法一是主轴返回参考点和刀库选刀同时进行，选好刀具后就换刀。这种方法的缺点：选刀时间大于回零时间时，需要占用机动时间。

方法二是在机床加工进行中、Z 轴回零换刀前就选好刀，即利用切削时间选好刀具。但使用时需注意换刀必须在主轴停转条件下进行，所以换刀动作指令 M06 必须编写在使用“新刀”进行加工的程序段之前，等换上新刀，起动主轴后，才可以进行下面程序段的加工。

7）为提高机床利用率，尽量采用刀具机外预调，并将预调数据于运行程序前及时输入数控系统中，以实现刀具补偿。

8）当零件加工工序较多时，可根据零件特征及加工内容设定多个工件坐标系，在编程时合理选用相应的坐标系，达到简化编程的目的。

6.2.2 数控铣床和加工中心特有的基本编程指令

在数控铣床和加工中心的实际生产中，常遇到所加工工件上的几何元素是对称的、尺寸大小成比例或圆周分布孔的情况。此时，可采用比例缩放、镜像加工、坐标旋转、极坐标编程等指令进行加工编程，并结合子程序功能以简化零件加工程序。

常用的 G、M、F、S 和 T 指令在 4.1 节和 4.3 节中已做介绍，本小节仅就反映数控铣床和加工中心特征的比例缩放、镜像加工、坐标旋转、极坐标编程等指令进行介绍，其余相同的指令不再赘述。

比例缩放、镜像加工、坐标旋转、极坐标编程等特殊编程指令均不是数控系统的标准功能，因此不同的数控系统所用的指令代码和编程格式有所不同，在使用时应参照具体的编程说明书进行编程，这里主要以 FANUC 0i-MA 系统为例进行介绍。

1. 比例缩放功能指令

指令功能：可使原编程尺寸按指定比例放大或缩小，用于加工具有相同几何形状而比例大小不同的零件，也可运用该指令对一个零件进行粗加工和精加工。

指令格式：G51 X__ Y__ Z__ $\begin{cases} \text{P\_\_;} \\ \text{I\_\_J\_\_K\_\_;} \end{cases}$

G50；（取消比例缩放）

指令说明：X、Y、Z 为比例中心坐标；P 及 I、J、K 为比例缩放系数，其中 P 使各轴按相同比例缩放，其取值范围为 0.001 ～ 999.999，而 I、J、K 是对应 X、Y、Z 轴的比例系数，故可使各轴按不同比例缩放，其取值范围为 0.001 ～ ±99.990。G50 为取消比例缩放指令。G50、G51 为模态 G 代码。

G51 指令以后的移动指令，从比例中心开始，实际移动量为原数值乘以相应比例系数，比例系数对偏置量无影响，即不影响刀具半径（长度）补偿的数值。如图 6-25 所示，*W* 为比例缩放中心，*ABCD* 为原加工图形，*A'B'C'D'* 为比例编程的图形。

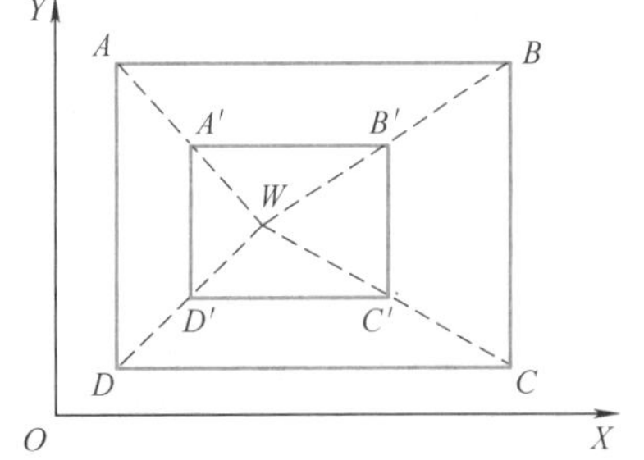

图 6-25 比例缩放示意图

2. 镜像加工功能指令

指令功能：使刀具在所设置的镜像坐标上的运动方向与编程方向相反，运动轨迹与原编程轨迹对称，用于加工几何形状对称的零件。

事实上，FANUC 系统可利用 G51 比例缩放功能指令，通过将相关的 I、J、K 设置为正负对称值（如 ±1），即可获得镜像加工功能，这里介绍的属于一个专门的镜像功能指令。

指令格式：G51.1 X__（Y__）（Z__）；　　（设置镜像轴）

G50.1；　　（镜像取消）

指令说明：可指定某一轴的镜像有效，指定后该轴执行与编程方向相反的运动。比如指令 G51.1 X10，表示以 X=10 的轴线为对称轴，该轴线与 *Y* 轴相平行。当 G51.1 指令后有两个坐标字时，表示该镜像是以某一点作为对称点进行镜像。如 G51.1 X10 Y10，表示其对称点为（10，10）这一点。G51.1、G50.1 为模态 G 代码。

3. 坐标旋转功能指令

指令功能：使用坐标旋转功能指令可以使编程图形按指定的旋转中心及旋转方向旋转一定的角度。

指令格式：

$$\text{G68}\left\{\begin{array}{l}\text{G17 X\_\_Y\_\_}\\ \text{G18 Z\_\_X\_\_}\\ \text{G19 Y\_\_Z\_\_}\end{array}\right\}\text{R\_\_;}\quad\begin{array}{l}\text{（在 }XY\text{ 平面坐标旋转）}\\ \text{（在 }XZ\text{ 平面坐标旋转）}\\ \text{（在 }YZ\text{ 平面坐标旋转）}\end{array}$$

G69;　　（取消坐标旋转）

指令说明：G68 指令以指定平面的 X、Y、Z 坐标为旋转中心（若省略坐标字，则以当前刀具所在位置为旋转中心），将图形按 R 指定的角度旋转。R 的单位为“°”，取值范围为 −360° ～ +360°，逆时针旋转角度为正，顺时针旋转角度为负。G69 用于取消坐标旋转功能。G68、G69 为模态 G 代码。

使用 G68 指令时应注意：

1）坐标旋转功能与刀具半径补偿功能的关系：旋转平面一定要包含在刀具半径补偿平面内。

2）坐标旋转功能与比例缩放功能的关系：在比例缩放模式下，执行坐标旋转指令时，旋转中心坐标也执行比例操作，但旋转角度不受缩放比例的影响。

4. 极坐标编程功能指令

指令功能：极坐标编程就是以极坐标（极角和极径）表示刀具运动的坐标值，用极坐标矢量的端点确定加工位置。

指令格式：

$$\text{G68}\left\{\begin{array}{l}\text{G17 X\_\_Y\_\_;}\\ \text{G18 Z\_\_X\_\_;}\\ \text{G19 Y\_\_Z\_\_;}\end{array}\right.$$

G15;　　（取消极坐标旋转）

指令说明：在 *XY* 和 *XZ* 平面，X 后面的数值为极径值，Y 或 Z 后面的数值为极角；在 *YZ* 平面，Y 后面的数值为极径值，Z 后面的数值为极角。极角的单位为“°”，逆时针为正，顺时针为负。G15 用于取消极坐标编程功能。G15、G16 为模态 G 代码。

6.2.3　固定循环指令

数控铣床和加工中心配备的固定循环功能主要用于孔加工，包括钻孔、镗孔和攻螺纹等。使用孔加工固定循环指令，一个程序段即可完成一个孔加工的全部动作。继续加工孔时，如果加工动作无须变更，则程序中所有模态的数据可以不写，因此可以大大简化编程。

1. 孔加工固定循环基本动作

如图 6-26 所示，孔加工固定循环一般由六个动作组成（图中虚线表示的是快速进给，实线表示的是切削进给）。

动作 1 —— *X* 轴和 *Y* 轴快速定位：使刀具快速定位到孔加工的位置。

动作 2 ——快进到 *R* 点：刀具自初始点沿 *Z* 向快速进给到 *R* 点。

动作 3 ——孔加工：以切削进给的方式执行孔加工的动作。

动作 4 ——孔底动作：包括暂停、主轴准停、刀具移位等动作。

动作 5 ——返回到 *R* 点：继续孔的加工而又可以安全移动刀具时选择快速返回 *R* 点。

动作 6 ——返回到初始点：孔加工完成后一般应选择快速返回初始点。

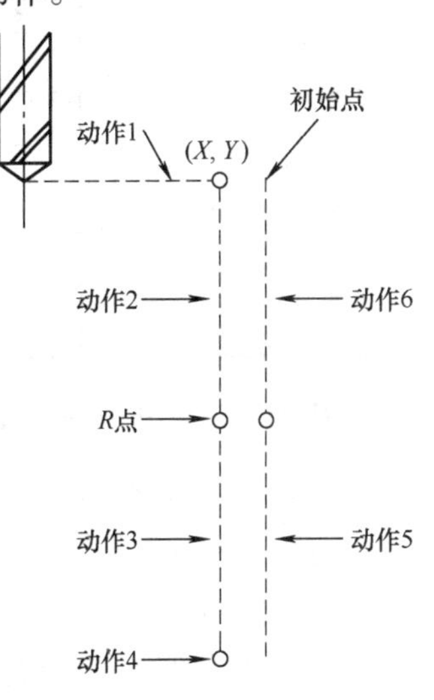

图 6-26　孔加工固定循环基本动作

初始点是为安全下刀而规定的点，其到零件表面的距离可以任意设定在一个安全的高度上。刀具移到初始点前，要用 G43（或 G44）建立刀具长度补偿。当使用同一把刀具加工若干孔时，只有当孔间存在障碍需要跳跃或全部孔加工完毕时，才使用 G98 指令使刀具返回到初始点。过初始点平行于 *XY* 平面的平面称为初始平面。

R 点又叫参考点，是刀具下刀时自快进转为工进的转换点。参考点距工件表面的距离主要考虑工件表面尺寸的变化，一般可取 2 ～ 5mm。使用 G99 时，刀具将返回到该点。过 *R* 点平行于 *XY* 平面的平面称为 *R* 平面。

加工盲孔时孔底平面就是孔底的 *Z* 轴高度；加工通孔时一般刀具还要伸出工件底平面一段距离，主要是保证全部孔深都加工到规定尺寸。钻削加工时还应考虑钻头钻尖对孔深的影响。

孔加工循环与平面选择指令 G17、G18、G19 无关，即不管选择了哪个平面，孔加工都是在 *XY* 平面上定位并在 *Z* 轴方向上进给加工孔。

2. 固定循环代码

固定循环功能由 G 代码指定，对于不同的固定循环，上述的固定循环动作有所不同。常用的孔加工固定循环动作及指令格式见表 6-3。

表 6-3　常用的孔加工固定循环动作及指令格式

G 代码指令格式	孔加工动作（−*Z* 方向）	孔底动作	退刀动作（+*Z* 方向）	用途	循环动作图
G73 X__Y__Z__R__Q__F__;	间歇进给	—	快速进给	高速深孔钻	图 6-27

（续）

G 代码指令格式	孔加工动作（-Z 方向）	孔底动作	退刀动作（+Z 方向）	用途	循环动作图
G74 X__Y__Z__R__P__F__;	切削进给	暂停 - 主轴正转	切削进给	攻左旋螺纹	图 6-28
G76 X__Y__Z__R__Q__P__F__;	切削进给	主轴准停 - 让刀	快速进给	精镗	图 6-29
G80	—	—	—	取消固定循环	
G81 X__Y__Z__R__F__;	切削进给	—	快速进给	钻孔（中心孔）	图 6-31
G82 X__Y__Z__R__P__F__;	切削进给	暂停	快速进给	锪孔、镗阶梯孔	图 6-32
G83 X__Y__Z__R__Q__F__;	间歇进给	—	快速进给	深孔钻	图 6-33
G84 X__Y__Z__R__P__F__;	切削进给	暂停 - 主轴反转	切削进给	攻右旋螺纹	图 6-28
G85 X__Y__Z__R__F__;	切削进给	—	切削进给	精镗	图 6-34
G86 X__Y__Z__R__F__;	切削进给	主轴停止	快速进给	镗孔	图 6-35
G87 X__Y__Z__R__Q__F__;	切削进给	主轴正转	快速进给	反镗孔	图 6-36
G88 X__Y__Z__R__P__F__;	切削进给	暂停 - 主轴停止	手动操作	镗孔	图 6-37
G89 X__Y__Z__R__P__F__;	切削进给	暂停	切削进给	精镗	图 6-34

孔加工固定循环程序段的一般格式为：

```
G90/G91 G98/G99 G73～G89 X__Y__Z__R__Q__P__F__L__;
```

其中，G90/G91 为坐标数据方式指令，固定循环指令中地址 R 与地址 Z 的数据指定与 G90 或 G91 的方式选择有关。选择 G90 方式时 R 与 Z 一律取其终点坐标值；选择 G91 方式时则 R 是指自初始点到 *R* 点间的距离，Z 是指自 *R* 点到孔底平面上 *Z* 点的距离。

G98/G99 为返回点位置指令，由 G98 和 G99 决定刀具在返回时到达的平面。如果指定了 G98，则刀具返回时，返回到初始点所在的平面；如果指定了 G99，则返回到 *R* 点所在的平面。

G73 ～ G89 为孔加工固定循环指令，数控铣床和加工中心通常设计有一组孔加工固定循环指令，每条指令针对一种孔加工工艺，其后的代码字为加工参数，参数的含义见表 6-4。根据不同的循环要求，有的固定循环要用到全部参数，而有的固定循环只需用到部分参数，详见表 6-3。

表 6-4　固定循环指令参数含义

指令内容	地址	参数含义
孔加工参数	X、Y	以相对坐标值（G91）或绝对坐标值（G90）指定加工孔的中心位置坐标
	Z	以相对坐标值（G91）或绝对坐标值（G90）指定加工孔底位置
	R	以相对坐标值（G91）或绝对坐标值（G90）指定 *R* 点位置
	P	指定刀具在孔底的暂停时间
	Q	以增量值指定每次的切削深度（G73、G83 中）或偏移量（G76、G87 中）
	F	指定切削进给速度
重复次数	L	指定动作的重复次数，未指定时，默认为 1 次

G73～G89和固定循环中的参数Z、R、Q、P、F是模态指令，一旦指定，一直有效，直到出现其他孔加工固定循环指令，或固定循环取消指令G80，或G00、G01、G02和G03等同组模态指令才失效。因此，多孔加工时该指令及相关参数只需指定一次，后面的程序段只给出孔的位置及变化的数据即可。

当用G80指令取消孔加工固定循环后，那些在固定循环之前的插补模态（如G01、G02、G03和G00）恢复，M05指令也自动生效（G80指令可使主轴停转）。

在使用固定循环编程时一定要在前面程序段中指定M03或M04，使主轴起动；在固定循环中，刀具半径尺寸补偿G41、G42无效，刀具长度补偿G43、G44、G49有效。

3. 固定循环指令用法说明

1）高速深孔钻循环指令G73：加工循环过程如图6-27所示。由于是深孔加工，若不能及时排屑，会因切屑的堵塞使钻头折断。为便于排屑，该循环指令在*X*、*Y*轴定位后，刀具不是一次进给到*Z*点，而是多次往复进给，每次进给指定深度*Q*，再快速退回一定距离*d*（*d*值不是由程序给定，而是由操作者在设置机床参数时设定）。这种加工方法，通过*Z*轴方向的多次间断进给，可以比较容易地实现断屑、排屑。*Q*值的大小与钻头直径有关，直径较大的钻头*Q*值大些，但*Q*值不能太大，以免产生切屑堵塞而使钻头断裂。

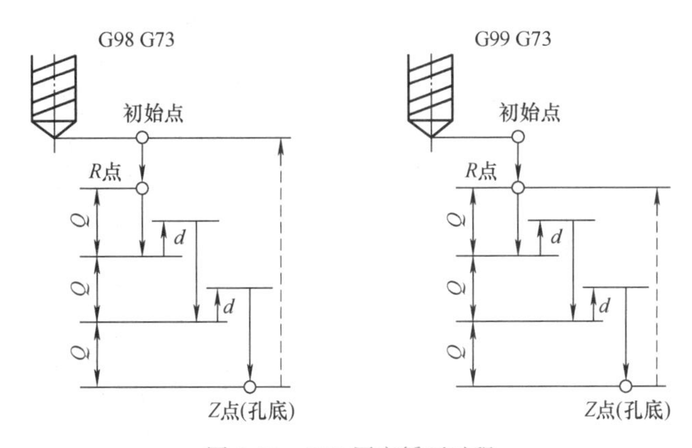

图6-27 G73固定循环过程

2）攻左旋螺纹循环指令G74：加工循环过程如图6-28所示。主轴下移至*R*点后，反转切入零件到孔底，再正转退出，退至*R*点主轴恢复反转。在主轴改变旋转方向时按P字指定时间暂停。攻螺纹时要求主轴转速*S*与进给速度*F*成严格的比例关系，编程时要根据主轴转速*S*和螺纹螺距计算进给速度*F*（*F*=*S*× 螺纹螺距）。

3）精镗循环指令G76：加工循环过程如图6-29所示。主轴在孔底准停，刀尖按*Q*（*Q*总为正值）规定的偏移量沿切入的反方向让刀，以避免快速退刀时划伤内孔表面。该指令使主轴每次都准确地停在同一位置，但由于不同刀具装在主轴上时刀尖相对于主轴的位置可能不同，因此让刀方向也不相同。若装刀时刀尖到主轴中心间连线平行于*X*轴或*Y*轴，则用*Q*字定义让刀量，否则应以*I*、*J*字代替*Q*字定义让刀量，如图6-30所示。具体操作方法参考机床说明书。

4）钻孔循环指令G81：加工循环过程如图6-31所示。主轴以指令进给速度沿–*Z*向运动钻孔，到达孔底位置后快速退出。该指令属于一般钻孔加工循环指令，一般用于加工孔深小于5倍直径的孔。

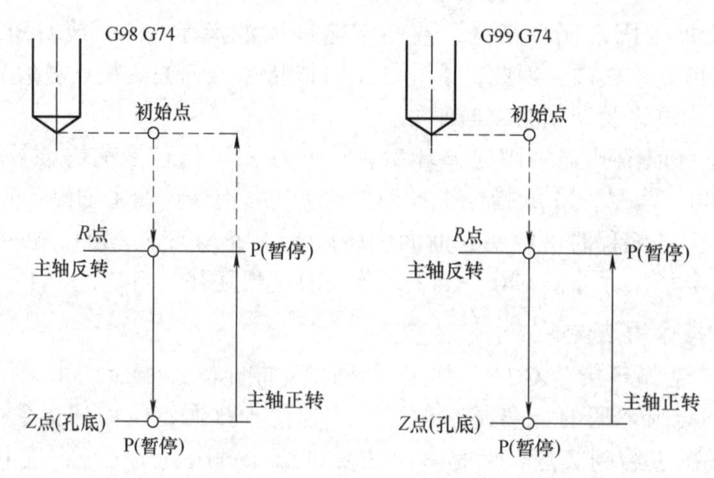

图 6-28 G74 固定循环过程

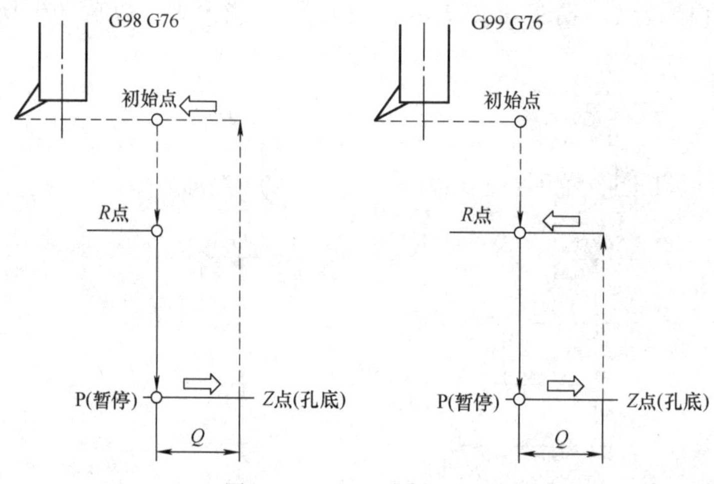

图 6-29 G76 固定循环过程

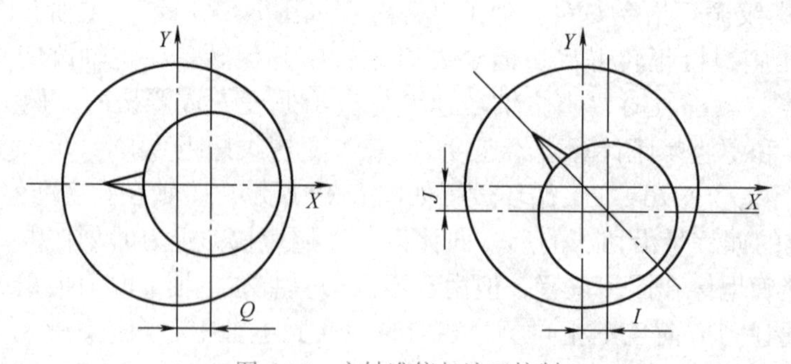

图 6-30 主轴准停与让刀控制

5）锪孔或镗阶梯孔循环指令 G82：加工循环过程如图 6-32 所示。与 G81 运动轨迹一样，仅在孔底增加了暂停动作，刀具只保持旋转运动，不做进给运动，使孔底更光滑。该循环指令可以得到准确的孔深尺寸，适用于锪孔或镗阶梯孔。

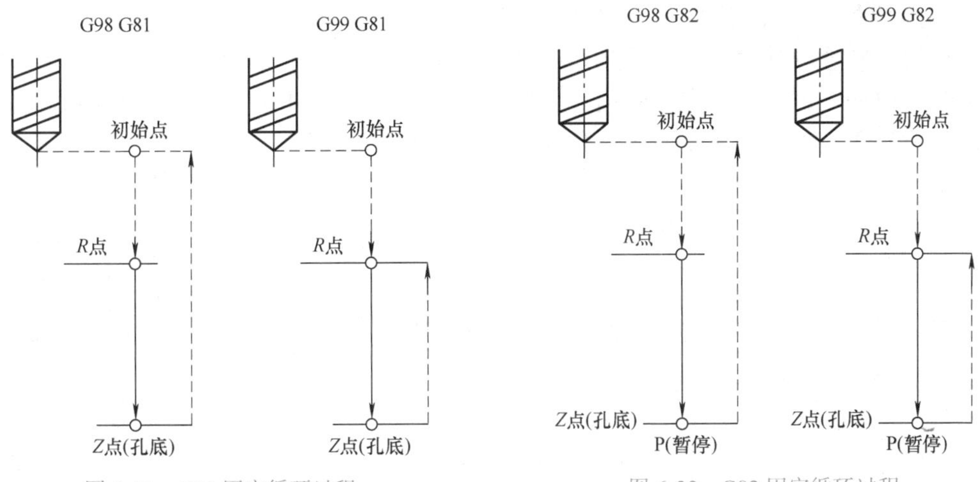

图 6-31 G81 固定循环过程　　图 6-32 G82 固定循环过程

6）深孔钻循环指令 G83：加工循环过程如图 6-33 所示。运动轨迹与 G73 指令类似，*X*、*Y* 轴定位后，刀具多次往复进给到 *Z* 点，每次进给指定深度 *Q*，再快速退回一定距离排屑。G83 与 G73 的区别是每次钻削 Q 字定义的深度后快退至 *R* 点平面，然后快进至距离上次钻孔底面 *d* 值的位置再转为切削进给，这样每次钻头快进时都不是进到上次钻孔的孔底（要留有一定的距离 *d*，以免碰坏钻尖）。*d* 不是由程序给定，而是由操作者在设置机床参数时设定。

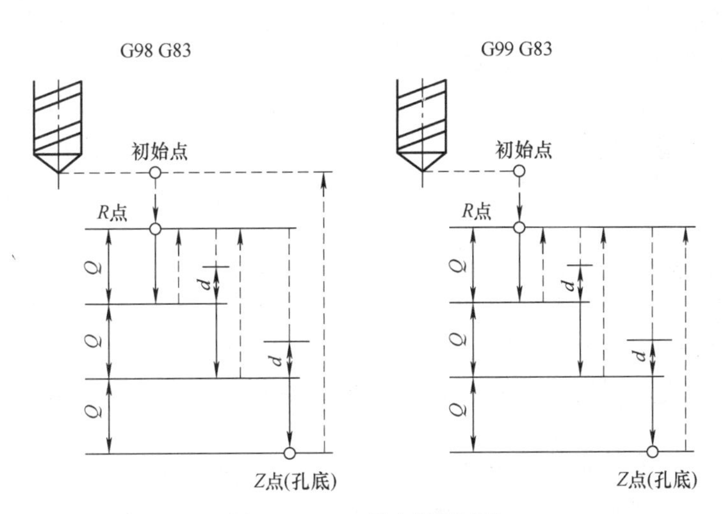

图 6-33 G83 固定循环过程

7）攻右旋螺纹循环指令 G84：加工循环过程与 G74（图 6-28）类似，只是主轴旋转方向相反。即主轴下移至 *R* 点后，正转切入零件到孔底，再反转退出，退至 *R* 点主轴恢复正转。

8）精镗循环指令 G85：加工循环过程与 G81 类似，但在返回的行程中，从 *Z* 至 *R* 段为切削进给，如图 6-34 所示。

9）镗孔循环指令 G86：加工循环过程与 G81 类似，但进给到孔底后，主轴停止，返回到初始点（G98）或 *R* 点（G99）后主轴再重新起动，如图 6-35 所示。采用这种方式加工，如果连续加工的孔间距较小，则可能出现刀具已经定位到下一个孔加工位置而主轴尚未到达规定转速的情况，显然不允许出现这种情况。为此可以在各孔动作之间加入暂停指令 G04，以使主轴获得规定的转速。使用固定循环指令 G74 与 G84 时也有类似的情况，同样应注意避免。本指令属于一般镗孔加工固定循环。

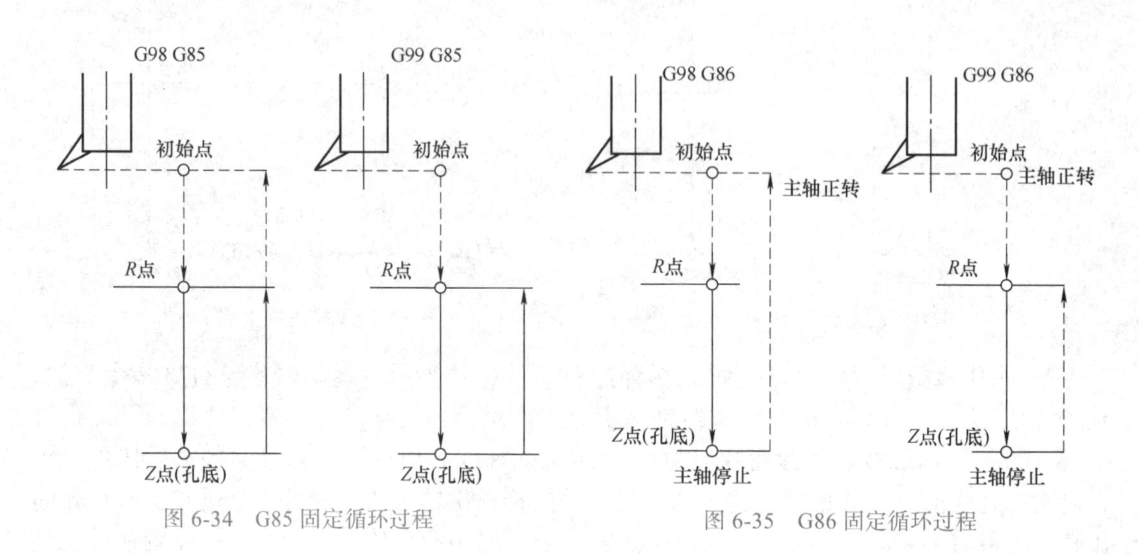

图 6-34　G85 固定循环过程　　　图 6-35　G86 固定循环过程

10）反镗孔循环指令 G87：加工循环过程如图 6-36 所示。*X*、*Y* 轴定位达到初始点后，主轴定向停止，刀具按刀尖相反方向偏移 *Q*（让刀），并快进至 *R* 点（*R* 点在孔底 *Z* 点以下），接着刀尖正向偏移 *Q*(消除让刀)，主轴正转，沿 *Z* 轴向上进给到 *Z* 点（反镗），在这个位置主轴再次定向准停，刀具再次按刀尖相反方向偏移 *Q*（让刀），然后主轴快退到初始点，并按 *Q* 正向偏移（消除让刀）后正转，至此本循环结束。采用这种循环指令，因为 *R* 点低于 *Z* 点，故只能让刀具返回到初始点而不能返回到 *R* 点，即 G99 方式无效。

11）镗孔循环指令 G88：加工循环过程与 G86 类似，但 G88 在刀具到达孔底后，按 P 字规定的时间延时，然后主轴停转，系统进入保持状态（即系统暂停自动执行程序），此时可实行手动操作，例如，手动退刀测量孔径、调整刀尖位置等。手动之后，按系统规定的启动键，刀具快退到初始点（G98）或 *R* 点（G99），主轴正转，系统恢复自动加工，如图 6-37 所示。

12）精镗循环指令 G89：加工循环过程与 G85 类似（图 6-34），只是 G89 使刀具在孔底延时 P 字规定的时间，而 G85 刀具在孔底无延时。

4. 孔加工固定循环编程举例

用刀具长度补偿功能和孔加工固定循环功能加工图 6-38a 所示零件上的 12 个孔。

1）工艺处理。该零件 12 个孔中，有通孔、盲孔，其中 #1 ～ #6 孔用 ϕ8mm 钻头 T01 钻孔；#7 ～ #10 孔用 ϕ16mm 扩孔钻 T02 扩孔；#11 ～ #12 孔用 ϕ80mm 镗刀镗孔。按照先粗后精、先小孔后大孔加工的原则，确定加工路线为：先加工 #1 ～ #6 孔，再加工 #7 ～ #10 孔，最后加工 #11 ～ #12 孔。T01、T02、T03 刀具尺寸及长度补偿值如图 6-38b 所示。换刀时，用 M00 指令停止，手动换刀后，再按启动键继续执行程序（若是加工中心，可用换刀指令自动换刀）。

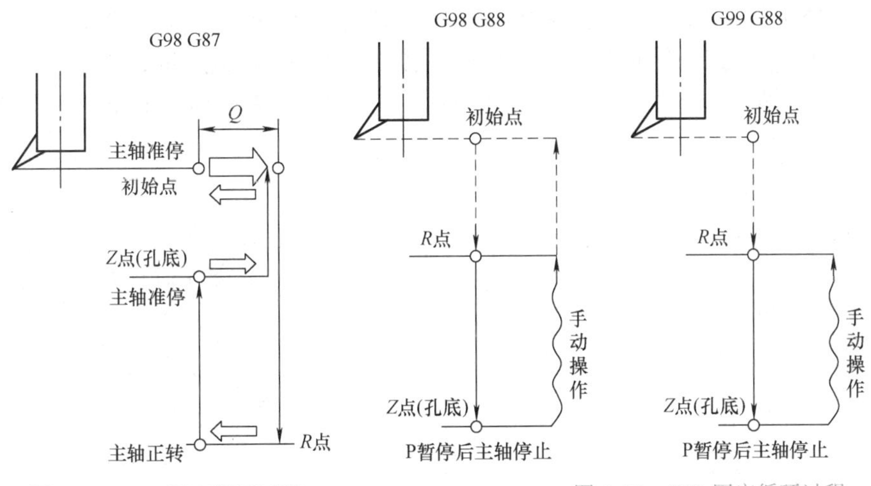

图 6-36　G87 固定循环过程

图 6-37　G88 固定循环过程

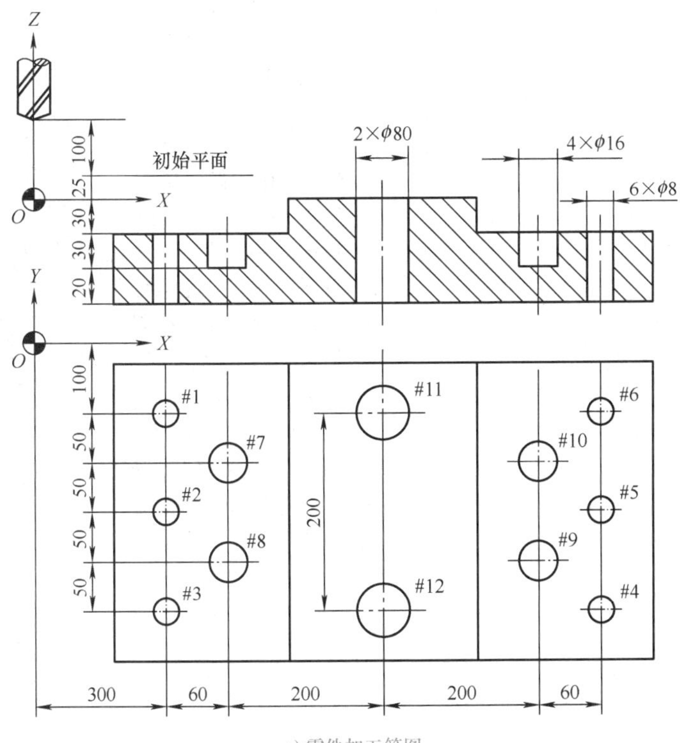

a) 零件加工简图

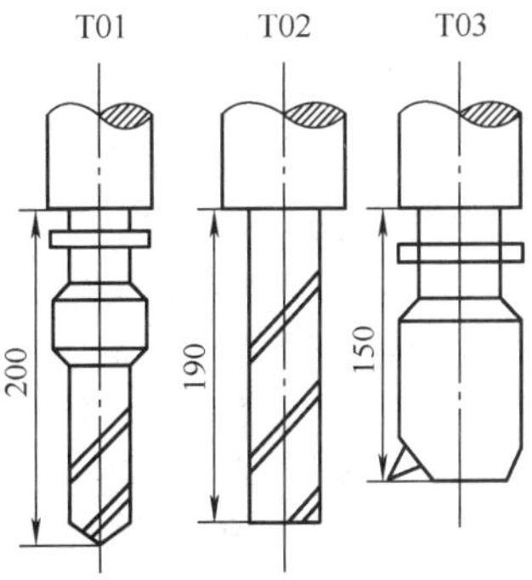

T01　T02　T03

200　190　150

刀具号	刀补号	补偿值
T01	H01	200
T02	H02	190
T03	H03	150

b) 刀具简图

图 6-38　孔加工固定循环编程举例

根据零件在机床上的装夹位置，设工件坐标系 G54：$X=-500$，$Y=-100$，$Z=-50$。选定切削用量，见表 6-5。

表 6-5　孔加工切削用量

加工面	主轴转速 /r · min^{-1}	进给速度 /mm · min^{-1}
6 × ϕ8	500	120
4 × ϕ16	500	120
2 × ϕ80	300	50

2）数学处理。为简化编程，采用孔加工固定循环指令。固定循环中初始平面定为 Z = 25mm，R 点定为各被加工孔中心线上到孔口表面 +Z 方向 5mm 处。这里的数学处理主要是按固定循环指令要求，计算孔位坐标、初始点、R 点等，计算过程简单，此处从略。

3）编写加工程序。

```
N010 G90 G54 G00 X0 Y0 Z125;                   设定工件坐标系
N020 G43 H01 Z25;                              初始平面，建立 T01 刀补
N030 S500 M03;                                 起动主轴
N040 G99 G81 X300 Y-100 Z-85 R-25 F120;        钻 #1 孔，返回 R 点
N050 Y-200;                                    钻 #2 孔，返回 R 点
N060 G98 Y-300;                                钻 #3 孔，返回初始点
N070 G99 X820;                                 钻 #4 孔，返回 R 点
N080 Y-200;                                    钻 #5 孔，返回 R 点
N090 G98 Y-100;                                钻 #6 孔，返回初始点
N100 G28 X0 Y0 M05;                            返回起刀点，主轴停
N110 G49 Z300 M00;                             撤销刀补，手动换刀
N120 G43 H02 Z25;                              初始平面，建立 T02 刀补
N130 S500 M03;                                 起动主轴
N140 G99 G82 X360 Y-150 Z-60 R-25 P400 F120;   钻 #7 孔，返回 R 点
N150 G98 Y-250;                                钻 #8 孔，返回初始点
N160 G99 X760;                                 钻 #9 孔，返回 R 点
N170 G98 Y-150;                                钻 #10 孔，返回初始点
N180 G28 X0 Y0 M05;                            返回起刀点，主轴停
N190 G49 Z300 M00;                             撤销刀补，手动换刀
N200 G43 H03 Z25;                              初始平面，建立 T03 刀补
N210 S300 M03;                                 起动主轴
N220 G85 G98 X560 Y-100 Z-85 R5 F50;           镗 #11 孔，返回初始点
N230 Y-300;                                    镗 #12 孔，返回初始点
N240 G49 Z300;                                 撤销刀补
N250 M02;                                      程序停止
```

6.3 子程序和用户宏程序

6.3.1 子程序

当同样的一组程序段被重复使用时，可把程序中某些固定顺序和重复出现的程序段单独抽出来，按一定格式编成一个程序以供调用，这个程序就是子程序。当一个工件上有相同的加工内容时，经常采用调用子程序的方法进行编程。在程序执行过程中如果需要某一子程序，可通过一定格式的子程序调用指令来调用该子程序（而这个调用子程序的程序称为主程序），执行完子程序后返回主程序，继续执行主程序后面的程序段。子程序可以被主程序调用，同时子程序也可以调用另一个子程序，这样既可以简化程序的编制，又有利于节省 CNC 系统的内存空间。

1. 子程序格式

```
% ××××                          子程序号
……;
……;                             子程序体
……;
M99;                            子程序结束
```

子程序以子程序号开头，SIEMENS、华中数控、OpenSoft CNC 等的子程序号以“%”加上阿拉伯数字来定义，FANUC 系统的子程序号以字母“O”加上阿拉伯数字来定义。子程序体是一个完整的加工过程程序，其格式和所用指令与一般程序基本相同，只是子程序结束必须用子程序结束指令 M99，即当执行到子程序中的 M99 指令时就结束子程序并返回到主程序断点。

2. 子程序调用

指令格式：M98 P__ L__；

M98 为子程序调用指令，P 为调用子程序标识符，P 后面的数字为被调用的子程序编号，它与子程序号中“%”或字母“O”后面的数字相同，L 后面的数字为重复调用次数，省略时默认为调用 1 次。

一般来说，执行零件加工程序都按程序段顺序执行。当主程序执行到 M98 P__ L__ 时，控制系统将保存主程序断点信息，转而执行子程序；在子程序中遇到 M99 指令时，子程序结束，返回主程序断点处继续执行。如图 6-39 所示，主程序执行到 N30 时转去执行 % 1000 子程序，重复执行 2 次后，返回主程序继续执行 N30 后面的程序段。在执行到 N50 时又转去执行 % 1000 子程序 1 次，然后返回主程序继续执行 N60 及其后面的程序段。

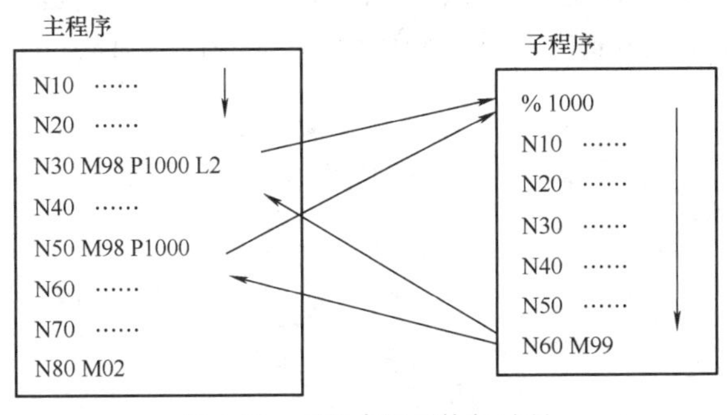

图 6-39　子程序调用执行过程

3. 子程序嵌套

在使用子程序时，不仅可以从主程序调用子程序，子程序也可以调用其他子程序，这称为子程序嵌套，如图 6-40 所示。

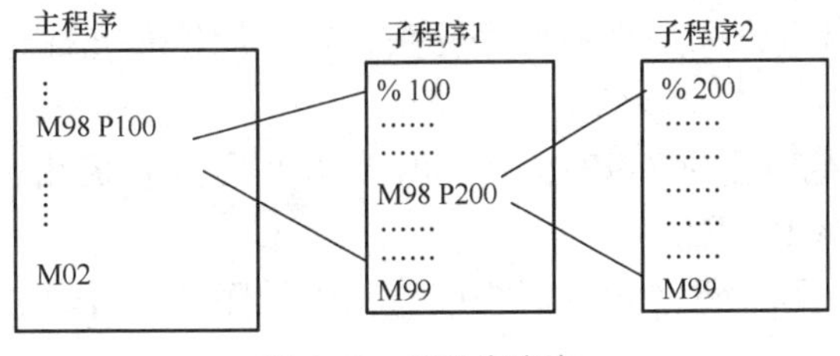

图 6-40　子程序嵌套

4. 子程序结束指令 M99 的不同用法

前面介绍了 M99 指令在子程序中的基本用法，即单独放在子程序的最后程序段，其作用是通知控制系统子程序结束，不再执行子程序中 M99 指令后面的任何指令，并返回主程序中调用子程序指令（M98）后面的一个程序段。其实在很多数控系统中，M99 除了这个基本用法外，还有如下几种用法：

1）子程序结束处用指令“ M99 P__”，地址 P 后面的数字表示主程序中的一个程序段号。这种用法使子程序执行完后，返回到主程序中由 P 指定的那个程序段，如图 6-41 所示。

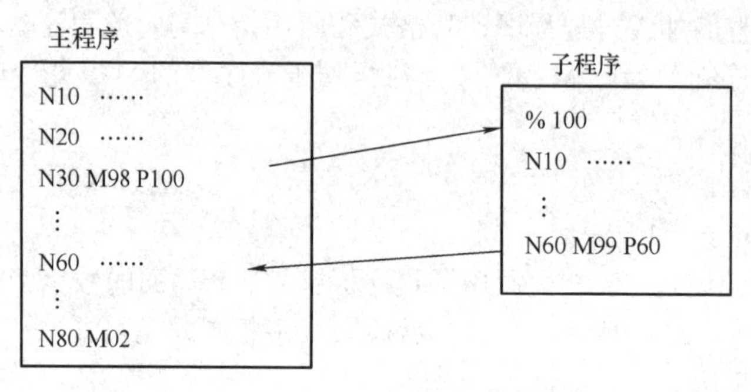

图 6-41　M99 P__ 的用法

2）在主程序中使用 M99 指令，执行完该指令后，直接返回到主程序起点（即第 1 个程序段），并继续自动执行主程序。

3）在主程序中直接使用 M99 指令，将自动执行循环启动，为了能控制程序根据需要继续自动执行或停止，可在主程序中插入“ / M99 P__ ”程序段。执行完该程序段后，返回到主程序中由 P 后的数字指定的程序段（如果插入“ / M99”程序段，返回到主程序起点）。但该功能是否执行，还取决于机床操作面板上的跳步选择开关的状态。例如：

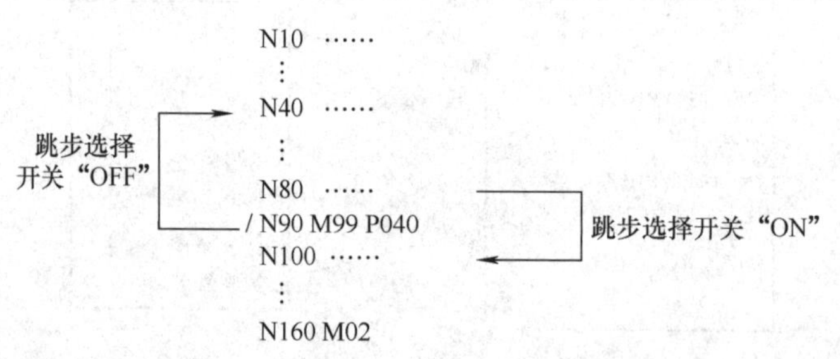

5. 子程序编程注意事项

1）调用子程序加工时，子程序编程必须建立不同于主程序名字的新文件名，同时建立的文件名与主程序调用的文件名必须保持一致。

2）要求子程序内所有的程序段内不能为循环指令。

3）加工前一定要检查光标是否在程序开头，暂停加工时光标也必须回到主程序开头，否则易造成事故隐患。

4）一般主程序用绝对坐标 G90 编程，加工几个几何形状几乎相同的模具时应用方便，子程序用相对坐标 G91 编程。

5）调用子程序时，刀补建立和取消均应该在子程序中进行。

6.3.2　用户宏程序

运用子程序对有相同重复要素的编程可以简化程序，提高工作效率，但程序中地址字后面只能使用具体数值，如 X100 Y30 等。如果在程序中能像计算机高级语言那样用变量代替具体数值，利用这些变量并进行算术和逻辑运算来进行编程，将使得数控加工程序的编制更加灵活和高效，这就是数控系统的用户宏程序功能。该功能将能完成某一功能的一系列指令像子程序一样存入存储器中，用一个总指令来代表它们，使用时只需写出这个总指令就可以执行其功能。这里所存入的一系列指令称为用户宏功能主体，也叫用户宏程序，简称为用户宏（Custom Macro），而这个总指令称为用户宏功能指令（或宏调用指令）。

宏程序的作用与子程序类似，但宏程序的主要特征是可以使用变量，而且变量间可以进行运算、实现变量的赋值以及条件转移和循环控制，从而使宏程序更具通用性。使用用户宏程序的主要方便之处在于可以用变量代替具体数值，因而在加工结构相同、尺寸大小不同的同一类零件时，只需在调用宏程序指令中将实际值赋予变量即可，而不需要对每个零件都编一个程序。可见，利用用户宏程序是提高数控机床性能的有效途径。

用户宏程序由三部分组成：宏程序号（字母 O 加上 4 ～ 5 位自然数）、宏程序主体和宏程序结束指令（M99）。宏程序号和结束指令与子程序的用法相同，但调用指令不同（后面介绍）。用户宏程序既可由机床生产厂提供，也可由机床用户自己编写。使用时，先将用户宏程序像子程序一样存到内存中，需要时由主程序的专用指令调用，执行完用户宏程序后再返回主程序。

以图 6-42 为例，简单介绍用户宏程序的应用。

图中加工路线为 $OA \rightarrow AB \rightarrow BC \rightarrow CD \rightarrow DA \rightarrow AO$，如果各坐标值分别为 $I = 20$，$J = 20$，$U = 60$，$V = 40$，则程序可写为：

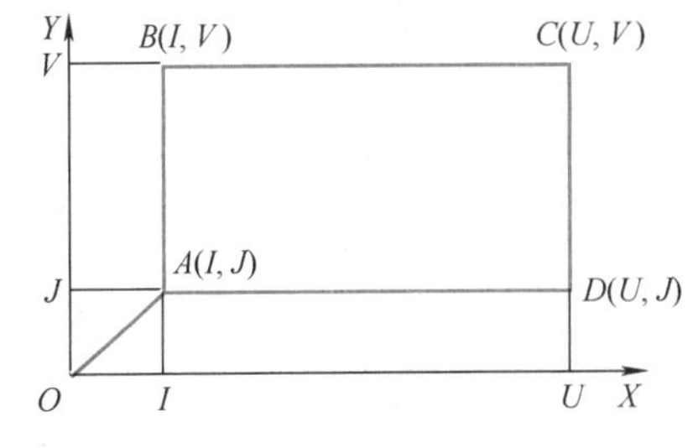

图 6-42　用户宏程序简要说明

```
O1000
N10 G91 G00 X20.0 Y20.0;
N20 G01 Y20.0;
N30 X40.0;
N40 Y-20.0;
N50 X-40.0;
N60 G00 X-20.0 Y-20.0;
```

如果要加工一批不同尺寸但形状相同的零件，如图 6-42 中的 I、J、U、V 值不同，按一般编程方法，则需编写多个程序。现在使用用户宏程序，则可把程序中跟随在地址符后面的具体数值用变量代替。在 FANUC 系统宏程序中，变量用 #i（$i = 1, 2, 3, \cdots$）表示，#1 ～ #33 与英文字母（在宏程序中叫地址）有固定的对应关系（表 6-6）。本例中变量与字母的对应关系为：#4 → I，#5 → J，#21 → U，#22 → V。则图 6-42 的用户宏程序可写成如下形式：

```
O1000                        宏程序号
N10 G91 G00 X#4 Y#5;         刀具中心由 O → A
N20 G01 Y(#22-#5);           刀具中心由 A → B
N30 X(#21-#4);               刀具中心由 B → C
N40 Y(#5-#22);               刀具中心由 C → D
```

```
N50 X(#4-#21);                    刀具中心由 D → A
N60 G00 X-#4 Y-#5;                刀具中心由 A → O
N70 M99;                          宏程序结束
```

使用时调用 O1000 的宏程序命令如下：

```
G65 P1000 I20.0 J20.0 U60.0 V40.0;
```

字母 P 后面的数字与宏程序号 O 后面的数字相同。实际使用时，一般还需要在这一指令前再加上 F、S、T 指令及工件坐标系设定指令等。

如上所述，当加工不同尺寸但形状相同的零件时，只需改变 G65 指令中的数值即可，不必针对每一个零件分别编一个程序。

在不同系统中，对宏程序的具体规定有所不同，本书主要以 FANUC 0MC 为例介绍用户宏程序的基本使用方法。

1. 变量

为了使程序更具通用性、灵活性，在用户宏程序中设置了变量。不同的系统，变量的表示方法不同。FANUC 系统的变量用变量符号“#”和后面的变量号指定，如 #16、#113 等。变量一般分为局部变量、公用变量（全局变量）和系统变量 3 类。

（1）局部变量（#1 ～ #33） 局部变量是指只能在用户宏程序中使用的变量，共 33 个。同一个局部变量，在不同的宏程序中互不影响，无论这些宏程序是在同一层次或不同层次（即调用或被调用，包括嵌套）都是如此。

每一个局部变量都对应一个字母地址，以便于在调用语句中赋值，这种对应关系见表 6-6。由表 6-6 可以看出：I、J、K 变量共有十组，有些地址与 I、J、K 共用一个变量。

表 6-6 局部变量与地址的对应关系

变量	地址		变量	地址		变量	地址	
#1	A		#12		K	#23	W	J
#2	B		#13	M	I	#24	X	K
#3	C		#14		J	#25	Y	I
#4	I		#15		K	#26	Z	J
#5	J		#16		I	#27		K
#6	K		#17	Q	J	#28		I
#7	D	I	#18	R	K	#29		J
#8	E	J	#19	S	I	#30		K
#9	F	K	#20	T	J	#31		I
#10		I	#21	U	K	#32		J
#11	H	J	#22	V	I	#33		K

使用中应注意：

1）在同一个调用语句中可同时对 I、J、K 地址进行多次赋值，被赋值的变量与 I、J、K 在表中的排列顺序有关，排列在前面的地址从变量号较小的开始赋值，例如：

```
G65 P__  K7.0  K10.0  I12.0  I6.0  J15.0  J24.0  J5.0;
```

赋值结果为：#6 = 7，#9 = 10，#10 =12，#13 = 6，#14 = 15，#17 = 24，#20 = 5。

2）除I、J、K外，其他地址在同一段程序中被赋值多次时，最后的赋值有效。与I、J、K共用一个变量的地址，也是后一赋值有效。例如：

```
G65  P__  A8.0  B10.0  I24.0  I30.0  D40.0;
```

赋值结果为：#1 = 8，#2 = 10，#4 = 24，#7 = 40。这里对变量#7，由I30.0及D40.0这两个地址赋值时，只有后面的D40.0才有效。

3）局部变量在系统上电、复位、急停及执行M02、M30指令后都被置零。

（2）公共变量（#100～#149、#500～#531） 公共变量也称全局变量，是指在主程序和所调用的用户宏程序中通用的变量，即在不同的宏程序中意义相同。这样，在某宏程序中使用的变量# *i*，在其他宏程序中也能使用。公共变量可直接用# *i*赋值和调用，也可通过操作面板赋值。#100～#149区域中的变量是非保持型变量，断电后被清除；#500～#531区域中的变量是保持型变量，断电后仍被保存。

（3）系统变量 系统变量是系统固定用途的变量，用于保存CNC系统的各种数据，其值决定系统的状态，可被任何程序使用。系统变量包括接口的输入/输出信号变量、刀具补偿变量、位置信息变量、同步信号变量、报警信息变量等。

系统变量序号与系统的某种状态有严格的对应关系。例如，变量#1000～#1035中的内容是接口输入信息，通过阅读这些系统变量，可以知道各输入口的情况。当变量值为“1”时，说明接点闭合；当变量值为“0”时，表明接点断开。阅读变量#1032，可将所有输入信号一次读入。

变量#2000～#2999中的内容是刀具半径补偿量。零件程序中半径补偿号D字母后面的数值与2000相加可得到补偿值的地址；如D08的值可由#[2000+08]得到，#2000中的值永远是零，因此D00的值永远为零。

2. 变量的运算

用户宏程序中的变量可进行数值运算和逻辑运算。数值运算包括：+（加）、-（减）、*（乘）、/（除）等算术运算；SIN（正弦）、COS（余弦）、TAN（正切）、ATAN（反正切）、ASIN（反正弦）、ACOS（反余弦）、SQRT（平方根）、LN（以e为底的对数）和EXP（指数）等函数运算，以及BIN（从二进制到十进制转换）、BCD（从十进制到二进制转换）、ROUND（四舍五入取整）、FIX（舍去小数位取整）、FUP（小数位进位取整）、MOD（取余）、ABS（绝对值）等数据处理。

数值运算的格式为：

```
# I = <运算式>; 如#20 = #2 + [#8*COS[3.14*#1]+#4];
```

运算式可以是简单的算术运算、函数运算，也可以是算术函数混合式。

逻辑运算包括：AND（与）、OR（或）、XOR（异或）、EQ（等于）、NE（不等于）、GT（大于）、LT（小于）、GE（大于或等于）、LE（小于或等于）。与、或、异或用于二进制运算，大小比较的逻辑运算用于控制指令中的条件式。

3. 控制指令

在程序中可通过控制指令控制用户宏程序的程序流向。

（1）无条件转移命令

格式：GOTO *n*；

*n*为转移到程序段的顺序号。例如：GOTO 30；转移到N30程序段。

（2）条件转移语句

格式：IF < 条件式 > GOTO *n*；

当 < 条件式 > 为真时，程序转移到顺序号为 *n* 的程序段往下执行；< 条件式 > 为假时，执行该指令下一个程序段。例如：

IF [#4 LE #32] GOTO 50；若 #4 的值小于或等于 #32 的值，转移到 N50 程序段。

IF [#6 LT #26] GOTO 15；若 #6 的值小于 #26 的值，转移到 N15 程序段。

IF [#34 GE 100] GOTO 45；若 #34 的值大于或等于 100，转移到 N45 程序段。

（3）条件循环语句

格式：WHILE < 条件式 > DO *m*；

⋮

END *m*；

当 < 条件式 > 为真时，执行 DO *m* 与 END *m* 之间的程序段；< 条件式 > 为假时，执行 END *m* 后面的程序段。*m* 是循环标识号，为自然数，前后两个 *m* 必须相同。

例如：

```
#20=3;
#1=20;
WHILE[#20 LE #1] DO 2;
    ⋮
  #20=#20+1;
END 2;
```

（4）无条件循环语句

格式：DO *m*；

⋮

END *m*；

若循环体内无转移语句或程序段跳过符号（/），将产生死循环。因此，常在循环体内增加条件转移语句。与条件循环语句一样，*m* 是循环标识号，为自然数，前后两个 *m* 必须相同。

例如：

```
#15=0;
#26=5;
DO 1;
IF [#15 GT 13] GOTO 5;
#15=#15+#26;
END 1;
N5……
⋮
```

4. 宏程序调用命令

宏程序主要有非模态调用（G65）和模态调用（G66）两种方式。

（1）非模态调用

指令格式：G65 P__ L__ A__ B__……（局部变量地址及赋值）

说明：G65 为非模态调用命令；P 后的数字为宏程序编号，与宏程序号 O 后的数字相同；L 后的数值为宏程序执行次数，省略时为执行 1 次；A__ B__……是局部变量地址及所赋的值，可用表 6-6 中的任何地址，但不能用表中没有的地址，如 G、L、N、O、P。

非模态调用的宏程序只能在被调用后执行 L 次，程序执行 G65 后面的程序段时不再调用，故这种调用又称为单纯调用。

（2）模态调用

指令格式：G66 P__ L__ A__ B__……（局部变量地址及赋值）；

⋮

G67；

说明：G66 为模态调用命令，格式中的 P、L 及局部变量指定与 G65 相同。G67 为取消宏调用命令。

在模态调用状态下，若 G66 所在的程序段中含有坐标移动指令，则先执行完坐标移动指令后，再调用宏程序。

模态调用是可多次调用宏程序的一种调用方法，每次调用执行 L 次。不仅在 G66 所在程序段中调用，也在后继的程序段中调用，每执行一个程序段调用一次，直到出现 G67 指令为止。

5. 用户宏程序应用举例

编制加工图 6-43 所示 n 个圆周均布孔的用户宏程序。用 G81 指令钻均匀分布在半径为 r 圆周上的 n 个等分孔，第 1 个孔的起始角度为 α，以零件上表面为 Z 向零点，圆心 O 在机床坐标系中用 G54 设置。

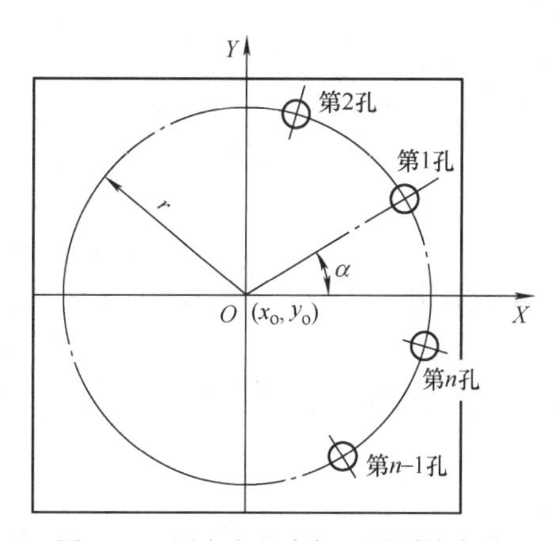

图 6-43　用户宏程序加工圆周均布孔

宏程序中将用到以下局部变量：

#1 ——第一个孔的起始角度 α，在主程序中用对应的文字变量 A 赋值。

#3 ——孔加工固定循环中 R 平面值，在主程序中用对应的文字变量 C 赋值。

#9 ——孔加工的进给量值，在主程序中用对应的文字变量 F 赋值。

#11 ——要加工孔的孔数 n，在主程序中用对应的文字变量 H 赋值。

#18 ——加工孔的分布圆半径值 r，在主程序中用对应的文字变量 R 赋值。

#26 ——孔底 Z 坐标值，在主程序中用对应的文字变量 Z 赋值。

#30 ——基准点，即分布圆中心的 X 坐标值 x_0。

#31 ——基准点，即分布圆中心的 Y 坐标值 y_0。

#32 ——当前加工孔的序号 i。

#33 ——当前加工第 i 孔的角度。

#100 ——已加工孔的数量。

#101 ——当前加工孔的 X 坐标值，初值设置为分布圆中心的 X 坐标值 x_0。

#102 ——当前加工孔的 Y 坐标值，初值设置为分布圆中心的 Y 坐标值 y_0。

用户宏程序编写的钻孔程序如下：

```
O8100
#30=#101;                                    基准点保存
#31=#102;                                    基准点保存
#32=1;                                       加工孔计数器置 1
WHILE[#32 LE ABS[#11]] DO 1;                 进入孔加工循环体
#33=#1+360*[#32-1]/#11;                      计算第 i 孔的角度
#101=#30+#18*COS[#33];                       计算第 i 孔的 X 坐标值
#102=#31+#18*SIN[#33];                       计算第 i 孔的 Y 坐标值
G90 G98 G81 X#101 Y#102 Z#26 R#3 F#9;        钻第 i 孔
#32=#32+1;                                   计数器对孔序号 i 计数累加
#100=#100+1;                                 计算已加工孔数
END 1;                                       孔加工循环体结束
#101=#30;                                    返回 X 坐标初值 x0
#102=#31;                                    返回 Y 坐标初值 y0
M99;                                         宏程序结束
```

调用上述宏程序的主程序如下：

```
G54 G90 G00 X0 Y0 Z100;
G65 P8100 A__C__F__H__R__Z__;
G00 G90 X0 Y0;
Z50;
M02;
```

上述程序段中各文字变量后的值按零件图样中给定值来赋值即可。

6.4 数控铣床及加工中心编程举例

6.4.1 数控铣床编程实例

图 6-44 所示为平面凸轮零件图，在 FANUC 0MC 系统的 XK5032 立式数控铣床上加工，假设该平面凸轮两端面及各孔均已加工。

1. 工艺分析与工艺设计

凸轮的轮廓曲线由 8 段圆弧组成（其中，*DE* 圆弧为 *D* 处 *R*0.3 的倒圆），内孔 ϕ30H7 为设计基准，材料为铸铁 HT200。由于该平面凸轮两端面及各孔均已加工，故取内孔 ϕ30H7 和其中一个端面作为主要定位面，在一个 ϕ13 孔内增加削边销，以构成一面两销定位方式，并在另一端面用螺母压板压紧。

因为 ϕ30H7 孔是设计和定位基准，所以工件坐标原点选在该孔中心线与上端面的交点处，这样既便于对刀，又与设计基准重合，有利于保证精度和数学计算。

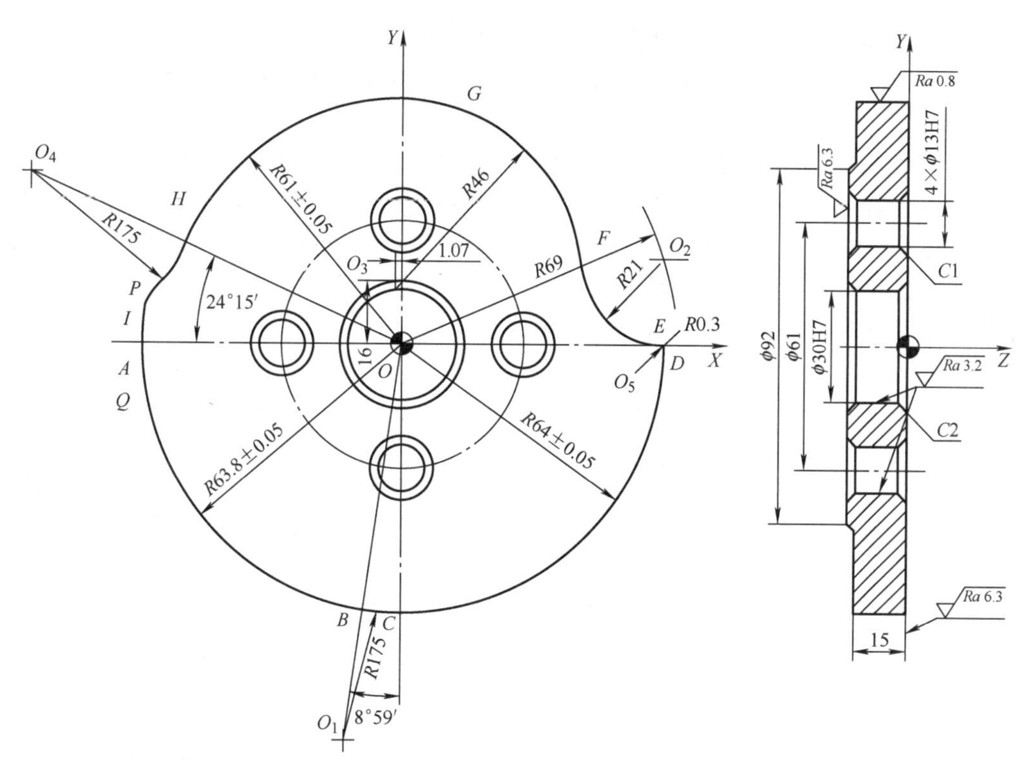

图 6-44　平面凸轮零件图

根据走刀路线设计原则，为了减少接刀、停刀刀痕，保证轮廓曲线光滑过渡，铣削外轮廓时，铣刀的进刀和退刀点应沿零件轮廓曲线的延长线上切入和切出零件表面，并且要有一定的重叠量。本例中选在沿圆弧 *BI* 的延长线进刀，沿圆弧 *BI* 的切线方向切入；走完一圈后，在 *A* 点沿圆弧 *IB* 切线方向的延长线切出。起刀点可选在工件坐标原点上方 40mm 处，采用逆时针方向走刀。凸轮加工走刀路线图如图 6-45 所示。

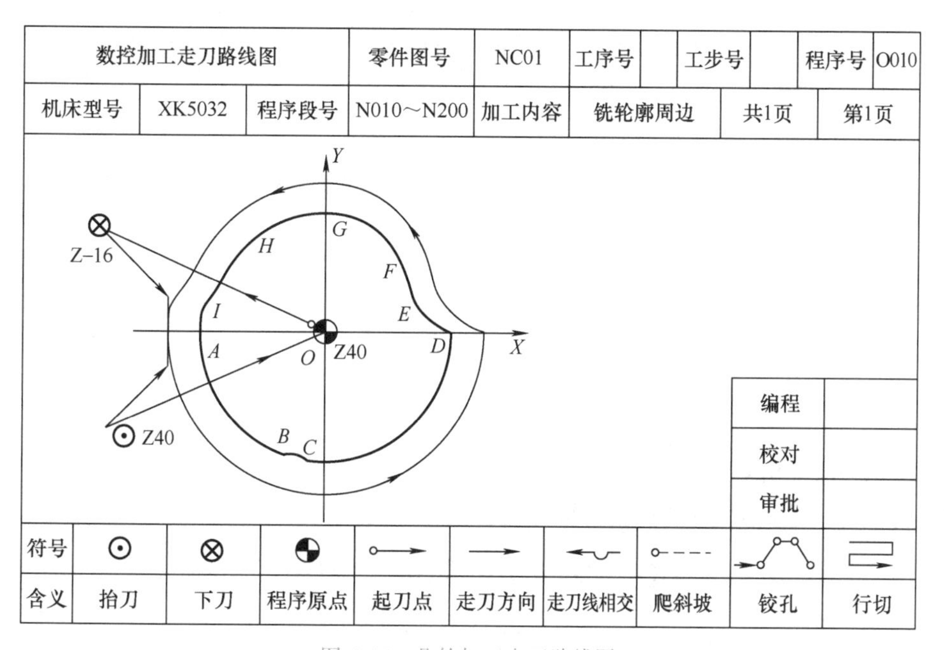

图 6-45　凸轮加工走刀路线图

由于构成零件外轮廓的内凹圆弧最小半径为 21mm，故应选用直径小于 42mm 的铣刀。考虑到零件的整体尺寸不是太大，选用了 ϕ20mm 的四刃硬质合金立铣刀进行加工。

根据零件图中标注的精度及表面粗糙度要求，该零件外轮廓加工需经过粗铣、精铣两个工步完成。查阅切削用量手册，零件外轮廓粗铣时主轴转速取 350r/min，进给速度取 200mm/min。精铣时主轴转速取 800r/min，进给速度取 150mm/min。本例中零件外轮廓粗、精铣加工利用刀具半径补偿功能实现多次进刀，完成粗、精铣操作，以简化编程。完成工艺设计后，将相关信息填入数控加工工序卡中，见表 6-7。

表 6-7 平面凸轮数控加工工序卡

<table>
<tr><td rowspan="2">××
公司</td><td colspan="2" rowspan="2">数控加工工序卡</td><td>产品名称或代号</td><td colspan="3">零件名称</td><td colspan="2">零件图号</td></tr>
<tr><td></td><td colspan="3">平面凸轮</td><td colspan="2">NC01</td></tr>
<tr><td>工艺
序号</td><td>程序
编号</td><td>夹具名称</td><td>夹具编号</td><td colspan="3">使用设备</td><td colspan="2">车间</td></tr>
<tr><td></td><td>O010</td><td>螺母压板</td><td></td><td colspan="3">XK5032</td><td colspan="2">数控中心</td></tr>
<tr><td>工步号</td><td colspan="2">工步内容</td><td>刀具号</td><td>刀具规格</td><td>主轴转速 /r·min^{-1}</td><td>进给速度 /mm·min^{-1}</td><td>背吃刀量 /mm</td><td>备注</td></tr>
<tr><td>1</td><td colspan="2">粗铣凸轮轮廓曲线</td><td>T01</td><td>ϕ20mm 的四刃硬质合金立铣刀</td><td>350</td><td>200</td><td>2.5</td><td></td></tr>
<tr><td>2</td><td colspan="2">精铣凸轮轮廓曲线</td><td>T01</td><td>ϕ20mm 的四刃硬质合金立铣刀</td><td>800</td><td>150</td><td>0.5</td><td></td></tr>
<tr><td>绘制</td><td></td><td>审核</td><td></td><td>批准</td><td></td><td>共 页</td><td colspan="2">第 页</td></tr>
</table>

2. 数学处理

由于要加工的凸轮轮廓由多段圆弧组成，所以只要计算出基点坐标即可。在设定的加工坐标系中，各点的坐标计算如下：

O_1 点：利用几何元素间的三角函数关系求解，得

$$X = -(175 + 63.8)\sin 8°59' = -37.28$$

$$Y = -(175 + 63.8)\cos 8°59' = -235.86$$

O_2 点：联立方程求解

$$\begin{cases} X^2 + Y^2 = 69^2 \\ (X - 64)^2 + Y^2 = 21^2 \end{cases}$$

得 $X = 65.75$，$Y = 20.93$。

O_4 点：利用几何元素间的三角函数关系求解，得

$$X = -(175 + 61)\cos 24°15' = -215.18$$

$$Y = (175 + 61)\sin 24°15' = 96.93$$

O_5 点：联立方程求解

$$\begin{cases} X^2+Y^2=63.7^2 \\ (X-65.75)^2+(Y-20.93)^2=21.3^2 \end{cases}$$

得 $X=63.70$，$Y=-0.27$。

A 点：直接由图中标注可得，$X=-63.8$，$Y=0$。

B 点：利用几何元素间的三角函数关系求解，得

$$X=-63.8\sin 8°59'=-9.96$$

$$Y=-63.8\cos 8°59'=-63.02$$

C 点：联立方程求解

$$\begin{cases} X^2+Y^2=64^2 \\ (X+37.28)^2+(Y+235.68)^2=175^2 \end{cases}$$

得 $X=-5.57$，$Y=-63.76$。

D 点：联立方程求解

$$\begin{cases} X^2+Y^2=64^2 \\ (X-63.70)^2+(Y+0.27)^2=0.3^2 \end{cases}$$

得 $X=63.99$，$Y=-0.28$。

E 点：联立方程求解

$$\begin{cases} (X-65.75)^2+(Y-20.93)^2=21^2 \\ (X-63.70)^2+(Y+0.27)^2=0.3^2 \end{cases}$$

得 $X=63.72$，$Y=0.03$。

F 点：联立方程求解

$$\begin{cases} (X-65.75)^2+(Y-20.93)^2=21^2 \\ (X+1.07)^2+(Y-16)^2=46^2 \end{cases}$$

得 $X=44.79$，$Y=19.6$。

G 点：联立方程求解

$$\begin{cases} X^2+Y^2=61^2 \\ (X+1.07)^2+(Y-16)^2=46^2 \end{cases}$$

得 $X=14.79$，$Y=59.18$。

H 点：利用几何元素间的三角函数关系求解，得

$$X=-61\cos 24°15'=-55.62$$

$$Y=61\sin 24°15'=25.05$$

I点：联立方程求解

$$\begin{cases} X^2+Y^2=63.8^2 \\ (X+215.18)^2+(Y-96.93)^2=175^2 \end{cases}$$

得 $X=-63.02$，$Y=9.97$。

从图 6-44 中标注可见，由于有尺寸公差要求的均为对称偏差，所以以上尺寸计算均按公称尺寸进行。

3. 编写加工程序

根据工艺设计时采用的方法，本零件外轮廓粗、精铣加工利用第 4 章中学习的刀具半径补偿及程序调用的方式，通过多次调用程序实现多次进刀，完成粗、精铣操作。首先设计粗加工程序：

```
O010
N010 G54 G00 X0 Y0 Z40;                 建立加工坐标系
N020 X-73.8 Y20;                        快速移到下刀点上方
N030 Z0;                                开始下刀至零件上表面的高度
N040 G01 Z-16 F200 S350 M03;            以进给速度下刀至零件下表面以下 1mm
N050 G42 D01 G01 X-63.8 Y10;            右刀补，并进刀至切入点 A 的切向外延点 P
N060 G01 X-63.8 Y0;                     切向进刀至 A 点
N070 G03 X-9.96 Y-63.02 R63.8;          加工弧 AB
N080 G02 X-5.57 Y-63.76 R175;           加工弧 BC
N090 G03 X63.99 Y-0.28 R64;             加工弧 CD
N100 X63.72 Y0.03 R0.3;                 加工弧 DE
N110 G02 X44.79 Y19.6 R21;              加工弧 EF
N120 G03 X14.79 Y59.18 R46;             加工弧 FG
N130 X-55.62 Y25.05 R61;                加工弧 GH
N140 G02 X-63.02 Y9.97 R175;            加工弧 HI
N150 G03 X-63.8 Y0 R63.8;               加工弧 IA
N160 G01 X-63.8 Y-10;                   切向退刀至 A 的外延点 Q
N170 G40 G01 X-73.8 Y-20;               取消刀补
N180 G00 Z40;                           快速 Z 向抬刀
N190 X0 Y0 M05;                         返回加工坐标系原点，主轴停止
N200 M02;                               程序结束
```

如果粗铣时，本程序段用的刀补参数号为 D01，那么在 CNC 系统的刀补参数表中，D01 中的值设定为铣刀半径和精铣余量之和，本例中选择的铣刀半径为 10mm，精铣余量取为 0.5mm，那么 D01 中的值设定为 10.5mm。

执行本程序完成粗加工后，精铣时再调用本程序，这时，在保持相同铣刀半径的条件下，将 N050 程序段的 D01 改为 D02，并将 D02 中的值设定为 10mm，再将 N040 程序段中 S350 修改为精铣的主轴转速 800r/min，进给速度改为精铣的进给速度 150mm/min，其余程序段不变，即可完成精铣加工。

6.4.2 加工中心编程实例

图 6-46 所示为升降凸轮零件图，在 FANUC 0MC 系统的 VMC-850 立式加工中心上

加工，零件材料为 45 钢，假设该零件部分表面已加工，如图 6-47 所示。零件中 23mm 深的半圆槽和外轮廓不是工作面，只是为了减轻重量，没有精度要求，故不考虑这两部分的加工，只解决深度为 25mm 的滚子槽轮廓的加工。

1. 工艺分析与工艺设计

由零件图可知，内孔 ϕ45H8 为设计基准，根据图 6-47 的已加工面情况，选择 ϕ45 和 *K* 面定位，配制专用夹具装夹，夹紧力作用在 *H* 面上。

根据零件图滚子槽轮廓的粗糙度要求，应经过粗铣、半精铣和精铣 3 步完成轮廓加工。半精铣和精铣单边余量分别取 1mm 和 0.15mm。为避免 *Z* 向吃刀过深，粗加工分两层加工完成，半精加工和精加工不分层，一刀完成。

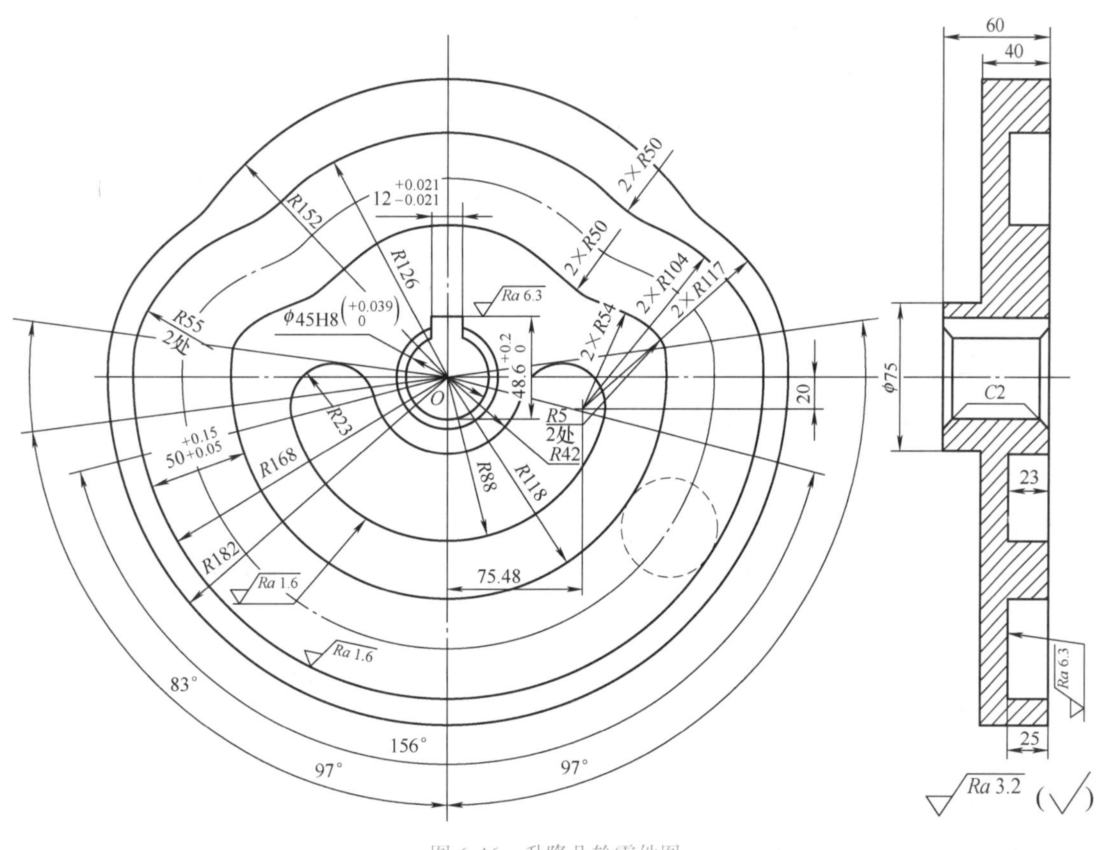

图 6-46　升降凸轮零件图

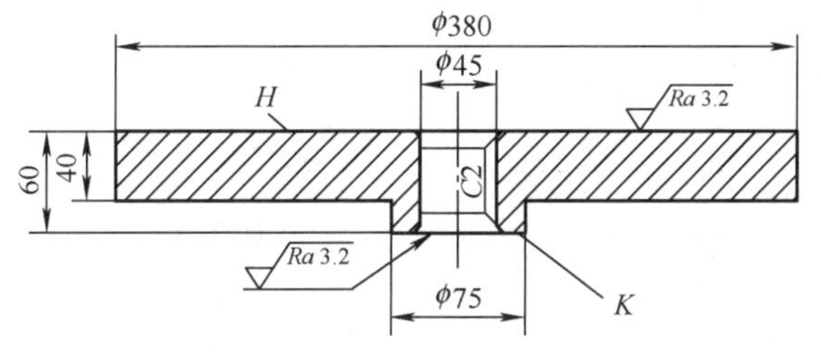

图 6-47　升降凸轮已加工图

另外，为了保证铣刀能够顺利下到要求的槽深，先用钻头钻出底孔，然后再用键槽铣刀将孔底铣平，以便于立铣刀下刀。为此，需要 1 把 ϕ25mm 的麻花钻头、1 把 ϕ25mm 的键槽铣刀和 3 把 ϕ25mm 的四刃硬质合金锥柄立铣刀，其中，3 把立铣刀分别用于粗加工、半精加工和精加工。

在加工路线安排上，粗铣、半精铣和精铣均选择顺铣，以提高刀具寿命、减小表面粗糙度值。

完成工艺设计后，将相关信息填入数控加工工序卡中，见表 6-8。

表 6-8 升降凸轮数控加工工序卡

<table>
<tr><td rowspan="2">× × 公司</td><td colspan="2" rowspan="2">数控加工工序卡</td><td>产品名称或代号</td><td colspan="3">零件名称</td><td colspan="2">零件图号</td></tr>
<tr><td></td><td colspan="3">升降凸轮</td><td colspan="2"></td></tr>
<tr><td>工艺序号</td><td>程序编号</td><td>夹具名称</td><td>夹具编号</td><td colspan="3">使用设备</td><td colspan="2">车间</td></tr>
<tr><td></td><td>O0001</td><td></td><td></td><td colspan="3">VMC–850</td><td colspan="2">数控中心</td></tr>
<tr><td>工步号</td><td colspan="2">工步内容</td><td>刀具号</td><td>刀具规格</td><td>主轴转速 /r · min^{-1}</td><td>进给速度 /mm · min^{-1}</td><td>背吃刀量 /mm</td><td>备注</td></tr>
<tr><td>1</td><td colspan="2">钻 ϕ25mm 深 25mm 底孔</td><td>T01</td><td>ϕ25mm 麻花钻</td><td>250</td><td>30</td><td>12.5</td><td></td></tr>
<tr><td>2</td><td colspan="2">铣 ϕ25mm 孔至 ϕ35mm，孔底铣平，深 25mm</td><td>T02</td><td>ϕ25mm 键槽铣刀</td><td>300</td><td>20</td><td>5</td><td></td></tr>
<tr><td>3</td><td colspan="2">粗铣滚子槽内、外侧</td><td>T03</td><td>ϕ25mm 立铣刀</td><td>400</td><td>40</td><td>25</td><td></td></tr>
<tr><td>4</td><td colspan="2">半精铣滚子槽内、外侧</td><td>T04</td><td>ϕ25mm 立铣刀</td><td>500</td><td>50</td><td>1</td><td></td></tr>
<tr><td>5</td><td colspan="2">精铣滚子槽内、外侧</td><td>T05</td><td>ϕ25mm 立铣刀</td><td>600</td><td>55</td><td>0.15</td><td></td></tr>
<tr><td>绘制</td><td></td><td>审核</td><td></td><td>批准</td><td colspan="2">共 页</td><td colspan="2">第 页</td></tr>
</table>

2. 数学处理

加工轮廓线是由多段圆弧组成，各基点（本例为切点）坐标可用像上例那样用几何元素间三角函数关系或联立方程组计算，也可以借助计算机绘图软件求出。为了减少计算量，同时充分发挥数控系统的功能优势，这里只计算凸轮理论轮廓线上的基点，粗铣、半精铣及精铣的刀具轨迹由数控系统的刀补功能实现。同时，由于该零件关于 Y 轴对称，因此只计算第 1 象限的基点坐标即可编程。选择 ϕ45mm 孔的中心为编程原点，计算出各基点坐标如图 6-48 所示（计算过程略）。

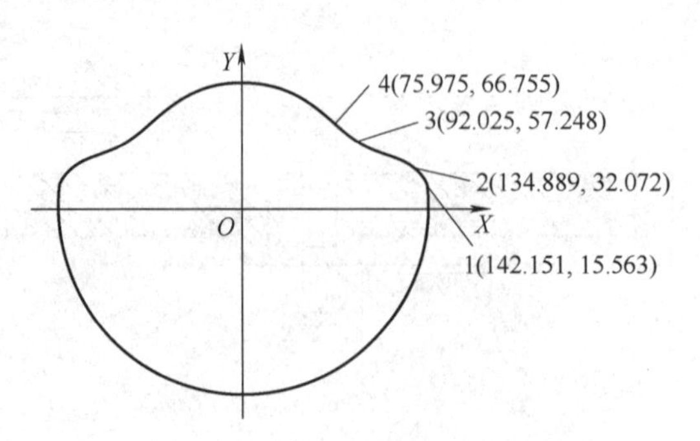

图 6-48 平面凸轮轮廓线基点坐标

3. 编写加工程序

为了实现顺铣，将滚子槽内、外侧轮廓铣削程序编成两段，其起点、终点坐标及走刀方向不同。同时，将内、外侧轮廓轨迹各自编成子程序，供主程序反复调用，以简化编程。

```
O0001                                        主程序
;                                            钻底孔
N0010 G90 G54 G00 X0 Y0 Z0 T01 M06;          建立加工坐标系，换 T01 麻花钻
N0020 X134.889 Y32.072 S250 M03;
N0030 G43 H01 G00 Z100.0;
N0040 G01 Z2.0 F1000 M08;
N0050 G73 Z-25.0 R2.0 Q2.0 F30;
N0060 G80 G00 Z250.0 M09;
;                                            铣平孔底
N0070 G91 G28 Z0 T02 M06;                    换 T02 键槽铣刀

N0080 G90 G00 X134.889 Y32.072 S300 M03;
N0090 G43 H02 G00 Z100.0;
N0100 G01 Z2.0 F1000 M08;
N0110 Z-20.0 F100;
N0120 Z-25.0 F20;
N0130 G91 G01 X5.0;
N0140 G02 I-5.0;                             铣 φ35mm
N0150 G01 X-5.0 F100;                        让刀
N0160 G90 G00 Z250.0 M09;
;                                            粗铣第一层
N0170 G91 G28 Z0 T03 M06;                    换 T03 立铣刀
N0180 G90 G00 X134.889 Y32.072 S400 M03;
N0190 G43 H03 Z100.0;
N0200 G01 Z5.0 F1000 M08;
N0210 Z-12.5 F50;                            Z 向切入工件 12.5mm
N0220 G42 D33 G01 X92.025 Y57.248 F40;       右刀补，刀补放在 D33 中，
                                             半径补偿值为 11.5mm
N0230 M98 P1000;                             调用铣外侧轮廓子程序，逆时针
                                             走刀
N0240 G40 G01 X134.889 Y32.072 F100;         取消半径补偿
N0250 M01;
N0260 G42 D33 G01 X142.151 Y15.563 F40;
N0270 M98 P2000;                             调用铣内侧轮廓子程序，顺时针
                                             走刀
N0280 G40 G01 Z5.0 F1000;                    取消半径补偿
N0290 M01;
;                                            粗铣第二层
N0300 G01 X134.889 Y32.072;
```

```
N0310 Z-25.0 F50;                              Z向切入工件12.5mm，至深度
                                               25mm
N0320 G42 D33 G01 X92.025 Y57.248 F40;
N0330 M98 P1000;                               调用铣外侧轮廓子程序，逆时针
                                               走刀
N0340 G40 G01 X134.889 Y32.072 F100;
N0350 M01;
N0360 G42 D33 G01 X142.151 Y15.563 F30;
N0370 M98 P2000;                               调用铣内侧轮廓子程序，顺时针
                                               走刀
N0380 G40 G01 Z5.0 F1000;
N0390 M01;
;                                              半精铣
N0400 G91 G28 Z0 T04 M06;                      换T04立铣刀
N0410 G90 G00 X134.889 Y32.072 S500 M03;
N0420 G43 H04 G00 Z100.0;
N0430 G01 Z5.0 F1000 M08;
N0440 Z-25.0 F100;
N0450 G42 D34 G01 X92.025 Y57.248 F50;         右刀补，刀补放在D34中，
                                               半径补偿值为12.35mm
N0460 M98 P1000;                               调用铣外侧轮廓子程序，逆时针
                                               走刀
N0470 G40 G01 X134.889 Y32.072 F1000;
N0480 M01;
N0490 G42 D34 G01 X142.151 Y15.563 F50;
N0500 M98 P2000;                               调用铣内侧轮廓子程序，顺时针
                                               走刀
N0510 G40 G01 Z5.0 F1000;                      取消半径补偿
N0520 G00 Z200.0 M09;
;                                              精铣
N0530 G91G28 Z0 T05 M06;                       换T05立铣刀
N0540 G90 G00 X134.889 Y32.072 S600 M03;
N0550 G43 H05 G00 Z100.0;
N0560 G01 Z5.0 F1000 M08;
N0570 Z-25.0 F100;
N0580 G42 D35 G01 X92.025 Y57.248 F55;         右刀补，刀补放在D35中，
                                               半径补偿值为12.5mm
N0590 M98 P1000;                               调用铣外侧轮廓子程序，逆时针
                                               走刀
N0600 M01 G40 G01 X134.889 Y32.072 F1000;
N0610 M01;
N0620 G42 D35 G01 X142.151 Y15.563 F55;
N0630 M98 P2000;                               调用铣内侧轮廓子程序，顺时针
                                               走刀
N0640 G40 G01Z5.0 F1000;                       半径补偿取消
```

```
N0650 G00 Z200.0 M09;
N0660 M02;

O1000;                                    逆时针铣外侧轮廓子程序
N1010 G02 X75.795 Y66.755 R30.0;
N1020 G03 X-75.795 Y66.755 R101.0;
N1030 G02 X-92.025 Y57.248 R30.0;
N1040 G03 X-134.889 Y32.072 R79.0;
N1050 X-142.151 Y15.563 R30.0;
N1060 X142.151 Y15.563 R-143.0;
N1070 X134.889 Y32.072 R30.0;
N1080 X92.025 Y57.248 R79.0;
N1090 M99;

O2000;                                    顺时针铣外侧轮廓子程序
N2010 G03 X-142.151 Y15.563 R-143.0;
N2020 X-134.889 Y32.072 R30.0;
N2030 G02 X-92.025 Y57.248 R79.0;
N2040 G03 X-75.795 Y66.755 R30.0;
N2050 G02 X75.795 Y66.755 R101.0;
N2060 G03 X92.025 Y57.248 R30.0;
N2070 X134.889 Y32.072 R79.0;
N2080 X142.151 Y15.563 R-30.0;
N2090 M99;
```

复习思考题

6-1 选择数控车床的工艺装备时，应考虑哪些问题?

6-2 数控车床编程有哪些特点?

6-3 采用恒线速度控制功能时，为什么要限定主轴的最高转速?

6-4 数控车床编程时可以采用哪几种坐标编程方式? 数控铣床编程时采用哪几种坐标编程方式?

6-5 为什么车削螺纹时要留有进刀引入距离和退刀切出距离? 这些距离值与哪些因素有关?

6-6 加工中心上使用的工艺装备有何特点? 数控工具系统有哪两种? 各有何特点?

6-7 孔加工固定循环的基本动作有哪些? 写出孔加工固定循环的指令格式及各功能字的意义。

6-8 用户宏程序的作用是什么? 用户宏程序指令有哪些? 宏程序变量有哪些?

6-9 试比较固定循环指令、用户宏程序和子程序的相似与不同之处。

6-10 用 *R*5mm 的立铣刀，加工图 6-49 所示轮廓，若精加工余量为 0.3mm，利用刀补功能编写能进行粗、精铣的加工程序，并设置相关参数。

6-11 编制图 6-50 所示各零件的数控车削加工程序，并设置参数。其中图 6-50a、b、d 所示毛坯为棒料，材料为 45 钢；图 6-50c 所示毛坯为铸件，材料为 HT200。

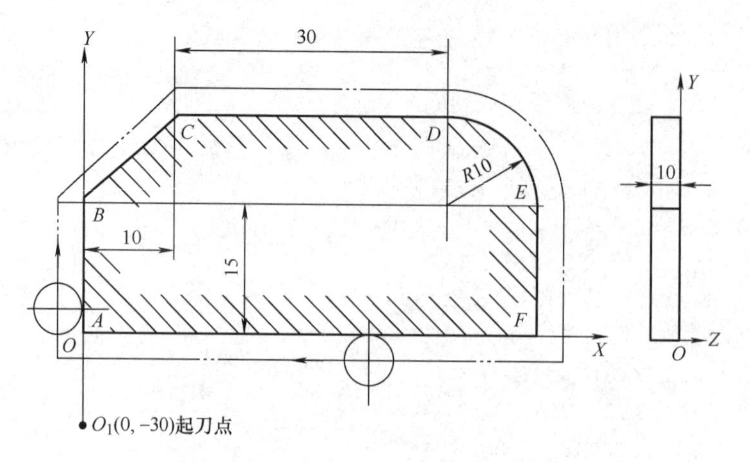

图 6-49　题 6-10 图

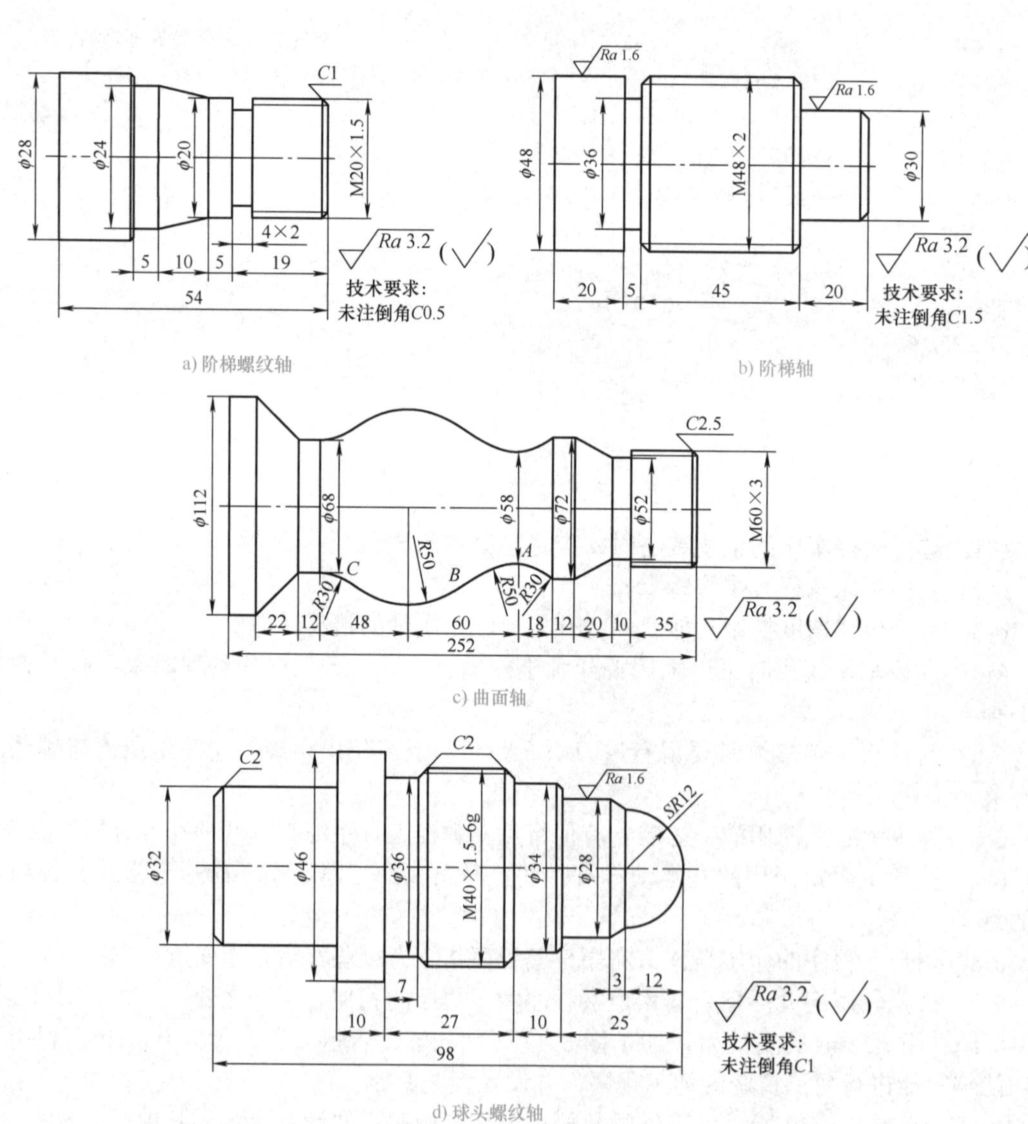

a) 阶梯螺纹轴

b) 阶梯轴

c) 曲面轴

d) 球头螺纹轴

图 6-50　题 6-11 图

6-12 加工图 6-51 所示零件的 5 个孔，表面粗糙度要求为 *Ra*12.5μm，编制数控加工程序，并设置相关参数。

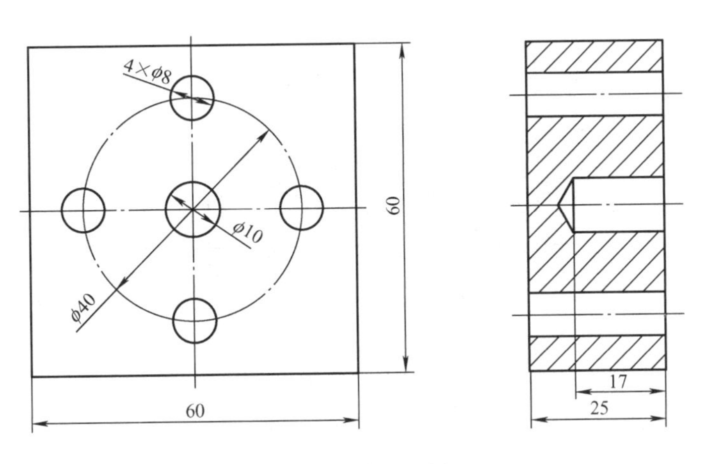

图 6-51 题 6-12 图

6-13 加工图 6-52 所示各零件（铸件，材料为 HT200），图 6-52b、c 中各孔的表面粗糙度要求为 *Ra* 12.5μm，其余表面粗糙度要求为 *Ra* 6.3μm。试进行工艺分析，并编写数控加工程序，设置相关参数。

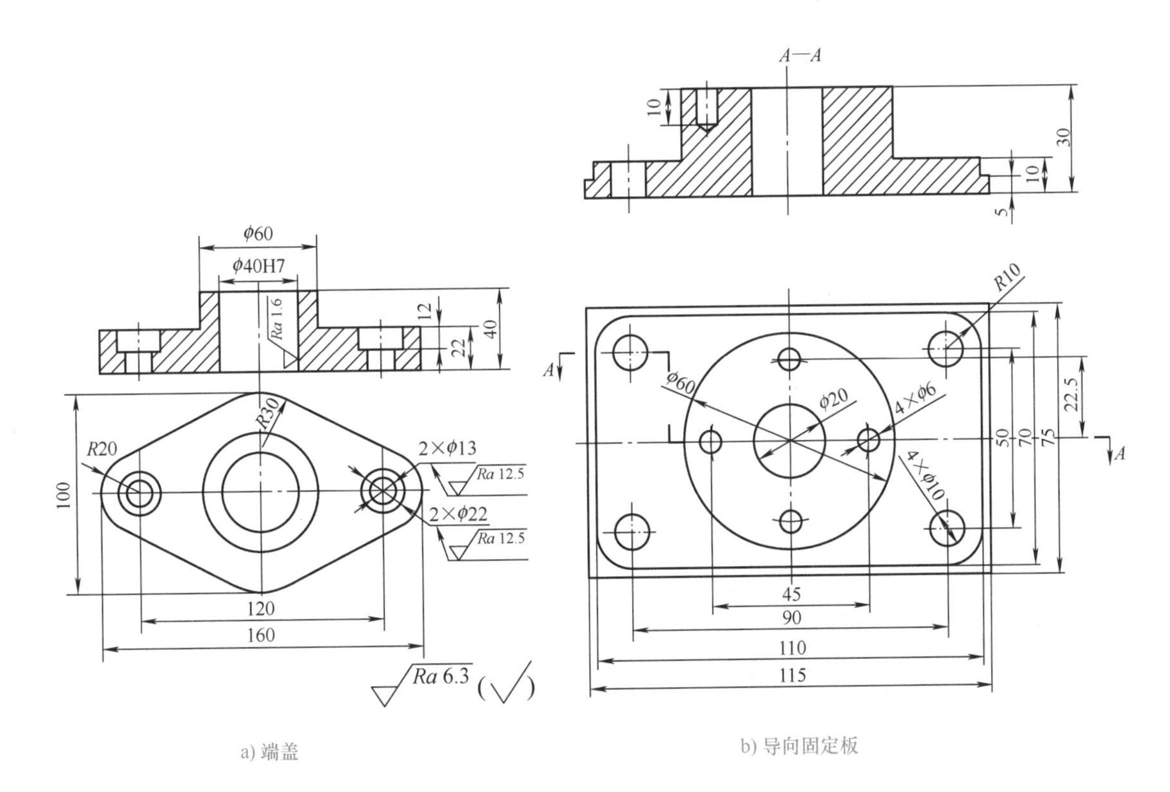

图 6-52 题 6-13 图

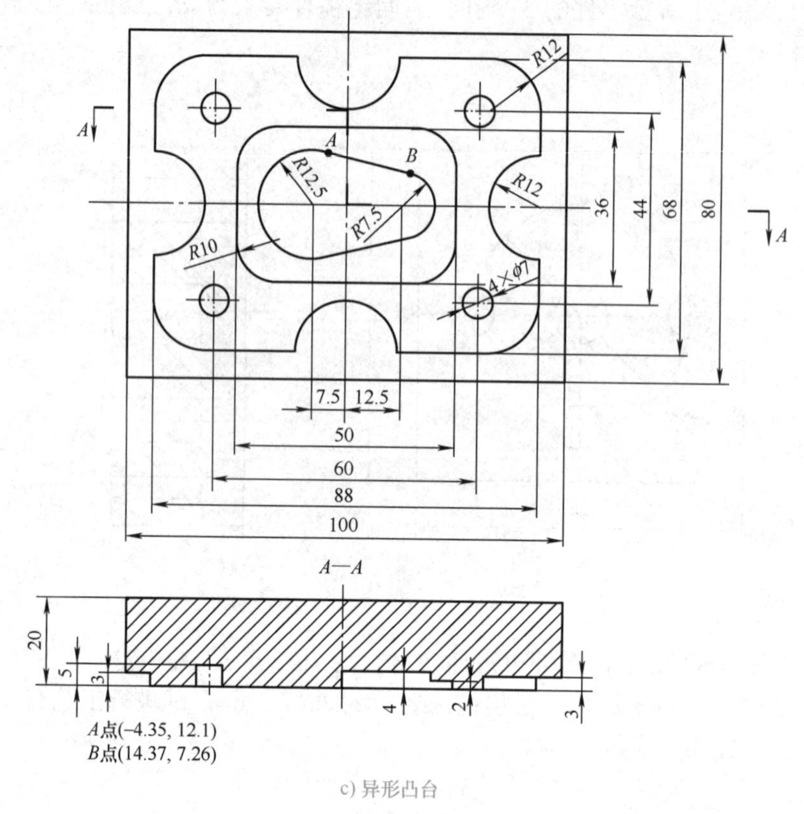

c) 异形凸台

图 6-52　题 6-13 图（续）

实践实训篇

第7章 数控加工仿真软件基本操作

教学目标：

1）能结合数控加工特点，正确选择和使用现代信息工具。

2）掌握数控编程仿真软件的使用和系统设置，引导学生养成认真负责的工作态度，增强学生的责任担当。

3）通过数控加工仿真软件建立数控加工模型，模拟加工过程，锻炼动手操作能力、观察能力。

信息技术特别是虚拟现实技术（Virtual Reality，VR）的快速发展，使虚拟仿真实验教学在教育教学中得到了广泛的应用，形成了安全、高效、经济、开放的新型教学模式，是21世纪“互联网+教育”改革和实践教育信息化的发展方向。

数控加工仿真软件是基于虚拟现实技术，用于数控加工操作技能培训、编程实训和考核的仿真软件，源自20世纪90年代初美国的虚拟现实技术，是一种富有价值的加工工具，可以提升传统产业层次，挖掘其潜力。虚拟现实技术在改造传统产业上的价值体现在：用于产品设计与制造，可以降低成本，避免新产品开发的风险；用于产品演示，可借多媒体效果吸引客户、争取订单；用于培训，可用“虚拟设备”来增加员工的操作熟练程度。掌握一种数控系统的编程与加工方法，对应用其他数控机床的编程与加工有触类旁通的功效。

上海数林软件有限公司研制开发的宇龙数控加工仿真软件是基于虚拟现实的仿真软件系统，可以实现对数控铣和数控车加工全过程的仿真，其中包括毛坯的定义，夹具、刀具的定义与选用，零件基准的测量和设置，数控程序的输入、编辑和调试，加工仿真以及各种错误检测功能。该软件具有仿真效果好、针对性强、宜于普及等特点，因此，本书选用宇龙数控加工仿真软件作为数控编程实训平台，以实现课堂教学、上机实践、课程设计及工程应用的有机结合，满足企业数控加工仿真和教育部门数控技术教学的需要。

7.1 软件进入与设置

7.1.1 软件进入

宇龙数控加工仿真软件有加密锁版和网络版两种使用方式，进入系统前需进行相应设置。

1. 加密锁版方式

该方式无须计算机联 Internet 网络，但需学生机与安装加密锁的教师机在同一个网段（局域网也可）。教师机的数控加工仿真软件上装有加密锁管理程序，用来管理加密锁、控制仿真系统运行状态。只有加密锁管理程序运行后，教师机和学生机的数控加工仿真软件才能运行。

（1）启动加密锁管理程序　依次单击“开始”→“所有程序”→“宇龙数控加工仿真软件 V5.0”→“加密锁管理程序”，如图 7-1 所示。

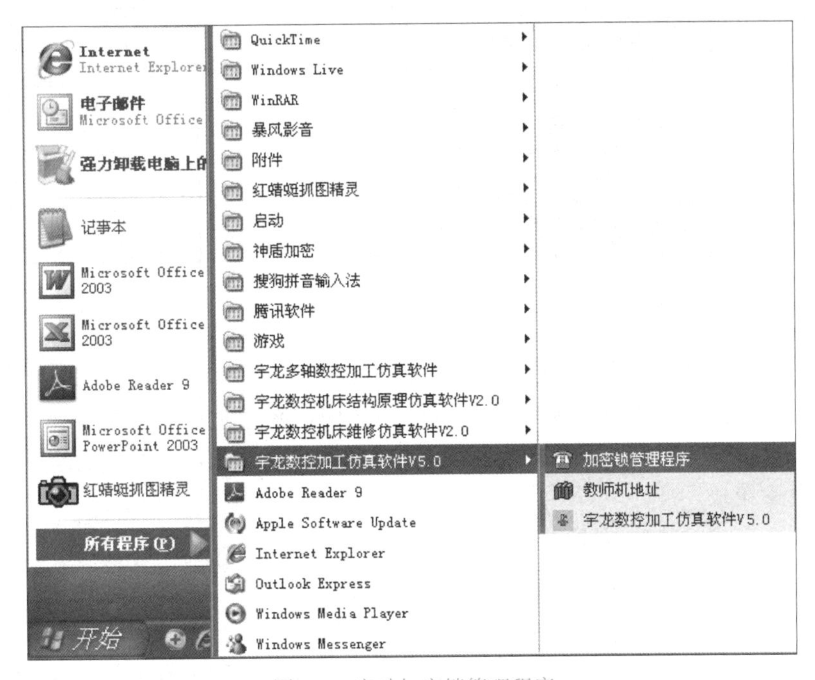

图 7-1　启动加密锁管理程序

第一次启动“加密锁管理程序”，弹出注册窗口，在“注册码”文本框中，正确输入上海数林软件有限公司提供的注册码即可。

加密锁程序启动后，屏幕右下方的工具栏中将出现“☎”图标。

（2）运行宇龙数控加工仿真软件　启动加密锁管理程序后，系统将弹出图 7-2 所示的“用户登录”界面。

此时，可以通过单击“快速登录”按钮进入数控加工仿真系统的操作界面或通过输入用户名和密码，再单击“确定”按钮，进入数控加工仿真系统。

注意：在局域网内使用本软件时，必须按上述方法先在教师机上启动“加密锁管理程序”，等到教师机屏幕右下方的工具栏中出现“☎”图标后，才可以在学生机上依次单击“开始”→“所有程序”→“宇龙数控加工仿真软件 V5.0”登录到软件的操作界面。

2. 网络版方式

（1）软件配置　该方式计算机需联 Internet 网络，在计算机“开始”菜单中单击图 7-1 中的“教师机地址”，在弹出的“宇龙考核平台教师机地址”对话框中配置好上海数林软件有限公司提供的“要连接的加密锁的编号”等信息，如图 7-3 所示。

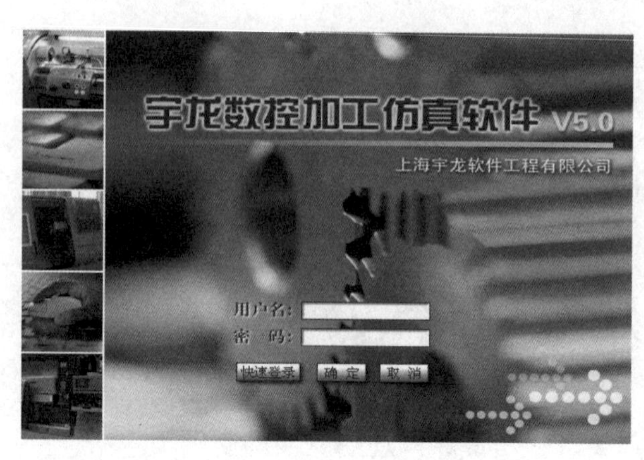

图 7-2 “用户登录”界面

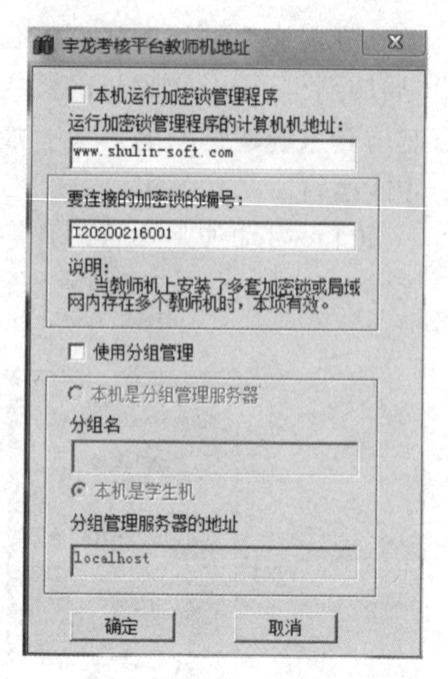

图 7-3 网络版软件配置

（2）运行宇龙数控加工仿真软件　依次单击“开始”→“所有程序”→“宇龙数控加工仿真软件 V5.0”，系统将弹出如图 7-2 所示的“用户登录”界面。输入上海数林软件有限公司提供的用户名和密码（该方式不支持“快速登录”），再单击“确定”按钮，进入数控加工仿真系统。

7.1.2 系统设置

在菜单栏中选择“系统管理”→“系统设置”命令，弹出“系统设置”对话框，共有 10 张选项卡（图 7-4 ～图 7-11）。享有“修改系统参数”权限的用户可以对系统设置做出修改，单击“保存”按钮，设置永久有效；单击“应用”按钮，设置仅用于本次登录。

1. 公共属性（图 7-4）

1）零件和刀具随机偏移：每次放置零件、安装刀具时在固定位置的基础上产生微小的随机偏移。通常考试时需这样设置。

2）自动记录操作结果（仅教师）：当以管理员身份登录时，关闭时自动记录操作结果。

3）自动打开先前的操作结果（仅教师）：当以管理员身份登录时，自动打开上次登录时操作的结果。

4）自动打开 / 保存数控系统参数：登录时自动打开上次退出时保存的数控系统参数。

5）可以使用计算机的键盘输入数据：选中后下次登录可以使用计算机的键盘代替操作面板的键盘。

6）自动评分：考试结束后按照教师设置的评分标准自动得出考试成绩。

7）交卷之后弹出禁止继续操作对话框：交卷后弹出对话框，可以防止考生继续操作，输入管理员密码才能退出仿真系统。

8）保持回参考点标识灯：回零后，改变机床位置回参考点标识灯仍然亮起。

9）回参考点之前可以空运行。

10）回参考点之前可以手动操作机床。

11）回参考点之前，机床位置离参考点至少：X 轴：100mm，Y 轴：100mm，Z 轴：100mm。

12）编辑工件原点之后，必须回参考点或调用设置工件原点指令才能使新的值有效。

13）回参考点之后取消由程序设置的工件坐标系。

单击“浏览”按钮可选择用户工作目录，或者在文本框中直接输入。

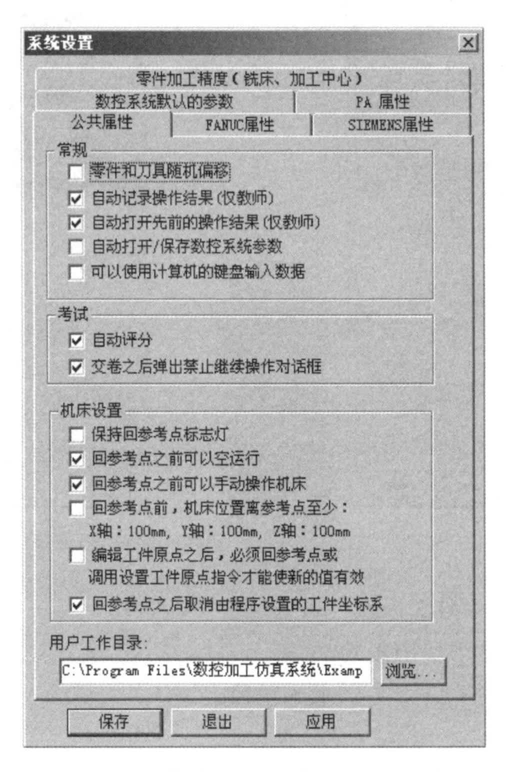

图 7-4　系统设置：“公共属性”选项卡

2. FANUC 属性（图 7-5）

1）默认的绝对坐标系原点（0/Power Mate 0 车床）：卡盘底面中心；回零参考点。

2）默认的机械坐标系原点（0I/0I Mate 车床）：卡盘底面中心；回零参考点。

3）Power Mate 0：回参考点时，X 方向的机床坐标必须大于 –50.0，*Z* 方向的坐标必须小于 0.0。

4）没有小数点的数以千分之一毫米为单位。例如：输入 100，生成 0.100；输入 100.，生成 100.000。

5）换刀指令采用 Tnn 的格式（车床）。

6）必须使用 G28 回到换刀点后才能换刀（加工中心）。

3. SIEMENS 属性（图 7-6）

1）默认的机床坐标系原点（车床）：卡盘底面中心；回零参考点。

2）PRT 有效时显示加工轨迹：自动状态下，选择 CRT 屏幕的软键 Machine→程序控制，选中程序测试（PRT），运行时显示加工轨迹。

3）M6 有效：运行 M6 时才更换刀具。

4）新建程序之后自动打开。

5）导入程序时需要文件头。

6）802S 主轴需要回零。

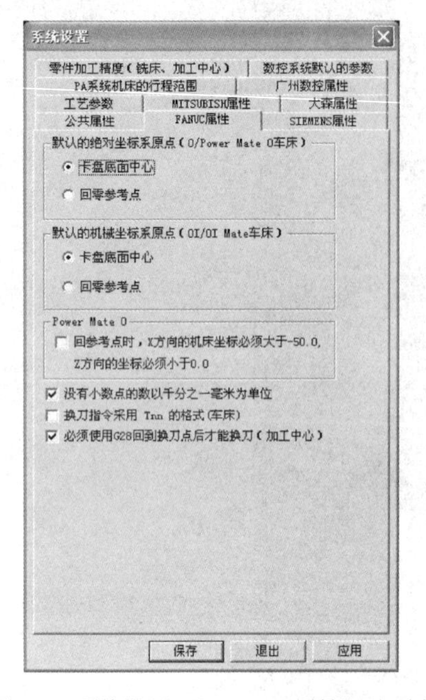

图 7-5 系统设置："FANUC 属性"选项卡

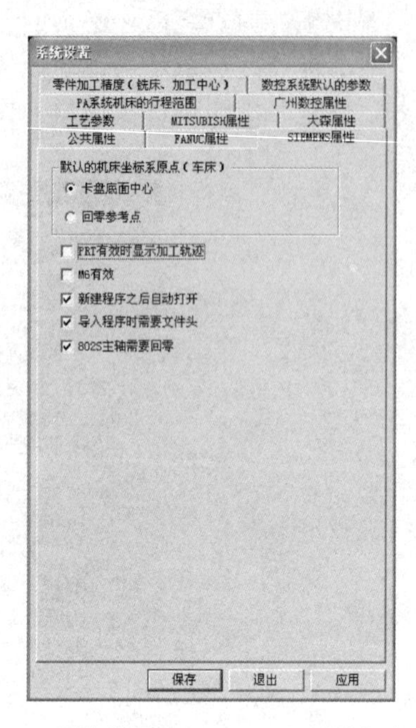

图 7-6 系统设置："SIEMENS 属性"选项卡

4. MITSUBISH 属性（图 7-7）

1）长度补偿与半径补偿共用参数。

2）没有小数点的数以千分之一毫米为单位。

5. 大森属性（图 7-8）

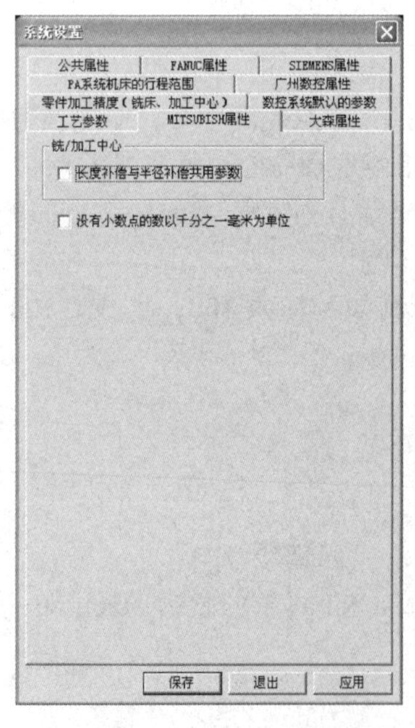

图 7-7 系统设置："MITSUBISH 属性"选项卡

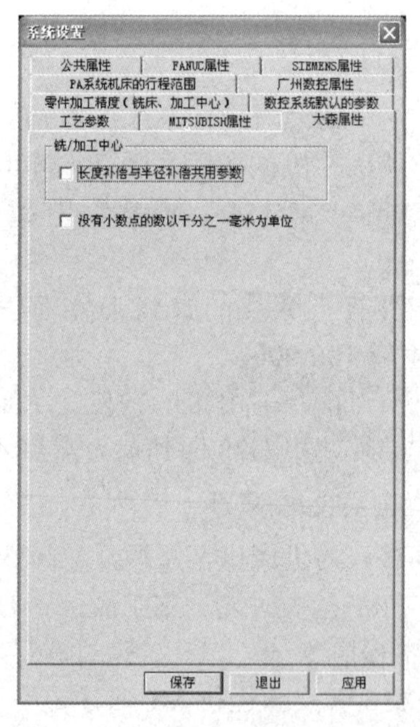

图 7-8 系统设置："大森属性"选项卡

1）长度补偿与半径补偿共用参数（铣 / 加工中心）。

2）没有小数点的数以千分之一毫米为单位。

6. 数控系统默认的参数（图 7-9）

1）数控系统使用默认的参数：选中后下方的设置才有效。

2）默认的坐标原点（G54）：以机床坐标系计算。

注意： 仅当公共属性页面中的“自动打开先前的操作结果”以及“自动打开 / 保存数控系统参数”两个选项无效时，才能使用数控系统的默认参数。

7. PA 系统机床的行程范围（图 7-10）

行程范围是指在机床坐标系下机床移动的范围。PA 车床、铣床、立式加工中心各有两种选择。

图 7-9　系统设置：“数控系统默认的参数”选项卡

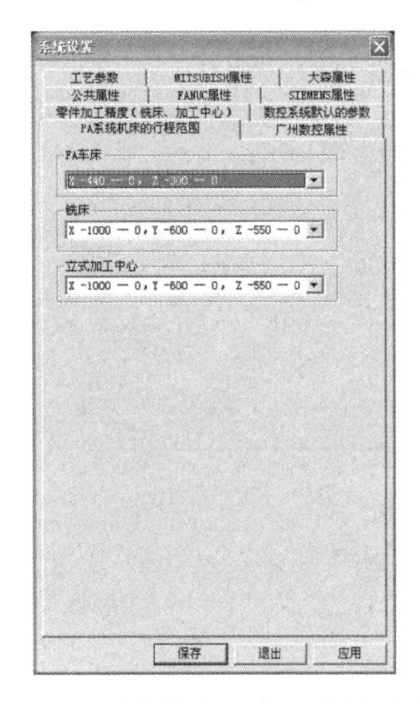

图 7-10　系统设置：“PA 系统机床的行程范围”选项卡

8. 零件加工精度（铣床、加工中心）（图 7-11）

用鼠标拖动滑块，可调节显示精度。该设置仅适用于铣床、加工中心的零件。当重新安装零件时设置的加工精度生效。

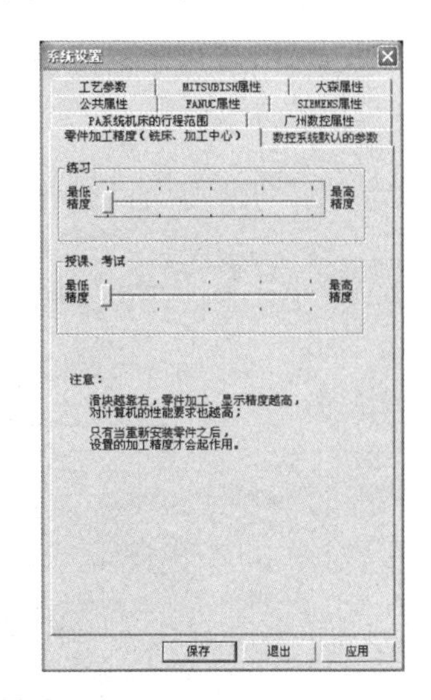

图 7-11　系统设置：“零件加工精度（铣床、加工中心）”选项卡

7.1.3　铣刀刀具库管理

享有“修改系统参数”权限的用户可以对刀库中的刀具进行更改、添加、删除操作。在菜单栏中选择“系统管理”→“铣刀库管理”命令，弹出“铣刀库管理”对话框，如图 7-12 所示。

1. 添加刀具

在“铣刀库管理”对话框中单击“添加刀具”按钮，输入新的刀具编号（名称）；在“刀具类型”列表中根据图片选择类型，然后单击“选定该类型”按钮，选中刀具类型，输入刀具参数，单击“保存”按钮，添加刀具完成。

2. 删除刀具

在“刀具编号（名称）”列表框内选择要删除的刀具，单击“删除当前刀具”按钮，完成删除操作。

3. 刀具类型详细资料

在“刀具类型”列表中选择一种刀具类型，单击“详细资料”按钮，可查看刀具基本信息，如图 7-13 所示。

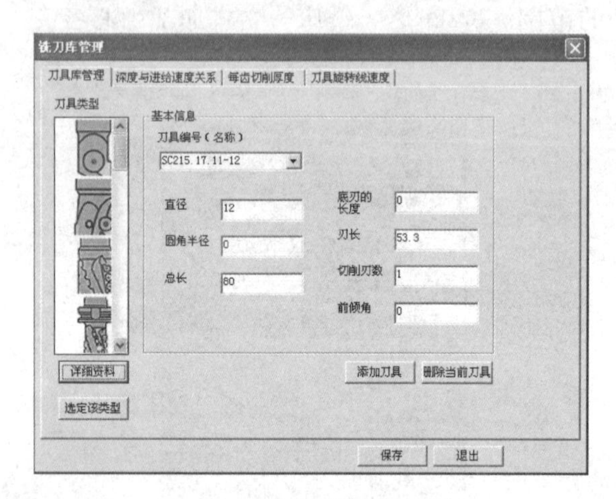

图 7-12 “铣刀库管理”对话框

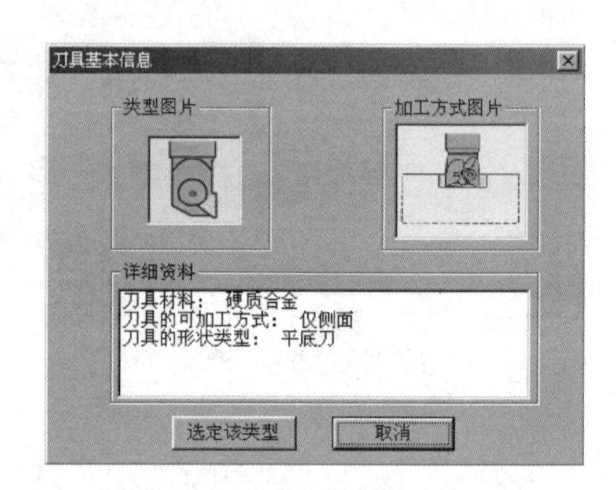

图 7-13 刀具基本信息

注意：“深度与进给速度关系”“每齿切削厚度”以及“刀具旋转线速度”选项卡在这个版本中不使用。

7.1.4 车刀刀具库管理

享有“修改系统参数”权限的用户可以对刀库中的刀具进行更改、添加、删除操作。在菜单栏中选择“系统管理”→“车刀刀具库”命令，弹出“车刀刀具库”对话框，如图 7-14 所示。

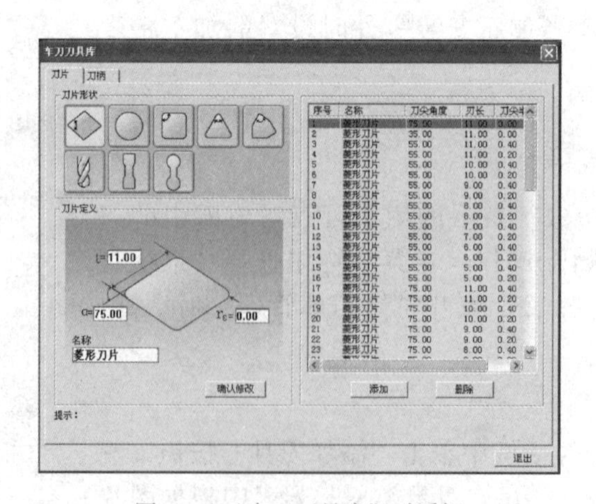

图 7-14 “车刀刀具库”对话框

1. 添加刀具

1）在“车刀刀具库”对话框中打开“刀片”选项卡，再选中一个所需刀片的形状；单击“添加”按钮，右边刀具列表中会出现默认的刀具参数；选中右边刀具列表中的刀具，在左边“刀片定义”中可修改所需要的参数及名称；修改完成后单击“确认修改”按钮；单击“退出”按钮关闭“车刀刀具库”对话框，刀片自定义完成。

2）在“车刀刀具库”对话框中打开“刀柄”选项卡，再选中一把刀片形状，再选择所需刀具对应的刀柄；单击“添加”按钮，左边刀具列表中会出现默认的刀具参数，如图 7-15 所示。选中列表中的刀柄，在右边的图中修改刀具“主偏角”参数及刀柄名称；单击“确认修改”按钮；单击“退出”按钮关闭“车刀刀具库”对话框，刀柄自定义完成。

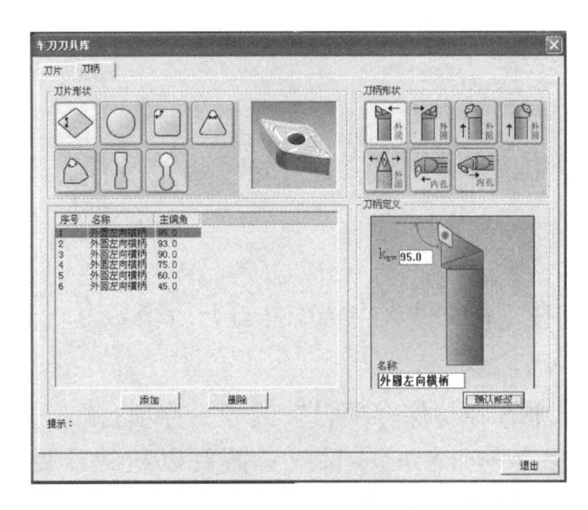

图 7-15　“刀柄”选项卡

2. 删除刀具

1）打开图 7-14 所示“刀片”选项卡，在右边刀具列表中选中要删除的刀具，单击“删除”按钮，弹出“确信删除”询问框，如图 7-16 所示，单击“是”按钮即删除，单击“否”按钮取消删除。

2）打开图 7-15 所示“刀柄”选项卡，在右边“刀柄形状”列表中选中要删除的刀具，单击“删除”按钮，弹出“确信删除”询问框，如图 7-17 所示，单击“是”按钮即删除，单击“否”按钮取消删除。单击“退出”按钮关闭“车刀刀具库”对话框，刀具删除完成。

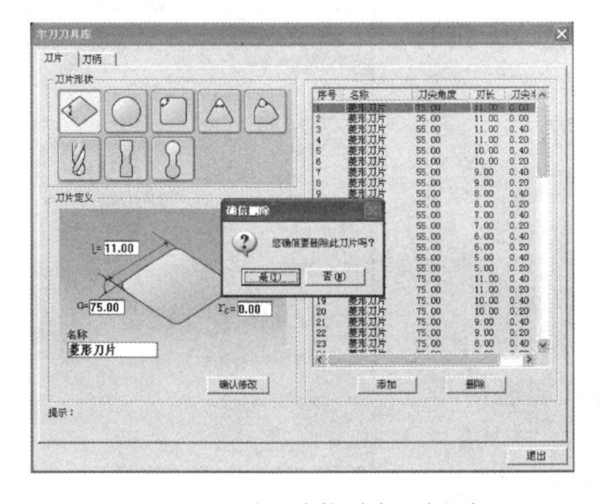

图 7-16　刀片“确信删除”询问框

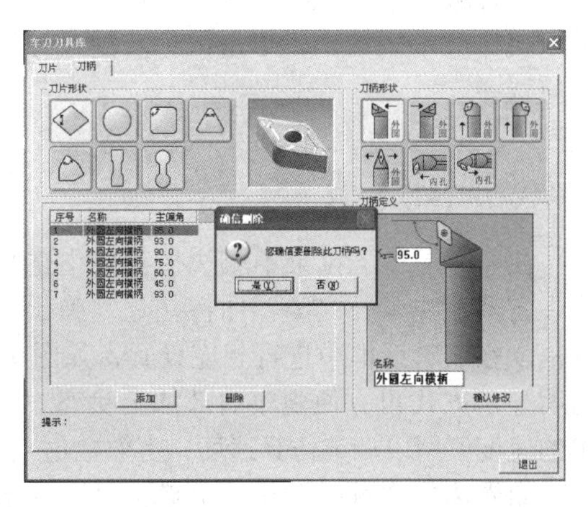

图 7-17　刀柄“确信删除”询问框

7.2 项目文件

宇龙数控加工仿真软件可通过项目文件将操作结构保存下来，但不包括操作过程。

7.2.1 项目文件的内容

项目文件的内容包括：

1）机床、毛坯、经过加工的零件、选用的刀具和夹具、在机床上的安装位置和方式。

2）输入的参数，包括工件坐标系、刀具长度和半径补偿数据。

3）输入的数控程序。

7.2.2 对项目文件的操作

1. 新建项目文件

在“文件”下拉菜单中选择“新建项目”，选择“新建项目”后，就相当于回到重新选择机床后的状态。

2. 打开项目文件

打开选中的项目文件夹，在文件夹中选中并打开后缀名为“.MAC”的文件。

3. 保存项目文件

在“文件”下拉菜单中选择“保存项目”或“另存项目”，选择需要保存的内容，单击“确定”按钮。如果保存一个新的项目或者需要以新的项目名保存，选择“另存项目”，当内容选择完毕，还需要输入项目名。

保存项目时，系统自动以用户给予的文件名建立一个文件夹，内容都放在该文件夹中，默认保存在用户工作目录相应的机床系统文件夹内。

7.3 视图变换操作

在工具栏中选“”图标按钮之一，它们分别对应于主菜单“视图”下拉菜单中的“复位”“局部放大”“动态缩放”“动态平移”“动态旋转”“绕X轴旋转”“绕Y轴旋转”“绕Z轴旋转”“左侧视图”“右侧视图”“俯视图”“前视图”，或者可以将光标置于机床显示区域内，单击鼠标右键，弹出快捷菜单进行相应选择。

7.4 视图选项

在“视图”下拉菜单或快捷菜单中选择“选项”命令或在工具栏中单击“”图标按钮，弹出“视图选项”对话框，在该对话框中进行相应设置，如图7-18所示。其中透明显示方式可方便观察内部加工状态。“仿真加速倍率”中的速度值用以调节仿真速度，有效数值范围为1—100。

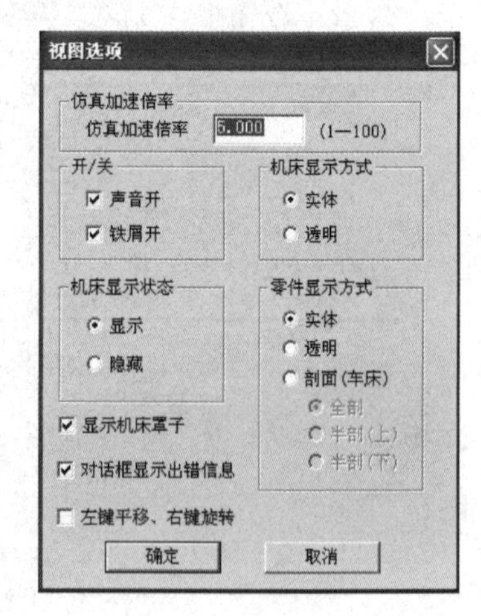

图7-18 “视图选项”对话框

如果选中“对话框显示出错信息”复选按钮，出错信息提示将出现在对话框中；否则，出错信息将出现在屏幕的右下角。

7.5　车床工件测量

数控加工仿真软件提供了卡尺以完成对加工零件的测量。如果当前机床上有工件且不处于正在被加工的状态，在菜单栏中选择“测量”→“坐标测量”命令，弹出“车床工件测量”对话框，如图 7-19 所示。

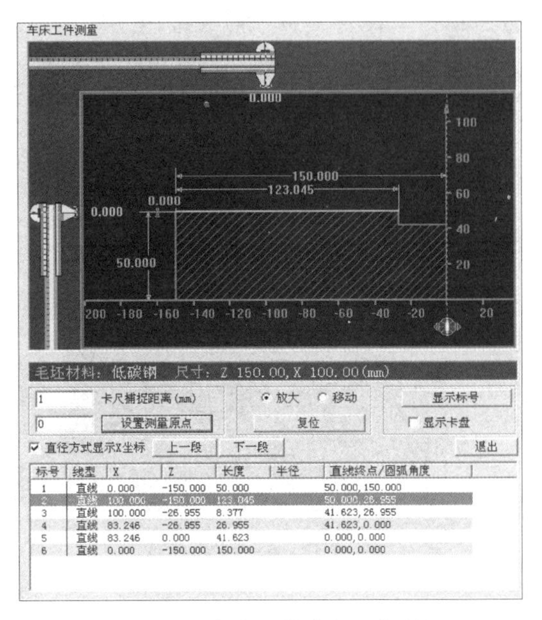

图 7-19　“车床工件测量”对话框

1. 视图组成

对话框上半部分的视图显示了当前机床上工件的剖视图。坐标系水平方向上以工件轴线为 Z 轴，向右为正方向，默认工件最右端中心记为原点，拖动“ ”可以改变 Z 轴的原点位置。垂直方向上为 X 轴，显示工件的半径值。Z 方向、X 方向各有一把卡尺用来测量两个方向上的投影距离。

对话框下半部分的列表中显示了组成视图中工件剖视图的各条线段。每条线段包含以下数据：

1）标号：每条线段的编号，单击“显示标号”按钮，视图中将用黄色标注出每一条线段在此列表中对应的标号。

2）线型：包括直线和圆弧，螺纹将用小段的直线组成。

3）X：显示此线段自左向右的起点 X 值，即直径 / 半径值。选中“直径方式显示 X 坐标”复选按钮，列表中“X”列显示直径，否则显示半径。

4）Z：显示此线段自左向右的起点距零件最右端的距离。

5）长度：线型若为直线，显示直线的长度；若为圆弧，显示圆弧的弧长。

6）半径：线型若为直线，不做任何显示；若为圆弧，显示圆弧的半径。

7）直线终点 / 圆弧角度：线型若为直线，显示直线终点坐标；若为圆弧，显示圆弧的角度。

2. 视图操作

1）选中对话框中的“放大”或者“移动”单选按钮可以使光标在视图上拖动时做相应的操作，完成放大或者移动视图。单击“复位”按钮视图恢复到初始状态。

2）选中“显示卡盘”复选按钮，视图中用红色显示卡盘位置，如图 7-20 所示。

3）选择一条线段。

方法一：在列表中单击选择一条线段，当线段所在行变蓝时，视图中将用黄色标记出此线段在零件剖视图上的详细位置，如图 7-19 所示。

方法二：在视图中单击一条线段，线段变为黄色，且标注出线段的尺寸。此时，列表中对应线段所在行变蓝。

方法三：单击“上一段”“下一段”按钮可以在相邻线段间切换，视图和列表中相应变为选中状态。

3. 设置测量原点

方法一：在“设置测量原点”按钮前的文本框中填入所需坐标原点距零件最右端的位置，单击“设置测量原点”按钮。

方法二：拖动“■”，改变测量原点。拖动时在虚线上有一黄色圆圈在 Z 轴上滑动，遇到线段端点时会跳到线段端点处，如图 7-21 所示。

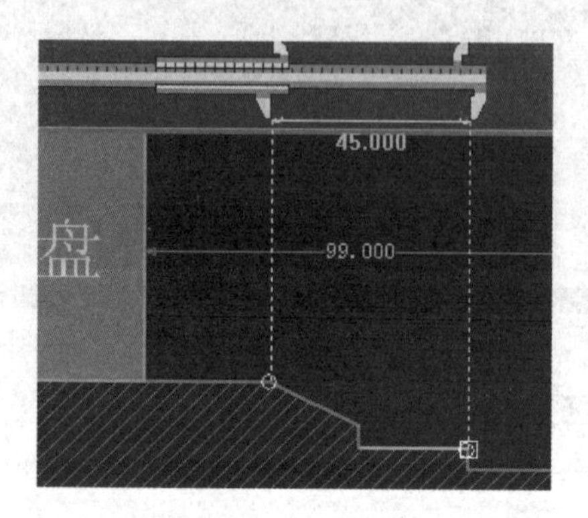

图 7-20　显示卡盘位置

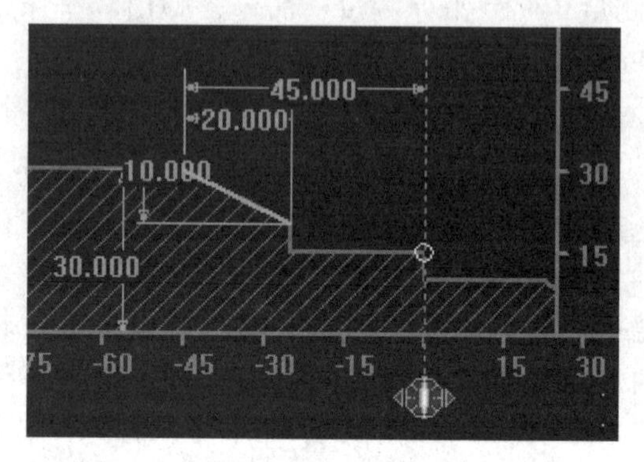

图 7-21　设置测量原点

4. 尺寸测量

在视图的 X、Z 方向各有一把卡尺，可以拖动卡尺的两个卡爪测量任意两位置间的水平距离和垂直距离。如图 7-20 所示，移动卡爪时，延长线与零件交点由“■”变为“■”时，卡尺位置为线段的一个端点，用同样的方法使另一个卡爪处于线段的另一个端点位置，就测出两端点间的投影距离，此时卡尺读数为 45.000。通过设置“游标卡尺捕捉距离”，可以改变卡尺移动端查找线段端点的范围。

单击“退出”按钮，即可关闭“车床工件测量”对话框。

7.6　铣床工件测量

宇龙数控加工仿真软件通过“剖视图测量”方式对铣床或加工中心上加工的工件尺寸进行测量。

1. 视图组成

剖视图测量：通过选择零件上某一平面，利用卡尺测量该平面上的尺寸。在菜单栏中选择“测量”→“剖视图测量”命令后弹出“剖视图测量”对话框，如图 7-22 所示。

测量时首先选择一个平面，在左侧的机床显示视图中，绿色的透明表面表示所选的测量平面。在右侧对话框上部，显示的是被测工件的截面形状。

图 7-23 中的标尺模拟了现实测量中的卡尺，当箭头由卡尺外侧指向卡尺中心时，为外卡测量，通常用于测量外径，测量时卡尺内收直到与零件接触；当箭头由卡尺中心指向卡尺外侧时，为内卡测量，通常用于测量内径，测量时卡尺外张直到与零件接触。对话框中“读数”文本框中显示的是两个卡爪的距离，相当于卡尺读数。

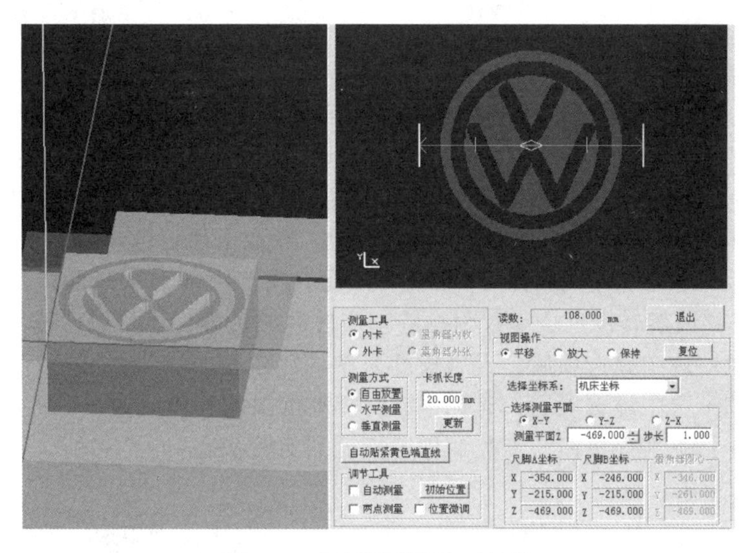

图 7-22　“剖视图测量”对话框

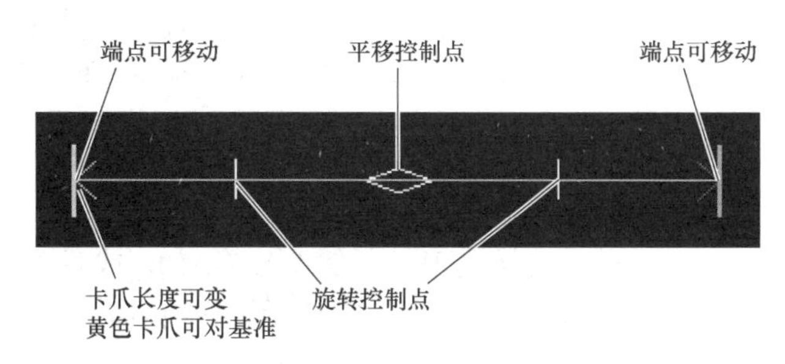

图 7-23　卡尺测量

2. 对卡尺的操作

卡尺两端的黄线和蓝线表示卡爪。将光标停在某个端点的箭头附近，光标变为“✥”，此时可移动该端点；将光标停在旋转控制点附近，此时光标变为“↻”，这时可以绕中心旋转卡尺；将光标停在平移控制点附近，光标变为“✥”，拖动光标，保持卡尺方向不动，可移动卡尺中心。对话框右下角“尺脚 A 坐标”显示卡尺黄色端坐标，“尺脚 B 坐标”显示卡尺蓝色端坐标。

3. 视图操作

选择一种“视图操作”方式，可以对零件及卡尺进行平移、放大的视图操作。选中“保持”单选按钮时，光标拖放不起作用。单击“复位”按钮，恢复为对话框初始进入时的视图。

4. 测量过程

1）选择坐标系：通过“选择坐标系”的下拉列表，可以选择机床坐标、G54 ～ G59、当前工件坐标、工件坐标系（毛坯的左下角）几种不同的坐标系显示坐标值。

2）选择测量平面：首先选择平面方向（X–Y、Y–Z、Z–X），再填入测量平面的具体位置，或者单击旁边的上下按钮移动测量平面，移动的步长可以通过右边的文本框输入。若需要选择 G54 坐标系下，Z=–4.000 这个平面，首先选择坐标系“ G54”和“ X–Y”平面，在“测量平面 Z”文本框中输入“ –4.000”，机床视图中的绿色透明平面和对话框视图中截面形状随之更新。

3）测量工具：测量内径选中“内卡”单选按钮，测量外径选中“外卡”单选按钮。

4）测量方式：水平测量是指卡尺在当前的测量平面内保持水平放置；垂直测量是指卡尺在当前的测量平面内保持垂直放置；自由放置是指用户可以随意拖动放置角度。

5）卡抓长度：非两点测量时，可以修改卡尺长度，单击“更新”按钮时生效。

6）调节工具：使用调节工具可调节卡尺位置，获取卡尺读数。

① 自动测量：选中该选项后，外卡卡爪自动内收、内卡卡爪自动外张直到与零件边界接触。此时平移或旋转卡尺，卡尺将始终与实体区域边界保持接触，读数自动刷新。

② 两点测量：选中该选项后，卡尺长度为零。

③ 位置微调：选中该选项后，光标拖动时移动卡尺的速度放慢。

④ 初始位置：单击该按钮，卡尺的位置恢复到初始状态。

5. 自动贴紧黄色端直线

在卡尺自由放置且非两点测量时，为了调节卡尺使之与零件相切，软件提供了“自动贴紧黄色端直线”的功能。单击“自动贴紧黄色端直线”按钮，卡尺的黄色端卡爪自动沿尺身方向移动直到碰到零件，然后尺身旋转使卡尺与零件相切，这时再选择自动测量，就能得到工件轮廓线间的精确距离，防止自由放置卡尺时产生的角度误差导致测量误差。

7.7 选择机床

在菜单栏中选择“机床”→“选择机床”命令（图 7-24），或者单击工具栏中的“”图标按钮，弹出“选择机床”对话框，如图 7-25 所示，选择相应的控制系统、型号、机床类型及厂家，单击“确定”按钮。

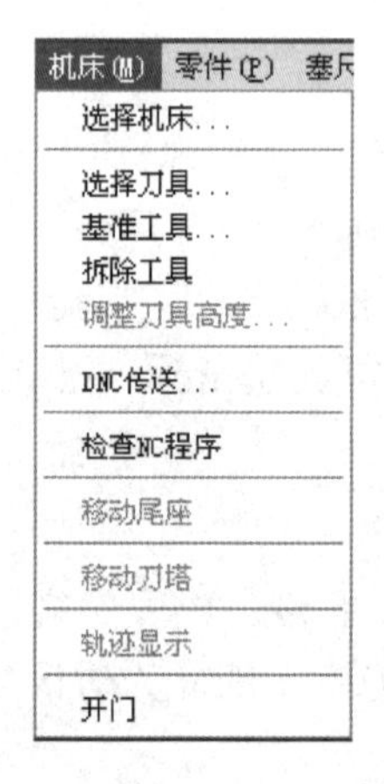

图 7-24 “机床”选择操作菜单

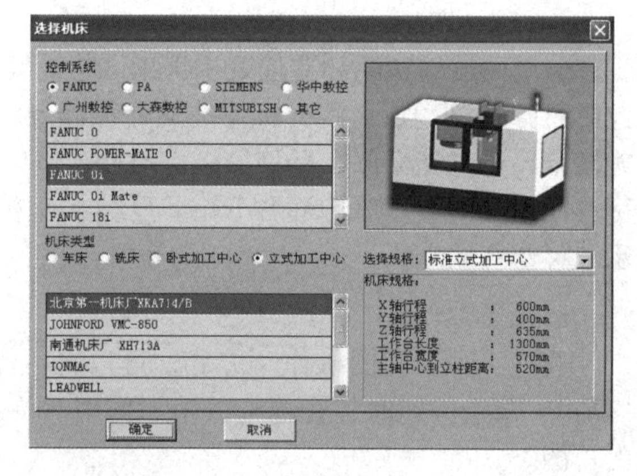

图 7-25 “选择机床”对话框

7.8 工件的定义与使用

7.8.1 定义毛坯

在菜单栏中选择“零件”→“定义毛坯”命令，或在工具栏中单击“”图标按钮，弹出图 7-26 所示的“定义毛坯”对话框，可分别就长方形毛坯和圆柱形毛坯进行定义。

1. 毛坯命名

在毛坯“名字”文本框中输入毛坯名，也可以使用默认值。

2. 选择毛坯形状

铣床、加工中心有两种形状的毛坯供选择：长方形和圆柱形。可以在“形状”选项组中选择毛坯形状。车床仅提供圆柱形毛坯。

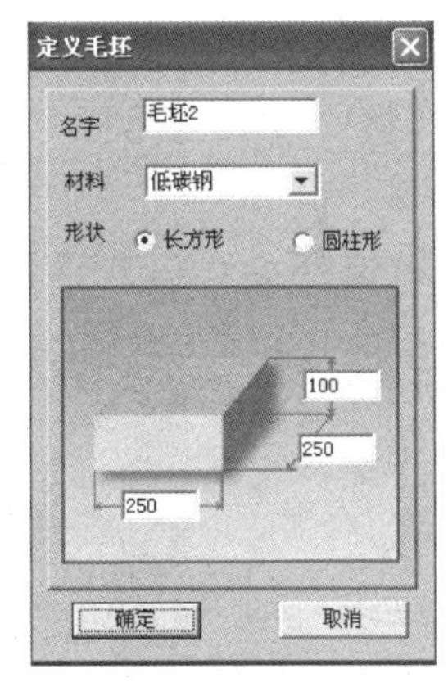

a) 长方形毛坯定义

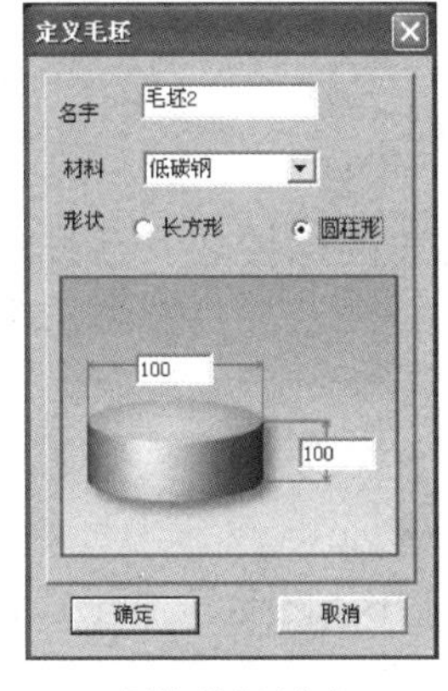

b) 圆柱形毛坯定义

图 7-26 “定义毛坯”对话框

3. 选择毛坯材料

系统提供了多种供加工的毛坯材料，可根据需要在“材料”下拉列表中选择毛坯材料。

4. 参数输入

尺寸文本框用于输入尺寸。圆柱形毛坯直径的范围为 10 ～ 160mm，高的范围为 10 ～ 280mm。长方形毛坯长和宽的范围为 10 ～ 1000mm，高的范围为 10 ～ 200mm。

5. 保存退出

单击“确定”按钮，保存定义的毛坯并且退出本次操作。

6. 取消退出

单击“取消”按钮，退出本次操作。

7.8.2 零件模型

机床在加工零件时，除了可以使用完整的毛坯，还可以对经过部分加工的毛坯进行再加工。经过部分加工的毛坯称为零件模型，如图 7-27 所示。

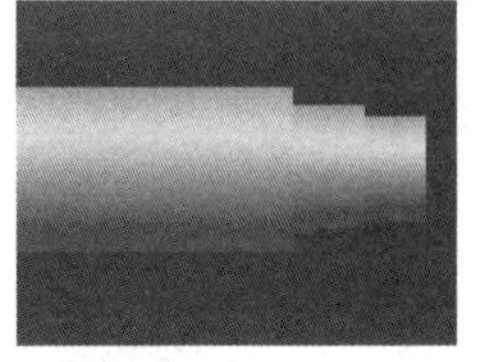

图 7-27 零件模型

1. 导出零件模型

若希望经过部分加工的成形毛坯作为零件模型予以保存，可在菜单栏中选择“文件”→“导出零件模型”命令，系统弹出“另存为”对话框，在对话框中输入文件名，单击“保存”按钮，此零件模型即被保存，可在以后放置零件时调用。

注意：车床零件模型只能供车床导入和加工，铣床和加工中心的零件模型只能供铣床和加工中心导入和加工。为了保证导入零件模型的可加工性，在导出零件模型时，最好在起文件名时合理标识机床类型。

2. 导入零件模型

在菜单栏中选择“文件”→“导入零件模型”命令，系统将弹出“打开”对话框，在此对话框中选择并打开所需的后缀名为“.PRT”的零件文件，则选中的零件模型被放置在工作台面上。此类文件为已通过“文件”→“导出零件模型”命令所保存的成形毛坯。

7.8.3 使用夹具

在菜单栏中选择“零件”→“安装夹具”命令，或者在工具栏中单击“ ”图标按钮，系统将弹出“选择夹具”对话框，如图 7-28 所示。只有铣床和加工中心可以安装夹具。

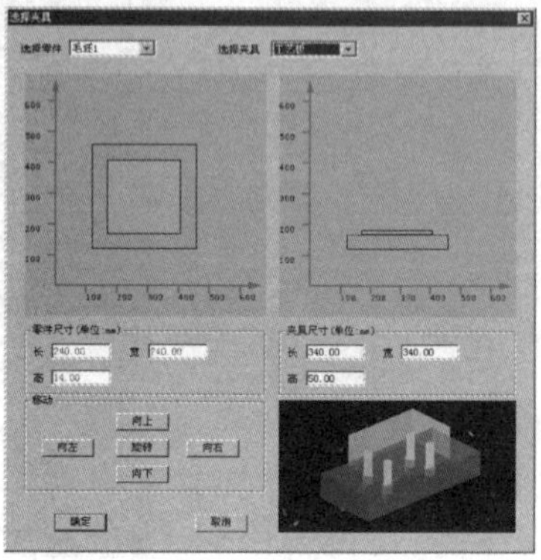

在“选择零件”下拉列表中选择毛坯，在“选择夹具”下拉列表中选择夹具。

长方形零件可以使用工艺板或者平口钳，圆柱形零件可以选择工艺板或者卡盘。

图 7-28 “选择夹具”对话框

“夹具尺寸”成组控件内的文本框仅供用户修改工艺板的尺寸。平口钳和卡盘的尺寸由系统根据毛坯尺寸给出定值，工艺板长和宽的范围为 50 ～ 1000mm，高的范围为 10 ～ 100mm。

控制各个方向的“移动”成组控件内的按钮可调整毛坯在夹具中的位置。

车床没有这一步操作，铣床和加工中心也可以不使用夹具。

7.8.4 放置零件

在菜单栏中选择“零件”→“放置零件”命令，或者在工具栏中单击“ ”图标按钮，系统弹出“选择零件”对话框，如图 7-29 所示。

在列表中单击要放置的零件，选中的零件信息加亮显示，然后单击“确定”按钮，系统自动关闭对话框，零件和夹具（如果已经选择了夹具）将被放到机床上。对于卧式加工中心还可以在上述对话框中选择是否选用角尺板。如果选择了选用角尺板，那么在放置零件时，角尺板同时出现在机床台面上，如图 7-30 所示。

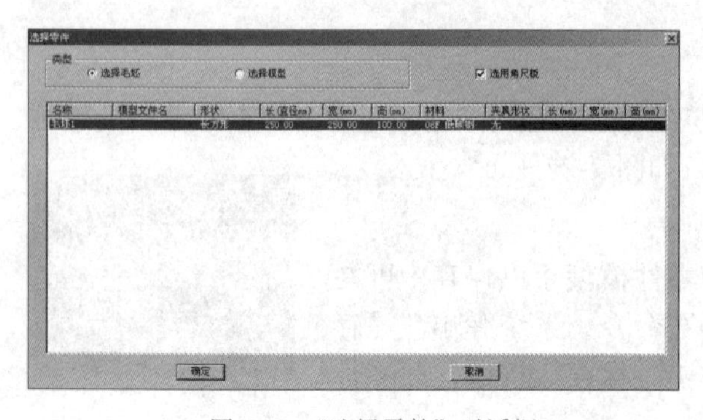

图 7-29 “选择零件”对话框 1

图 7-30 角尺板

如果经过“导入零件模型”的操作，对话框的零件列表中会显示模型文件名，若在类型选项组中选中“选择模型”单选按钮，则可以选择导入的零件模型文件，如图 7-31 所示。选择的零件模型即经过部分加工的成形毛坯被放置在机床台面上，如图 7-32 所示。若在类型选项组中选中“选择毛坯”单选按钮，即使选择了导入的零件模型文件，放置在工作台面上的仍然是未经加工的原毛坯。

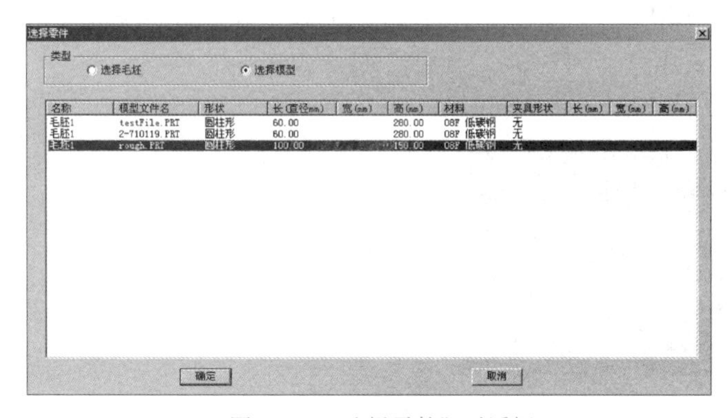

图 7-31　“选择零件”对话框 2

图 7-32　零件模型（部分加工的成形毛坯）放置

7.8.5　调整零件位置

零件放置好后可以在工作台面上移动。毛坯放上工作台后，系统将自动弹出一个小键盘（铣床、加工中心如图 7-33 所示，车床如图 7-34 所示），通过单击小键盘上的方向按钮，实现零件的平移、旋转。小键盘上的“退出”按钮用于关闭小键盘。选择菜单栏中“零件”→“移动零件”命令也可以打开小键盘。

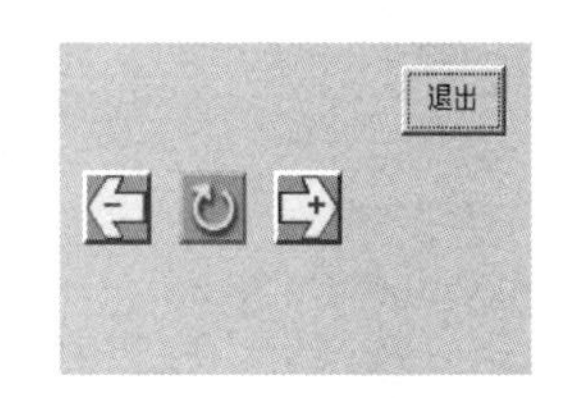

图 7-33　铣床、加工中心小键盘

图 7-34　车床小键盘

7.8.6　使用压板

铣床和加工中心在使用工艺板或者不使用夹具时，可以使用压板。

1. 安装压板

在菜单栏中选择“零件”→“安装压板”命令，系统弹出“选择压板”对话框，如图 7-35 所示。

根据放置零件的尺寸，对话框中列出支持该零件的各种安装方案，拉动滚动条，可以浏览全部许可方案。选择所需要的安装方案，单击“确定”按钮，压板将出现在台面上。

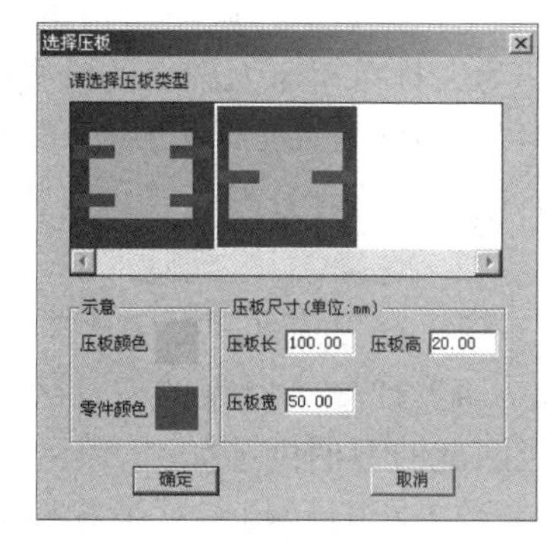

图 7-35　“选择压板”对话框

在“压板尺寸”成组控件中可更改压板长、压板高和压板宽，对应范围：长 30 ～ 100mm，高 10 ～ 20mm，宽 10 ～ 50mm。

2. 移动压板

在菜单栏中选择“零件”→“移动压板”命令，系统弹出图 7-33 所示小键盘，操作者可以根据需要平移压板（但是不能旋转压板，小键盘中间的旋转按钮无效）。首先用光标选择需移动的压板，被选中的压板颜色变成灰色；然后单击小键盘中的方向按钮操纵压板移动，如图 7-36 所示。

图 7-36　移动压板

3. 拆除压板

在菜单栏中选择“零件”→“拆除压板”命令，可拆除压板。

7.9　选择刀具

在菜单栏中选择“机床”→“选择刀具”命令，或者在工具栏中单击“”图标按钮，系统弹出“刀具选择”对话框。

7.9.1　车床选刀

数控车床系统中允许同时安装 8 把刀具（后置刀架）或者 4 把刀具（前置刀架），车床“刀具选择”对话框如图 7-37 所示。

1. 选择车刀

1）在对话框左侧刀架图排列的编号 1 ～ 8（或 1 ～ 4）中，选择所需的刀位号。刀位号即为刀具在车床刀架上的位置编号，对应程序中的 T01 ～ T08（或 T01 ～ T04）。被选中的刀位编号的背景颜色变为浅黄色。

2）选择刀片类型。

3）在刀片列表框中选择所需的刀片。

4）选择了所需的刀片后，系统自动给出相匹配的刀柄供选择。

5）在刀柄列表框中选择刀柄。当刀片和

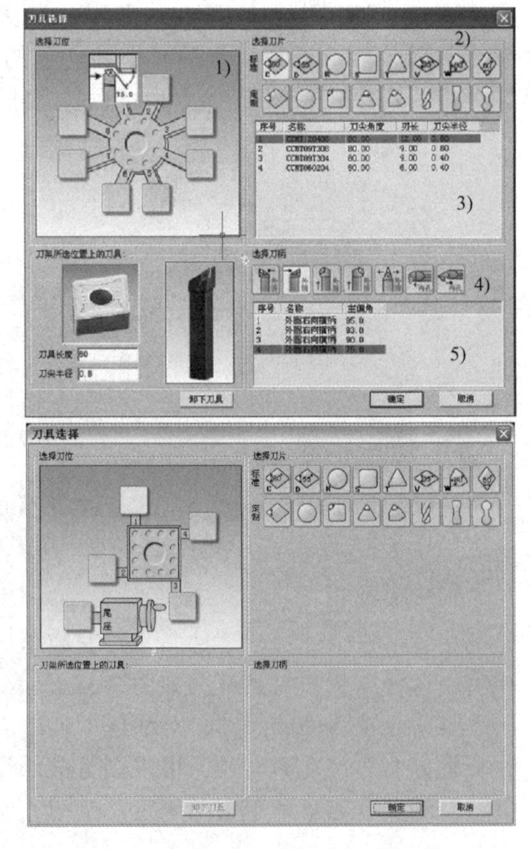

图 7-37　车床“刀具选择”对话框

刀柄都选择完毕，刀具被确定，并输入所选的刀位。

注意：如果在刀片列表框中选择了钻头，系统只提供一种默认刀柄，则刀具已被确定。

2. 变更刀具长度和刀尖半径

选择车刀完成后，对话框的左下部位显示出刀架所选位置上的刀具，其中显示的“刀具长度”和“刀尖半径”的数值均可以由操作者修改。

3. 拆除刀具

在刀架图中单击要拆除刀具的刀位，单击“卸下刀具”按钮。

4. 确认选刀

选择完刀具，完成“刀尖半径”“刀具长度”修改后，单击“确定”按钮完成选刀，刀具按所选刀位安装在刀架上；单击“取消”按钮退出选刀操作。

7.9.2　铣床和加工中心选刀

铣床和加工中心选刀操作在“选择铣刀”对话框中进行，如图 7-38 所示。

1. 按条件列出工具清单

筛选的条件是直径和类型。

1）在“所需刀具直径”文本框内输入直径，如果不把直径作为筛选条件，请输入数字“0”。

2）在“所需刀具类型”下拉列表中选择刀具类型，可供选择的刀具类型有“平底刀”“平底带 R 刀”“球头刀”“钻头”等。

3）单击“确定”按钮，符合条件的刀具在“可选刀具”列表中显示。

2. 指定刀位号

对话框下半部中的序号（图 7-38）就是刀库中的刀位号。卧式加工中心允许同时选择 20 把刀具；立式加工中心允许同时选择 24 把刀具。对于铣床而言，对话框中只有 1 号刀位可以使用。单击“已经选择的刀具”列表中的序号指定刀位号。

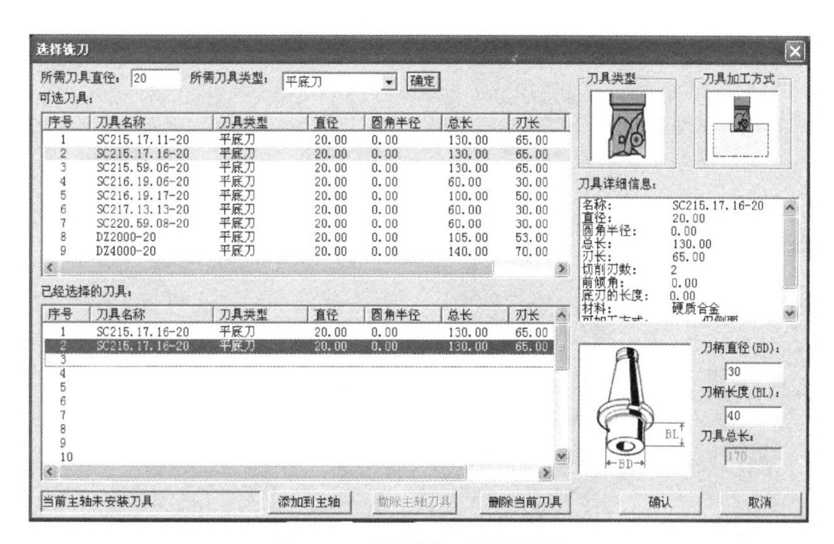

图 7-38　“选择铣刀”对话框

3. 选择需要的刀具

指定刀位号后，再单击“可选刀具”列表中的所需刀具，选中的刀具对应显示在“已经选择的刀具”列表中选中的刀位号所在行，单击“确定”按钮完成刀具选择。

4. 输入刀柄参数

操作者可以按需要输入刀柄参数，参数包括“刀柄直径”和“刀柄长度”。“刀具总长”是刀柄长度与刀具长度之和。

5. 删除当前刀具

单击“删除当前刀具”按钮，可删除此时“已经选择的刀具”列表中选中行的刀具。

6. 确认选刀

选择完刀具后，单击“确认”按钮完成选刀操作，刀具被装在主轴上或按所选刀位号放置在刀架上；单击“取消”按钮退出选刀操作。

加工中心的刀具在刀库中，如果在选择刀具的操作中同时要指定某把刀安装到主轴上，可以先用光标选中，然后单击“添加到主轴”按钮。铣床的刀具自动装到主轴上。

第 8 章

数控加工仿真系统 FANUC 0 MDI 键盘操作

教学目标：

1）正确选择和使用现代信息工具，通过数控加工仿真软件建立数控加工模型，模拟加工过程，锻炼动手操作能力、观察能力。

2）掌握数控编程仿真软件的使用和虚拟数控系统 MDI 键盘操作，鼓励学生勇于实践，在实践中不断增强动手能力。

3）通过虚拟仿真项目训练，引导学生养成认真负责的工作态度，提高学生针对机械加工复杂工程问题进行建模、仿真和分析的能力。

宇龙数控加工仿真软件支持涉及多种型号的 FANUC、SIEMENS、三菱、华中、广数等国内外主流数控系统，采用工业标准 OpenGL 图形库技术，真实、全面地展示仿真数控系统操作界面。本书以 FANUC 0 系列为例介绍数控系统 MDI 操作方法，其他数控系统 MDI 操作方法与此基本相同。

8.1 MDI 键盘说明

FANUC 0 系列 CRT/MDI 键盘如图 8-1 所示，键盘按键及功能说明见表 8-1。

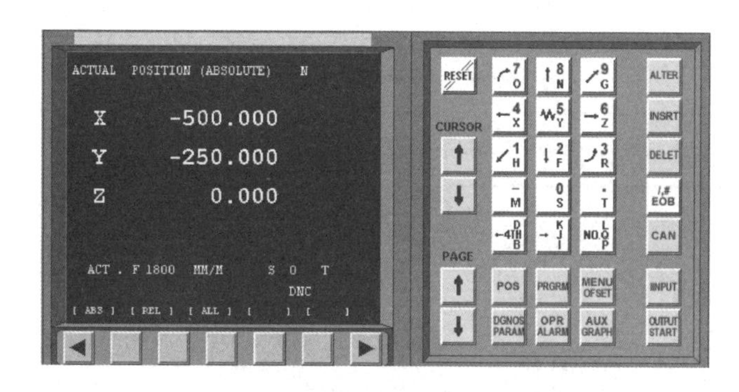

图 8-1 FANUC 0 系列 CRT/MDI 键盘

表 8-1 FANUC 0 系列 CRT/MDI 键盘按键及功能说明

按键	功能
RESET	复位
CURSOR ↑、↓	向上、下移动光标
7 O、8 N、9 G、4 X、5 Y、6 Z、1 H、2 F、3 R、– M、0 S、. T、4TH D B、K J I、NO. L Q P	字母数字输入；输入时自动识别所输入的为字母还是数字。 4TH D B、K J I、NO. L Q P 三个键需要连续单击，可实现在相应字母间切换
PAGE ↑、↓	向上、下翻页
ALTER	编辑程序时修改光标块内容
INSRT	编辑程序时在光标处插入内容、插入新程序
DELET	编辑程序时删除光标块的程序内容、删除程序
/,# EOB	编辑程序时输入“;”换行
CAN	删除输入区的最后一个字符
POS	切换 CRT 到机床位置界面
PRGRM	切换 CRT 到程序管理界面
MENU OFSET	切换 CRT 到参数设置界面
DGNOS PARAM	暂不支持
OPR ALARM	暂不支持
AUX GRAPH	自动方式下显示运行轨迹
INPUT	DNC 程序输入和参数输入
OUTPUT START	DNC 程序输出

8.2 机床位置界面

单击“POS”键进入机床位置界面。单击“ABS”“REL”“ALL”键分别显示绝对位置（图 8-2）、相对位置（图 8-3）和所有位置（图 8-4）。

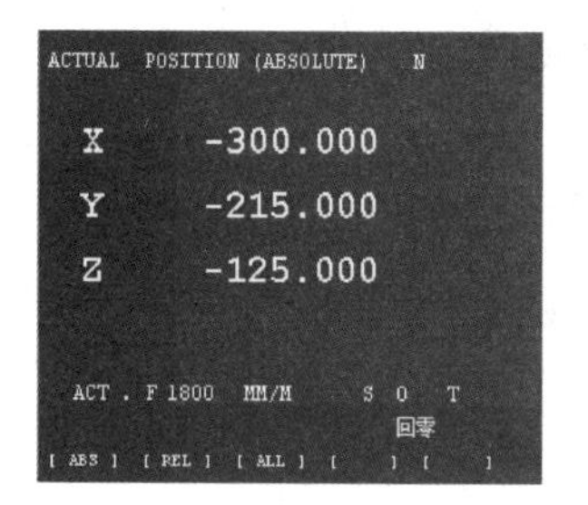

图 8-2　显示绝对位置

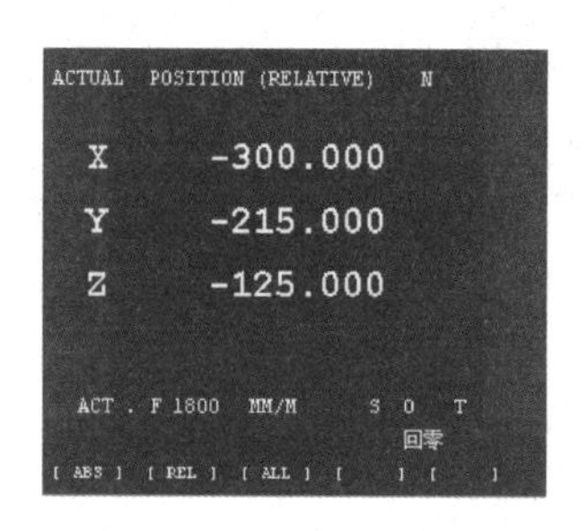

图 8-3　显示相对位置

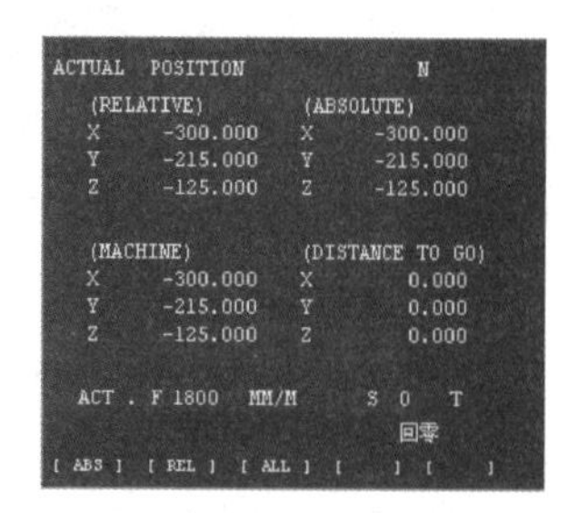

图 8-4　显示所有位置

坐标下方显示进给速度 F、转速 S、当前刀具 T、机床状态（如“回零”）。

8.3　程序管理界面

单击“PROG”键进入程序管理界面，单击“PROGRAM”键显示当前程序（图 8-5），单击“LIB”键显示程序列表（图 8-6）。“PROGRAM”一行显示当前程序号为“O0001”、行号为“N0001”。

```
PROGRAM        O0001        N 0001
O0001 ;
G28 X0 Y0 ;
T1 M6 ;
G55 ;
G00 X12.045 Y25.830 Z5. S1000 M03 ;
G01 Z-4. F100. ;
X2.719 Y5.831 ;
G02 X-2.719 R3. ;
G01 X-12.045 Y25.830 ;
G00 Z5. ;
X27.529 Y7.376 ;
                      S 0   T 3
ADRS                  DNC
[PROGRAM][ LIB ][    ][CHECK][    ]
```

图 8-5　显示当前程序

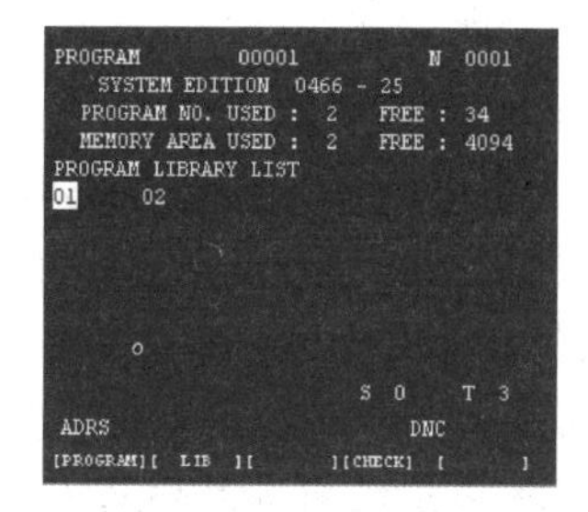

图 8-6　显示程序列表

8.4　数控程序处理

8.4.1　导入数控程序

数控程序可以通过记事本或写字板等编辑软件输入并保存为文本格式文件（注意：必须是纯文本文件），也可直接用 FANUC 系统的 MDI 键盘输入。

1）将机床置于 DNC 模式。

2）在菜单栏中选择“机床”→“DNC 传送”命令，在“打开”对话框中选取文件。如图 8-7 所示，在文件名列表框中选中所需的文件，单击“打开”按钮。

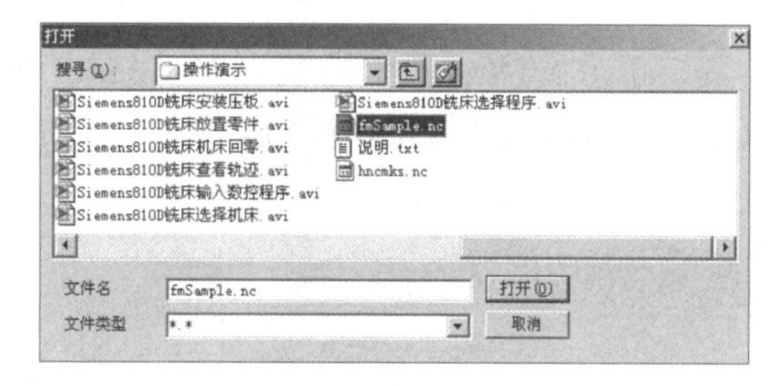

图 8-7　“打开”对话框

3）通过MDI键盘在程序管理界面输入“O××”（O后输入1～9999的整数程序号），单击“INPUT”键，即可输入预先编辑好的数控程序。

注意：程序中调用子程序时，主程序和子程序需分开导入。

8.4.2 数控程序管理

1. 选择一个数控程序

将MODE旋钮置于EDIT档或AUTO档，在MDI键盘上单击“PROGRM”键，进入编辑界面，单击“O”键输入字母“O”；按数字键输入搜索的号码：××××（搜索号码为数控程序目录中显示的程序号）；单击CURSOR“↓”键开始搜索。找到后，“O××××”显示在屏幕右上角程序号位置，数控程序显示在屏幕上。

2. 删除一个数控程序

将MODE旋钮置于EDIT档，在MDI键盘上单击“PROGRM”键，进入编辑界面，单击“O”键输入字母“O”；按数字键输入要删除的程序的号码：××××；单击“DELET”键，程序即被删除。

3. 新建一个数控程序

将MODE旋钮置于EDIT档，在MDI键盘上单击“PROGRM”键，进入编辑界面，单击“O”键输入字母“O”；按数字键输入程序号。单击“INSRT”键，若所输入的程序号已存在，将此程序设置为当前程序，否则新建此程序。

注意：MDI键盘上的数字/字母键，第一次按下时输入的是字母，以后再按下时均为数字。若要再次输入字母，须先将输入域中已有的内容显示在CRT界面上（单击“INSRT”键，可将输入域中的内容显示在CRT界面上）。

4. 删除全部数控程序

将MODE旋钮置于EDIT档，在MDI键盘上单击“PROGRM”键，进入编辑界面，单击“O”键输入字母“O”；单击“-”键输入“-”；单击“9”键输入“9999”；单击“DELET”键，即可删除全部数控程序。

8.4.3 编辑程序

将MODE旋钮置于EDIT档，在MDI键盘上单击“PROGRM”键，进入编辑界面，选定一个数控程序后，此程序显示在CRT界面上，可对数控程序进行编辑操作。

1. 移动光标

单击PAGE“↓”或“↑”键翻页，单击CURSOR“↓”或“↑”键移动光标。

2. 插入字符

先将光标移到所需位置，单击MDI键盘上的数字/字母键，将代码输入到输入域中，单击“INSRT”键，把输入域的内容插入到光标所在代码后面。

3. 删除输入域中的数据

单击“CAN”键用于删除输入域中的数据。

4. 删除字符

先将光标移到所需删除字符的位置，单击“DELET”键，删除光标所在的代码。

5. 查找

输入需要搜索的字母或代码；单击 CURSOR“↓”键开始在当前数控程序中光标所在位置后搜索（代码可以是一个字母或一个完整的代码，如“N0010”“M”等）。如果此数控程序中有所搜索的代码，则光标停留在找到的代码处；如果此数控程序中光标所在位置后没有所搜索的代码，则光标停留在原处。

6. 替换

先将光标移到所需替换字符的位置，将替换后的字符通过 MDI 键盘输入到输入域中，单击“ALTER”键，把输入域的内容替代光标所在的代码。

8.4.4 导出数控程序

在数控仿真系统中编辑完毕的程序可以导出为文本文件。

将 MODE 旋钮置于 EDIT 档，在 MDI 键盘上单击“PRGRM”键，进入编辑界面，单击“OUTPUT START”键；在弹出的对话框中输入文件名，选择文件类型和保存路径，单击“保存”按钮保存或单击“取消”按钮取消保存操作，如图 8-8 所示。

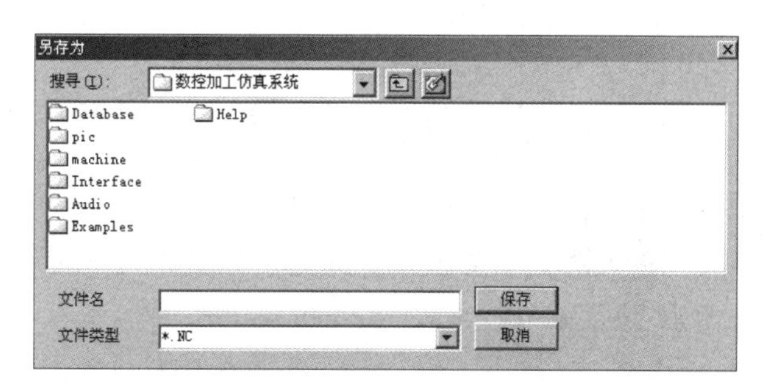

图 8-8 “另存为”对话框

8.5 参数设置界面

连续单击“MENU OFSET”键，可以在各参数界面中切换。

单击 PAGE“↓”或“↑”键在同一界面翻页；单击 CURSOR“↓”或“↑”键选择所需修改的参数。

通过 MDI 键盘输入新参数值，单击“CAN”键依次逐字符删除输入域中的内容；单击“INPUT”键，把输入域中间的内容输入到指定位置。

注意：输入数值时需输入小数点，如 X-100.00，需输入“X-100.00”或“X-100.”；若输入“X-100”，则系统默认为“X-0.100”。

8.5.1 铣床 / 加工中心刀具补偿参数设置

单击“MENU OFSET”键直到切换进入半径补偿参数设定界面，如图 8-9 所示。

选择要修改的补偿参数编号，单击 MDI 键盘上按键，将所需的刀具半径输入输入域内。单击“INPUT”键，把输入域中间的补偿值输入到指定位置。

用同样的方法进入长度补偿参数设定界面设置长度补偿，如图 8-10 所示。

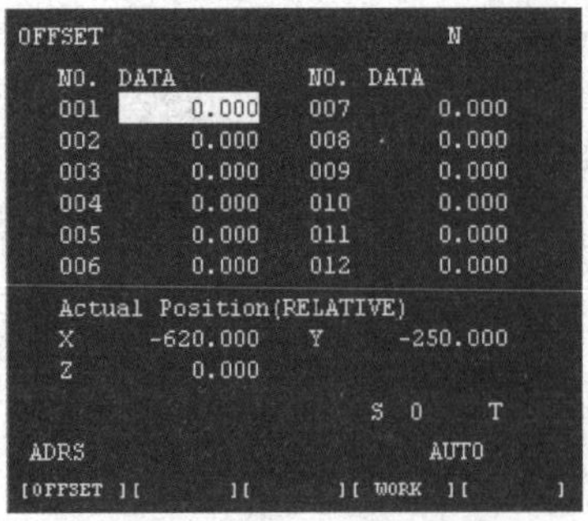

图 8-9　半径补偿界面

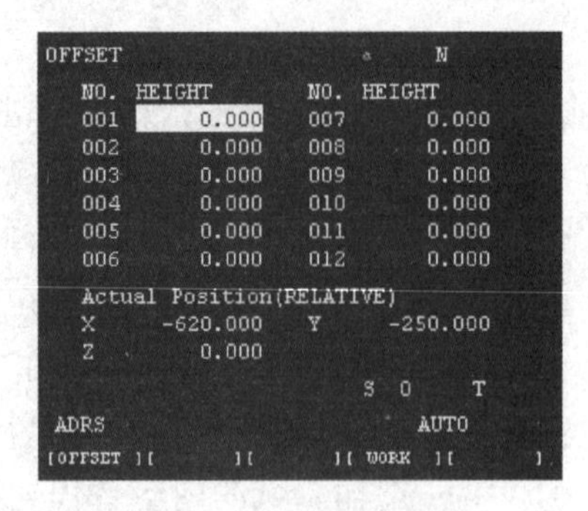

图 8-10　长度补偿界面

8.5.2　车床刀具参数设置

1. 车床刀具补偿参数设置

车床的刀具补偿包括刀具的磨损量补偿参数和形状补偿参数，两者之和构成车刀偏置量补偿参数，设定后可在数控程序中调用。

在设置车床刀具补偿参数时可通过单击“MENU OFFSET”键切换刀具磨损补偿和刀具形状补偿的界面。

刀具使用一段时间后磨损，会使产品尺寸产生误差，因此需要对刀具设定磨损量补偿。步骤如下：

1）将操作面板中 MODE 旋钮切换到非 DNC 档。

2）单击“MENU OFFSET”键直到进入磨损量参数设置界面，如图 8-11 所示。

3）选择要修改的补偿参数编号，单击 MDI 键盘上按键，输入地址字（X/Z/R/T）和补偿值到输入域（如“X10.0”），单击“INPUT”键，把输入域中的补偿值输入到指定位置。

用同样的方法进入形状补偿参数设置界面（图 8-12）设置形状补偿。

注意：输入车刀磨损量补偿参数和形状补偿参数时，必须保证两者对应值之和为车刀相对于标准刀的偏置量。

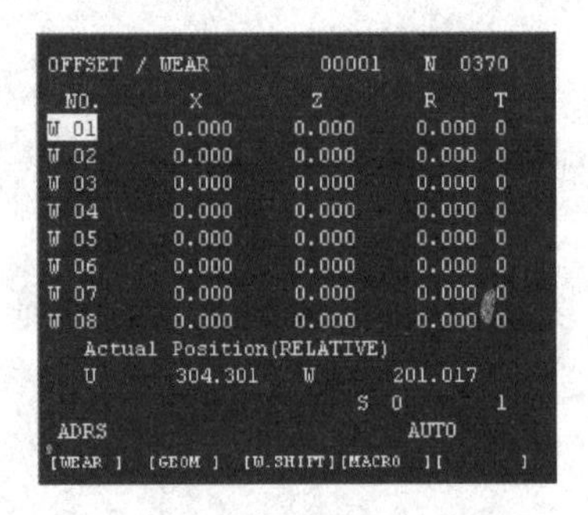

图 8-11　磨损量参数设置界面

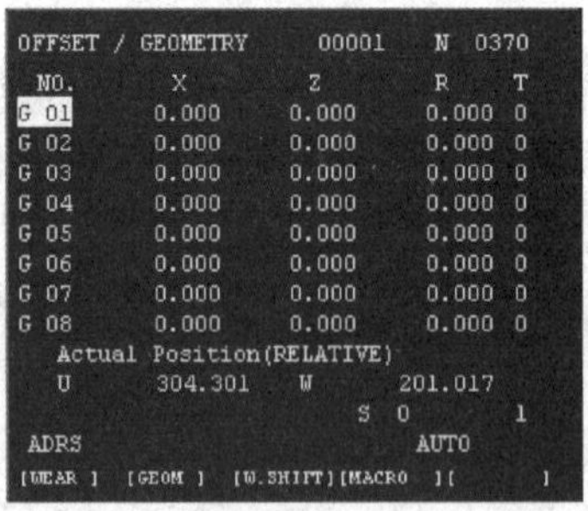

图 8-12　形状补偿参数设置界面

2. 车床刀尖参数设置

一般车刀均有不同刀尖半径，在车削加工中进行刀尖半径补偿时，除程序中有建立半径补偿段指令（G42/G41）、在偏置参数设置界面中输入相应的刀尖半径外，还必须输入刀尖方位号（图 8-11 中的 T）。在数控系统中，每一把刀具的相关参数值（X/Z 轴的补偿值、刀尖圆弧半径 R 和刀尖方位号 T）存储在刀具补偿号对应的存储单元中，G42/G41、

R 值、方位号 T 三者相对应才能产生正确的补偿效果。

程序编写时刀尖方位号与车床形式无关，刀尖方位号 T 与坐标轴的关系如图 8-13 所示，其中外圆刀方位号 T 为 3，内孔刀方位号 T 为 2。

一些典型情况下，刀尖方位号判断如下：

适用于图 8-13a 所示坐标系，故刀尖方位号为 3。

适用于图 8-13b 所示坐标系，故刀尖方位号为 3。

适用于图 8-13a 所示坐标系，故刀尖方位号为 4。

适用于图 8-13b 所示坐标系，故刀尖方位号为 4。

适用于图 8-13a 所示坐标系，故刀尖方位号为 2。

适用于图 8-13b 所示坐标系，故刀尖方位号为 2。

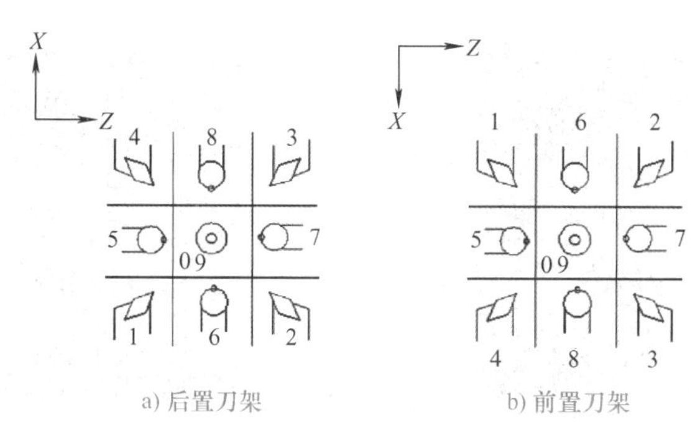

a) 后置刀架　　b) 前置刀架

图 8-13　刀尖方位号 T 与坐标轴的关系

8.5.3　工件坐标系设置

下面以设置工件坐标 G58 X−100.00 Y−200.00 Z−300.00 为例说明工件坐标系设置的操作流程。

1）单击 PAGE “↓” 或 “↑” 键在 No.1 ～ No.3 坐标系界面和 No.4 ～ No.6 坐标系界面（图 8-14）之间切换，No.1 ～ No.6 分别对应 G54 ～ G59。

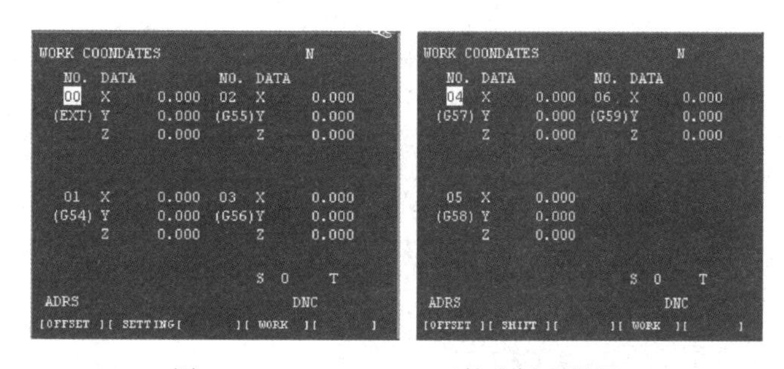

图 8-14　No.1 ～ No.6 工件坐标系设置

2）单击 CURSOR “↓” 或 “↑” 键选择所需的工件坐标系 G58。

3）输入地址字（X/Y/Z）和数值到输入域，即 “X−100.00”。单击 “INPUT” 键，把输入域中的内容输入到指定位置；再分别输入 “Y−200.00”、单击 “INPUT” 键，输入 “Z−300.00”、单击 “INPUT” 键，即完成了该工件坐标系的设置。

8.6 MDI 模式

1）将控制面板上“MODE”旋钮切换到 MDI 模式，进行 MDI 操作。

2）在 MDI 键盘上单击“”键，进入编辑界面，如图 8-15 所示。

3）输入程序指令：在 MDI 键盘上单击数字 / 字母键，第一次单击为字母输入，其后单击均为数字输入。单击“”键，删除输入域中最后一个字符。若重复输入同一指令字，后输入的数据将覆盖之前输入的数据。

4）单击“”键，将输入域中的内容输入到指定位置，CRT 界面如图 8-16 所示。

5）单击“”键，已输入的 MDI 程序被清空。

6）输入完整数据指令后，单击“”键运行程序，运行结束后 CRT 界面上的数据被清空。

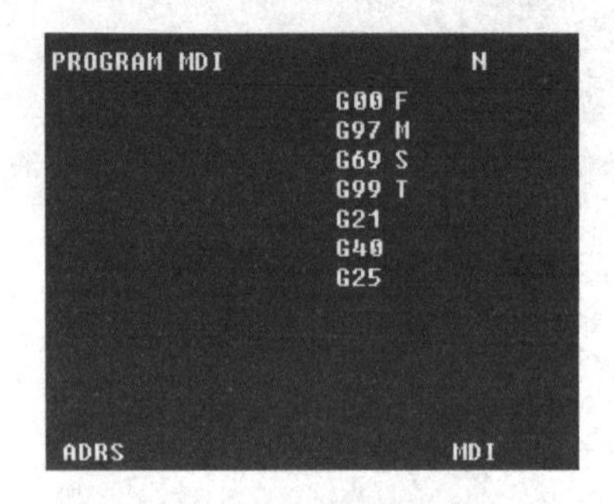

图 8-15　MDI 模式编辑界面

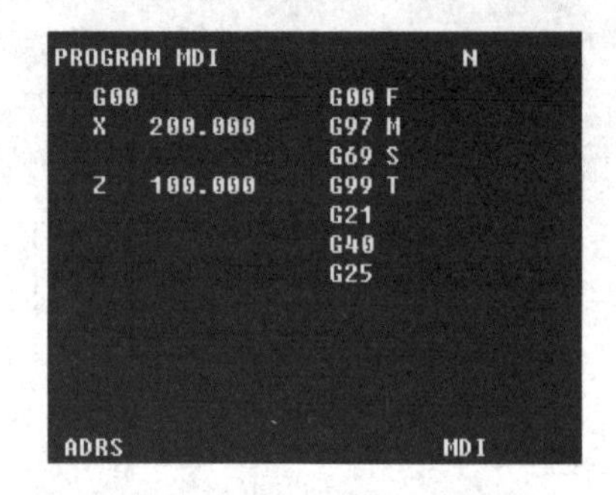

图 8-16　MDI 模式 CRT 界面

第 9 章 数控加工仿真系统机床面板操作

教学目标：

1）学生能结合数控加工特点，正确选择和使用现代仿真工具，通过数控加工仿真软件建立数控加工模型，并模拟加工过程。

2）掌握数控编程仿真软件的使用和虚拟数控机床面板操作，引导学生勇于实践，在实践中不断增强动手能力。

3）掌握数控机床对刀方法，加深理解加工坐标系的建立，引导学生养成认真负责的工作态度，增强学生的责任担当，鼓励学生敢于实践，在实践中不断增强学生的动手能力，提高学生针对机械加工复杂工程问题进行建模、仿真和分析的能力。

9.1 FANUC 0 系列标准车床面板操作

9.1.1 面板说明

FANUC 0 系列标准车床面板如图 9-1 所示，面板说明见表 9-1。

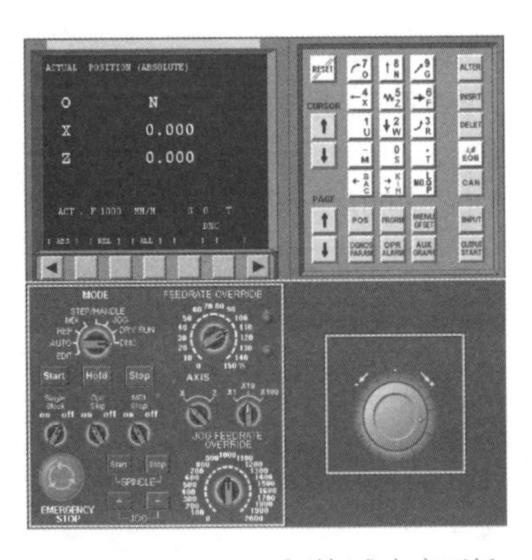

图 9-1 FANUC 0 系列标准车床面板

表 9-1　FANUC 0 系列标准车床面板说明

旋钮 / 按键	名称	功能	
STEP/HANDLE MDI JOG REF DRY RUN AUTO DNC EDIT	模式选择	DNC	进入 DNC 模式，输入 / 输出资料
		DRY RUN	进入空运行模式
		JOG	进入手动模式，连续移动刀具
		STEP/HANDLE	进入点动 / 手轮模式
		MDI	进入 MDI 模式，手动输入并执行指令
		REF	进入回零模式，机床必须首先执行回零操作，然后才可以运行
		AUTO	进入自动加工模式
		EDIT	进入编辑模式，用于直接通过操作面板输入数控程序和编辑程序
Start	循环启动	程序运行开始，模式选择旋钮在“AUTO”或“MDI”位置时单击有效，其余模式下使用无效	
Hold	进给保持	程序运行暂停，在程序运行过程中，单击此按钮运行暂停，再单击“Start”按钮从暂停的位置开始执行	
Stop	停止运行	程序运行停止，在程序运行过程中，单击此按钮运行暂停，再单击“Start”按钮从头开始执行	
Single Block on off	单段	将此旋钮置于“on”位置，运行程序时每次执行一条数控指令	
Opt Skip on off	跳段	当此旋钮置于“on”位置时，程序中的“/”有效	
M01 Stop on off	选择性停止	当此旋钮置于“on”位置时，程序中的“M01”代码有效	
	急停	紧急停止	
Start Stop SPINDLE	主轴控制	主轴旋转、主轴停止	
+ - JOG	手动进给	机床进给轴正向移动、机床进给轴负向移动	
0 10 20 30 40 50 60 70 80 90 100 110 120 130 140 150%	进给倍率调节	将光标移至此旋钮上后，通过单击或右击来调节进给倍率	
X Z	进给轴选择	将光标移至此旋钮上后，通过单击或右击来选择进给轴	
X1 X10 X100	步进量调节	×1、×10、×100 分别代表移动量为 0.001mm、0.01mm、0.1mm	
0 100 200 300 400 500 600 700 800 900 1000 1100 1200 1300 1400 1500 1600 1700 1800 1900 2000	手动进给速度	将光标移至此旋钮上后，通过单击或右击来调节手动进给速度	
	手轮	将光标移至此旋钮上后，通过单击或右击来转动手轮	

9.1.2　机床准备

1. 激活机床

检查“急停”按钮是否松开，若未松开，单击“急停”按钮，将其松开。

2. 机床回参考点

将“MODE（模式选择）”旋钮拨到“REF”档，如图 9-2 所示。

先将 *X* 轴方向回零，在回零模式下，将操作面板上的 AXIS（进给轴选择）旋钮置于“X”档，如图 9-3 所示。单击中“+”按钮，此时 *X* 轴将回零，相应操作面板上 *X* 轴的指示灯亮，如图 9-4 所示，同时 CRT 上的 X 坐标变为“390.000”。右击 AXIS 旋钮，使其置于“Z”档，再单击中“+”按钮，可以将 *Z* 轴回零，此时操作面板上的指示灯如图 9-5 所示，CRT 界面如图 9-6 所示。

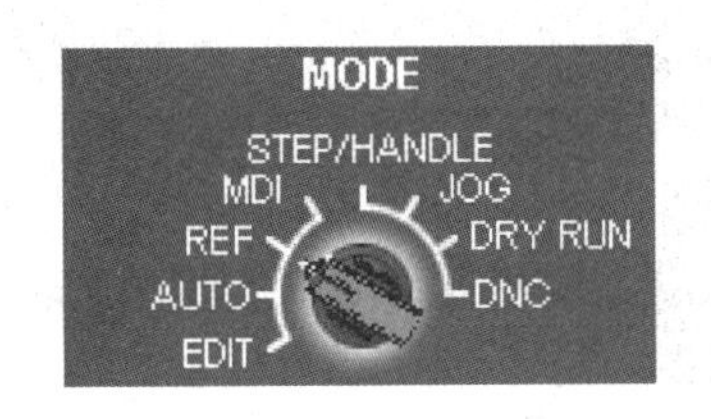

图 9-2　“MODE（模式选择）”旋钮（REF 档）

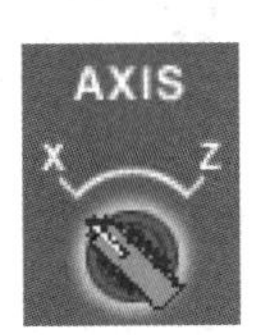

图 9-3　“AXIS（进给轴选择）”旋钮

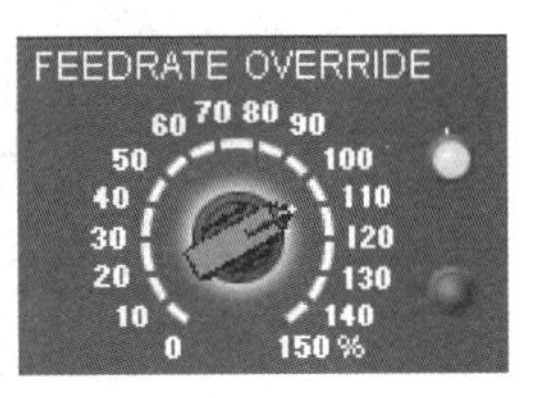

图 9-4　*X* 轴指示灯

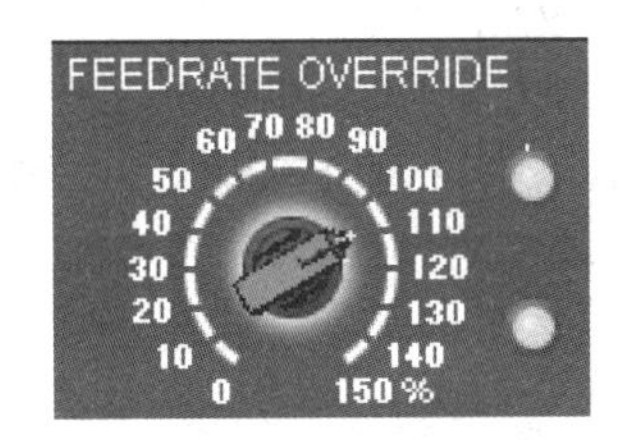

图 9-5　*Z* 轴指示灯

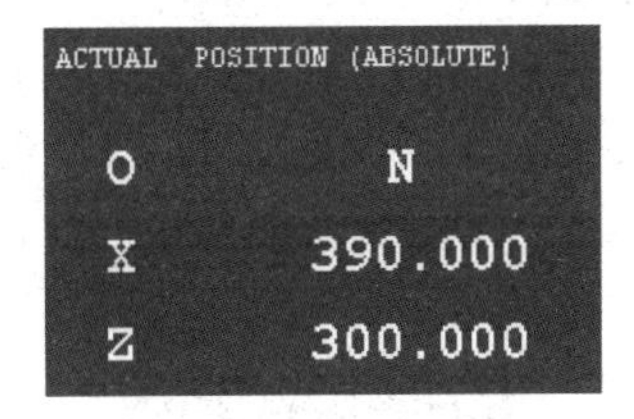

图 9-6　CRT 界面

9.1.3　对刀

编制数控程序采用工件坐标系，对刀的过程就是建立工件坐标系与机床坐标系之间关系的过程。

下面具体说明车床对刀的方法，以将工件右端面中心点设为工件坐标系原点为例。将工件上其他点设为工件坐标系原点的对刀方法与之类似。

1. 试切法设置 G54 ~ G59

试切法对刀是用所选的刀具试切零件的外圆和右端面，经过测量和计算得到零件端面中心点的坐标值。

（1）以卡盘底面中心为机床坐标系原点　刀具参考点在 *X* 轴方向的距离为 X_T，在 *Z* 轴方向的距离为 Z_T。

将操作面板中“MODE”旋钮切换到“JOG”档。单击 MDI 键盘的“POS”键，此时 CRT 界面上显示坐标值，利用“AXIS”旋钮和操作面板上的按钮，将刀具移动到图 9-7 所示大致位置。

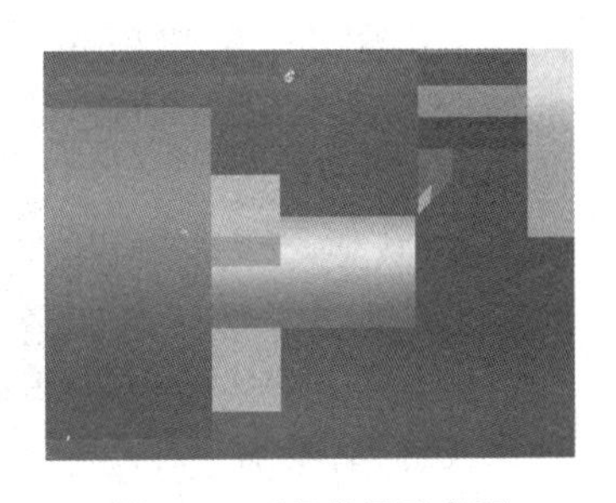
图 9-7　刀具位置示意图

单击中的“Start”按钮，使主轴转动（如果主轴正转，在MDI模式下输入“M04”，之后就默认反转），将“AXIS”旋钮置于“Z”档，单击中的“-”按钮，用所选刀具切削工件外圆，如图9-8所示。单击MDI键盘上的“POS”键，使CRT界面显示坐标值，单击“ALL”键，结果如图9-9所示，读出CRT界面上显示的MACHINE的X坐标（MACHINE中显示的是相对于刀具参考点的坐标），记为X_1（应为负值）。

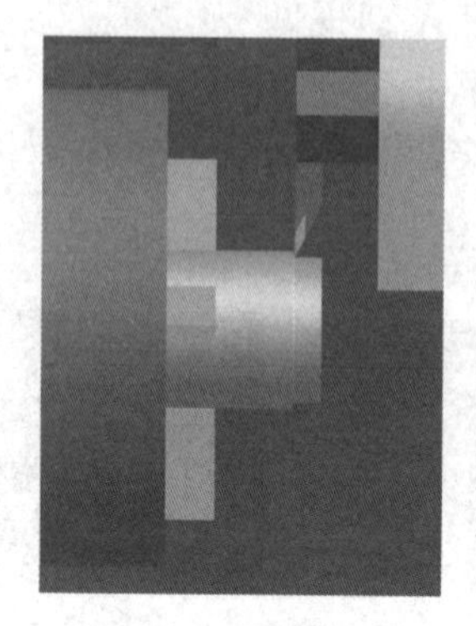

图9-8 切削工件外圆

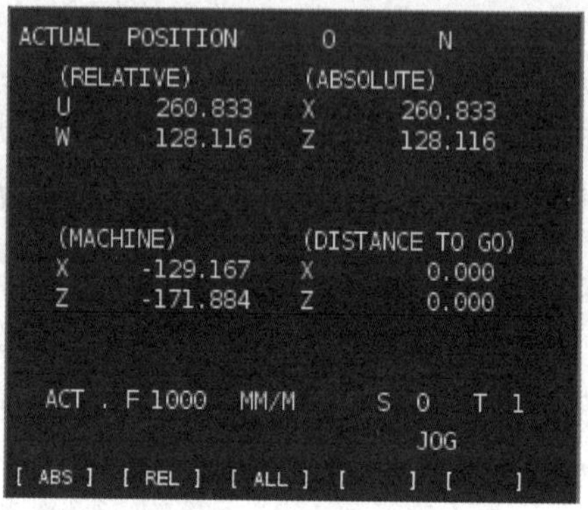

ACTUAL POSITION O N
(RELATIVE) (ABSOLUTE)
U 260.833 X 260.833
W 128.116 Z 128.116
(MACHINE) (DISTANCE TO GO)
X -129.167 X 0.000
Z -171.884 Z 0.000
ACT . F 1000 MM/M S 0 T 1
JOG
[ABS] [REL] [ALL] [ ] [ ]

图9-9 CRT界面

单击中的“+”按钮，将刀具退至图9-10所示位置，将“AXIS”旋钮置于“X”档，单击中的“-”按钮，切削工件端面，如图9-11所示。记下CRT界面上显示MACHINE的Z坐标值（MACHINE中显示的是相对于刀具参考点的坐标），记为Z_1（应为负值）。

图9-10 退刀位置示意图

图9-11 切削工件端面

单击中的“Stop”按钮使主轴停止转动，在菜单栏中选择“测量”→“坐标测量”命令，弹出“车床工件测量”对话框，如图9-12所示。单击切削外圆时所切线段，选中的线段由红色变为橙色，记下对话框中对应的X的值（即工件直径），“记为X_2”。坐标值X_1减去“测量”中读取的直径值X_2，再加上机床坐标系原点到刀具参考点在X方向的距离，即$X_1-X_2+X_T$，记为X。

Z_1加上机床坐标系原点到刀具参考点在Z方向的距离，即Z_1+Z_T，记为Z。

（X，Z）即为工件坐标系原点在机床坐标系中的坐标值。

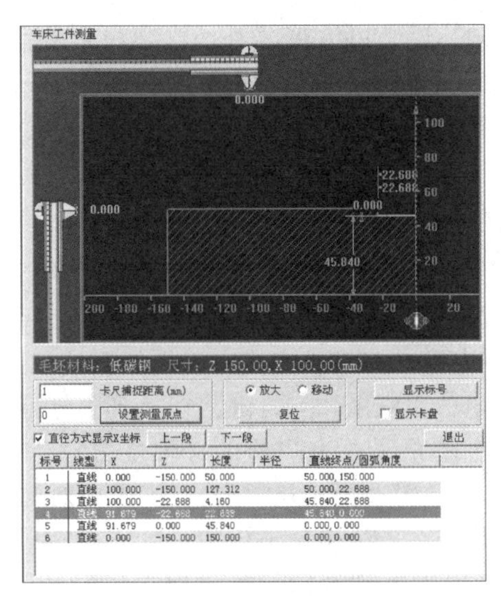

图 9-12 “车床工件测量”对话框

（2）以刀具参考点为机床坐标系原点　将操作面板中“MODE”旋钮切换到“JOG”档。单击 MDI 键盘的“POS”键，此时 CRT 界面上显示坐标值，利用“AXIS”旋钮和操作面板上的按钮，将刀具移动到图 9-7 所示大致位置。

单击中的“Start”按钮使主轴转动，将“AXIS”旋钮置于“Z”档，单击中的“-”按钮，用所选刀具试切工件外圆，记下此时 MACHINE 中的 X 坐标，记为 X_1。

单击中的“+”按钮，将刀具退至如图 9-10 所示位置，将“AXIS”旋钮置于“X”档，单击中的“-”按钮，试切工件端面，记下此时 MACHINE 中的 Z 坐标值，记为 Z_1。

单击中的“Stop”按钮使主轴停止转动，在菜单栏中选择“测量”→“坐标测量”命令，在弹出的对话框中单击试切外圆时所切线段，选中的线段由红色变为橙色，记下对话框中对应的 X 的值（即直径），记为 X_2。

坐标值 X_1 减去“测量”中读取的直径值 X_2，即 X_1-X_2，记为 X。

坐标值 Z_1 减去端面坐标值“0”，即 Z_1-0，记为 Z。

(X, Z) 即为工件坐标系原点在机床坐标系中的坐标值。

2. 设置刀具偏移值

在数控车床操作中经常通过设置刀具偏移的方法对刀。但是在使用这个方法时不能使用 G54 ～ G59 设置工件坐标系。G54 ～ G59 的各个参数均设为 0。

设置刀具偏移步骤如下：

1）先用所选刀具切削工件外圆，然后保持 X 轴方向不移动，沿 Z 轴退出，再单击中的“Stop”按钮使主轴停止转动，在菜单栏中选择“测量”→“坐标测量”命令，得到试切后的工件直径，记为 X_1。

单击 MDI 键盘上的“MENU OFSET”键，进入形状补偿参数设定界面，将光标移到与刀位号相对应的位置后输入“MXX1”，单击“INPUT”键，系统计算出 X 轴长度补偿值后自动输入到指定参数。

2）试切工件端面，保持 Z 轴方向不移动沿 X 轴退出。把端面在工件坐标系中的 Z 坐标值记为 Z_1（此处以工件端面中心点为工件坐标系原点，则 Z_1 为 0）。

单击 MDI 键盘上的"![]"键，进入形状补偿参数设定界面，将光标移到与刀位号相对应的位置后输入"MZZ1"，单击"![]"键，系统计算出 Z 轴长度补偿值后自动输入到指定参数。

3. 多把刀具对刀

车床的刀架上可以同时放置多把刀具，需要对每把刀进行对刀操作。采用试切法或自动设置坐标系法完成对刀后，可通过设置偏置值完成其他刀具的对刀，下面介绍在使用 G54 ～ G59 指令设置工件坐标系时多把刀具对刀办法。

首先，选择其中一把刀为标准刀具，完成对刀。然后按以下步骤操作：单击"![]"键使 CRT 界面显示坐标值，单击 PAGE"![]"键，切换到显示相对坐标系。用选定的标准刀接触工件端面，保持 Z 轴在原位并将当前的 Z 轴位置设为相对零点（单击"![]"键，再单击"![]"键，则当前 Z 轴位置设为相对零点）。把需要对刀的刀具转到加工刀具位置，让它接触到同一端面，读此时的 Z 轴相对坐标值，这个数值就是这把刀具相对标准刀具的 Z 轴长度补偿，把这个数值输入到形状补偿界面中与刀号相对应的参数中。再用标准刀接触零件外圆，保持 X 轴不移动并将当前 X 轴的位置设为相对零点（单击"![]"键，再单击"![]"键），此时 CRT 界面如图 9-13 所示。

换刀后，将刀具在外圆相同位置接触，此时显示的 X 轴相对值，即为该刀相对于标准刀具的 X 轴长度补偿。把这个数值输入到形状补偿界面中与刀号相对应的参数中（为保证刀尖准确接触，可采用增量进给方式或手轮进给方式）。此时 CRT 界面如图 9-14 所示，所显示的值即为偏置值。

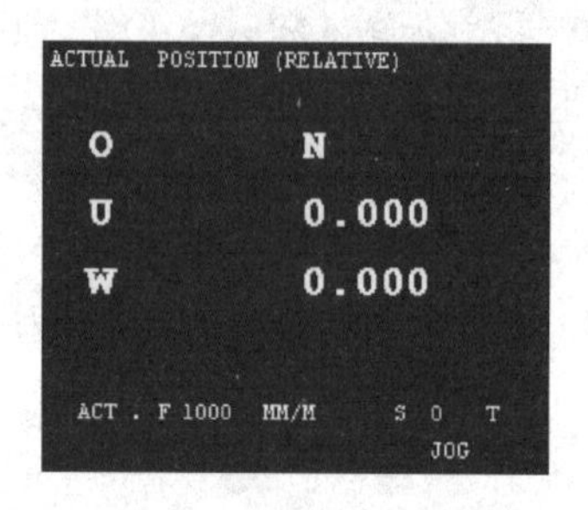

图 9-13 相对坐标系界面

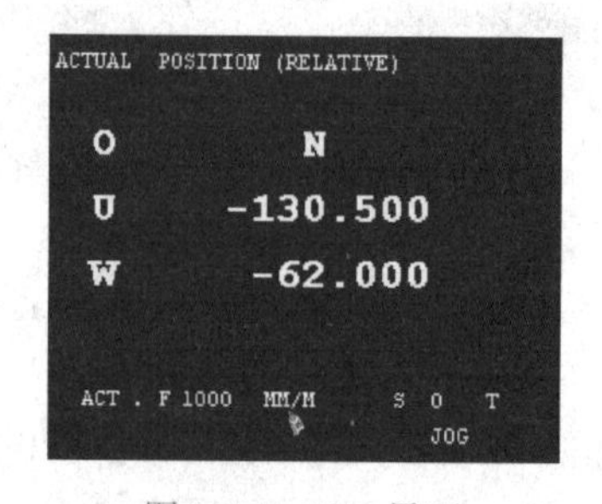

图 9-14 CRT 界面

9.1.4 手动加工零件

1. 手动 / 连续方式

将控制面板上"MODE"旋钮切换到"JOG"档，配合"![]"按钮和"AXIS"旋钮![]快速准确地移动刀具。单击"![]"按钮，控制主轴的转动、停止。

注意：刀具切削零件时，主轴需转动。加工过程中刀具与零件发生非正常碰撞后（非正常碰撞包括刀具的刀柄与零件发生碰撞等），系统弹出警告对话框，同时主轴自动停止转动，调整刀具到适当位置，继续加工时需再次单击![]中的"Start"按钮使主轴重新转动。

2. 手动 / 点动（手轮）方式

在手动 / 连续加工（参见"手动 / 连续方式"）或在对刀（参见 9.1.3 小节"对刀"）时，需精确调节主轴位置，可用点动（手轮）方式调节。

将控制面板上“MODE”旋钮切换到“STEP/HANDLE”档。配合“　”按钮和“步进量调节”旋钮，使用点动（手轮）精确调节机床。其中 ×1 为 0.001mm，×10 为 0.01mm，×100 为 0.1mm。

单击“　”按钮，控制主轴的转动、停止。

注意：“STEP”是点动；“HANDLE”是手轮移动。

9.1.5　自动加工方式

1. 自动 / 连续方式

（1）自动加工流程

1）检查机床是否回零，若未回零，先将机床回零（参见 9.1.2 小节中“机床回参考点”）。

2）导入数控程序或自行编写一段程序（参见 8.4 节）。

3）检查控制面板上“MODE”旋钮是否置于“AUTO”档，若未置于“AUTO”档，则单击或右击“MODE”旋钮，将其置于“AUTO”档，进入自动加工模式。

4）单击 Start Hold Stop 中的“Start”按钮，数控程序开始运行。

（2）中断运行　数控程序在运行过程中可根据需要暂停、停止、急停和重新运行。

1）数控程序在运行时，单击 Start Hold Stop 中的“Hold”按钮，程序暂停运行，再次单击“Start”按钮，程序从暂停行开始继续运行。

2）数控程序在运行时，单击 Start Hold Stop 中的“Stop”按钮，程序停止运行，再次单击“Start”按钮，程序从开头重新运行。

3）数控程序在运行时，单击“急停”按钮，数控程序中断运行，继续运行时，先将“急停”按钮松开，再按 Start Hold Stop 中的“Start”按钮，余下的数控程序从中断行开始作为一个独立的程序执行。

2. 自动 / 单段方式

1）检查机床是否回零。若未回零，先将机床回零（参见 9.1.2 小节）。

2）导入数控程序或自行编写一段程序。

3）检查控制面板上“MODE”旋钮是否置于“AUTO”档，若未置于“AUTO”档，则单击或右击“MODE”旋钮，将其置于“AUTO”档，进入自动加工模式。

4）将“单段”开关置“on”上。

5）单击 Start Hold Stop 中的“Start”按钮，数控程序开始运行。

注意：自动 / 单段方式执行每一行程序均需单击一次 Start Hold Stop 中的“Start”按钮。

将“跳段”开关置“on”上，数控程序中的跳过符号“/”有效。

将“选择性停止”开关置于“on”位置上，“M01”代码有效。

根据需要调节“进给倍率”调节旋钮，控制数控程序运行的进给速度，调节范围从 0 ～ 150%。

若此时将控制面板上“MODE”旋钮切换到“DRY RUN”档，则表示此时是以 G00 速度进给。

单击“RESET”键，可使程序重置。

3. 检查运行轨迹

数控程序导入后，可检查运行轨迹。

将操作面板的“MODE”旋钮切换到“AUTO”档或“DRY RUN”档，单击MDI键盘中“AUX GRAPH”键，转入检查运行轨迹模式；再单击操作面板上Start Hold Stop中的“Start”按钮，即可观察数控程序的运行轨迹，此时也可通过“视图”菜单中的“动态旋转”“动态放缩”“动态平移”等方式对三维运行轨迹进行全方位的动态观察。

注意：检查运行轨迹时，暂停运行、停止运行、单段执行等同样有效。

9.2 FANUC 0系列标准铣床、卧式加工中心面板操作

9.2.1 面板说明

FANUC 0系列标准铣床、卧式加工中心面板如图9-15所示，面板说明见表9-2。

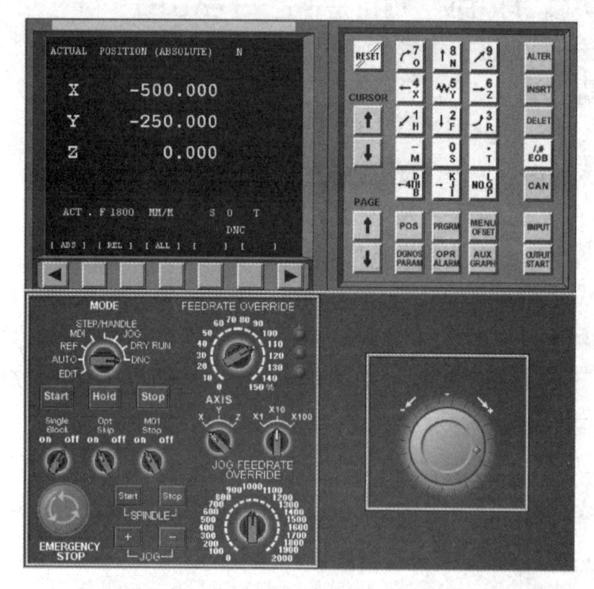

图9-15 FANUC 0系列标准铣床、卧式加工中心面板

表9-2 FANUC 0系列标准铣床、卧式加工中心面板说明

旋钮/按键	名称	功能	
	模式选择	DNC	进入DNC模式，输入输出资料
		DRY RUN	进入空运行模式
		JOG	进入手动模式，连续移动刀具
		STEP/HANDLE	进入点动/手轮模式
		MDI	进入MDI模式，手动输入并执行指令
		REF	进入回零模式，机床必须首先执行回零操作，然后才可以运行
		AUTO	进入自动加工模式
		EDIT	进入编辑模式，用于直接通过操作面板输入数控程序和编辑程序

（续）

旋钮 / 按键	名称	功能
 Start	循环启动	程序运行开始，模式选择旋钮在“AUTO”或“MDI”位置时单击有效，其余模式下使用无效
Hold	进给保持	程序运行暂停，在程序运行过程中，单击此按钮运行暂停，再单击“Start”按钮从暂停的位置开始执行
Stop	停止运行	程序运行停止，在程序运行过程中，单击此按钮运行暂停，再单击“Start”按钮从头开始执行
 Single Block on off	单段	当此旋钮置于“on”位置，运行程序时每次执行一条数控指令
 Opt Skip on off	跳段	当此旋钮置于“on”位置，程序中的“/”有效
 M01 Stop on off	选择性停止	当此旋钮置于“on”位置，程序中的“M01”代码有效
	急停	紧急停止
 Start Stop SPINDLE	主轴控制	主轴旋转、主轴停止
 + - JOG	手动进给	机床进给轴正向移动、机床进给轴负向移动
	进给倍率调节	将光标移至此旋钮上后，通过单击或右击来调节进给倍率
 X Y Z	进给轴选择	将光标移至此旋钮上后，通过单击或右击来选择进给轴
 X1 X10 X100	步进量调节	将光标移至此旋钮上后，通过单击或右击来调节点动 / 手轮步长。×1、×10、×100 分别代表移动量为 0.001mm、0.01mm、0.1mm
	手动进给速度	将光标移至此旋钮上后，通过单击或右击来调节手动进给速度
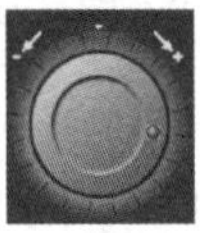	手轮	将光标移至此旋钮上后，通过单击或右击来转动手轮

9.2.2 机床准备

1. 激活机床

检查“急停”按钮是否松开，若未松开，单击“急停”按钮，将其松开。

2. 机床回参考点

将“MODE（模式选择）”旋钮拨到“REF”档，如图 9-16 所示。

先将 X 轴方向回零，在回零模式下，将操作面板上的“AXIS（进给轴选择）”旋钮置于“X”档，如图 9-17 所示。单击中“+”按钮，此时 X 轴将回零，相应操作面板上 X 轴的指示灯亮，如图 9-18 所示，同时 CRT 上的 X 坐标变为“0.000”。依次右击“AXIS”旋钮，使其分别置于“Y”“Z”档，再单击“+”按钮，可以将 Y 和 Z 轴回零，此时操作面板上的指示灯如图 9-19 所示，CRT 界面如图 9-20 所示，同时机床变化如图 9-21 所示。

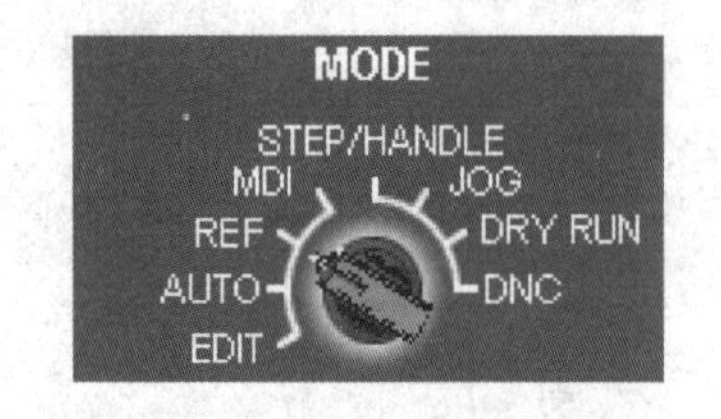

图 9-16 “MODE（模式选择）”旋钮（REF 档）

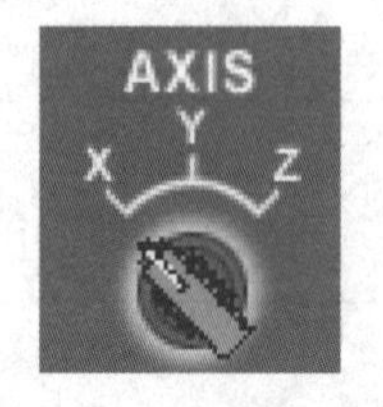

图 9-17 “AXIS（进给轴选择）”旋钮

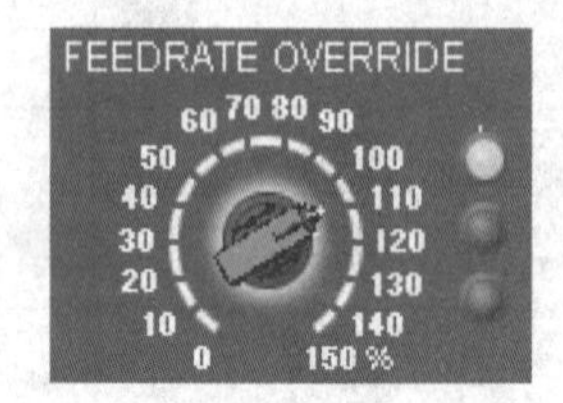

图 9-18 X 轴指示灯

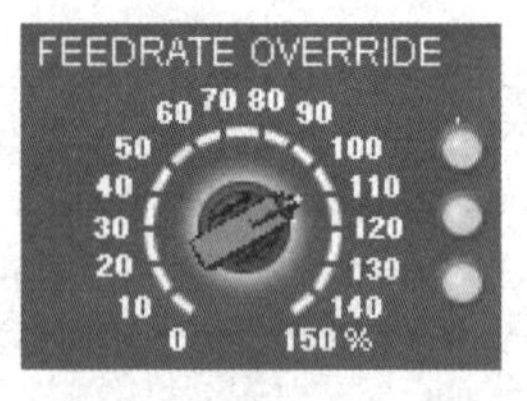

图 9-19 操作面板指示灯

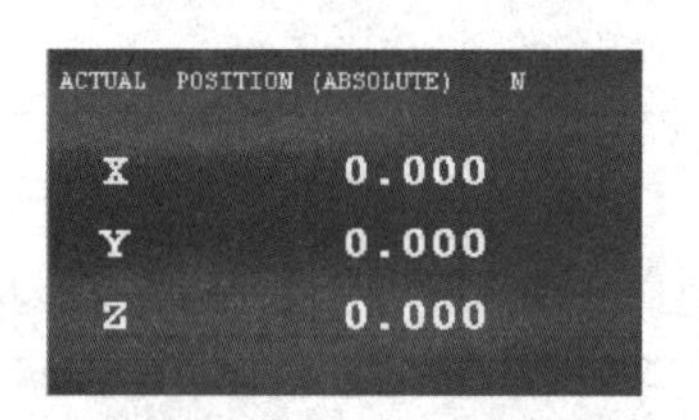

图 9-20 CRT 界面

图 9-21 机床示意图

9.2.3 对刀

数控程序一般按工件坐标系编程，对刀的过程就是建立工件坐标系与机床坐标系之间关系的过程。

一般铣床及加工中心在 X、Y 方向对刀时使用的基准工具包括刚性靠棒和寻边器两种。Z 轴对刀时采用的是实际加工时所要使用的刀具，通常有塞尺检查法和试切法。

下面具体说明铣床及卧式加工中心对刀的方法，以将工件上表面中心点设为工件坐标系原点为例。将工件上其他点设为工件坐标系原点的对刀方法与之类似。

1. 刚性靠棒 X、Y 轴方向对刀

在菜单栏中选择“机床”→“基准工具”命令，弹出“基准工具”对话框，其中左边的是基准工具刚性靠棒，右边的是寻边器，如图 9-22 所示。

刚性靠棒采用检查塞尺松紧的方式对刀，具体过程如下 [采用将零件放置在基准工具的左侧（正面视图）的方式]：

首先进行 X 轴方向对刀。

将操作面板中“MODE”旋钮切换到“JOG”档，进入“手动”方式。

单击 MDI 键盘上的“POS”键，使 CRT 界面上显示坐标值；借助“视图”菜单中的“动态旋转”“动态放缩”“动态平移”等工具，利用操作面板上的“”按钮和“AXIS”旋钮，将机床移动到图 9-23 所示的大致位置。

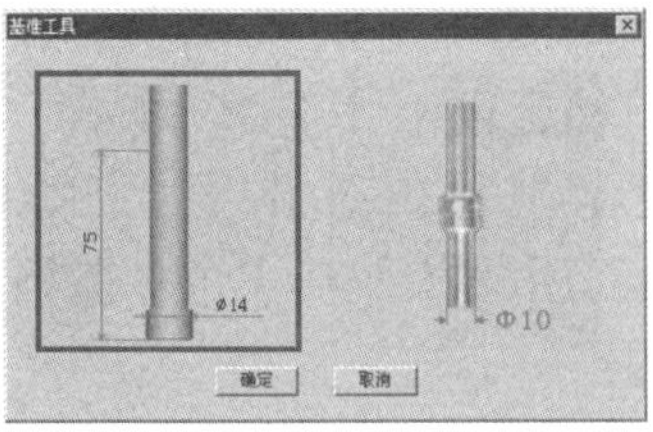

图 9-22　“基准工具”对话框

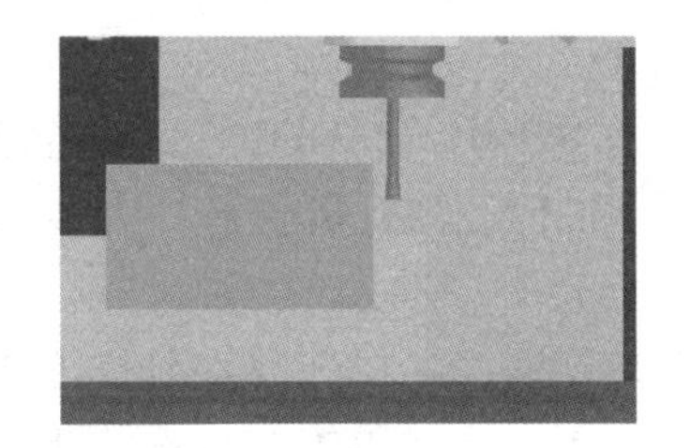

图 9-23　机床位置示意图

移动到大致位置后，可以采用“点动”方式移动机床，在菜单栏中选择“塞尺检查”→“1mm”命令，将操作面板的“MODE”旋钮切换到“STEP/HANDLE”档，通过调节操作面板上的“步进量调节”旋钮和“”按钮移动靠棒，使得“提示信息”对话框显示“塞尺检查的结果：合适”，如图 9-24 所示。

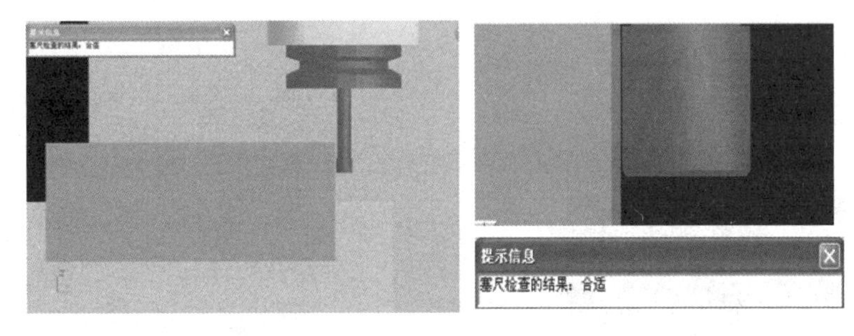

图 9-24　“提示信息”对话框

记下塞尺检查结果为“合适”时 CRT 界面中的 X 坐标值，此为基准工具中心的 X 坐标，记为 X_1；将定义毛坯数据时设定的零件的长度记为 X_2；将塞尺厚度记为 X_3；将基准工件直径记为 X_4（可在选择基准工具时读出）。则工件上表面中心的 X 的坐标为基准工具中心的 X 的坐标减去零件长度的一半、减去塞尺厚度，再减去基准工具半径，结果记为 X。

Y 方向对刀采用同样的方法。得到工件中心的 Y 坐标，记为 Y。

完成 X、Y 方向对刀后，在菜单栏中选择“塞尺检查”→“收回塞尺”命令，将塞尺收回；将操作面板中“MODE”旋钮切换到“JOG”档，机床进入“手动”方式；利用操作面板上的“”按钮和“AXIS”旋钮，将 Z 轴提起，再在菜单栏中选择“机床”→“拆除工具”命令，拆除基准工具。

注意： 塞尺有各种不同尺寸，可以根据需要调用。本系统提供的塞尺尺寸有 0.05mm、0.1mm、0.2mm、1mm、2mm、3mm、100mm（量块）。

2. 寻边器 X、Y 轴方向对刀

寻边器由固定端和测量端两部分组成。固定端由刀具夹头夹持在机床主轴上，中心线与主轴轴线重合。在测量时，主轴以 400r/min 旋转。通过手动方式使寻边器向工件基准面移动靠近，让测量端接触基准面。在测量端未接触工件时，固定端与测量端的中心线不重合，两者呈偏心状态。当测量端与工件接触后，偏心距减小，这时使用点动方式或手轮方式微调进给，寻边器继续向工件移动，偏心距逐渐减小。当测量端和固定端的中心线重合的瞬间，测量端会明显的偏出，出现明显的偏心状态，这时主轴中心位置距离工件基准面的距离等于测量端的半径。

首先进行 X 轴方向对刀。

将操作面板中“MODE”旋钮切换到“JOG”档，进入“手动”方式。

单击MDI键盘上的“POS”键，使CRT界面上显示坐标值；借助“视图”菜单中的“动态旋转”“动态放缩”“动态平移”等工具，利用操作面板上的“”按钮和“AXIS”旋钮，将机床移动到图9-23所示的大致位置。

在手动状态下，单击操作面板上中的“Start”按钮，使主轴转动。未与工件接触时，寻边器测量端大幅度晃动。

移动到大致位置后，可采用“手轮”方式移动机床，将“MODE”旋钮切换到“STEP/HANDLE”档，单击中“-”按钮，寻边器测量端晃动幅度逐渐减小，直至固定端与测量端的中心线重合，如图9-25所示；若此时再进行增量或手轮方式的小幅度进给，寻边器的测量端会突然大幅度偏移，如图9-26所示，即认为此时寻边器与工件恰好吻合。

图9-25 寻边器两端重合示意图

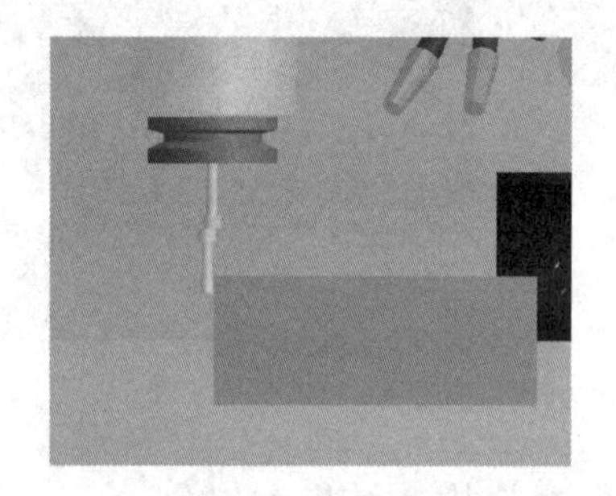

图9-26 寻边器两端不重合示意图

记下寻边器与工件恰好吻合时CRT界面中的X坐标值，此为基准工具中心的 X 坐标，记为 X_1；将定义毛坯数据时设定的零件的长度记为 X_2；将基准工件直径记为 X_3（可在选择基准工具时读出）。则工件上表面中心的 X 的坐标为基准工具中心的 X 的坐标减去零件长度的一半，再减去基准工件半径，结果记为 X。

Y 方向对刀采用同样的方法。得到工件中心的 Y 坐标，记为 Y。

完成 X、Y 方向对刀后，将操作面板中“MODE”旋钮切换到“JOG”档，机床转入手动操作状态；利用操作面板上的“”按钮和“AXIS”旋钮，将 Z 轴提起，再在菜单栏中选择“机床”→“拆除工具”命令，拆除基准工具。

3. 塞尺检查法 Z 轴对刀

在菜单栏中选择“机床”→“选择刀具”命令，或单击工具栏中的“”按钮，选择所需刀具。

将操作面板中“MODE”旋钮切换到“JOG”档，进入“手动”方式。

单击MDI键盘上的“POS”键，使CRT界面上显示坐标值；借助“视图”菜单中的“动态旋转”“动态放缩”“动态平移”等工具，利用操作面板上的“”按钮和“AXIS”旋钮，将刀具移动到如图9-27所示的大致位置。

类似在 X、Y 方向对刀的方法进行塞尺检查，得到“塞尺检查的结果：合适”时Z的坐标值，记为 Z_1，如图9-28所示。则坐标值为 Z_1 减去塞尺厚度后数值为 Z 坐标原点，此时工件坐标系在工件上表面。

图 9-27　刀具位置示意图

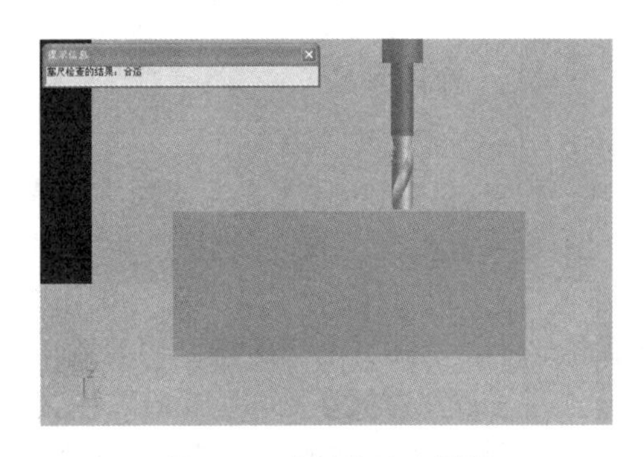

图 9-28　塞尺位置示意图

4. 试切法 Z 轴对刀

在菜单栏中选择“机床”→“选择刀具”命令，或单击工具栏中的“”按钮，选择所需刀具。

将操作面板中“MODE”旋钮切换到“JOG”档，进入“手动”方式。

单击 MDI 键盘上的“”键，使 CRT 界面上显示坐标值；借助“视图”菜单中的“动态旋转”“动态放缩”“动态平移”等工具，利用操作面板上的“”按钮和“AXIS”旋钮，将刀具移动到图 9-27 所示的大致位置。

在菜单栏中选择“视图”→“选项”命令后打开“声音开”和“铁屑开”选项。

单击操作面板上中的“Start”按钮使主轴转动；将“AXIS”旋钮置于“Z”档，单击操作面板上中的“－”按钮，切削零件的声音刚响起时停止，使铣刀将零件切削小部分，记下此时 Z 的坐标值，记为 Z，此为工件表面一点处 Z 的坐标值。

通过对刀得到的坐标值（X，Y，Z）即为工件坐标系原点在机床坐标系中的坐标值。

9.2.4　手动加工零件

1. 手动 / 连续方式

将控制面板上“MODE”旋钮切换到“JOG”档，配合“”按钮和“AXIS”旋钮快速准确的移动刀具。单击“”按钮，控制主轴的转动、停止。

注意：刀具切削零件时，主轴需转动。加工过程中刀具与零件发生非正常碰撞后（非正常碰撞包括车刀的刀柄与零件发生碰撞；铣刀与夹具发生碰撞等），系统弹出警告对话框，同时主轴自动停止转动，调整刀具到适当位置，继续加工时需再次单击中的“Start”按钮，使主轴重新转动。

2. 手动 / 点动（手轮）方式

手动 / 连续加工（参见 9.2.4 小节）或对刀（参见 9.2.3 小节），需精确调节主轴位置时，可用点动（手轮）方式调节。

将控制面板上“MODE”旋钮切换到“STEP/HANDLE”档，配合“”按钮和“步进量调节”旋钮，使用点动（手轮）精确调节机床。其中 ×1 为 0.001mm，×10 为 0.01mm，×100 为 0.1mm。单击“”按钮，来控制主轴的转动、停止。

注意：“STEP”是点动；“HANDLE”是手轮移动。

9.2.5 自动加工方式

1. 自动 / 连续方式

（1）自动加工流程

1）检查机床是否回零。若未回零，先将机床回零（参见 9.2.2 小节）。

2）导入数控程序或自行编写一段程序（参见 8.4 节）。

3）检查控制面板上“MODE”旋钮是否置于“AUTO”档，若未置于“AUTO”档，则单击或右击“MODE”旋钮，将其置于“AUTO”档，进入自动加工模式。

4）单击Start Hold Stop中的“Start”按钮，数控程序开始运行。

（2）中断运行　数控程序在运行过程中可根据需要暂停、停止、急停和重新运行。

1）数控程序在运行时，单击Start Hold Stop中的“Hold”按钮，程序暂停运行，再次单击“Start”按钮，程序从暂停行开始继续运行。

2）数控程序在运行时，单击Start Hold Stop中的“Stop”按钮，程序停止运行，再次单击“Start”按钮，程序从开头重新运行。

3）数控程序在运行时，单击“急停”按钮，数控程序中断运行，继续运行时，先将“急停”按钮松开，再单击Start Hold Stop中的“Start”按钮，余下的数控程序从中断行开始作为一个独立的程序执行。

2. 自动 / 单段方式

1）检查机床是否回零。若未回零，先将机床回零（参见 9.2.2 小节）。

2）导入数控程序或自行编写一段程序。

3）检查控制面板上“MODE”旋钮是否置于“AUTO”档，若未置于“AUTO”档，则单击或右击“MODE”旋钮，将其置于“AUTO”档，进入自动加工模式。

4）将“单段”开关置“on”上。

5）单击Start Hold Stop中的“Start”按钮，数控程序开始运行。

注意：自动 / 单段方式执行每一行程序均需单击一次Start Hold Stop中的“Start”按钮。

将“跳段”开关置“on”上，数控程序中的跳过符号“/”有效。

将“选择性停止”开关置于“on”位置上，“M01”代码有效。

根据需要调节“进给倍率”调节旋钮，控制数控程序运行的进给速度，调节范围从 0 ～ 150%。

若此时将控制面板上“MODE”旋钮切换到“DRY RUN”档，则表示此时是以 G00 速度进给。

单击“RESET”键，可使程序重置。

3. 检查运行轨迹

数控程序导入后，可检查运行轨迹。

将操作面板的“MODE”旋钮切换到“AUTO”档或“DRY RUN”档，单击 MDI 键盘中“AUX GRAPH”键，转入检查运行轨迹模式；再单击操作面板上Start Hold Stop中的“Start”按钮，即可观察数控程序的运行轨迹，此时也可通过“视图”菜单中的“动态旋转”“动态放缩”“动态平移”等方式对三维运行轨迹进行全方位的动态观察。

注意：检查运行轨迹时，暂停运行、停止运行、单段执行等同样有效。

9.3　FANUC 0 系列标准立式加工中心面板操作

9.3.1　面板说明

FANUC 0 系列标准立式加工中心面板如图 9-29 所示，面板说明见表 9-3。

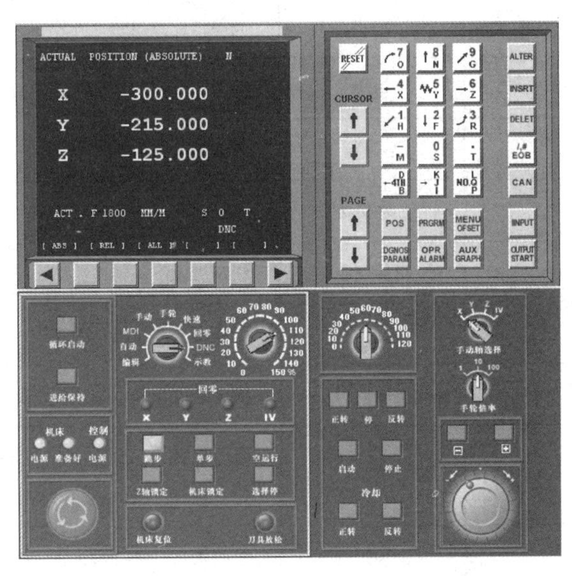

图 9-29　FANUC 0 系列标准立式加工中心面板

表 9-3　FANUC 0 系列标准立式加工中心面板说明

旋钮 / 按键	名称	功能	
	循环启动	程序运行开始，系统处于自动运行或 MDI 模式时单击有效，其余模式下使用无效	
	进给保持	程序运行暂停，在程序运行过程中，单击此按钮运行暂停，再单击“循环启动”按钮从暂停的位置开始执行	
	急停	紧急停止	
	模式选择	示教	暂不支持
		DNC	进入 DNC 模式，输入输出资料
		回零	进入回零模式，机床必须首先执行回零操作，然后才可以运行
		快速	进入快速模式，快速移动机床
		手轮	进入点动 / 手轮模式
		手动	进入手动模式，连续移动机床
		MDI	进入 MDI 模式，手动输入并执行指令
		自动	进入自动加工模式
		编辑	进入编辑模式，用于直接通过操作面板输入数控程序和编辑程序

（续）

旋钮 / 按键	名称	功能
	进给倍率调节	将光标移至此旋钮上后，通过单击或右击来调节进给倍率
	跳步	当单击此按钮时，程序中的“/”有效
	单步	单击此按钮后，运行程序时每次执行一条数控指令
	空运行	进入空运行模式
	Z 轴锁定	机床在 Z 方向不能移动
	机床锁定	锁定机床
	选择停	当单击此按钮时，程序中的“M01”代码有效
	机床复位	机床复位
	快速进给倍率	将光标移至此旋钮上后，通过单击或右击来调节快速进给倍率
	主轴控制	手动状态下使主轴正转、停、反转
	手动轴选择	将光标移至此旋钮上后，通过单击或右击来选择进给轴
	手轮倍率	1、10、100 分别代表移动量为 0.001mm、0.01mm、0.1mm
	机床移动	机床进给轴正向移动、机床进给轴负向移动
	手轮	将光标移至此旋钮上后，通过单击或右击来转动手轮

9.3.2 机床准备

1. 激活机床

检查“急停”按钮是否松开，若未松开，单击“急停”按钮，将其松开。

2. 机床回参考点

将“模式选择”旋钮拨到“回零”档，如图 9-30 所示。

先将 X 轴方向回零，在回零模式下，将操作面板上的“手动轴选择”旋钮置于“X”档，单击“”图标按钮，此时 X 轴将回零，相应操作面板上 X 轴的指示灯亮，同时 CRT 界面上的“X”坐标变为“0.000”；右击“手动轴选择”旋钮，如图 9-31 所示，使其分别置于“Y”“Z”档，再单击“”图标按钮，可以将 Y 和 Z 轴回零，此时操作面板上的指示灯变亮，同时 CRT 界面和机床变化如图 9-32 和图 9-33 所示。

图 9-30　“MODE（模式选择）”旋钮（“回零”档）

图 9-31　“手动轴选择”旋钮

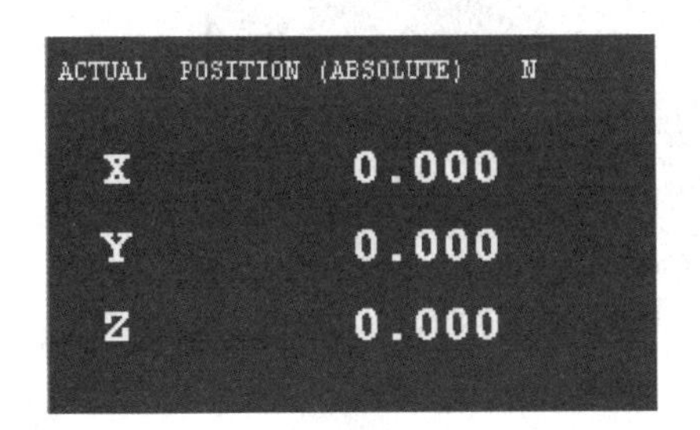

图 9-32　CRT 界面

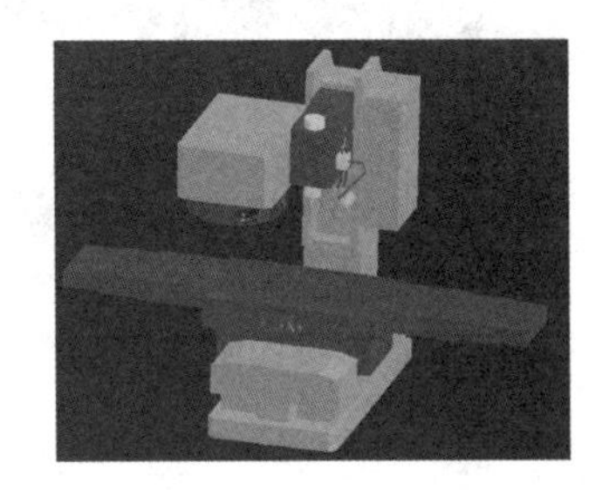

图 9-33　机床示意图

9.3.3　对刀

数控程序一般按工件坐标系编程，对刀的过程就是建立工件坐标系与机床坐标系之间关系的过程。

一般铣床及加工中心在 *X*、*Y* 方向对刀时使用的基准工具包括刚性靠棒和寻边器两种。*Z* 轴对刀时采用的是实际加工时所要使用的刀具，通常有塞尺检查法和试切法。

下面具体说明立式加工中心对刀的方法，以将工件上表面中心点设为工件坐标系原点为例。将工件上其他点设为工件坐标系原点的对刀方法与之类似。

1. 刚性靠棒 *X*、*Y* 轴方向对刀

在菜单栏中选择“机床”→“基准工具”命令，弹出“基准工具”对话框，其中左边的是刚性靠棒基准工具，右边的是寻边器，如图 9-34 所示。

刚性靠棒采用检查塞尺松紧的方式对刀，具体过程如下（采用将零件放置在基准工具的左侧（正面视图）的方式）：

首先进行 *X* 轴方向对刀。

将操作面板中“模式选择”旋钮切换到“手动”档，进入“手动”方式。

单击 MDI 键盘上的“POS”键使 CRT 界面上显示坐标值；借助“视图”菜单中的“动态旋转”“动态放缩”“动态平移”等工具，利用操作面板上的“　”按钮和“手动轴选择”旋钮，将刀具移动到图 9-35 所示的大致位置。

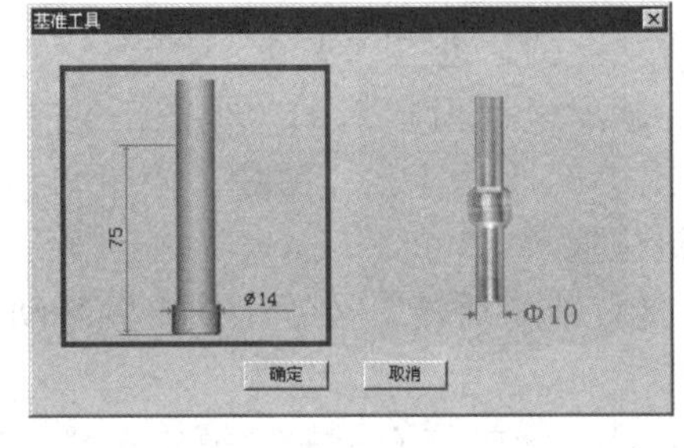

图 9-34　“基准工具”对话框

图 9-35　机床位置示意图

移动到大致位置后，可以采用手轮方式移动刀具，在菜单栏中选择“塞尺检查”→“1mm”命令，将操作面板的“模式选择”旋钮切换到“手轮”档，通过调节操作面板上的“手轮倍率”旋钮，在“手轮”旋钮上单击或右击精确移动靠棒，使得“提示信息”对话框显示“塞尺检查的结果：合适”，如图9-36所示。

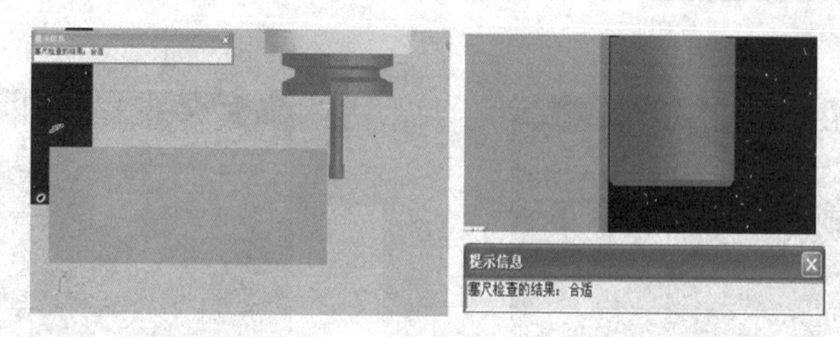

图9-36　塞尺位置示意图

记下塞尺检查结果为“合适”时CRT界面中的X坐标值，此为基准工具中心的X坐标，记为X_1；将定义毛坯数据时设定的零件的长度记为X_2；将塞尺厚度记为X_3；将基准工件直径记为X_4（可在选择基准工具时读出）。则工件上表面中心X的坐标为基准工具中心X的坐标减去零件长度的一半、减去塞尺厚度，再减去基准工具半径，结果记为X。

Y方向对刀采用同样的方法。得到工件中心的Y坐标，记为Y。

完成X、Y方向对刀后，在菜单栏中选择“塞尺检查”→“收回塞尺”命令，将塞尺收回；将操作面板中“模式选择”旋钮切换到“手动”档，机床转入手动操作状态；将“手动轴选择”旋钮置于“Z”档，单击“ ”按钮，将Z轴提起；再在菜单栏中选择“机床”→“拆除工具”命令，拆除基准工具。

注意：塞尺有各种不同尺寸，可以根据需要调用。本系统提供的塞尺尺寸有0.05mm、0.1mm、0.2mm、1mm、2mm、3mm、100mm（量块）。

2. 寻边器X、Y轴方向对刀

寻边器由固定端和测量端两部分组成。固定端由刀具夹头夹持在机床主轴上，中心线与主轴轴线重合。在测量时，主轴以400r/min旋转。通过手动方式使寻边器向工件基准面移动靠近，让测量端接触基准面。在测量端未接触工件时，固定端与测量端的中心线不重合，两者呈偏心状态。当测量端与工件接触后，偏心距减小，这时使用点动方式或手轮方式微调进给，寻边器继续向工件移动，偏心距逐渐减小。当测量端和固定端的中心线重合的瞬间，测量端会明显的偏出，出现明显的偏心状态，这时主轴中心位置距离工件基准面的距离等于测量端的半径。

首先进行X轴方向对刀。

将操作面板中“模式选择”旋钮切换到“手动”档，进入“手动”方式。

单击MDI键盘上的“POS”键，使CRT界面上显示坐标值；借助“视图”菜单中的“动态旋转”“动态放缩”“动态平移”等工具，利用操作面板上的“ ”按钮和“手动轴选择”旋钮，将刀具移动到图9-35所示的大致位置。

在手动状态下，单击操作面板上中的“正转”或“反转”按钮，使主轴转动。未与工件接触时，寻边器测量端大幅度晃动。

移动到大致位置后，可以采用手轮方式移动刀具，将操作面板的“模式选择”旋钮

切换到“手轮”档，通过调节操作面板上的“手轮倍率”旋钮，在“手轮”旋钮上单击或右击精确移动寻边器，寻边器测量端晃动幅度逐渐减小，直至固定端与测量端的中心线重合，如图 9-37 所示；若此时再进行增量或手轮方式的小幅度进给，寻边器的测量端会突然大幅度偏移，如图 9-38 所示，即认为此时寻边器与工件恰好吻合。

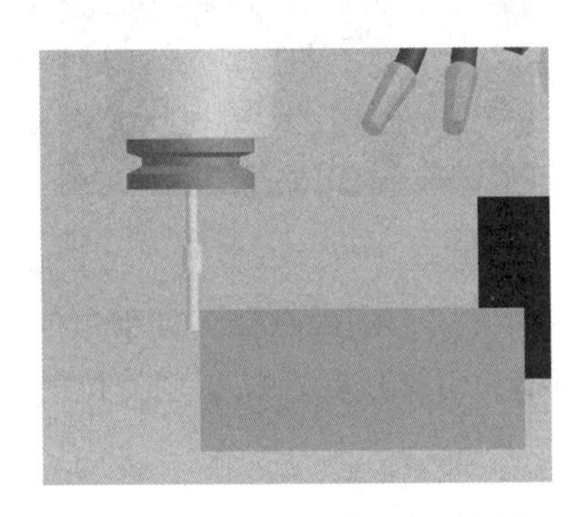

图 9-37　寻边器两端重合示意图

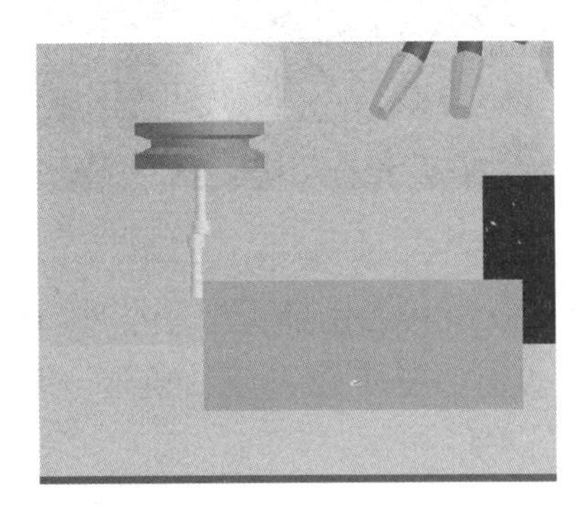

图 9-38　寻边器两端不重合示意图

记下寻边器与工件恰好吻合时 CRT 界面中的 X 坐标值，此为基准工具中心的 *X* 坐标，记为 X_1；将定义毛坯数据时设定的零件的长度记为 X_2；将基准工件直径记为 X_3（可在选择基准工具时读出）。则工件上表面中心的 *X* 的坐标为基准工具中心的 *X* 的坐标减去零件长度的一半、减去基准工具半径，记为 *X*。

Y 方向对刀采用同样的方法。得到工件中心的 *Y* 坐标，记为 *Y*。

完成 *X*、*Y* 方向对刀后，将操作面板中“模式选择”旋钮切换到“手动”档，机床转入手动操作状态；将“手动轴选择”旋钮置于“Z”档，单击“”按钮，将 *Z* 轴提起；再选择菜单栏中“机床”→“拆除工具”命令拆除基准工具。

3. 装刀

立式加工中心装刀有两种方法：一是在菜单栏中选择“机床”→“选择刀具”命令，在“选择铣刀”对话框内将刀具添加到主轴（参见 7.9 节）；二是用 MDI 指令方式将刀架上的刀具放置在主轴上。这里介绍采用 MDI 指令方式装刀。

将操作面板上的模式旋钮置于“MDI”档，进入 MDI 编辑模式。

单击“PRGRM”键使 CRT 界面显示 MDI 编辑界面，如图 9-39 所示。

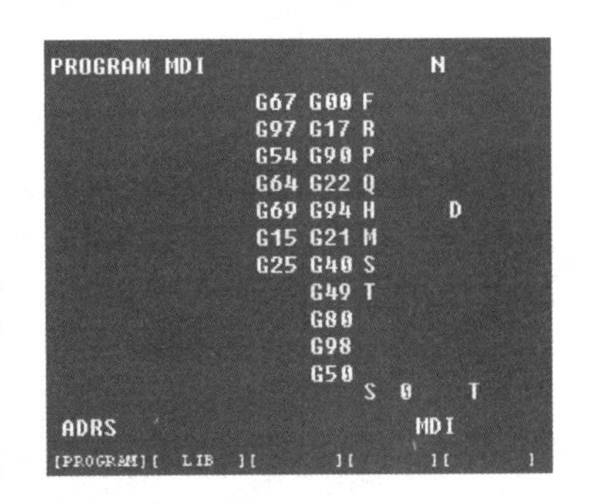

图 9-39　MDI 编辑界面

单击 MDI 键盘上的数字 / 字母键，输入“G28”，单击“INPUT”键将输入域中的内容输入到指定位置，此时 CRT 界面上的第一行出现“G28”。

单击 MDI 键盘上的数字 / 字母键，输入“Zx”（x 表示任意小于等于 0 的数字），单击“INPUT”键将输入域中的内容输入到指定位置，告知机床通过某点回换刀点。此时 CRT 界面如图 9-40 所示，单击“循环启动”按钮，刀具运行到换刀点，如图 9-41 所示。

单击 MDI 键盘，输入“Tx”，如 1 号刀位，则输入“T01”，单击“INPUT”键将输入域中的内容输入到指定位置。

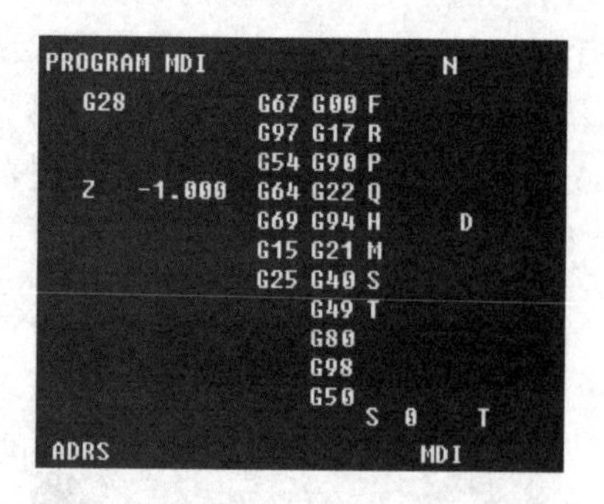

图 9-40 CRT 界面

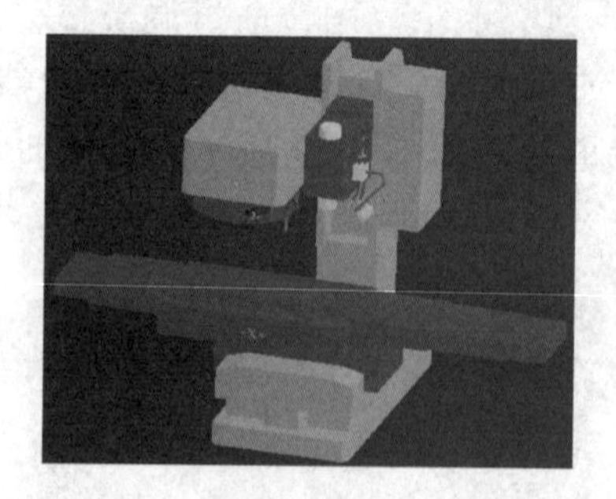
图 9-41 刀具运行至换刀点示意图

单击 MDI 键盘，输入“M06”，单击“INPUT”键将输入域中的内容输入到指定位置，此时 CRT 界面如图 9-42 所示，单击“循环启动”按钮，刀架旋转后将指定刀位的刀具装好，如图 9-43 所示。

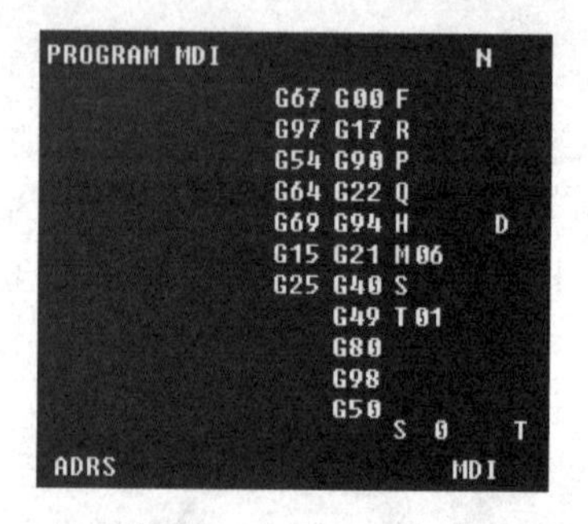

图 9-42 CRT 显示界面

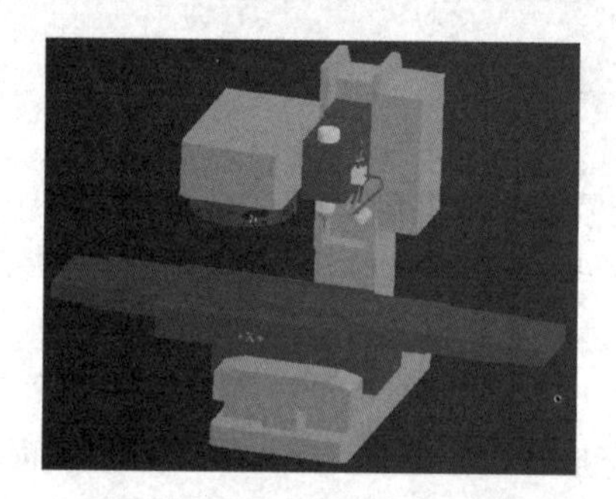
图 9-43 装载刀具示意图

4. 塞尺检查法 Z 轴对刀

立式加工中心 Z 轴对刀时首先要将选定的刀具放置在主轴上（参见 9.3.3 小节），再逐把对刀。

将操作面板中“模式选择”旋钮切换到“手动”档，进入“手动”方式。

单击 MDI 键盘上的“POS”键使 CRT 界面上显示坐标值；借助“视图”菜单中的“动态旋转”“动态放缩”“动态平移”等工具，利用操作面板上的“ ”按钮和“手动轴选择”旋钮，将刀具移动到图 9-44 所示的大致位置。

类似在 X、Y 方向对刀的方法进行塞尺检查，得到“塞尺检查的结果：合适”时 Z 的坐标值，记为 Z_1，如图 9-45 所示。则坐标值为 Z_1 减去塞尺厚度后数值为 Z 坐标原点，此时工件坐标系在工件上表面。

图 9-44 刀具位置示意图

图 9-45 塞尺位置示意图

5. 试切法 Z 轴对刀

立式加工中心 Z 轴对刀时首先要将选定的刀具放置在主轴上（参见 9.3.3 小节），再逐把对刀。

将操作面板中“模式选择”旋钮切换到“手动”档，进入“手动”方式。

单击 MDI 键盘上的“POS”键使 CRT 界面上显示坐标值；借助“视图”菜单中的“动态旋转”“动态放缩”“动态平移”等工具，利用操作面板上的“”按钮和“手动轴选择”旋钮，将刀具移动到图 9-44 所示的大致位置。

在菜单栏中选择“视图”→“选项”命令后打开“声音开”和“铁屑开”选项。

单击操作面板上中的“正转”或“反转”按钮使主轴转动；将“手动轴选择”旋钮置于“Z”档，单击操作面板上的“”按钮，切削零件的声音刚响起时停止，使铣刀将零件切削小部分，记下此时 Z 的坐标值，记为 Z，此为工件表面一点处 Z 的坐标值。

通过对刀得到的坐标值（X，Y，Z）即为工件坐标系原点在机床坐标系中的坐标值。

9.3.4　手动加工零件

1. 手动 / 连续方式

将操作面板中“模式选择”旋钮切换到“手动”档，进入“手动”方式，利用操作面板上的“”按钮和“手动轴选择”旋钮移动刀具。单击中的按钮，控制主轴的转动、停止。

注意：刀具切削零件时，主轴需转动。加工过程中刀具与零件发生非正常碰撞后（非正常碰撞包括车刀的刀柄与零件发生碰撞、铣刀与夹具发生碰撞等），系统弹出警告对话框，同时主轴自动停止转动，调整刀具到适当位置，继续加工时需再次单击中的按钮，使主轴重新转动。

2. 手动 / 手轮方式

在手动 / 连续加工（参见 9.3.4 小节）或对刀（参见 9.3.3 小节），需精确调节机床时，可用手轮方式移动机床。

将操作面板的“模式选择”旋钮切换到“手轮”档，通过调节操作面板上的“手轮倍率”旋钮，在“手轮”旋钮上单击或右击精确控制机床。其中“1”为 0.001mm，“10”为 0.01mm，“100”为 0.1mm。

单击“”按钮，控制主轴的转动、停止。

9.3.5　自动加工方式

1. 自动 / 连续方式

（1）自动加工流程

1）检查机床是否回零。若未回零，先将机床回零（参见 9.3.2 小节）。

2）导入数控程序或自行编写一段程序（参见 8.4 节）。

3）将操作面板中“”旋钮置于“自动”档。

4）单击“循环启动”按钮，数控程序开始运行。

（2）中断运行

数控程序在运行过程中可根据需要暂停、停止、急停和重新运行。

1）数控程序在运行时，单击“进给保持”按钮，程序暂停运行，再次单击“循环启动”按钮，程序从暂停运行开始继续运行。

2）数控程序在运行时，单击“急停”按钮，数控程序中断运行，继续运行时，先将“急停”按钮松开，再单击“循环启动”按钮，余下的数控程序从中断行开始作为一个独立的程序执行。

2. 自动 / 单段方式

1）检查机床是否回零。若未回零，先将机床回零（参见 9.3.2 小节）。

2）导入数控程序或自行编写一段程序（参见 8.4 节）。

3）将操作面板中“模式选择”旋钮置于“自动”档。

4）单击“单步”按钮，按钮将变亮。

5）单击“循环启动”按钮，数控程序开始运行。

注意：自动 / 单段方式执行每一行程序均需单击一次“循环启动”按钮。“跳步”按钮亮时，数控程序中的跳过符号“/”有效。“选择停”按钮亮时，“M01”代码有效。

根据需要调节“进给倍率调节”旋钮，控制数控程序运行的进给速度，调节范围从 0 ～ 150%。单击“RESET”键，可使程序重置。

3. 检查运行轨迹

数控程序导入后，可检查运行轨迹。

将操作面板中“模式选择”旋钮置于“自动”档，单击 MDI 键盘中“AUX GRAPH”键，转入检查运行轨迹模式；再单击操作面板上的“循环启动”按钮，即可观察数控程序的运行轨迹，此时也可通过“视图”菜单中的“动态旋转”“动态放缩”“动态平移”等方式对三维运行轨迹进行全方位的动态观察。

注意：检查运行轨迹时，暂停运行、停止运行、单段执行等同样有效。

第10章 数控编程上机实践

教学目标：

1）通过上机实践使学生能结合数控加工特点，正确选择和使用现代仿真工具，提高学生针对机械加工复杂工程问题进行建模、仿真和分析的能力。

2）掌握数控机床对刀方法，加深理解加工坐标系的建立，引导学生养成认真负责的工作态度，增强学生的责任担当，鼓励学生勇于实践，在实践中不断增强学生的动手能力。

3）通过了解数控车床、数控铣床和加工中心的编程特点，掌握数控加工编程步骤，学生可以学会使用现代数控加工仿真技术和工具，实施数控车、铣加工工艺过程仿真，培养学生对数控加工复杂工程问题进行预测与模拟的能力，进一步提高数控技术应用水平。

10.1 实验一 常用编程指令练习

10.1.1 实验目的和任务

1）熟悉上海宇龙数控加工仿真系统各功能模块的主要操作界面，掌握数控编程仿真系统的使用和系统设置。

2）能够打开并运行第6章的车削、铣削案例程序。

3）根据案例程序，熟悉车削、铣削系统中常用G功能和M功能指令代码（表10-1）的使用方法。

表10-1 常用G功能和M功能指令代码

常用G指令	G00、G01、G02、G03、G41、G42、G40、G54、G90、G91、G33、G92
常用M指令	M00、M01、M02、M03、M04、M08、M09

10.1.2 实验设备及系统

1）微型计算机、Windows操作系统。

2）宇龙数控加工仿真系统。

10.1.3 实验内容及知识点

宇龙数控加工仿真软件的操作界面由系统操作和机床控制两大部分组成。本实验通过运行案例程序，认识宇龙数控加工仿真软件的功能，掌握数控加工仿真的基本步骤和常用编程指令的用法。

10.1.4 实验步骤

1）启动宇龙数控加工仿真系统。

2）通过机床控制面板的各开关、按键，观察屏幕变化。

3）通过系统操作面板的菜单、按钮，理解系统的主要功能及使用方法。

4）打开并运行第 6 章的车削、铣削案例程序，观察加工仿真过程，并学习常用 G 指令和 M 指令的使用方法。

5）调整机床、刀具和仿真设置参数，观察加工轨迹变化。

10.1.5 实验报告要求

本次实验不要求撰写实验报告。

10.1.6 实验注意事项

在参数设置中系统固定参数仅供用户参考，其修改必须在宇龙配置系统中进行，作为教学仿真系统，这部分参数学生不能做修改。

10.1.7 思考题

1）简述宇龙数控加工仿真系统的主要功能和操作步骤。

2）采用试切法对刀的操作流程是怎样的？

3）刀具参数、工件坐标系、仿真参数设置对加工分别会产生什么影响？

10.2 实验二 数控车削加工编程

10.2.1 实验目的和任务

1）掌握数控车床的编程特点。

2）掌握 G92 指令设定工件坐标系的方法，掌握工具补正设定工件坐标系的方法。

3）掌握数控车床加工编程的基本原理、步骤和方法。

10.2.2 实验设备及系统

1）微型计算机、Windows 操作系统。

2）宇龙数控加工仿真系统中 FANUC 0/0i 系列标准数控车床。

10.2.3　数控车床编程的相关知识

1. 数控车床刀具结构类型

数控车床刀具种类繁多，每种刀具都具有特定的功能。根据实际产品选取合理的刀具是数控车床编程、加工的重要环节。在数控车床上使用的刀具有外圆车刀、钻头、镗刀、切断刀、螺纹车刀等，常见数控车床刀具结构类型如图 10-1 所示。

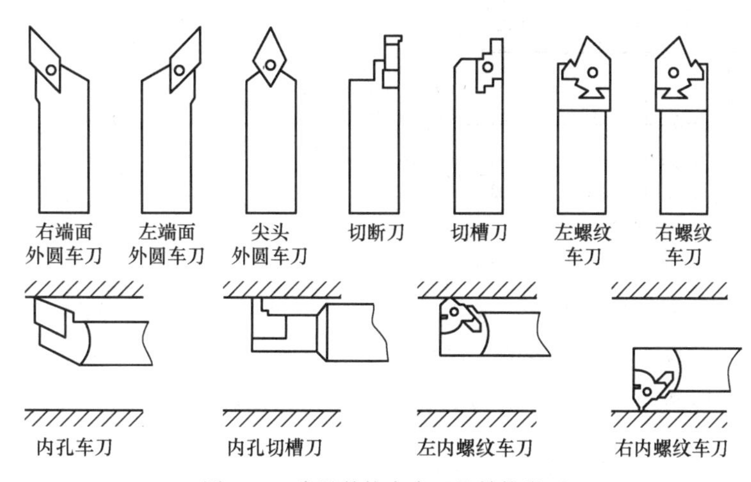

图 10-1　常见数控车床刀具结构类型

2. 数控车床坐标系

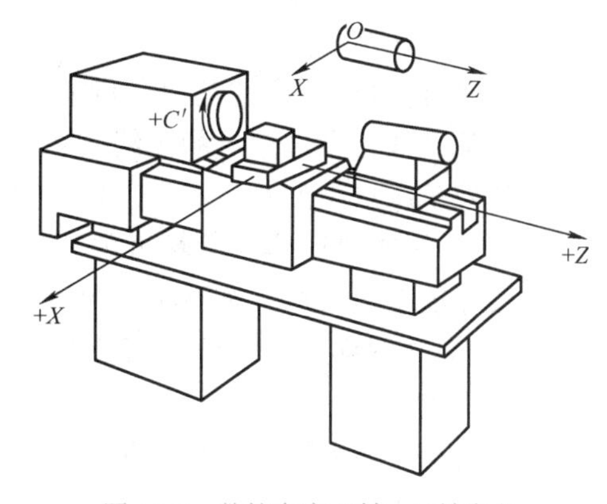

图 10-2　数控车床 X 轴、Z 轴定义

对于数控车床而言，工件的转动轴为 Z 轴，其中远离工件的装夹部件方向为 Z 轴的正方向，X 轴在工件的径向上，且平行于横向滑座，刀具远离工件旋转中心的方向为 X 轴的正方向，如图 10-2 所示。

数控车床坐标系分为机床坐标系和工件（编程）坐标系。

（1）机床坐标系　机床坐标系是机床上固有的坐标系，并设有固定的机床原点，由机床生产厂家在设计机床的时候确定，并在机床使用说明书上说明。

（2）工件坐标系　工件坐标系是编程时使用的坐标系，又称编程坐标系。该坐标系是人为设定的。编程人员在编写程序时根据零件图样、加工工艺，以工件上某一固定点为原点建立右手直角坐标系，其原点即为工件原点。对于数控车床而言，一般把工件原点设置在旋转轴与端面的交界点处。

3. 数控车床对刀原理

对刀的目的是在工件原点与机床参考点之间建立某种联系，使刀架上每把刀的刀位点都能准确到达指定的加工位置。机床原点、工件原点、机床参考点、刀具基准点之间的关系如图 10-3 所示。

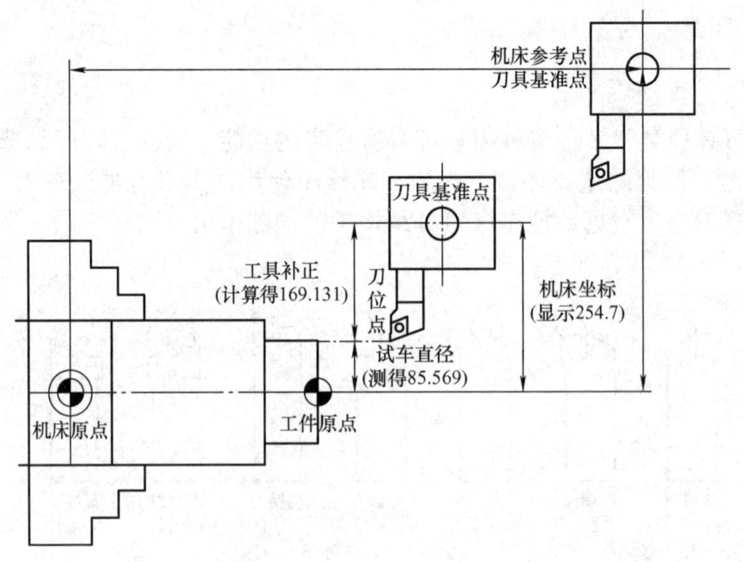

图 10-3 机床原点、工件原点、机床参考点、刀具基准点之间的关系

10.2.4 数控车床编程的注意事项

1. 深入进行零件图工艺分析

在设计零件的加工工艺规程时，首先要对加工对象进行深入分析。对于数控车削加工应考虑以下几个方面：

1）分析零件轮廓的几何条件。手工编程时，要计算每个基点坐标，检查零件图上是否漏掉某尺寸，零件图上的图线位置是否模糊或尺寸标注不清，零件图上尺寸标注方法应适应数控车床加工的特点，应以同一基准标注尺寸或直接给出坐标尺寸。

2）分析零件图样尺寸精度的要求，判断能否利用车削工艺达到要求，常常对零件要求的尺寸取上极限尺寸和下极限尺寸的平均值作为编程的尺寸依据。

3）零件图样上给定的几何公差是保证零件精度的重要依据。加工时，要按照其要求确定零件的定位基准和测量基准。

4）表面粗糙度是保证零件表面微观精度的重要要求，也是合理选择数控车床、刀具及确定切削用量的依据。

2. 合理确定工艺路线

工艺路线的拟定是制订工艺规程的关键，主要任务是选择各个表面的加工方法和加工方案，确定各个表面的加工顺序以及工序集中和分散的程度，合理选用机床和刀具，确定所用夹具的大致结构等。

（1）确定加工方案　首先应根据零件加工精度和表面粗糙度的要求，初步确定为达到这些要求所需要的加工方法和加工方案。

（2）加工阶段的划分　零件的加工质量要求较高时，应划分加工阶段。一般划分为粗加工阶段、半精加工阶段和精加工阶段。如果零件要求的精度特别高、表面粗糙度值很小时，还应增加光整加工或超精加工阶段。

（3）加工顺序的安排　在数控机床加工过程中，由于加工对象复杂多样，加工材料不同、批量不同等多方面因素的影响，在对具体零件制订加工顺序时，应该进行具体分析和区别对待，灵活处理。但一般情况下，数控机床加工多采用工序集中的原则来安排加工顺序。加工顺序的安排原则如下：

1）基准先行：零件加工一般多从精基准的加工开始，再以精基准定位加工其他表面。

2）先粗后精：定位表面加工完成后，整个零件的加工顺序应是粗加工在前，相继为半精加工、精加工和光整加工。

3）先主后次：根据零件的功用和技术要求，将零件的主要表面和次要表面分开，先加工主要表面，再加工次要表面。

4）先面后孔：对于平面轮廓较大的零件，用它作为基准加工孔容易加工，也有利于保证孔的精度。

10.2.5　实验内容

本实验完成图 10-4 ～图 10-8 中任一零件的数控编程，并正确进行宇龙数控加工仿真系统的参数设置，实现加工仿真。

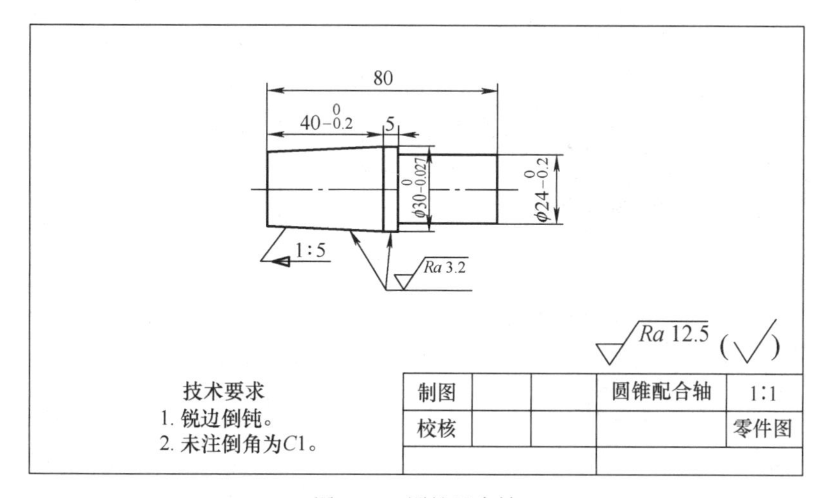

图 10-4　圆锥配合轴

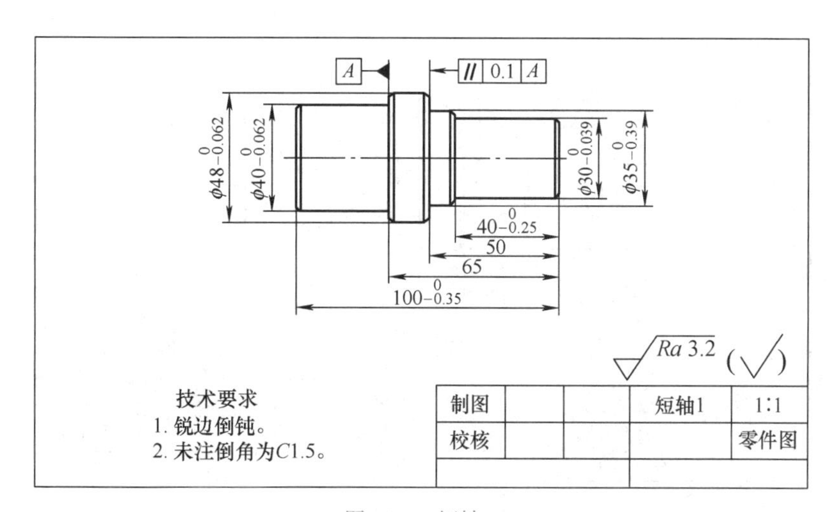

图 10-5　短轴 1

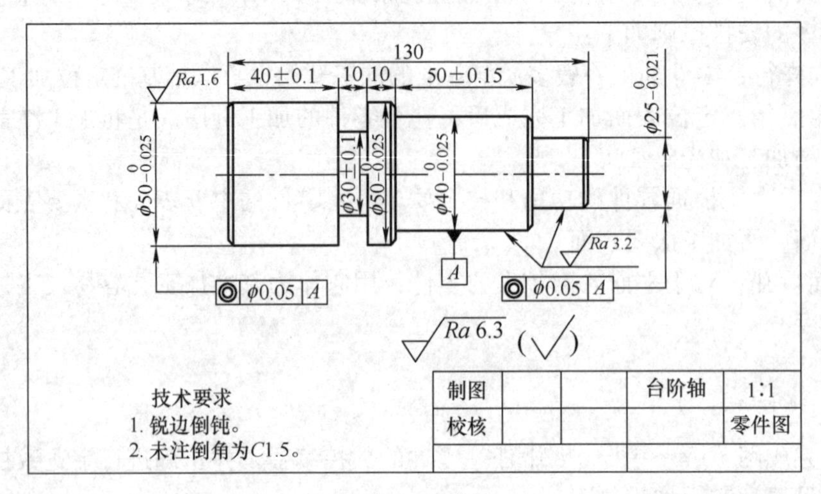

图 10-6　台阶轴

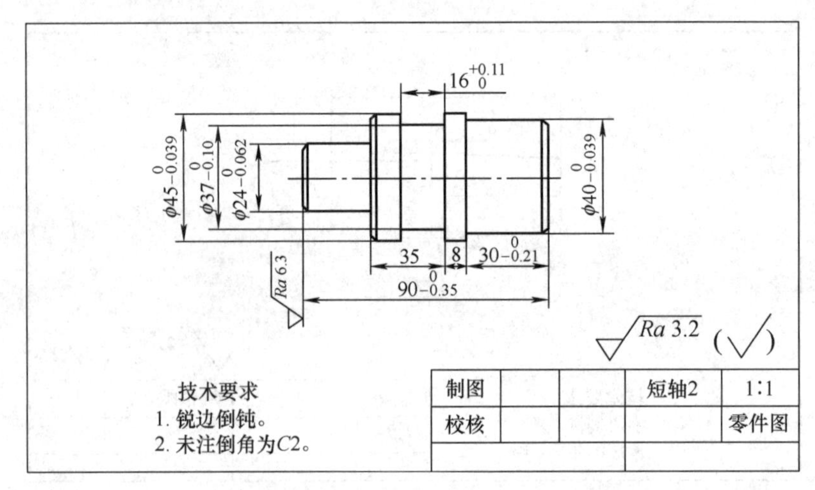

图 10-7　短轴 2

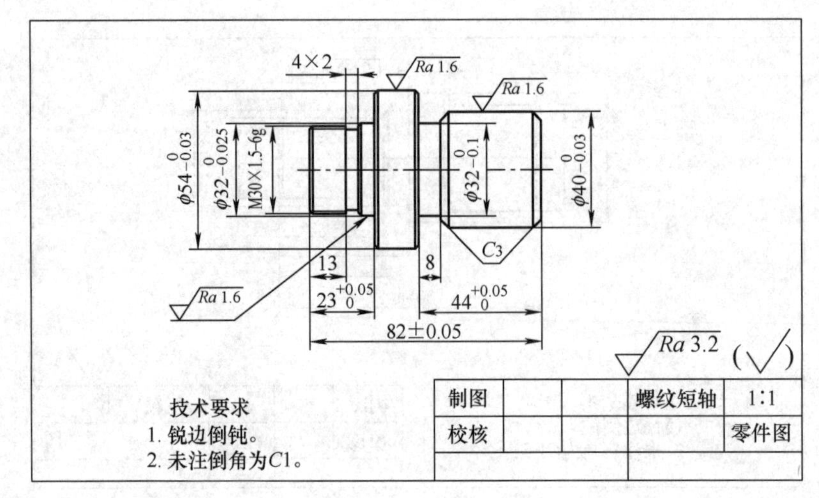

图 10-8　螺纹短轴

10.2.6　实验步骤

数控机床加工流程一般包括准备阶段、工艺制订阶段、细则决策阶段、执行实施阶段、评价阶段等五个阶段，如图 10-9 所示。

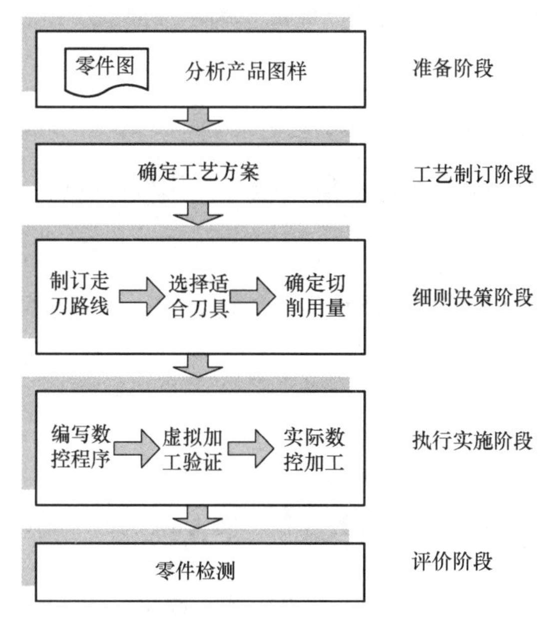

图 10-9　数控机床加工流程

按照该流程，制订数控车床编程实验操作步骤如下：

（1）产品图样分析

1）尺寸是否完整。

2）产品精度、表面粗糙度等要求。

3）产品材质、硬度等。

（2）工艺处理

1）加工方式及设备确定。

2）毛坯尺寸及材料确定。

3）装夹定位的确定。

4）加工路径及起刀点、换刀点的确定。

5）刀具数量、材料、几何参数的确定。

6）切削参数的确定。

（3）数学处理

1）编程零点及工件坐标系的确定。

2）各基点数值计算。

（4）按规定格式编写程序单

（5）通过系统“程序管理”界面的“新建程序”输入程序，并检查程序

（6）通过“参数设置”界面设置刀具参数

（7）在“模拟仿真”界面中进入“仿真设置”，设置工件及起刀点参数

（8）通过“模拟仿真”界面中的“循环启动”运行程序，进行程序调试

（9）记录最终结果，实验结束

10.2.7 实验报告要求

按学校统一规定的实验报告格式独立完成车削零件加工编程实验报告。

以下为实验报告内容。

1）实验目的。

2）加工零件图及零件图样分析。

3）加工工艺分析及必要的数学处理，按表 5-1 中的格式填写数控加工工序卡、参照图 11-2 绘制走刀路线图。

4）数控加工程序单。

5）数控加工程序运行参数设置及结果（包含对刀、加工过程及加工结束等仿真界面截图不少于 3 张）。

10.2.8 思考题

1）数控车床车削螺纹时为何要设置退刀槽并先加工？

2）为什么编程时需要确定对刀点的位置？确定对刀点的原则有哪些？确定对刀点的方法有哪些？

3）数控加工编程时为什么要设置工件坐标系？数控车床如何设置工件坐标系？

4）在数控车床车削加工中要实现刀尖半径补偿，怎样操作才能产生正确的补偿效果？

5）数控车床的固定循环切削指令有哪些？

10.3 实验三 数控铣床和加工中心编程

10.3.1 实验目的和任务

1）了解数控铣床和加工中心的编程特点。

2）掌握刀具半径补偿指令 G41、G42、G40 的使用。

3）熟练掌握铣削加工零件的数控程序编制方法。

10.3.2 实验设备及系统

1）微型计算机、Windows 操作系统。

2）宇龙数控仿真系统中 FANUC 0/0i 系列标准数控铣床和加工中心。

10.3.3 数控铣床和加工中心编程的相关知识

1. 数控铣床和加工中心编程的有关问题

1）数控铣床和加工中心的数控系统具有多种插补功能，一般都具有直线插补和圆弧插补功能，有的还具有抛物线插补、螺旋线插补等多种插补功能。编程时要充分合理地选

择这些插补功能，以提高加工精度和效率。对非圆曲线（椭圆、抛物线、双曲线等二次曲线及对数螺旋线、阿基米德螺旋线和列表曲线等）构成的平面轮廓，在经过直线或圆弧逼近后也可以加工。除此之外，还可以加工一些空间曲面。

2）数控铣床和加工中心具有刀具半径自动补偿功能，使用该功能，在编程时可以很方便地按工件实际轮廓形状和尺寸进行编程计算，而加工中可以使刀具中心自动偏离工件轮廓一个刀具半径，加工出符合要求的轮廓表面。也可以利用该功能，通过改变刀具半径补偿量的方法来弥补铣刀制造的尺寸精度误差，扩大刀具直径选用范围及刀具返修刃磨的允许误差。还可以利用改变刀具半径补偿的方法，以同一加工程序实现分层铣削和粗、精加工。此外，通过改变刀具半径补偿值的正负号，还可以用同一加工程序加工某些需要配合的工件（如相互配合的凹模、凸模等）。

3）利用刀具长度补偿功能可以自动改变切削平面的高度，同时可以降低在制造与翻修时对刀具长度尺寸的精度要求，还可以弥补刀具的轴向对刀误差。

4）可利用系统的镜像、比例缩放、坐标旋转等功能，用于轴对称零件、尺寸大小成比例的系列零件加工，以提高编程效率和简化程序。另外，可运用极坐标编程功能，以满足圆周分布孔的加工和圆周镗、铣加工的需要。

5）充分运用固定循环指令、子程序、用户宏程序功能，简化编程工作量，提高编程效率。

6）有些数控铣床在增加了数控仿形加工装置后，可以在数控和靠模两种控制方式中任选一种进行加工，从而扩大了机床的使用范围。

2. 刀具半径自动补偿功能的使用

1）刀具半径补偿指令为：G40、G41、G42。

2）刀补方向的判别。G40 是取消刀具半径补偿功能。如图 10-10 所示，G41 是在相对于刀具前进方向左侧进行补偿，简称左刀补；G42 是在相对于刀具前进方向右侧进行补偿，简称右刀补。G40、G41、G42 都是模态代码，可相互注销。在进行刀具半径补偿前，需用 G17/G18/G19 指定补偿是在哪个平面上进行。

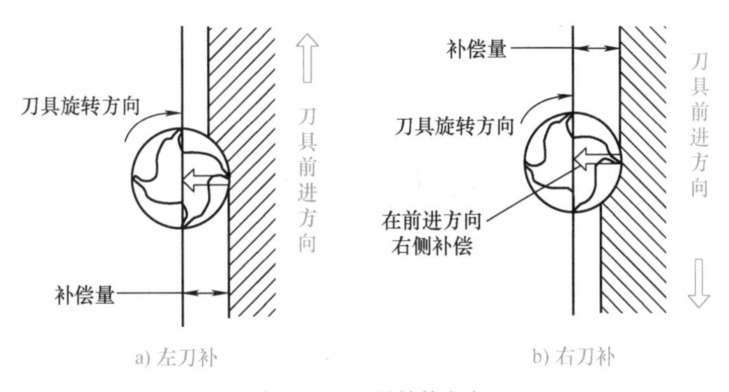

a) 左刀补　　b) 右刀补

图 10-10　刀具补偿方向

10.3.4　实验注意事项

1. 合理确定加工路线

数控铣床是一种加工功能很强的数控机床，目前快速发展起来的加工中心、柔性加工单元等都是在数控铣床、数控镗床的基础上产生的，两者都离不开铣削方式。由于数控铣削工艺最复杂，需要解决的技术问题也最多，因此，目前人们在研究和开发数控系统及自动编程语言的软件系统时，也一直把铣削加工作为重点。铣削的加工路线见5.1.5小节。

2. 正确设定刀具参数

利用刀具半径补偿功能可大大提高编程效率，但应注意正确、合理地设置刀具相关参数。

10.3.5 实验内容

本实验完成图10-11～图10-16中任一零件的数控编程，并正确进行宇龙数控加工仿真系统的参数设置，实现加工仿真。

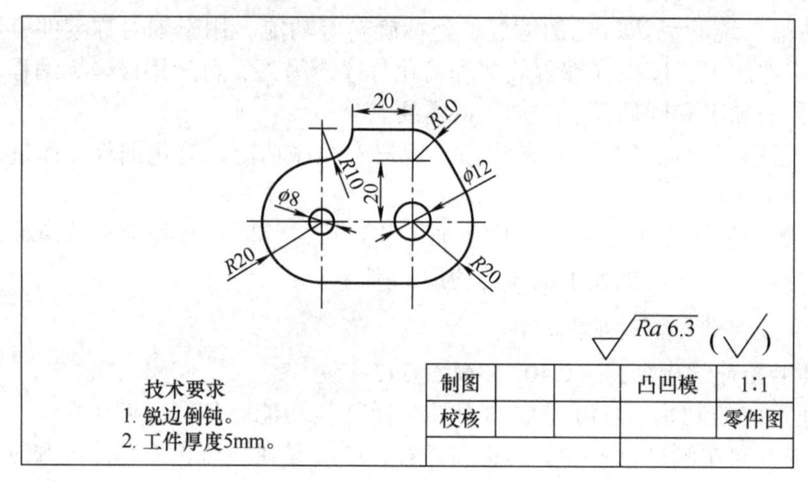

图10-11 凸凹模

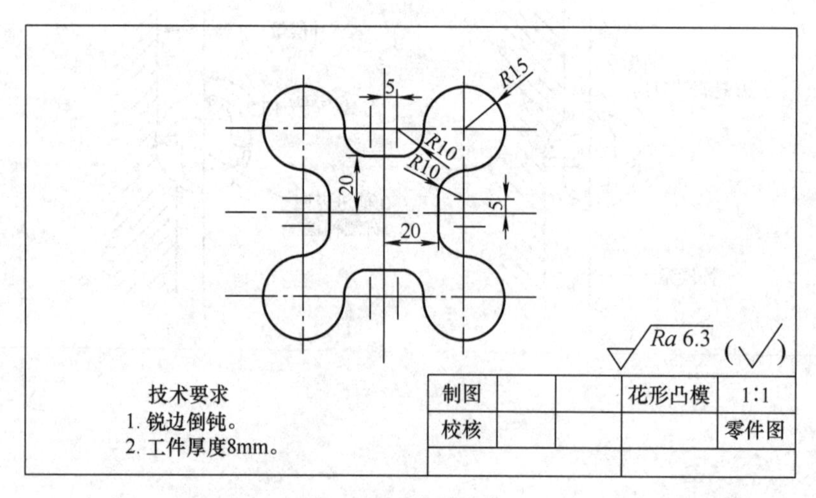

图10-12 花形凸模

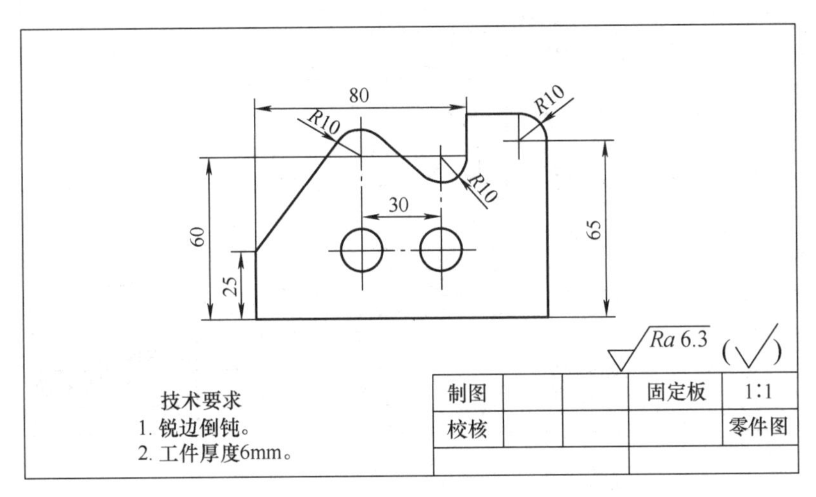

图 10-13　固定板

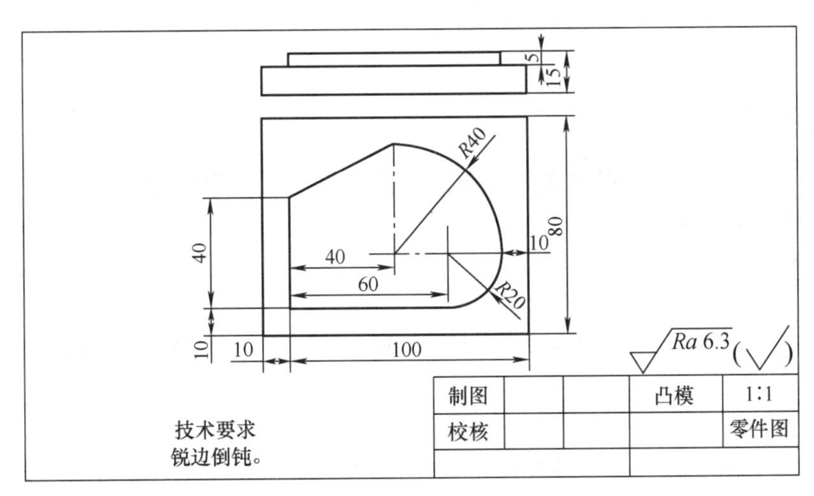

图 10-14　凸模

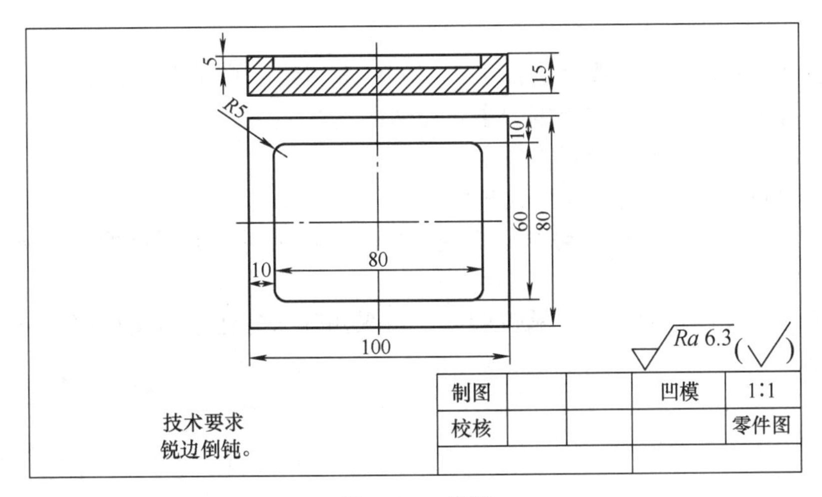

图 10-15　凹模

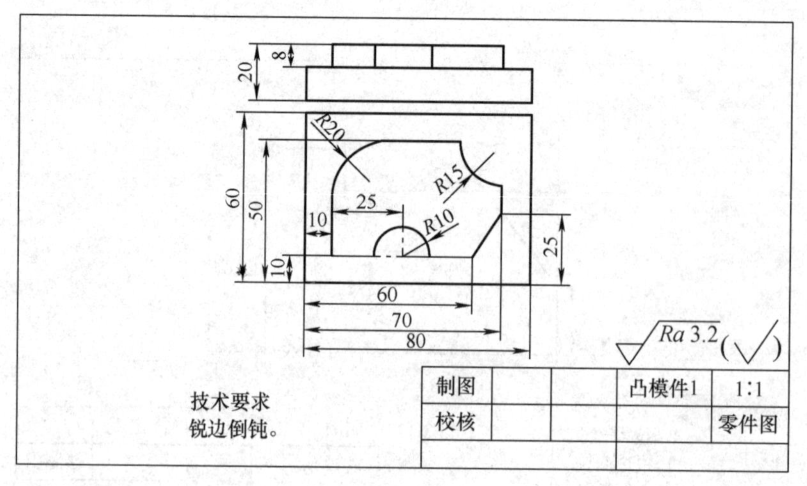

图 10-16 凸模件 1

10.3.6 实验步骤

与实验二的实验步骤相同。

10.3.7 实验报告要求

学生按学校统一规定格式独立完成铣削零件加工编程实验报告。

以下为实验报告内容。

1）实验目的。

2）加工零件图及零件图样分析。

3）加工工艺分析及必要的数学处理，按表 5-1 中的格式填写数控加工工序卡、参照图 6-45 绘制走刀路线图。

4）数控加工程序单。

5）数控加工程序运行参数设置及结果（包含对刀、加工过程及加工结束等仿真界面截图不少于 3 张）。

10.3.8 思考题

1）数控铣削适用于哪些零件的加工？应如何选用数控铣削刀具？

2）数控铣床编程和加工中心编程主要有何区别？

3）数控铣床编程时如何设置工件坐标系？

4）加工中心上选刀的方法有哪几种？

5）孔加工固定循环的基本动作有哪些？写出深孔钻削加工固定循环的指令格式及各功能字的意义。

6）当被加工零件轮廓需粗、精铣削时，可采用什么方法来简化程序、方便加工？试举例说明。

第11章 数控加工编程课程设计

教学目标：

1）综合运用所学过的基础理论知识、专业知识和实习、实验等实践知识，能综合考虑加工质量、生产率、成本、资源和环境等多种因素，对多技术方案进行对比分析并确定合理方案，初步具备解决机械制造复杂工程问题的能力。

2）能够运用所学理论知识，完成中等复杂程度零件的数控车或数控铣加工程序编制及动态模拟；具备基于工程实际条件合理选择毛坯并确定毛坯基本形状、合理选择表面加工方案并且确定工艺路线的能力；具备根据加工条件合理选择机床、刀具的能力；具备运用查表或计算方法确定合理的切削用量的能力；具备确定适当的加工余量和工序尺寸的能力；能够按规范填写工艺文件并完成零件数控加工程序设计及调试。

3）按设计题目类型进行分组，通过小组成员间的方案讨论，培养学生相互间的沟通、协作能力。

4）掌握技术报告的写作方法、规范和技巧；培养学生具备正确撰写设计说明书的能力。

11.1 课程设计的任务和要求

数控加工编程课程设计是机械设计制造及其自动化专业的一项重要实践性教学环节，是综合运用所学知识而进行的一项综合训练。整个设计过程要求学生全面地综合运用本课程及其有关先修课程的理论和实践知识，完成中等复杂程度零件的数控车或数控铣加工零件的数控加工程序设计。

课程设计时间为1～2周，其中安排上机时间为10～20机时。学生应在教师指导下，按本指导书的规定，认真地、有计划地按时完成设计任务。学生必须以负责的态度对待自己所做的技术决定、数据和计算结果。数控加工工艺十分严密，工序设计中必须注意加工过程中的每一个细节，注意理论与实践的结合，以期使整个设计在技术上是先进的，在经济上是合理的，在生产上是可行的。

11.2 课程设计的内容和步骤

1. 零件结构分析

2. 数控加工工艺设计

1）首先找出所有加工的零件表面并逐一确定各表面的加工方法。

2）划分加工阶段。

3）划分工序，安排顺序。

4）确定零件加工工艺路线。

5）结合数控加工特点，灵活运用普通加工工艺的一般原则，将数控加工工序穿插于零件加工的整个工艺过程中，使之与普通工序良好衔接。

3. 加工顺序的安排

1）上道工序的加工不能影响下道工序的定位与夹紧，中间穿插有通用机床加工工序的也要综合考虑。

2）先内后外。

3）以相同定位、夹紧方式或同一把刀具加工的工序，最好连续进行，以减少重复定位次数、换刀次数与挪动压板次数。

4）在同一次安装中进行的多道工序，应先安排对工件刚性破坏较小的工序。

5）先粗后精，先面后孔，按刀具集中原则加工。

4. 确定走刀路线的原则

1）应保证被加工工件的精度和表面粗糙度。

2）应使加工路线最短，以减少空行程时间，提高加工效率。

3）在满足工件精度、表面粗糙度、生产率等要求的情况下，尽量简化数学处理时的数值计算工作量，以简化编程工作。

5. 定位夹紧方案的确定

1）力求设计基准、工艺基准与编程计算的基准统一。

2）尽量将工序集中，减少装夹次数，尽可能在一次定位装夹后就能加工出全部待加工表面。

3）避免采用人工调整装调方案，以充分发挥数控机床的效能。

6. 夹具选择

1）当零件加工批量不大时，应尽量采用组合夹具、可调夹具和其他通用夹具，以缩短准备时间，节省生产费用。

2）在成批生产时才考虑采用专用夹具，并力求结构简单。

3）夹具要开敞，加工部位要开阔，夹具的定位、夹紧机构元件不能影响加工中的进给（如产生碰撞等)。

4）装卸零件要快速、方便、可靠，以缩短辅助时间，批量较大时应考虑采用气动或液压夹具、多工位夹具。

7. 数控刀具的选择

1）刀具刚性要好。

2）刀具使用寿命要高。

3）刀具精度要高。
4）采用先进的刀具材料。
5）优选刀具参数。
6）尽可能采用机夹可转位刀片。

8. 切削用量的选择

1）查切削用量参数表（参见附录 A）。
2）轮廓加工中注意进给速度的“超程”“欠程”现象。

9. 对刀点、换刀点的确定

1）便于数学处理和简化程序编制。
2）在机床上容易找正。
3）在加工中便于检查。
4）有利于提高加工精度。

10. 对图形进行数学处理

计算和编程时，力求准确无误。

11. 填写数控加工走刀路线图、加工工序卡

走刀路线图如图 6-45 所示，数控加工工序卡见表 5-1。

12. 基于加工工艺编写数控加工程序

13. 在宇龙数控加工仿真软件中调试程序并完成仿真加工

11.3　课程设计进度与时间安排

本课程设计时间为 1 ～ 2 周，其进度及时间安排分配如下（仅供参考）：
1）明确生产类型，熟悉零件及各种资料，对零件进行工艺分析，约占 10%。
2）工艺设计（夹具选择、加工余量、切削用量等）填写工艺过程卡，约占 20%。
3）程序设计，约占 50%。
4）撰写设计说明书（要求用计算机编辑说明书并打印），约占 20%。

11.4　课程设计成绩评定标准

学生姓名：________　学号：________________　年级 / 班：________
所属学院（直属系）：______________________　所在专业：________

项目	分值	得分（x）					评分
		优秀 （$100 \geqslant x \geqslant 90$）	良好 （$90 > x \geqslant 80$）	中等 （$80 > x \geqslant 70$）	及格 （$70 > x \geqslant 60$）	不及格 （$x < 60$）	
实验准备	20	学习态度认真，工作作风严谨，严格遵守教学纪律，实验前充分预习和准备，保证实验按进度要求进行，能圆满完成实验任务	学习态度好，工作作风认真，遵守教学纪律，实验前能有必要的预习和准备，能按期完成实验任务	学习态度尚好，遵守教学纪律较好，能按实验作息时间作业，能较好地按期完成实验工作	学习态度尚可，能遵守教学纪律，能按期完成实验任务，完成的质量一般	学习态度马虎，工作作风不严谨，不能保证实验时间和进度，不能按期完成任务或完成质量差	

（续）

项目	分值	得分（x）					评分
		优秀 （$100 \geq x \geq 90$）	良好 （$90>x \geq 80$）	中等 （$80>x \geq 70$）	及格 （$70>x \geq 60$）	不及格 （$x<60$）	
技术水平与实践能力	20	能熟练使用数控加工仿真软件，对复杂机械工程问题进行建模、模拟和预测，有很强的识别、表达复杂机械工程问题的实际动手能力、分析能力和计算机应用能力	能较熟练使用数控加工仿真软件，对复杂机械工程问题进行建模、模拟和预测，有较强的识别、表达复杂机械工程问题的实际动手能力、分析能力和计算机应用能力	能正确使用数控加工仿真软件，对复杂机械工程问题进行建模、模拟和预测，有一定的识别、表达复杂机械工程问题的实际动手能力、分析能力和计算机应用能力	能使用数控加工仿真软件，对复杂机械工程问题进行建模、模拟和预测，识别、表达复杂机械工程问题的实际动手能力、分析能力和计算机应用能力一般	不会使用数控加工仿真软件，对复杂机械工程问题进行建模、模拟和预测，缺乏识别、表达复杂机械工程问题的动手能力、分析能力和计算机应用能力	
工艺设计及数控程序设计质量	30	工艺设计合理，方案与数学计算正确，能够正确编制数控加工程序并通过数控加工仿真软件调试数控加工程序，能正确实现模拟仿真	工艺设计合理，方案与数学计算基本正确，能编制数控加工程序并通过数控加工仿真软件调试数控加工程序，能实现模拟仿真	工艺设计较合理，方案基本正确，有数学计算，能够编制数控加工程序并通过数控加工仿真软件进行调试，能实现模拟仿真	工艺设计基本合理，方案基本无大错，能够编写出数控加工程序，能通过数控加工仿真软件进行基本调试，基本能实现模拟仿真	工艺设计不合理，方案与计算有原则错误，编写的数控加工程序有严重错误，不能实现模拟仿真	
实验报告质量	30	实验报告结构严谨，逻辑性强，层次清晰，语言准确，图表完备，具备正确运用本国语言和文字撰写技术报告的能力	实验报告结构合理，符合逻辑，层次分明，语言准确，图表基本完备，具备运用本国语言和文字撰写技术报告的能力	实验报告结构合理，层次较为分明，文理通顺，有图表，基本具备运用本国语言和文字撰写技术报告的能力	实验报告结构基本合理，逻辑基本清楚，文字尚通顺，有图表，基本能运用本国语言和文字撰写技术报告	实验报告内容空泛，结构混乱，文字表达不清，无图表，达不到运用本国语言和文字撰写技术报告的要求	

成绩评定：

指导教师签名：　　　　　　　　　　　　　　年　月　日

11.5 课程设计说明书规范化要求

1. 说明书格式

课程设计说明书手写、打印均可，需采用统一的课程设计用纸。纸张大小为 A4，上下左右各留 2.2cm 页边距。手写时用黑色或蓝色墨水笔工整书写；打印：1.5 倍行距，正文字体使用小四号宋体，小标题使用小四号黑体，大标题使用四号黑体，章节标题使用小三号黑体、居中。页眉按“××××××（课程设计题目）”注写，页脚居中，用于标页码。

2. 课程设计说明书或论文字数要求

要求字数不少于 5000 字，参考文献不少于 5 篇，页数不少于 20 页。

3. 装订

课程设计资料装订顺序为：

1）封面。

2）任务书（由指导教师填写）。

3）目录。

4）摘要及关键词。摘要是论文内容的简短陈述，一般为 200 字左右。关键词是反映论文主题内容的通用技术词汇，一般为 3 ～ 5 个，并出现在摘要中。

5）正文。

6）结论。

7）参考文献。参考文献必须是学生在课程设计中真正阅读过和运用过的文献资料，参考文献按照在正文中的出现顺序编号排列，各类参考文献的标注格式参考国家标准。图样应与课程设计说明书分开装订。

8）课程设计成绩评定表。

4. 审查

指导教师应根据规范化要求进行课程设计的形式审查工作，凡形式审查不合格者，可以要求学生限期整改（一般不超过两天），若仍不合格者，课程设计成绩按不及格处理。

11.6 数控车床、数控铣床编程举例

11.6.1 数控车削零件编程实例

车削加工图 11-1 所示轴类零件。

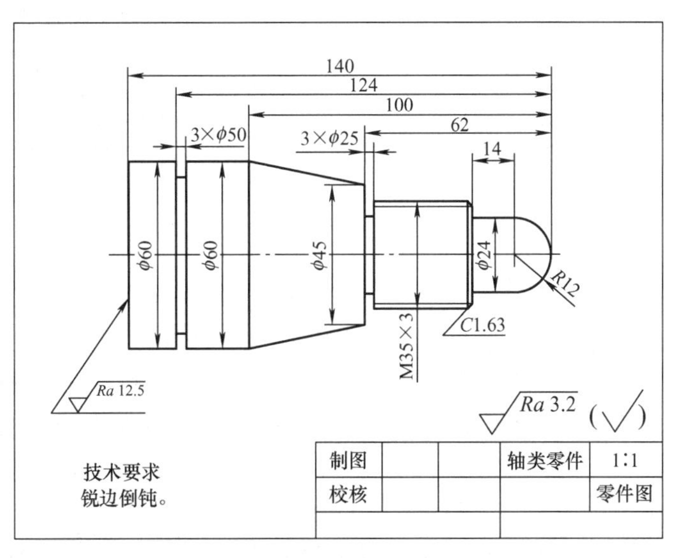

图 11-1 轴类零件图

1. 工艺分析与加工方案

（1）分析零件工艺性能 由图 11-1 可看出，该零件外形结构相对而言较复杂，其总体结构主要包括圆柱面、圆锥面、圆弧面以及螺纹表面。加工轮廓由直线和圆弧构成，加

工尺寸无公差要求。除了左端面，零件表面粗糙度均为 *Ra* 3.2μm。零件材料为碳钢，无热处理和硬度要求，切削加工性能较好。尺寸标注完整，轮廓描述清楚。

（2）确定装夹方案　此零件装夹选用车床上常用的自定心卡盘。选择毛坯为直径 63mm、长 200mm 的棒料，装夹毛坯外圆并使其伸出长为 150mm，加工完成后将零件从棒料上切断。从图 11-1 中的标注尺寸看，轴向尺寸基本是以右端面为设计基准的，所以加工时将右端面设置为工件原点，作为加工的基准。由于采用自定心卡盘，故以轴线为定位基准。

（3）确定加工方案　根据数控车床的工序划分原则，零件的加工顺序如下：

1）粗车 *R*12 圆弧面、ϕ24 外圆柱面、螺纹大径、圆锥面及 ϕ60 外圆柱面。

2）精车 *R*12 圆弧面、ϕ24 外圆柱面、螺纹大径、圆锥面及 ϕ60 外圆柱面。

3）切 3×ϕ25 螺纹退刀槽。

4）切 3×ϕ50 槽。

5）螺纹表面加工。

（4）加工刀具的选择　数控加工刀具卡见表 11-1。

表 11-1　数控加工刀具卡

<table>
<tr><td colspan="2">产品名称</td><td>件 1</td><td colspan="2">零件名称</td><td>×××</td><td>零件图号</td><td>×××</td></tr>
<tr><td>序号</td><td>刀具号</td><td colspan="2">刀具规格、名称</td><td>数量</td><td>加工表面</td><td>刀尖半径 /mm</td><td>备注</td></tr>
<tr><td rowspan="2">1</td><td rowspan="2">T01</td><td colspan="2">95° 外圆右向横柄车刀</td><td rowspan="2">1</td><td>粗车外圆表面</td><td rowspan="2">0.40</td><td></td></tr>
<tr><td colspan="2">35°VBMT160404 刀片</td><td>精车外圆表面</td><td></td></tr>
<tr><td rowspan="2">2</td><td rowspan="2">T02</td><td colspan="2" rowspan="2">3mm 外圆方头切槽车刀，切槽深度 10mm</td><td rowspan="2">1</td><td>车螺纹退刀槽</td><td rowspan="2">0.20</td><td></td></tr>
<tr><td>切槽、切断工件</td><td></td></tr>
<tr><td>3</td><td>T03</td><td colspan="2">60° 外螺纹车刀</td><td>1</td><td>螺纹</td><td></td><td></td></tr>
<tr><td></td><td></td><td colspan="2"></td><td></td><td></td><td></td><td></td></tr>
<tr><td>编制</td><td>×××</td><td>审核</td><td>×××</td><td>批准</td><td>×××</td><td>共　页</td><td>第　页</td></tr>
</table>

（5）切削用量的选择

1）背吃刀量的确定。粗加工时，除留下精加工余量外，一次进给尽可能切除全部余量。在加工余量过大、工艺系统刚性较低、机床功率不足、刀具强度不够等情况下，可分多次进给。切削表面有硬皮的铸锻件时，应尽量使背吃刀量大于硬皮层的厚度，以保护刀尖。

精加工的加工余量一般较小，可一次切除。

在中等功率机床上，粗加工的背吃刀量可达 8 ～ 10mm；半精加工的背吃刀量取 0.5 ～ 2mm；精加工的背吃刀量取 0.2 ～ 0.4mm。

2）进给速度（进给量）的确定。进给量、进给速度应根据零件的表面粗糙度、加工精度、刀具及工件材料等因素，参考切削用量手册选取。可使用式（11-1）实现进给速度与进给量的转化。

$$v_f = fn \tag{11-1}$$

式中　v_f ——进给速度（mm/min）；

f ——每转进给量（mm/r），一般粗车取 0.3 ～ 0.8mm/r，精车取 0.1 ～ 0.3mm/r，切断取 0.05 ～ 0.2mm/r；

n ——主轴转速（r/min）。

轮廓粗车循环时选 f =0.5mm/r，精车 f =0.1mm/r；螺纹车削循环时选 f =3mm/r；切螺纹退刀槽 3 × ϕ25 时 f=0.08mm/r；切槽 3 × ϕ50 时 f=0.16mm/r。

3）切削速度的确定。粗加工或工件材料的加工性能较差时，宜选用较低的切削速度。精加工或刀具材料、工件材料的切削性能较好时，宜选用较高的切削速度。

切削速度 v_c 确定后，可根据刀具或工件直径按式（11-2）确定主轴转速。

$$n = \frac{1000 v_c}{\pi D} \tag{11-2}$$

式中　n ——主轴转速（r/min）；

v_c ——切削速度（m/min）；

D ——刀具或工件直径（mm）。

实际生产中，切削用量一般根据经验并通过查表的方式进行选取。常用硬质合金或涂层硬质合金刀具切削不同材料时的切削用量推荐值见表 11-2 和表 11-3。

表 11-2　常用硬质合金刀具切削用量推荐值

工件材料	粗加工			精加工		
	切削速度 /m · min^{-1}	进给量 /mm · r^{-1}	背吃刀量 /mm	切削速度 /m · min^{-1}	进给量 /mm · r^{-1}	背吃刀量 /mm
碳钢	220	0.2	3	260	0.1	0.4
低合金钢	180	0.2	3	220	0.1	0.4
高合金钢	120	0.2	3	160	0.1	0.4
铸铁	80	0.2	3	140	0.1	0.4
不锈钢	80	0.2	2	120	0.1	0.4
钛合金	40	0.3	1.5	60	0.1	0.4
灰铸铁	120	0.3	2	150	0.15	0.5
球墨铸铁	100	0.2	2	120	0.15	0.5
铝合金	1600	0.2	1.5	1600	0.1	0.5

表 11-3　常用涂层硬质合金刀具切削用量推荐值

工件材料	加工内容	背吃刀量 /mm	切削速度 /m · min^{-1}	进给量 /mm · r^{-1}	刀具材料
碳素钢（抗拉强度 >600MPa）	粗加工	5 ～ 7	60 ～ 80	0.2 ～ 0.4	P 类
	粗加工	2 ～ 3	80 ～ 120	0.2 ～ 0.4	
	精加工	2 ～ 6	120 ～ 150	0.1 ～ 0.2	

（续）

工件材料	加工内容	背吃刀量/mm	切削速度/$m \cdot min^{-1}$	进给量/$mm \cdot r^{-1}$	刀具材料
碳素钢（抗拉强度>600MPa）	钻中心孔		500～800r/min		W18Cr4V
	钻孔		25～30	0.1～0.2	
	切断（宽度<5mm）		70～110	0.1～0.2	P类
铸铁（硬度<200HBW）	粗加工		50～70	0.2～0.4	K类
	精加工		70～100	0.1～0.2	
	切断（宽度<5mm）		50～70	0.1～0.2	

数控加工工序卡见表11-4。

表11-4　数控加工工序卡

××公司		数控加工工序卡	产品名称或代号	零件名称			零件图号	
			件1	×××			×××	
工艺序号	程序编号	夹具名称	夹具编号	使用设备			车间	
×××	×××	自定心卡盘	×××	FANUC 0i系列标准刀架后置数控车床			×××	
工步号	工步内容	刀具号	刀具规格	主轴转速/$r \cdot min^{-1}$	进给量/$mm \cdot r^{-1}$		背吃刀量/mm	备注
1	车右端面	T01	95°外圆右向横柄车刀	600	0.18		1	
2	循环粗车$R12$圆弧面、螺纹大径$\phi34.6$、外圆$\phi24$、$\phi60$、圆锥面	T01	95°外圆右向横柄车刀	600	0.5		2	
3	循环精车$R12$圆弧面、螺纹大径$\phi34.61$、外圆$\phi24$、$\phi60$、圆锥面	T01	35°VBMT 160404刀片	800	0.1		0.25	
4	切螺纹退刀槽$3\times\phi25$	T02	3mm外圆方头切槽车刀	315	0.08			
5	切槽$3\times\phi50$	T02	3mm外圆方头切槽车刀	315	0.16			
6	循环车削螺纹	T03	60°外螺纹车刀	300	3		0.4	

（6）数学计算　螺纹切削时应在两端设置足够的升降速距离，因此起点、终点坐标应考虑进刀引入距离δ_1和退刀切出距离δ_2。一般应根据有关手册来计算δ_1和δ_2，也可利用式（11-3）和式（11-4）进行估算。

$$\delta_1 = \frac{nF}{1800} \times 3.6 \quad (11\text{-}3)$$

$$\delta_2 = \frac{nF}{1800} \quad (11\text{-}4)$$

式中　n——主轴转速（r/min）；

F——螺纹导程（mm）。

按 GB/T 197—2018《普通螺纹　公差》，普通外螺纹大径的基本偏差 $es \leqslant 0$，加之螺纹车刀刀尖半径对内螺纹小径尺寸的影响，车螺纹前螺纹大径外圆的尺寸要小于螺纹公称尺寸，一般推荐大径外圆尺寸按式（11-5）计算。

$$d = D - 0.13F \tag{11-5}$$

式中　d——螺纹大径外圆尺寸（mm）；

D——螺纹公称直径（mm）；

F——螺纹导程（mm）。

最后一次进刀完成螺纹加工，这时指令中的 X 值应为螺纹小径尺寸 d'。该值应根据有关手册进行计算，也可按式（11-6）估算。

$$d' = D - 1.0825F \tag{11-6}$$

式中　d'——螺纹小径外圆尺寸（mm）；

D——螺纹公称直径（mm）；

F——螺纹导程（mm）。

（7）走刀路线图　精车外圆表面的走刀路线图如图 11-2 所示。

数控加工走刀路线图	零件图号		工序号		工步号		程序号	O0002
机床型号	FANUC 0i	程序段号	N80～N240	加工内容	精车外圆表面	共1页	第1页	

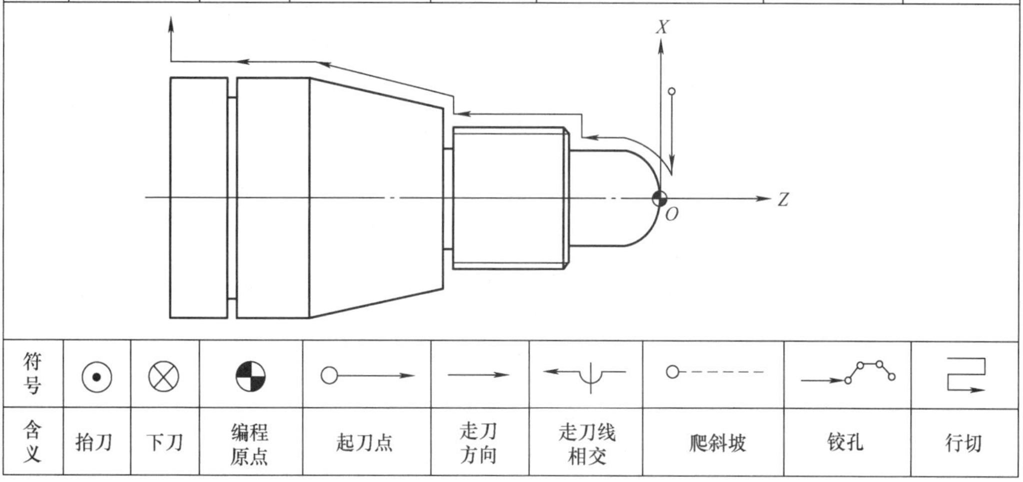

符号	⊙	⊗	⊕	○—→	→	←⊥—	○------	→○╱○╲○	⊐→
含义	抬刀	下刀	编程原点	起刀点	走刀方向	走刀线相交	爬斜坡	铰孔	行切

图 11-2　数控加工走刀路线图

2. 编制数控加工程序

```
O0002
N10 T0101 G40;                        换 1 号刀，取消刀补
N20 M04 S600 G99;                     起动主轴，设定为每转进给模式
N30 G00 X65. Z0.;                     快进至端面位置
N40 G01 X-1. F0.18;                   车端面
N50 G00 Z5.;                          轴向退刀
N60 X65.;                             快速定位至φ65 位置
N70 G71 U2.0 R1.0;                    外圆粗车循环
N80 G71 P80 Q180 U0.5 W1.0 F0.5;
```

```
N90 G00 X0. Z2.;                        开始描述精加工路径
N100 G01 Z0. S800 F0.1;
N110 G03 X24.0 Z-12.0 R12.0;            车R12圆弧
N120 G01 W-14.0;                        车φ24外圆
N130 X31.35;                            退刀
N140 X34.61 W-1.63;                     倒角
N150 Z-62.0;                            车螺纹大径φ34.61
N160 X45.0;                             退刀
N170 X60.0 Z-100.0;                     车锥面
N180 W-40.0;                            车φ60外圆
N190 X60.;                              精加工路径描述结束
N200 G00 X65.;                          退刀
N210 Z20.;                              刀具返回
N220 G42 G00 X65.0 Z3.0;                建立刀尖圆弧半径补偿
N230 G70 P80 Q180;                      精车循环
N240 G00 X65.0;                         退刀
N250 G40 Z20.0;                         刀具返回，取消刀补
N260 T0202;                             换2号刀
N270 G00 X55.0;
N280 Z-62.0;                            快进至切槽起点
N290 G01 X25.0 S315 F0.08;              车3×φ25螺纹退刀槽
N300 X65.0;                             退刀
N310 G00 Z-124.0;                       快进至切槽起点
N320 G01 X50.0 S315 F0.16;              切槽3×φ50
N330 X65.0;                             退刀
N340 G00 Z20.0;                         刀具返回
N350 T0303 S300;                        换3号刀
N360 G00 X40.0 Z-24.0;                  快进至车螺纹起点
N370 G76 P02 10 60 R0.2;                螺纹循环车削
N380 G76 X31.75 Z-60.0 P1.62 Q0.4 F3.0;
N390 G00 X65.0;                         退刀
N400 Z20.0;                             刀具返回
N410 M05;                               主轴停
N420 M02;                               程序结束
```

3. 数控仿真

利用数控仿真系统对图 11-1 所示轴类零件进行模拟仿真加工，具体过程如下：

（1）选择机床　单击“ ”图标按钮，选择控制系统与机床类型为 FANUC 0i 系列标准（斜床身后置刀架）数控车床（图 11-3）。

（2）定义毛坯　单击“ ”图标按钮，定义毛坯材料、形状和尺寸（图 11-4）。

（3）放置零件　单击“ ”图标按钮，弹出图 11-5 所示“选择零件”对话框，选中步骤（2）中已定义的毛坯，单击“安装零件”按钮，将零件安装在车床卡盘上。

（4）选择刀具　单击“ ”图标按钮，弹出“刀具选择”对话框。首先在刀架图中单击所需的刀位，该刀位对应程序中的 T01 ～ T08；接着选择刀片类型，并在刀片列表框中选择刀片；最后选择刀柄类型，并在刀柄列表框中选择刀柄。根据工艺分析，加工刀具选择结果如图 11-6 所示。

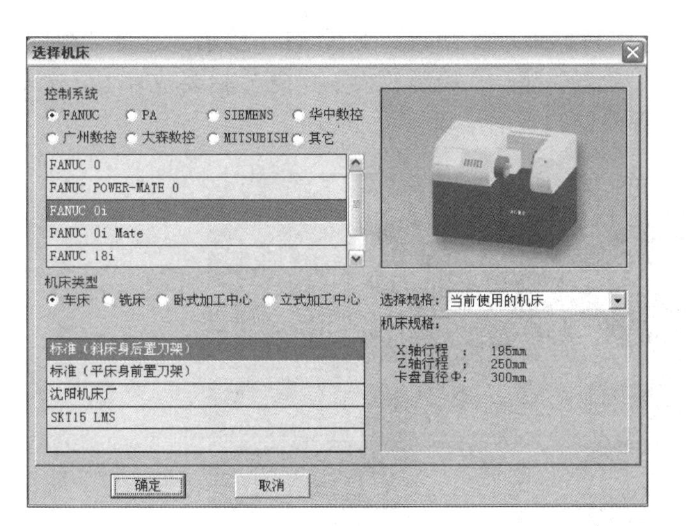

图 11-3　“选择机床”对话框

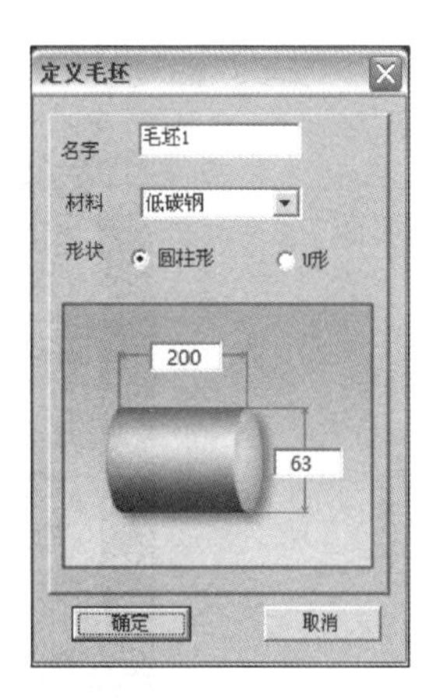

图 11-4　“定义毛坯”对话框

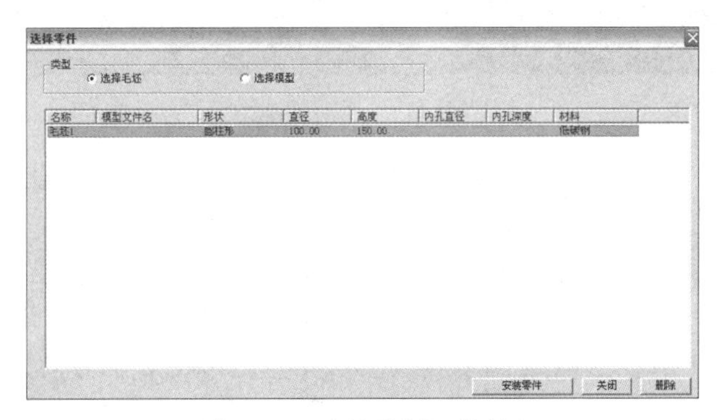

图 11-5　“选择零件”对话框

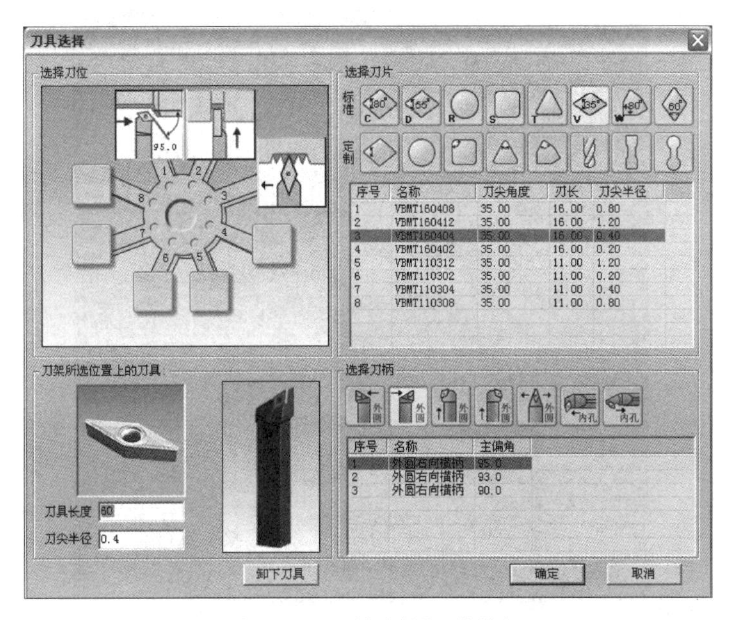

图 11-6　“刀具选择”对话框

（5）视图调整　为了能够清楚地观察模拟加工情况，如图 11-7 所示，选择“视图”菜单中的“动态平移”“动态旋转”“动态放缩”“局部放大”“绕 X 轴旋转”“绕 Y 轴旋转”“绕 Z 轴旋转”等命令，以获得最佳的观察角度。

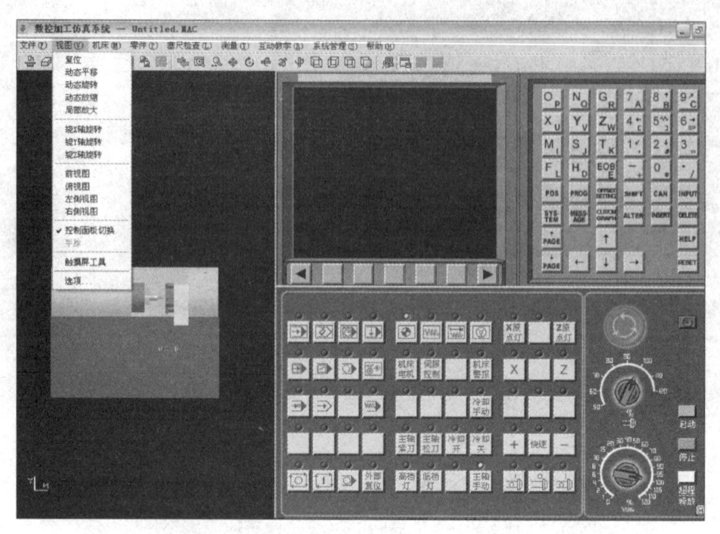

图 11-7　视图调整

（6）激活机床　检查“急停”按钮是否松开，若未松开，单击“急停”按钮，将其松开。单击“启动”按钮，启动机床电源。

（7）机床回参考点　单击“回原点”按钮进入回零模式。先将 *X* 轴方向回零，单击“X 方向”按钮，单击“加号”按钮，此时 *X* 轴将回零，相应操作面板上“X 原点灯”亮，同时 CRT 界面上的 X 值变为“390.000”；再将 *Z* 轴方向回零，单击“Z 方向”按钮，单击“加号”按钮，此时 *Z* 轴将回零，相应操作面板上“Z 原点灯”亮，同时 CRT 界面上的 Z 值变为“300.000”，如图 11-8 所示。

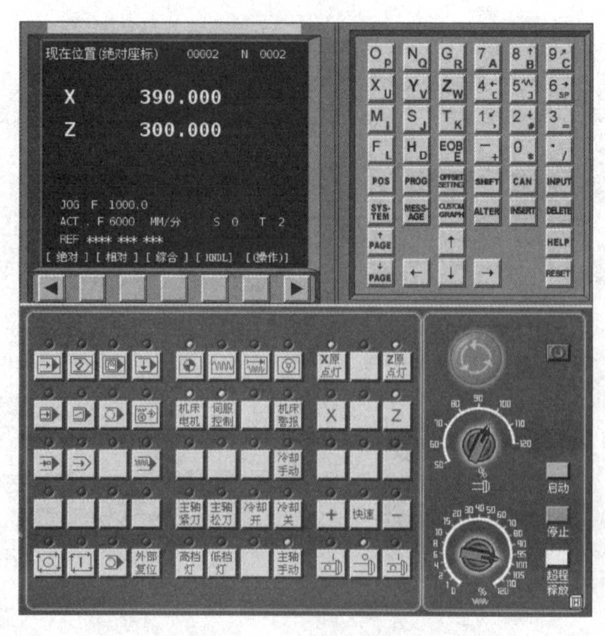

图 11-8　机床回参考点

（8）试切对刀　本实例采用工具补正的方式设定工件坐标系。在使用这个方法时不能使用 G54 ～ G59 设置工件坐标系，G54 ～ G59 的各个参数均设为 0。

对 T01 号 95° 外圆右向横柄车刀进行 X 向对刀，单击“手动”按钮进入“手动”方式，单击“主轴反转”按钮启动主轴，单击“快速”按钮使刀具进入快速移动模式，通过切换“X”“Z”“+”“-”按钮将车刀快速移至工件附近，并配合手轮，调整刀具的切削深度，如图 11-9 所示。

在“手动”方式下，控制车刀切削工件外圆 5 ～ 8mm，保持刀具沿 X 轴方向不移动，沿 Z 轴原路返回离开工件。单击“”按钮，使主轴停止转动；在菜单栏中选择“测量”→“坐标测量”命令，进入测量窗口，单击试切后的工件外圆部分，试切部分的线条由红色变为橙色，并可读取试切后工件直径，如图 11-10 所示，试切后的工件直径为 98.725。

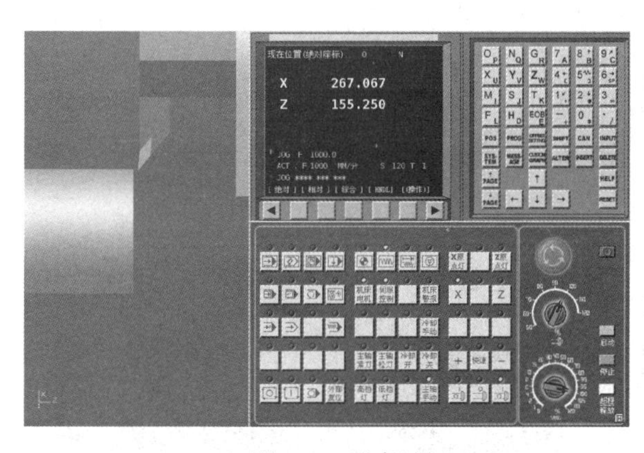

图 11-9　准备试切

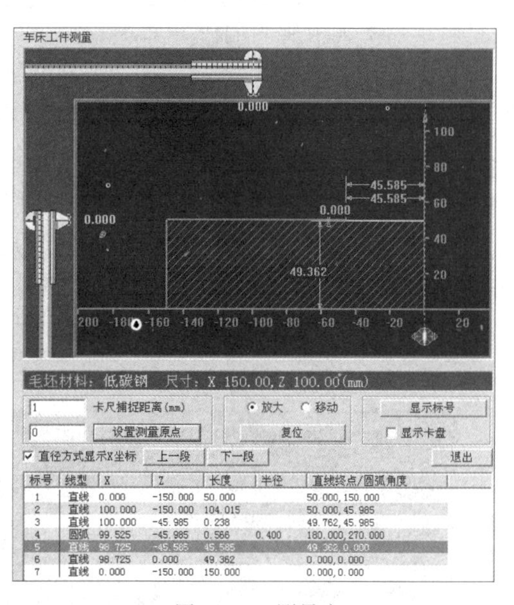

标号	线型	X	Z	长度	半径	直线终点/圆弧角度
1	直线	0.000	-150.000	50.000		50.000, 150.000
2	直线	100.000	-150.000	104.015		50.000, 45.985
3	直线	100.000	-45.985	0.238		49.762, 45.985
4	圆弧	99.525	-45.985	0.566	0.400	180.000, 270.000
5	直线	98.725	-45.585	45.585		49.362, 0.000
6	直线	98.725	0.000	49.362		0.000, 0.000
7	直线	0.000	-150.000	150.000		0.000, 0.000

图 11-10　测量窗口

单击 MDI 键盘上的“OFFSET SETTING”键，进入“工具补正”参数设定界面，将光标移到与刀位号相对应的位置后输入“X98.725”，单击“[测量]”按钮，系统自动计算出 X 轴长度补偿值，并自动输入到指定参数，至此 X 轴方向对刀结束，如图 11-11 所示。

对 T01 号 95° 外圆右向横柄车刀进行 Z 向对刀，单击“手动”按钮进入“手动”方式，单击“主轴反转”按钮启动主轴，单击“快速”按钮使刀具进入快速移动模式，通过切换“X”“Z”“+”“-”按钮将车刀快速移至工件附近，并配合手轮，调整刀具的切削深度。试切工件端面，保持刀具沿 Z 轴方向不移动，沿 X 轴原路退出离开工件。单击“”按钮，使主轴停止转动。将试切后的工件端面中心点设为工件坐标系原点，记为 Z_1，且 $Z_1=0$。

单击 MDI 键盘上的“OFFSET SETTING”键，进入“工具补正”参数设定界面，将光标移到与刀位号相对应的位置后输入“Z0.”，单击“[测量]”按钮，系统自动计算出 Z 轴长度补偿值，并自动输入到指定参数，如图 11-12 所示。

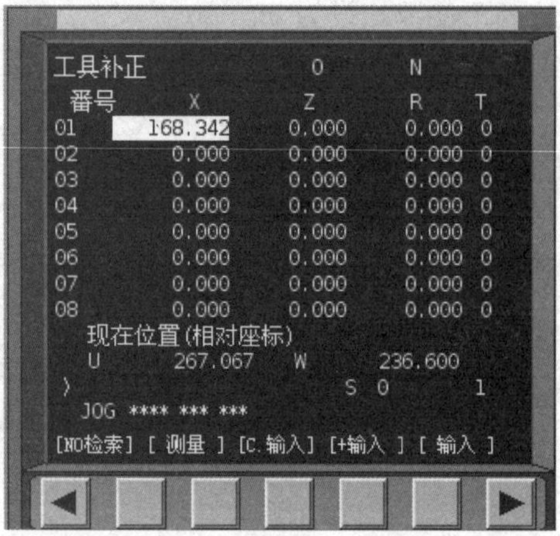

图 11-11　*X* 轴长度补偿值

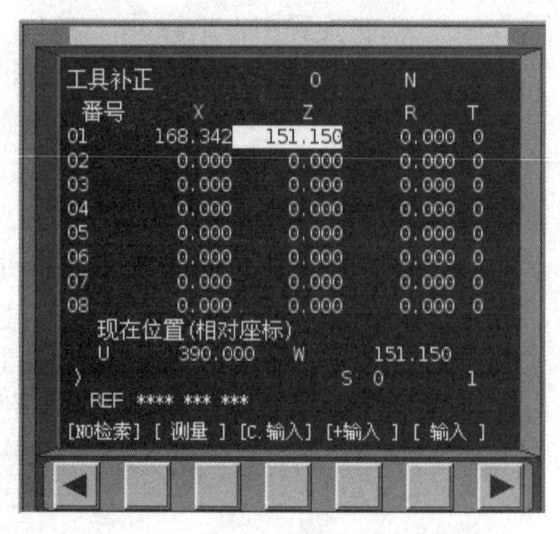

图 11-12　*Z* 轴长度补偿值

设置刀尖半径补偿值时，将光标移到与刀位号相对应的位置后输入刀尖半径值，单击“[输入]”按钮，则半径补偿值自动输入到指定参数位置，如图 11-13 所示。

完成 T01 号车刀的对刀操作后，还需要对 T02 与 T03 号刀进行对刀，对刀过程与上述过程基本一致。进行换刀时，可通过单击“手动操作”按钮，进入 MDI 模式。在 MDI 键盘上单击“PROG”键，进入编辑界面（图 11-14），输入“T0202”，单击“INSERT”键与“循环启动”键，完成换刀操作。

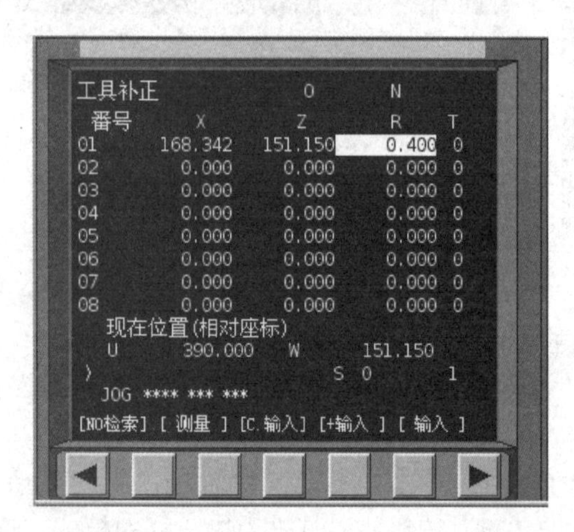

图 11-13　刀尖半径补偿值

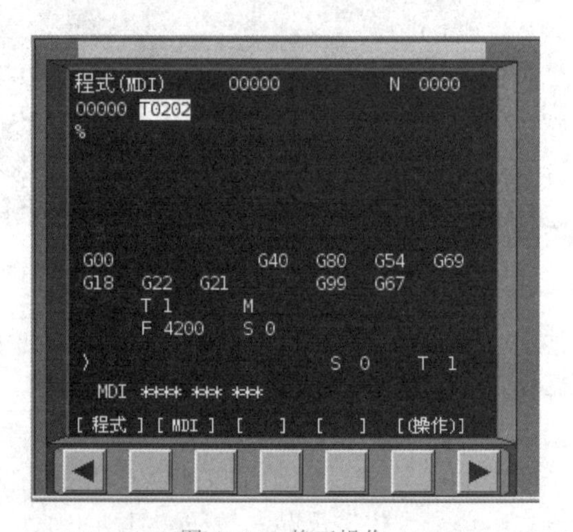

图 11-14　换刀操作

（9）读入加工程序，进行模拟仿真　单击“编辑”键与键盘上的“PROG”键，选择 CRT 界面下方的“[（操作）]”按钮，单击“向右翻页”按钮，找到“F 检索”功能进入程序文件检索界面，找到对应程序文件后打开；通过选择 CRT 界面下方的“READ”命令，并输入程序号“O0002”，可将程序读入数控系统，并显示在 CRT 界面上，结果如图 11-15 所示；选择 CRT 界面下方的“EXEC”命令后，单击“自动运行”与“循环启动”按钮，开始进行模拟仿真，如图 11-16 所示。

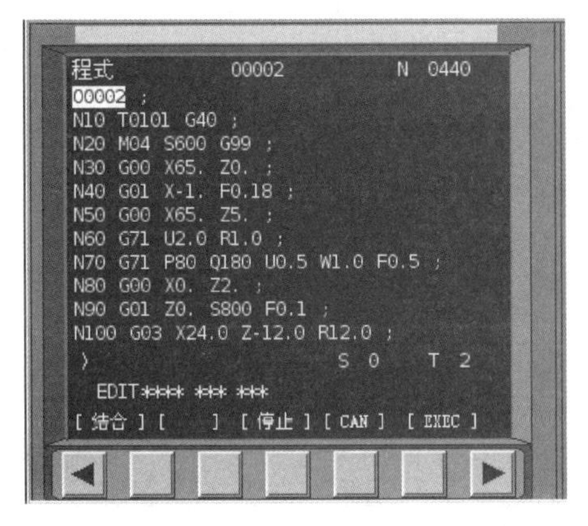

图 11-15 读入加工程序

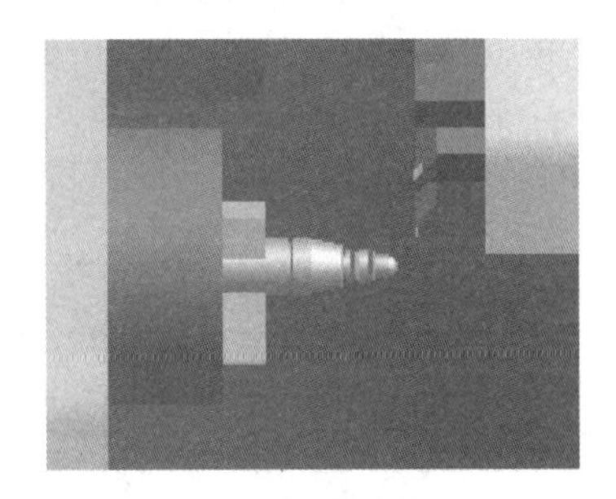

图 11-16 仿真加工

11.6.2 数控铣削零件编程实例

已知图 11-17 所示凸模，要求对其轮廓进行铣削加工。

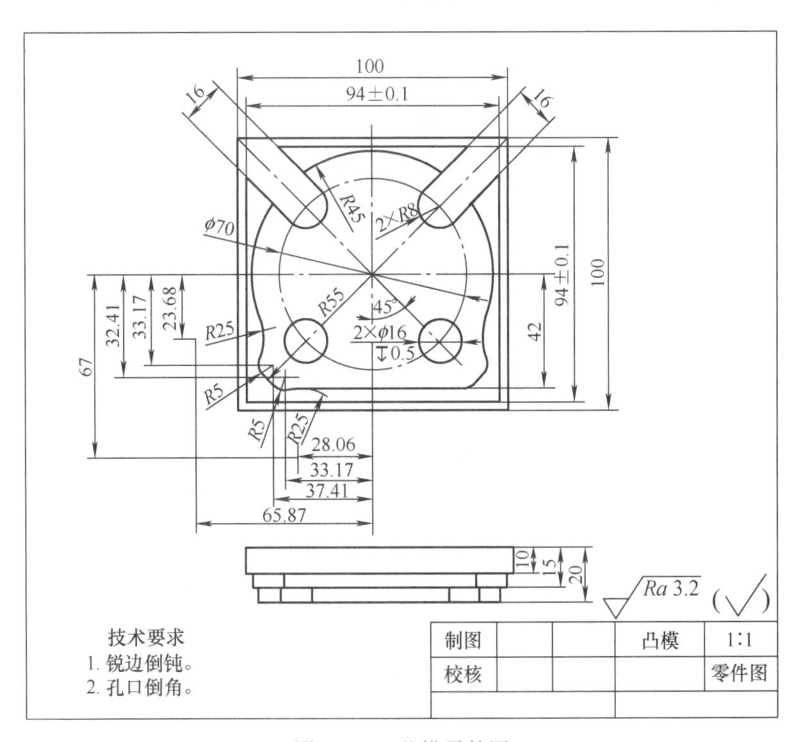

图 11-17 凸模零件图

1. 数控加工工艺分析

（1）零件结构分析 图 11-17 所示凸模表面由方形凸台、圆形凸台、U 形槽、沉孔等表面组成。零件图轮廓描述清晰完整；尺寸标注完整，符合数控加工尺寸标注要求；零件材料为铝，要求锐边倒钝，孔口倒角，无热处理和硬度要求。

（2）加工顺序的确定 根据数控铣床的工序划分原则，零件的加工顺序如下：

1）铣 20mm × 100mm × 100mm 六面体。

2）铣 94mm × 94mm 方形凸台。

3）铣圆形凸台。

4）铣 U 形槽。

5）锪 2 个 ϕ16mm 深 0.5mm 的孔。

（3）装夹与定位的选择　此凸模加工使用夹具为平口钳。

（4）加工刀具的选择　数控加工刀具卡见表 11-5。

表 11-5　数控加工刀具卡

<table>
<tr><td colspan="2">产品名称</td><td colspan="2">凸模</td><td>零件名称</td><td>×××</td><td>零件图号</td><td>×××</td></tr>
<tr><td rowspan="2">序号</td><td colspan="2" rowspan="2">刀具规格、名称</td><td rowspan="2">数量</td><td rowspan="2">加工表面</td><td colspan="2">刀补号</td><td rowspan="2">备注</td></tr>
<tr><td>半径</td><td>长度</td></tr>
<tr><td>1</td><td colspan="2">面铣刀</td><td>1</td><td>铣六面体（20×100×100）</td><td></td><td></td><td>手动铣六面体</td></tr>
<tr><td rowspan="2">2</td><td colspan="2" rowspan="2">平底刀 DZ2000-12</td><td rowspan="2">1</td><td>铣方形凸台（94×94）</td><td rowspan="2">D01</td><td rowspan="2">H01</td><td rowspan="3">自动加工</td></tr>
<tr><td>铣圆形凸台</td></tr>
<tr><td>3</td><td colspan="2">平底刀 DZ2000-16</td><td>1</td><td>铣 U 形槽（宽 16）</td><td>D02</td><td>H02</td></tr>
<tr><td>4</td><td colspan="2">ϕ16mm 锪孔钻头</td><td>1</td><td>锪 2 个 ϕ16 深 0.5 孔</td><td></td><td></td><td>钻床完成</td></tr>
<tr><td>编制</td><td>×××</td><td>审核</td><td>×××</td><td>批准</td><td>×××</td><td>共　页</td><td>第　页</td></tr>
</table>

（5）切削用量的选择　数控加工工序卡见表 11-6。

表 11-6　数控加工工序卡

<table>
<tr><td colspan="2" rowspan="2">×× 公司</td><td rowspan="2">数控加工工序卡</td><td>产品名称或代号</td><td colspan="3">零件名称</td><td colspan="2">零件图号</td></tr>
<tr><td>×××</td><td colspan="3">凸模</td><td colspan="2">×××</td></tr>
<tr><td>工艺序号</td><td>程序编号</td><td>夹具名称</td><td>夹具编号</td><td colspan="3">使用设备</td><td colspan="2">车间</td></tr>
<tr><td>×××</td><td>×××</td><td>平口钳</td><td>×××</td><td colspan="3">FANUC 0i 系列标准数控铣床</td><td colspan="2">×××</td></tr>
<tr><td>工步号</td><td colspan="2">工步内容</td><td>刀具号</td><td>刀具规格</td><td>主轴转速 /r·min^{-1}</td><td>进给速度 /m·min^{-1}</td><td>背吃刀量 /mm</td><td>备注</td></tr>
<tr><td>1</td><td colspan="2">铣六面体</td><td></td><td>面铣刀</td><td></td><td></td><td></td><td>手动铣</td></tr>
<tr><td>2</td><td colspan="2">铣方形凸台</td><td>T01</td><td>平底刀 DZ2000-12</td><td>1200</td><td>150</td><td></td><td></td></tr>
<tr><td>3</td><td colspan="2">铣圆形凸台</td><td>T01</td><td>平底刀 DZ2000-12</td><td>1200</td><td>150</td><td></td><td></td></tr>
<tr><td>4</td><td colspan="2">铣 U 形槽</td><td>T02</td><td>平底刀 DZ2000-16</td><td>1000</td><td>150</td><td></td><td></td></tr>
<tr><td>5</td><td colspan="2">锪孔</td><td></td><td>ϕ16mm 锪孔钻头</td><td></td><td></td><td></td><td>钻床</td></tr>
<tr><td>6</td><td colspan="2">检验</td><td></td><td></td><td></td><td></td><td></td><td></td></tr>
<tr><td>编制</td><td>×××</td><td>审核</td><td>×××</td><td>批准</td><td>×××</td><td>共　页</td><td colspan="2">第　页</td></tr>
</table>

（6）走刀路线图　走刀路线图如图 11-18 所示。

数控加工走刀路线图			零件图号		工序号		工步号		程序号	O0001
机床型号	FANUC 0i	程序段号	N10～N130	加工内容	铣方形凸台(94×94)			共1页		第1页
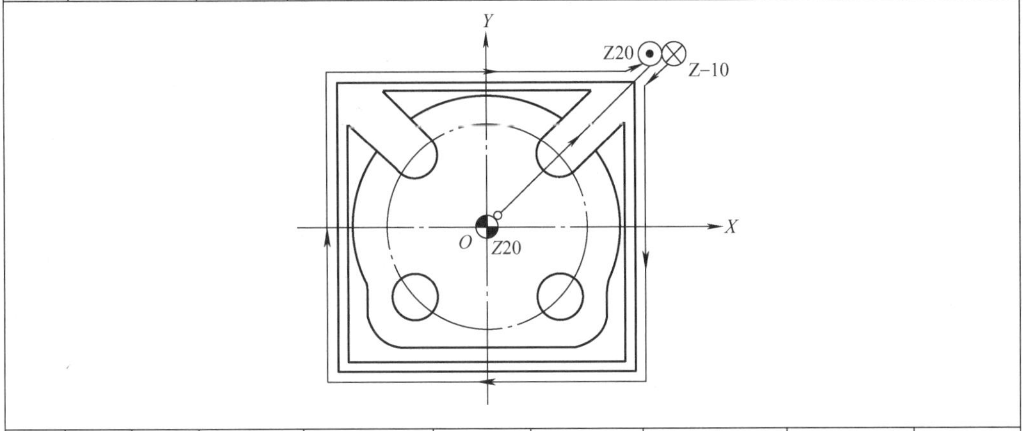 Y　Z20　Z-10　X　O　Z20										
符号	⊙	⊗	◐	○—→	—→	←⊥—	○------	→↗	⊐→	
含义	抬刀	下刀	编程原点	起刀点	走刀方向	走刀线相交	爬斜坡	铰孔	行切	

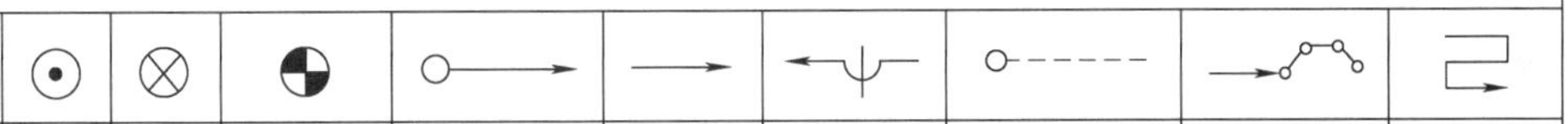

图 11-18　走刀路线图

2. 编制数控加工程序

```
O0001
N10 G54 G90 G00 X55. Y55.;              平底刀 DZ2000-12，铣 94mm×94mm 方形凸台
N20 M03 S1200;
N30 G43 H01 G00 Z60.;                   建立刀具长度补偿 H01
N40 G01 Z20. F1500;
N50 G01 Z2. F1000;
N60 G01 Z-10. F200;                     下刀
N70 G41 D01 G01 X47. Y47. F150;         建立刀具半径补偿 D01
N80 G01 Y-47.;
N90  X-47.;
N100  Y47.;
N110  X47.;
N120 G01 X55. Y55. F200;
N130 G00 Z20.;                          退刀
N140 G00 X0. Y-50.;                     开始铣圆形凸台
N150 G01 Z2. F1000;
N180 G01 Z-5. F200;
N190 G01 X0. Y-42. F150;
N200 G01 X-28.21;
N210 G03 X-32.344 Y-42.344 R25.;
N220 G02 X-36.487 Y-41.154 R5.;
```

```
N230 G02 X-41.154 Y-36.487 R55.;
N240 G02 X-42.156 Y-31.589 R5.;
N250 G03 X-42.347 Y-15.224 R25.;
N260 G02 X42.347 Y-15.224 R-45.;
N270 G03 X42.156 Y-31.589 R25.;
N280 G02 X41.154 Y-36.487 R5.;
N290 G02 X36.487 Y-41.154 R55.;
N300 G02 X32.344 Y-42.344 R5.;
N310 G03 X28.210 Y-42. R25.;
N320 G01 X0.;
N330 G40 G01 X0. Y-50. F200;            取消刀具半径补偿
N340 G00 Z20.;
N350 G49 G00 X-50. Y50.;                取消刀具长度补偿
N360 M05;

O0002
N370 G54 G90 G00 X-50. Y50.;            平底刀 DZ2000-16，铣宽 16mm 的 U 形槽
N380 M03 S1000;
N390 G43 H02 G00 Z60;                   建立刀具长度补偿 H02
N400 G01 Z20. F1500;
N410 G01 Z2. F1000;
N420 G01 Z-10. F200;
N430 G01 X-24.749 Y24.749 F150;
N440 G01 X-50. Y50.;
N450 G00 Z20.;
N460 G00 X50. Y50.;
N470 G01 Z20. F1000;
N480 G01 Z2. F1000;
N490 G01 Z-4. F200;
N500 G01 X24.749 Y24.749 F150;
N510 G01 X50. Y50.;
N520 G00 Z20.;
N530 G49 G00 X55. Y55.;
N540 M05;
N550 M02;
```

3. 模拟仿真

利用数控仿真系统 FANUC 0i 对图 11-17 所示零件进行模拟仿真加工，具体过程如下：

（1）选择机床　单击“”图标按钮，选择控制系统与机床类型为 FANUC 0i 系列标准数控铣床（图 11-19）。

（2）定义毛坯　单击“”图标按钮，定义毛坯材料、形状和尺寸，如图 11-20 所示。

（3）选择夹具　单击“”图标按钮，弹出图 11-21 所示“选择夹具”对话框，选择夹具。

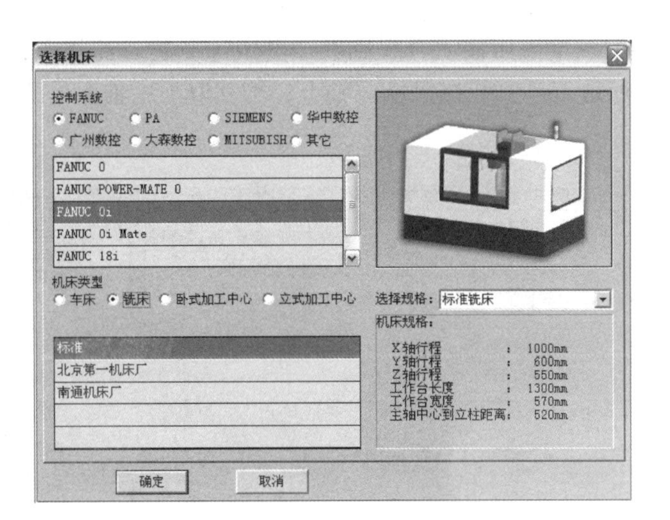

图 11-19　“选择机床”对话框

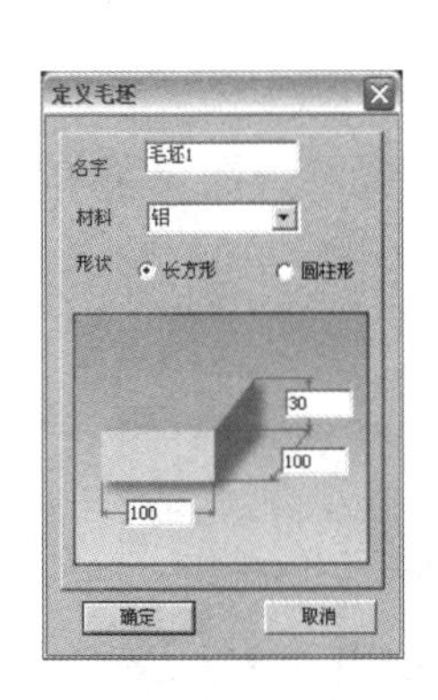

图 11-20　“定义毛坯”对话框

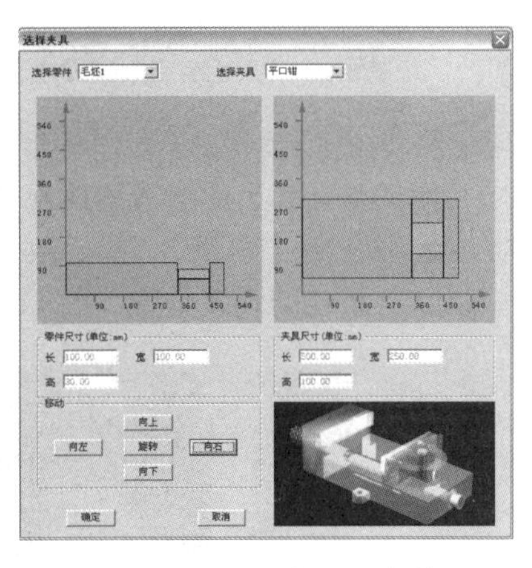

图 11-21　“选择夹具”对话框

（4）放置零件　单击“ ”图标按钮，弹出图 11-22 所示“选择零件”对话框，选中步骤（2）中已定义的毛坯，单击“安装零件”按钮，将零件安装在夹具上。

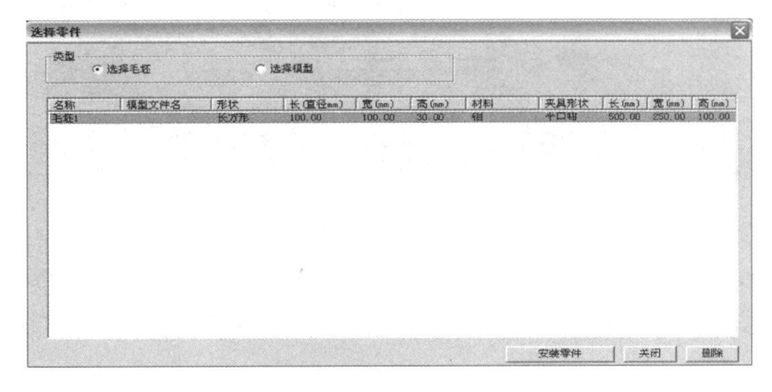

图 11-22　“选择零件”对话框

（5）选择刀具　单击“ ”图标按钮，弹出“选择铣刀”对话框（图 11-23）。输入所需刀具直径，并选择所需刀具类型，单击“确定”按钮后，可选刀具列表中显示所有可选刀具。根据加工要求，单击所需刀具，则在“已经选择的刀具”列表中显示所选刀具，单击“确认”按钮，所选刀具安装在机床主轴上；若需取下主轴上的刀具，则单击“删除当前刀具”按钮即可。

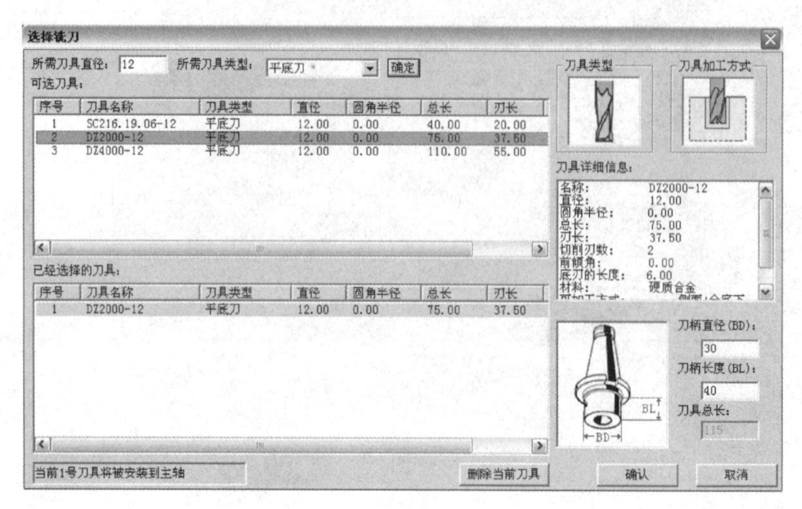

图 11-23 “选择铣刀”对话框

（6）视图调整 为了能够清楚地观察模拟加工情况，选择“视图”菜单中的“动态平移”“动态旋转”“动态放缩”“局部放大”“绕 X 轴旋转”“绕 Y 轴旋转”“绕 Z 轴旋转”等命令，以获得最佳的观察角度（图 11-24）。

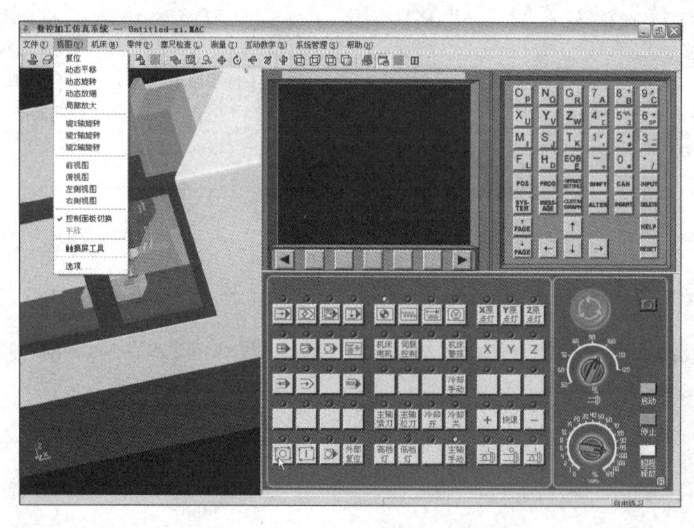

图 11-24 视图调整

（7）激活机床 检查“急停”按钮是否松开，若未松开，单击“急停”按钮，将其松开。单击“启动”按钮，启动机床电源，此时机床电机和伺服控制的“”指示灯变亮。

（8）机床回参考点 单击“回原点”按钮进入回零模式。先将 X 轴方向回零，单击“X 方向”按钮，单击“加号”按钮，此时 X 轴将回零，相应操作面板上“X 原点灯”亮，同时 CRT 界面上的 X 值变为“0.000”；单击“Y 方向”按钮，单击“加号”按钮，此时 Y 轴将回零，相应操作面板上“Y 原点灯”亮，同时 CRT 界面上的 Y 值变为“0.000”；再将 Z 轴方向回零，单击“Z 方向”按钮 Z，单击“加号”按钮 +，此时 Z 轴将回零，相应操作面板上“Z 原点灯”亮，同时 CRT 界面上的 Z 值变为“0.000”，如图 11-25 所示。

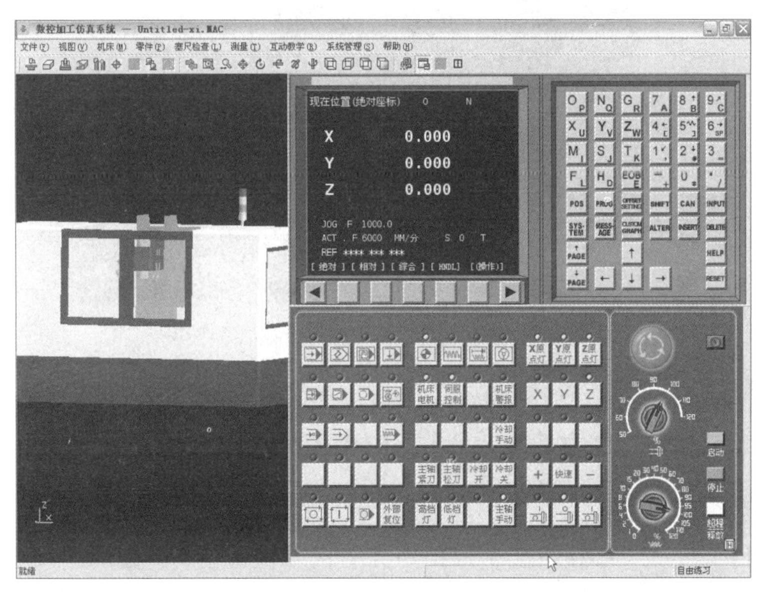

图 11-25　机床回参考点

（9）对刀　数控程序一般按工件坐标系编程，对刀的过程就是建立工件坐标系与机床坐标系之间关系的过程。铣床将工件上表面中心点设为工件坐标系原点。

一般铣床及加工中心在 X、Y 方向对刀时使用的基准工具包括刚性靠棒和寻边器两种，本例采用刚性靠棒进行 X、Y 方向对刀，下面依次对 T01、T02 进行对刀。

1）选择基准工具。在菜单栏中选择“机床”→“基准工具”命令，弹出“基准工具”对话框，其中左边的是刚性靠棒基准工具，右边的是寻边器，选择 ϕ14 刚性靠棒作为基准，如图 11-26 所示。

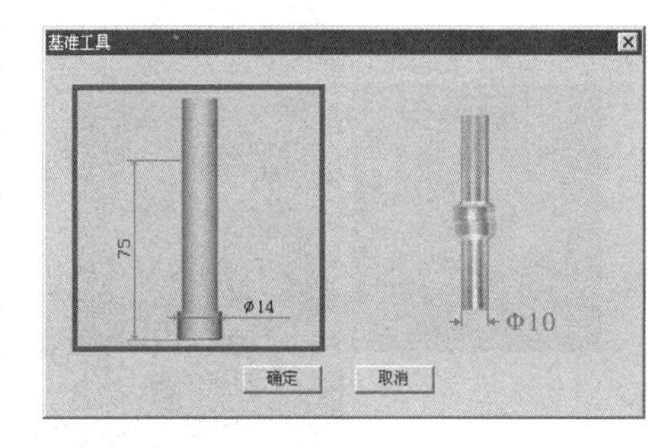

图 11-26　“基准工具”对话框

2）X、Y 方向对刀。单击操作面板中的“手动”按钮，“手动状态灯”亮，进入“手动”方式；单击 MDI 键盘上的“POS”键，使 CRT 界面上显示坐标值；借助“视图”菜单中的“动态平移”“动态旋转”“动态放缩”等工具，适当单击“X”“Y”“Z”按钮和“+”“-”按钮，将刚性靠棒移动到图 11-27 所示的大致位置。

移动到大致位置后，单击操作面板上的“手动脉冲”按钮或，使“手动脉冲指示灯”变亮，采用手动脉冲方式精确移动机床；选择菜单栏中“塞尺检查”→“1mm”命令，基准工具和零件之间被插入塞尺（紧贴零件的红色物件为塞尺）；单击“”按钮显示手轮“”，将“手动轴选择”旋钮置于“X”档，调节“步进量调节”旋钮，在“手轮”旋钮上单击或右击精确移动靠棒（图 11-28）。

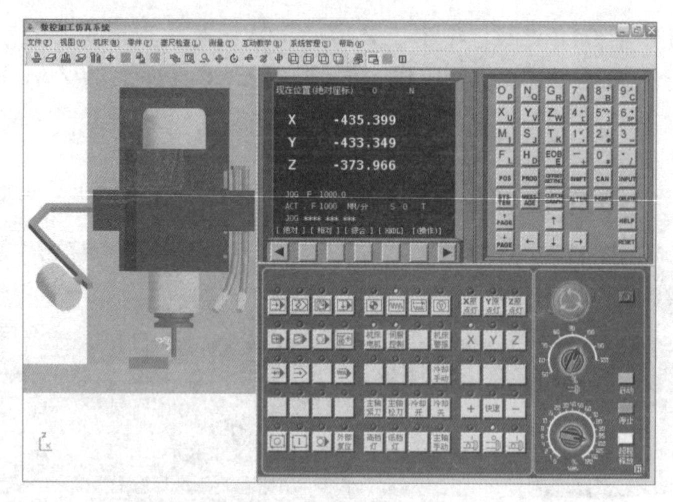

图 11-27 移动刚性靠棒

当提示信息对话框显示“塞尺检查的结果：合适”，记下塞尺检查结果为“合适”时CRT 界面中的 X 坐标值，此为基准工具中心的 X 坐标，记为 X_1；将定义毛坯数据时设定的零件的长度记为 X_2；将塞尺厚度记为 X_3；将基准工件直径记为 X_4（可在选择基准工具时读出），则工件上表面中心在机床坐标系中 X 方向的坐标值为：$X= X_1-\dfrac{X_2}{2}-X_3-\dfrac{X_4}{2}$。

同样的操作方法，可获得工件上表面中心在机床坐标系中 Y 方向的坐标值。完成 X、Y 方向对刀后，单击“Z”和“+”按钮，将 Z 轴提起，再在菜单栏中选择“机床”→“拆除工具”命令，拆除基准工具。

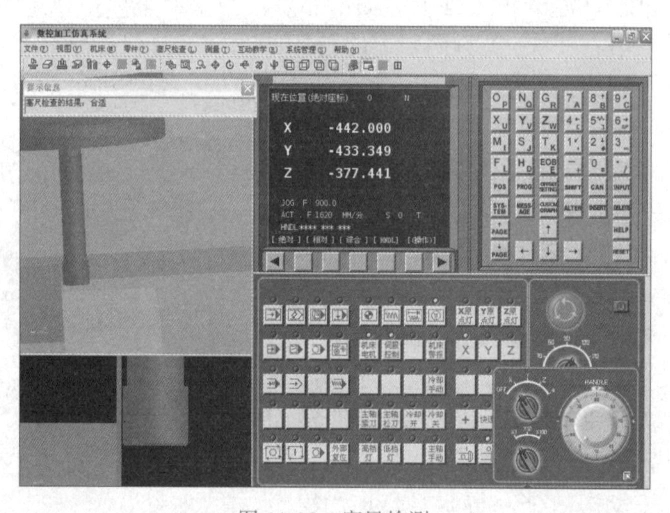

图 11-28 塞尺检测

3）G54 ～ G59 参数设置。在 MDI 键盘上单击“OFFSET SETTING”键，单击菜单“坐标系”软键，进入坐标系参数设定界面，用方位键“↑”“↓”“←”“→”选择所需的坐标系和坐标轴，光标停留在选定的坐标系参数设定区域；利用 MDI 键盘输入对刀得到的工件上表面中心在机床坐标系中 X、Y 方向的坐标值，如图 11-29 所示。

4）Z 向对刀。铣床 Z 向对刀采用实际加工时所要使用的刀具。

拆除刚性靠棒，安装平底刀 DZ2000-12，单击操作面板中的“手动”按钮，系统进入“手动”方式；利用操作面板上的“X”“Y”“Z”和“+”“-”按钮，将刀具移到工件上表面附近；选择“塞尺检查”→“1mm”命令，得到“塞尺检查的结果：合适”时 Z 向的坐标值记为 Z_1，将 Z_1 减去塞尺厚度的数值记为 Z，该值将作为长度补偿值 H 输入系统。

在 MDI 键盘上单击“OFFSET SETTING”键，进入参数补偿设定界面；用方位键“↑”“↓”“←”“→”选择所需的番号，并确定需要设定的长度补偿和直径补偿是形状补偿还是磨耗补偿，将光标移到相应的区域；单击 MDI 键盘上的数字 / 字母键，输入刀具 DZ2000-12 的长度补偿参数 H（Z 值）和刀具直径补偿参数 D（刀具半径）。

拆除平底刀 DZ2000-12，安装平底刀 DZ2000-16，重复上述操作获得计算后的 Z 值，利用 MDI 键盘输入刀具 DZ2000-16 的长度补偿参数 H 和刀具直径补偿参数 D，输入结果如图 11-30 所示。

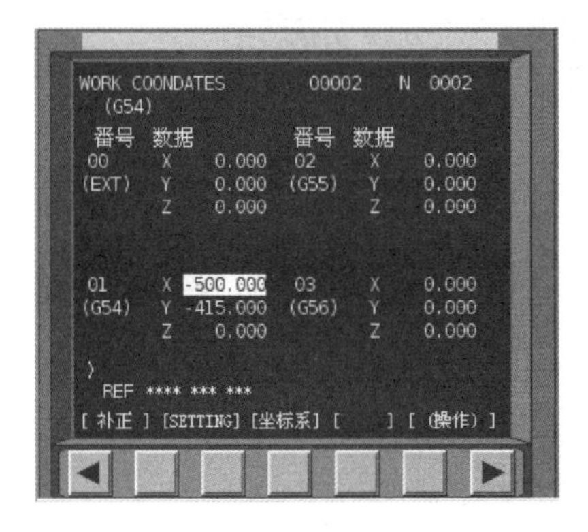

图 11-29　G54 参数设置

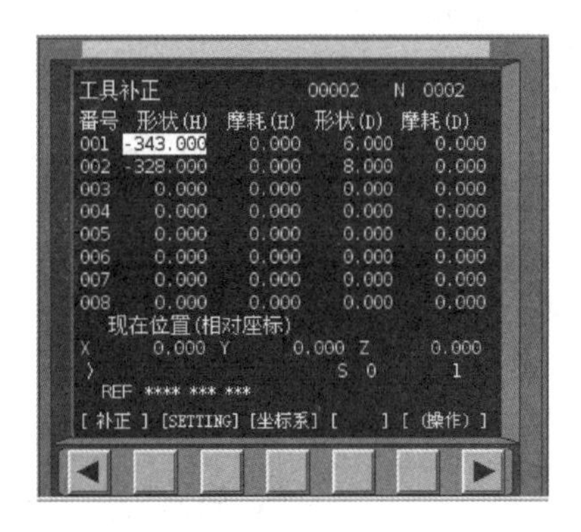

图 11-30　刀补参数设置

（10）读入加工程序，进行模拟仿真　换平底刀 DZ2000-12，单击“编辑”键与键盘上的“PROG”键，选择 CRT 界面下方的“[（操作）]”功能，单击“向右翻页”按钮，找到“F 检索”功能进入程序文件检索界面，找到对应程序文件后打开；通过选择 CRT 界面下方的“READ”命令，并输入程序号“O0001”，可将程序读入数控系统，并显示在 CRT 界面上（图 11-31）；单击 CRT 界面下方的“[EXEC]”功能键后，单击“自动运行”与“循环启动”按钮，开始进行模拟仿真。

取下平底刀 DZ2000-12，换平底刀 DZ2000-16，重复上述过程读入程序“O0002”，进行模拟加工，仿真结果如图 11-32 所示。

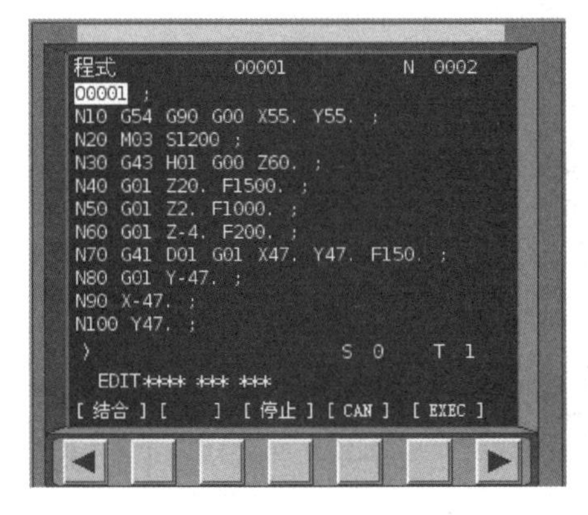

图 11-31　读入加工程序

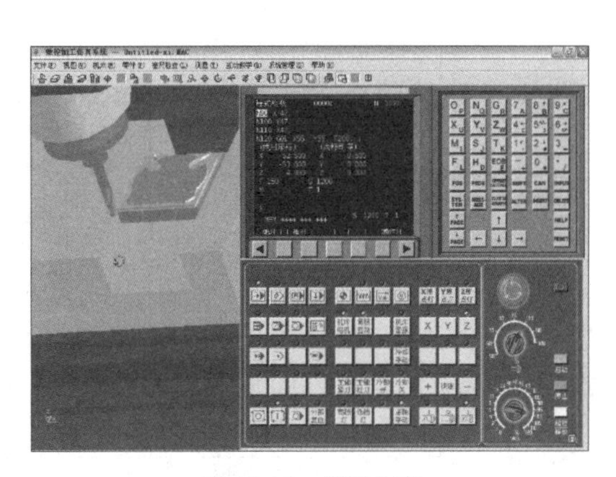

图 11-32　模拟仿真

11.7 零件图样

零件图样如图 11-33 ～图 11-45 所示（注：零件材料均为 45 钢）。

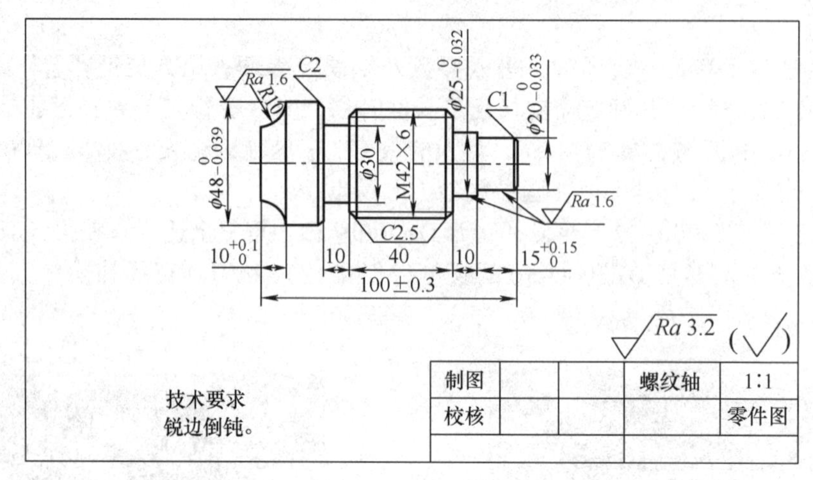

图 11-33 螺纹轴

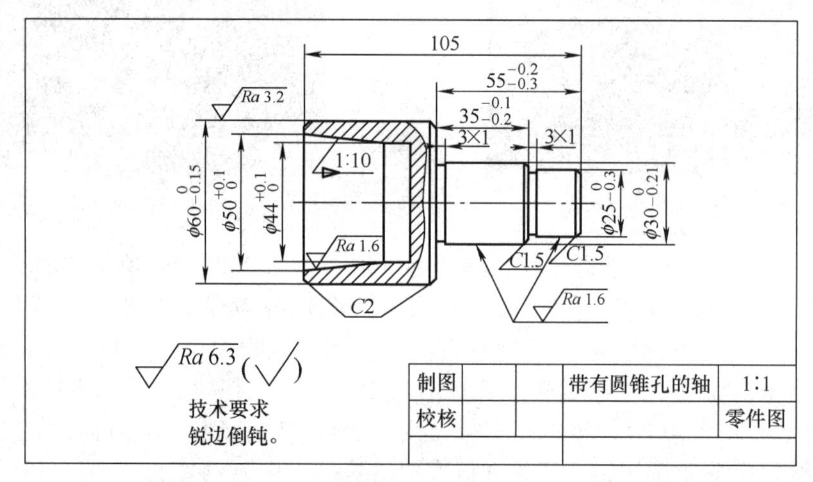

图 11-34 带有圆锥孔的轴

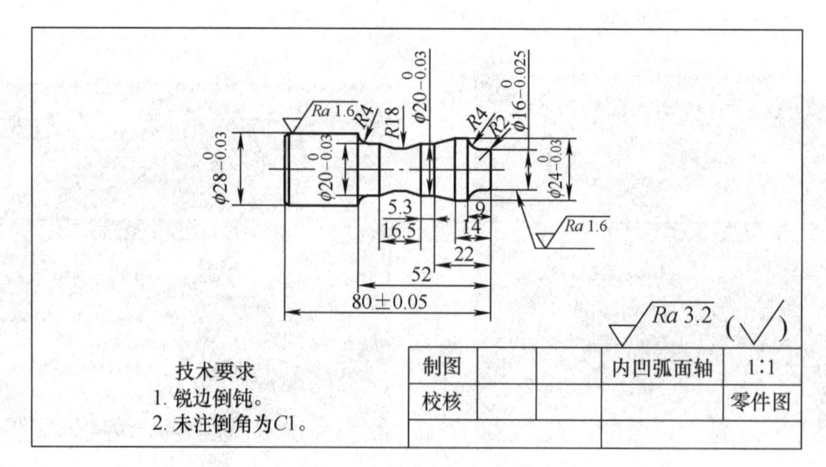

图 11-35 内凹弧面轴

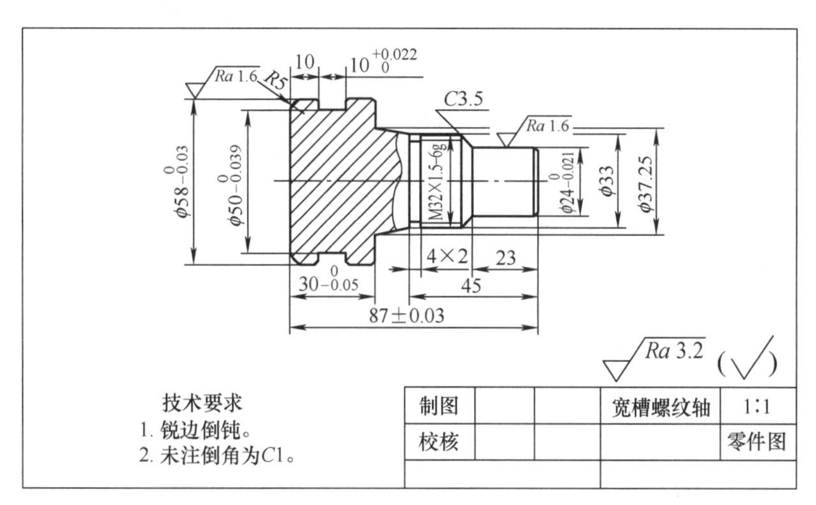

图 11-36　宽槽螺纹轴

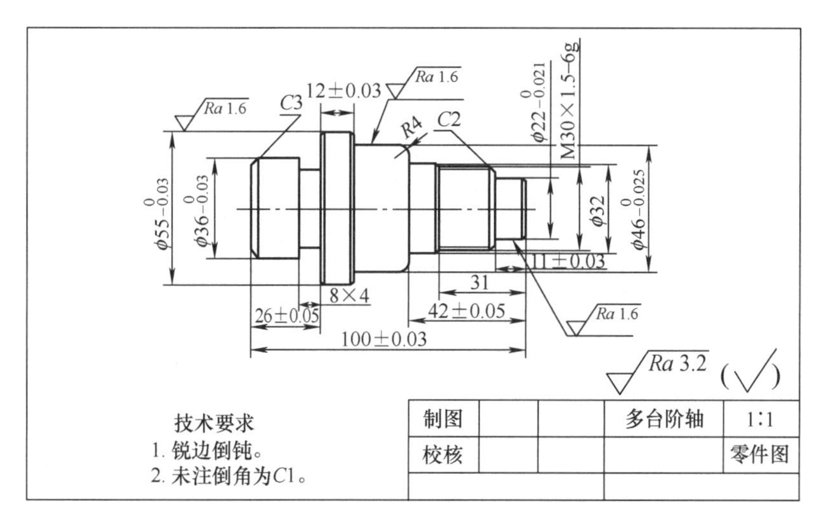

图 11-37　多台阶轴

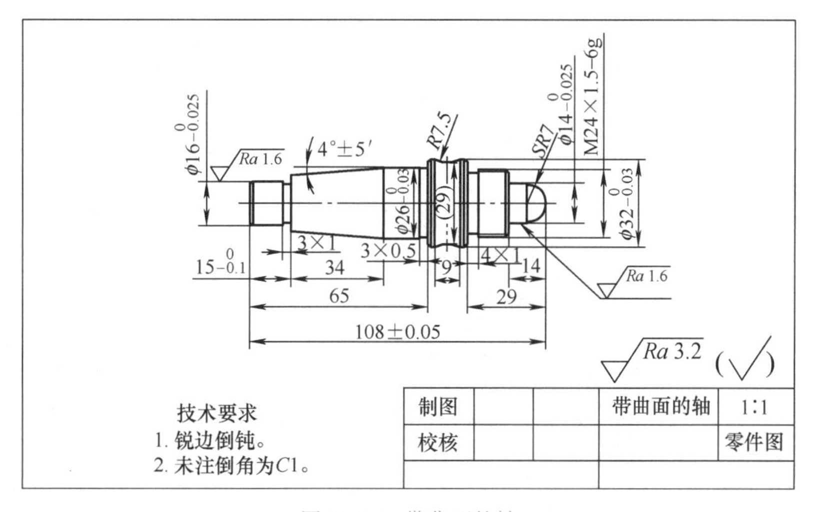

图 11-38　带曲面的轴

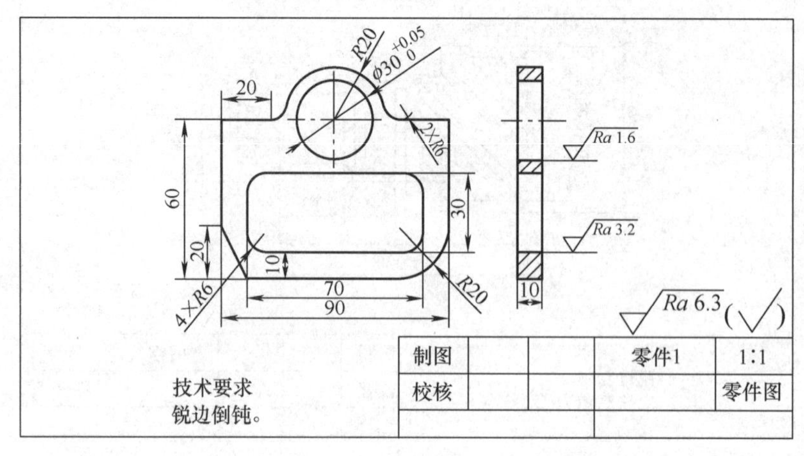

图 11-39 零件 1

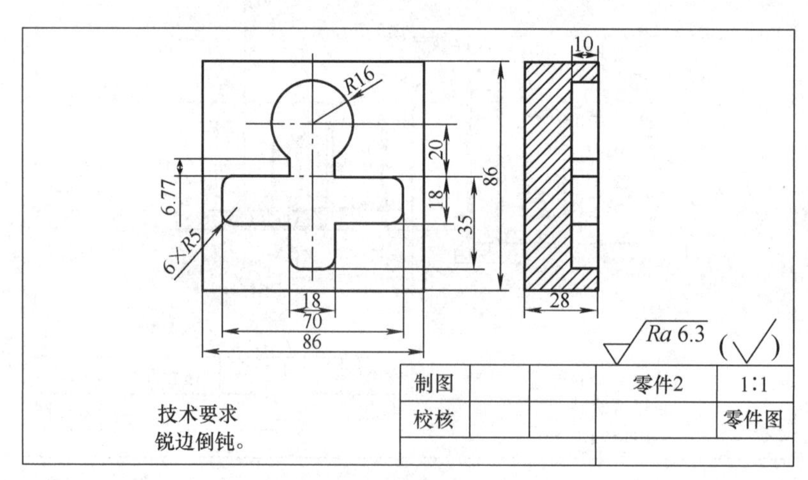

图 11-40 零件 2

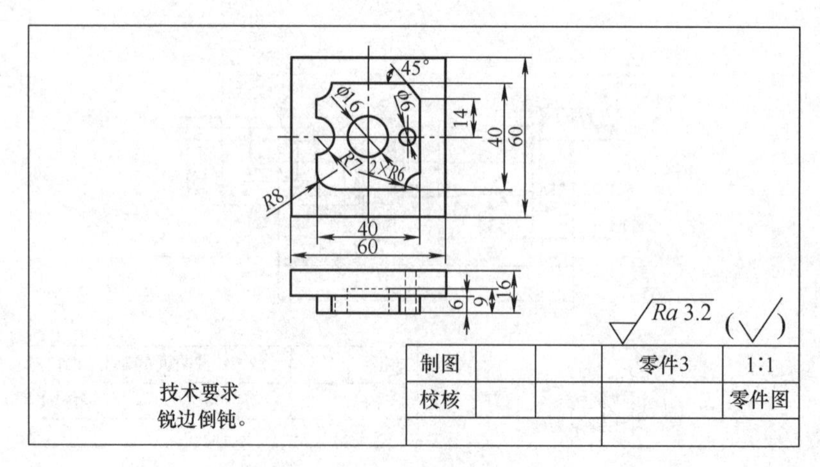

图 11-41 零件 3

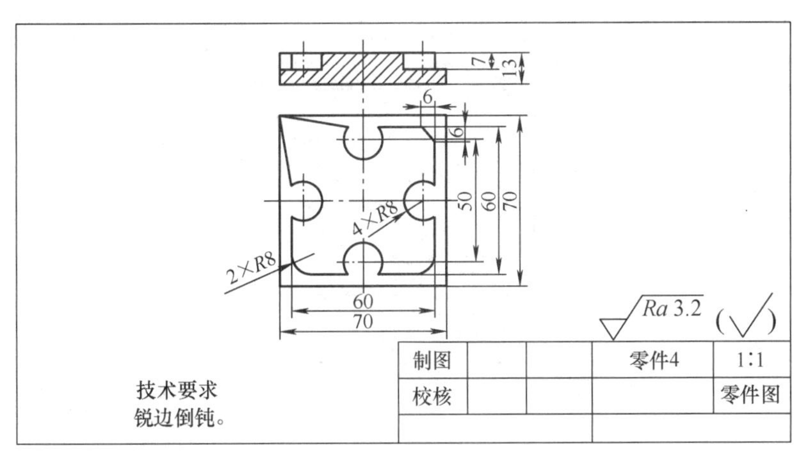

图 11-42　零件 4

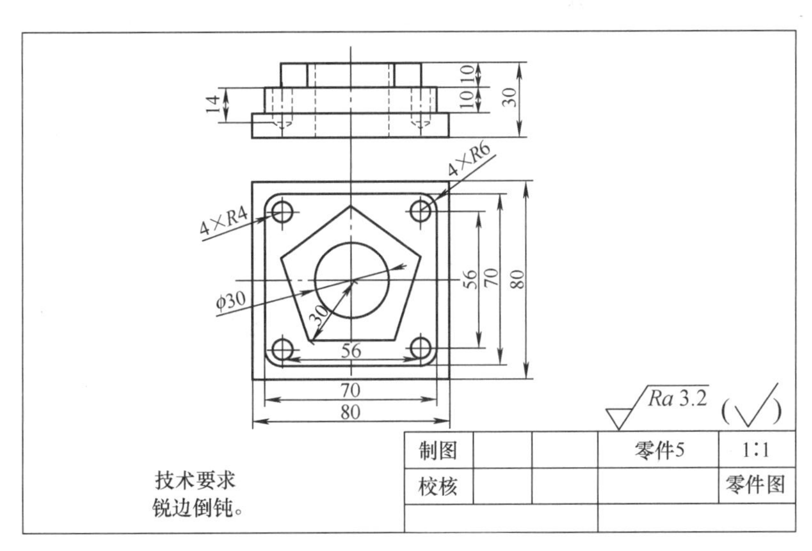

图 11-43　零件 5

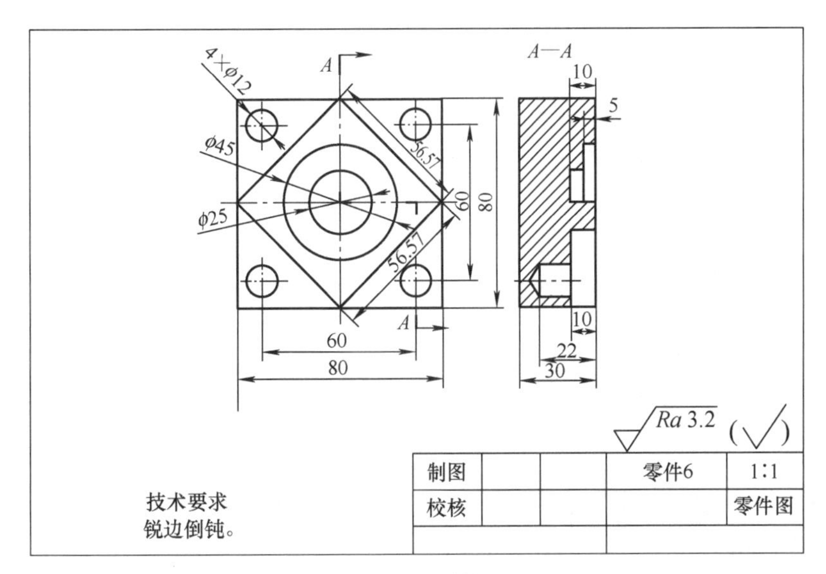

图 11-44　零件 6

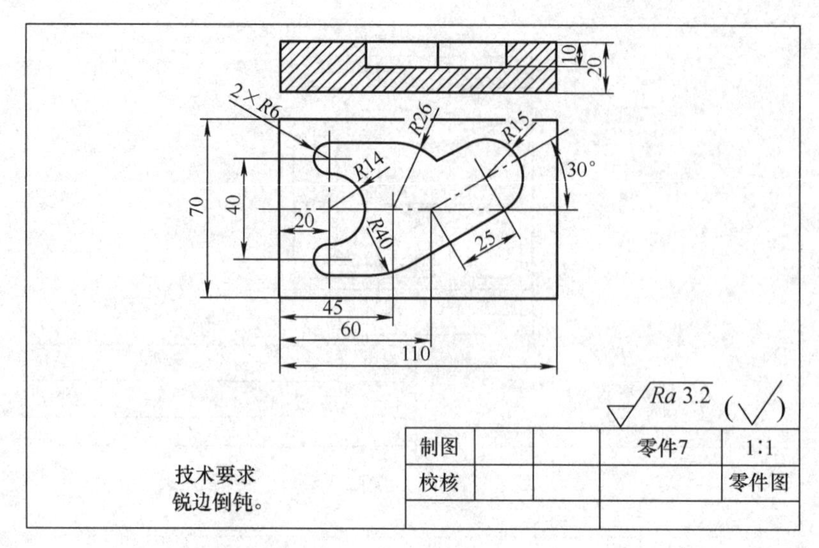
10
20
2×R6
R26
R15
R14
30°
70
40
20
R40
25
45
60
110
Ra 3.2
技术要求
锐边倒钝。
制图
校核
零件7
1:1
零件图

图 11-45 零件 7

第12章 数控装备课程设计

教学目标：

1）学生能综合运用所学过的基础理论知识、专业知识和实习、实验等实践知识，基于工程实际条件完成中小型规格的数控机床二轴控制数控进给系统设计；能够根据国家制图标准，运用必要的视图完整地表达数控进给系统的结构，且能正确标注设计尺寸，合理标注技术要求。

2）培养学生能综合考虑加工质量、生产率、成本、资源和环境等多种因素，合理设计方案并对多技术方案进行对比分析，初步具备解决机械制造复杂工程问题的能力。

3）按设计题目类型进行分组，通过小组成员间的方案讨论，培养学生理解机械工程多学科背景下，团队成员的作用和相互间的沟通、协作能力。

4）提高应用手册、标准及编写有关技术文件等资料的能力；掌握技术报告的写作方法、规范和技巧；培养学生具备正确撰写设计说明书的能力。

12.1 课程设计的内容和要求

1. 课程设计主要内容

数控装备课程设计是机械设计制造及其自动化专业有关课程的重要实践性教学环节之一，是综合运用所学知识而进行的一项基本训练。本次课程设计的主要内容有：数控机床二维进给运动的机电系统机械结构设计，或中小型规格的数控机床主传动系统设计。其中“中小型规格的数控机床主传动系统设计”是数控装备课程设计的传统设计内容，在很多教材和参考书中已有详细介绍，本书不再赘述。

2. 具体要求

（1）总体方案　应分析、比较、论证。

（2）机械部分设计　重点是运动传动机构的结构设计，以及电动机、滚珠丝杠、传动轴等元件的选择计算等。

（3）编写课程设计说明书　说明书是课程设计的总结性技术文件，应叙述整个设计的内容，包括总体方案的确定、系统框图的分析、机械传动设计计算、选用元器件及其参数的说明等。

（4）图样

1）机构结构装配图：1～2张，要求视图基本完整、符合标准。其中应有一个组件的完整剖视图。

2）主要零件图：按教师具体要求绘制 1 ～ 2 张。

12.2 课程设计要点

1. 数控机床二维进给运动机械部分的设计

数控机床二维进给运动机械结构的设计，主要是传动系统方案的确定。

为确保数控系统的传动精度和工作平稳性，对传动系统通常提出低摩擦、低惯量、高刚度、无间隙、高谐振以及有适宜阻尼比的要求。在传动系统的设计中应考虑以下几点：

1）尽量采用低摩擦的传动和导向元件，如采用滚珠丝杠副、滚动导轨或塑料导轨等。

2）尽量消除传动间隙，包括丝杠、齿轮的传动间隙，轴承游隙及键连接的间隙等。

3）缩短传动链。缩短传动链不仅可以减小传动误差，还可以提高系统的传动刚度。此外，滚动副预紧也是提高系统传动刚度的常用方法，如用加预载荷的滚珠丝杠副和滚动导轨及滚动轴承等。此外，丝杠支承设计成两端轴向固定，并加预拉伸的结构等也可提高传动刚度。

2. 伺服系统的选择

开环伺服系统在载荷不大时多采用小功率步进电动机作为伺服电动机。开环控制系统由于没有检测反馈部件，因而不能纠正系统的传动误差。但开环系统结构简单，调整维修容易，在速度和精度要求不太高的场合得到了广泛应用。

图 12-1 所示为数控车床进给运动机械部分的方案。

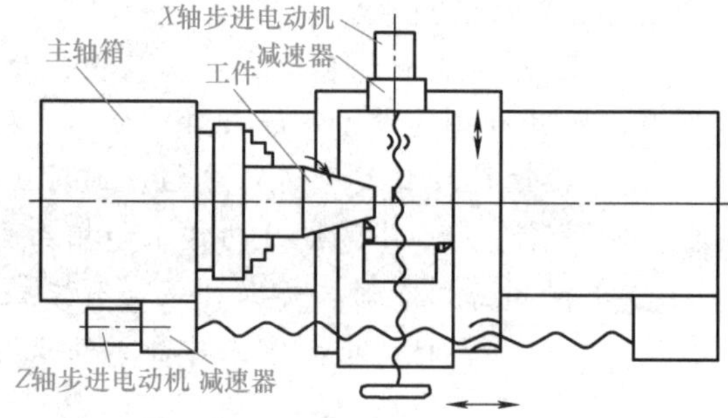

图 12-1 数控车床进给运动机械部分的方案

12.3 课程设计步骤

本课程设计是数控机床二维进给运动机械系统设计，重点是传动系统的结构设计。下面以数控车床为例介绍。

1. 课程设计的主要参数

数控车床二维进给运动的机电系统设计主要参数。

（1）纵向进给运动设计参数

工作台重量	W=800N（粗估）
滚珠丝杠导程	T=6mm（供参考）
行程	S=640mm
脉冲当量	δ=0.01mm
快速进给速度	$v_{快}$=3m/min
步距角	α=0.75°（供参考）
切削进给速度	$v_{进}$=1m/min

时间常数　$t \leqslant 100\text{ms}$（供参考）

（2）横向进给运动设计参数

工作台重量　W=300N（粗估）

滚珠丝杠导程　T=4mm（供参考）

行程　S=190mm

脉冲当量　δ=0.005mm

步距角　α=0.75°（供参考）

快速进给速度　$v_{快}$=1.5m/min

切削进给速度　$v_{进}$=0.5m/min

时间常数　$t \leqslant 100\text{ms}$（供参考）

2. 纵向进给传动系统的设计计算

（1）传动比 i 计算

$$i=\frac{\alpha T}{360\delta} \tag{12-1}$$

式中　δ——脉冲当量（mm）；

α——步距角（°）；

T——丝杠导程（mm）；

i——齿轮传动比。

根据已知条件，确定齿轮传动比。再按照图 12-2 所示的传动级数选择曲线确定齿轮传动级数。

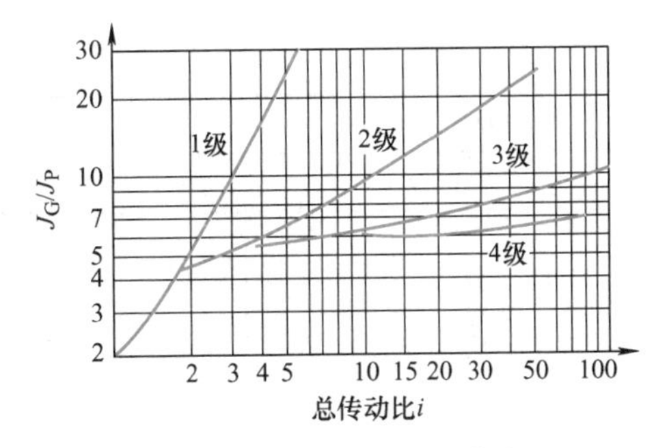

图 12-2　传动级数选择曲线

J_G—齿轮总转动惯量

J_P—电动机轴上主动齿轮的转动惯量

（2）切削力计算　由金属切削原理可知，车削时（外圆车削、横车、内孔车削）

主切削力　$F_c=1840a_p f^{0.75}$　（12-2）

背向力　$F_p=(0.1\sim0.6)F_c$　（12-3）

进给力　$F_f=(0.15\sim0.7)F_c$　（12-4）

式中　a_p——背吃刀量（mm）；

f——进给量（mm/r）。

本设计可取 a_p=2.5mm，f=0.3mm/r，并取 $F_p=0.5F_c$，$F_f=0.5F_c$ 作为以后计算的依据。

（3）滚珠丝杠设计计算　三角形 - 矩形综合导轨车床的轴向力（牵引力）F_m 按式（12-5）计算。

$$F_m=KF_f+\mu(F_c+W) \tag{12-5}$$

式中　K——系数，取 K=1.5；

μ——导轨的摩擦系数，铸铁导轨，取 f=0.15 ~ 0.18；氟塑料导轨，取 f=0.03 ~ 0.05；

W——工作台重量。

1）疲劳强度计算。滚珠丝杠的当量动载荷 C_m 为

$$C_m=\sqrt[3]{L}f_w f_\Omega F_m \tag{12-6}$$

$$L=\frac{60n_mT_i}{10^6}$$

式中　L ——工作寿命（10^6r）；

n_m ——丝杠当量转速（r/min），可取 n_m=1000v_{max}/T（v_{max} 为最大切削进给速度，T 为丝杠导程）；

T_i ——数控机床预期工作时间（h），取 T_i=15000h；

f_w ——载荷系数，无冲击取 f_w=1 ～ 1.2，一般情况取 f_w=1.2 ～ 1.5，有冲击取 f_w=1.5 ～ 2.5；

f_Ω ——精度系数，1、2 级取 f_Ω=1，3、4 级取 f_Ω=1.1。

由式（12-6）求得的当量动载荷 C_m 应小于丝杠的额定动载荷。

2）刚度验算。结构设计后，根据实际结构在说明书中进行验算。

滚珠丝杠的刚度按式（12-7）校核。

$$\delta=\delta_1+\delta_2+\delta_3\leqslant[\delta] \tag{12-7}$$

式中　$[\delta]$——丝杠弹性变形允许的行程误差，按表 12-1 选取（纵向丝杠精度取 4 ～ 5 级，横向丝杠取 3 ～ 4 级）。

表 12-1　丝杠弹性变形允许的行程误差

丝杠精度等级	1	2	3	4	5
允许误差 /μm・m^{-1}	6	8	12	16	23

① δ_1 为丝杠拉压弹性位移（mm），按式（12-8）和式（12-9）计算。

一端固定，一端自由或简支的丝杠：

$$\delta_1=\frac{F_ml_1}{AE} \tag{12-8}$$

两端固定的丝杠：

$$\delta_1=\frac{F_ml_1}{4AE} \tag{12-9}$$

式中　F_m ——轴向载荷（N）；

A ——丝杠底径截面面积（mm^2）；

E ——弹性模量（N/mm^2），钢的 E=2.1×10^5N/mm^2；

l_1 ——l_1≈（1.2 ～ 1.4）行程 +（25 ～ 30）L_0，L_0 是滚珠丝杠副基本导程（mm）。

② δ_2 为丝杠副内滚珠与滚道的接触变形

$$\delta_2\approx F_a/K_2$$

$$K_2=K\left(\frac{F_a}{0.1C_a}\right)^{\frac{1}{3}} \tag{12-10}$$

式中　K ——丝杠样本中查得的刚度值；

F_a ——丝杠上的轴向载荷，F_a=F_m；

C_a ——丝杠额定动载荷。

③ δ_3 为滚动轴承的接触变形（μm）。当轴承未施加预紧力时，

推力球轴承：

$$\delta_3 = 0.52\left(\frac{1}{D_w Z^2}\right)^{1/3} F_m^{(2/3)} \qquad (12\text{-}11)$$

向心推力球轴承：

$$\delta_3 = 0.44\left(\frac{1}{D_w Z^2 \sin^5 \alpha}\right)^{1/3} F_m^{(2/3)} \qquad (12\text{-}12)$$

式中　Z ——滚动体数目；

D_w ——滚动体直径（mm）；

α ——公称接触角；

F_m ——最大轴向工作载荷（N）。

当轴承预紧时，轴承接触变形取为 $\delta_3/2$；若丝杠两端固定，轴承接触变形取为 $\delta_3/4$。

（4）滚珠丝杠的支承方式　滚珠丝杠的支承方式主要有以下几种：

1）一端轴向固定，一端自由（图 12-3a）。这种方式的轴向刚度较低，适用于低转速的短丝杠。

2）一端轴向固定，一端简支（图 12-3b）。这种方式适用于较长丝杠。

3）两端均轴向固定（图 12-3c）。这种方式适用于对刚度及位移精度要求较高的长丝杠。

3. 横向进给系统的设计计算

横向进给量为纵向进给量的 1/2，则切削力也约为纵向的 1/2。

横向运动的导轨形式常为燕尾形导轨，其轴向力（牵引力）F_m 的实验公式为

$$F_m = KF_f + \mu(F_c + 2F_p + W) \qquad (12\text{-}13)$$

式中　K ——系数，K=1.4；

μ ——摩擦系数，取值见纵向导轨。

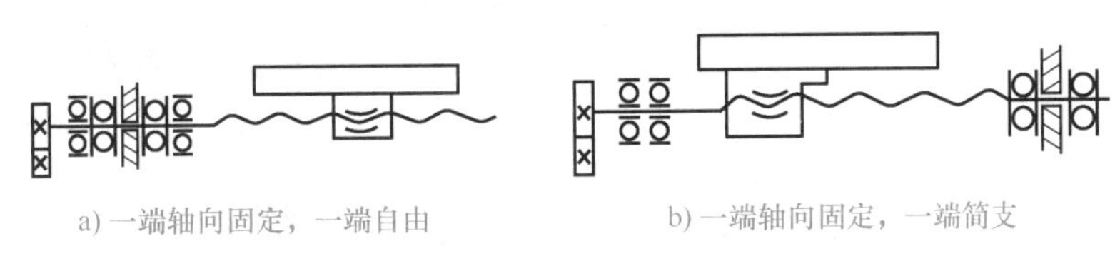

a) 一端轴向固定，一端自由　　b) 一端轴向固定，一端简支

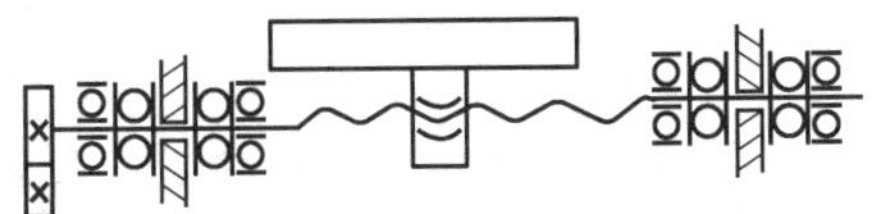

c) 两端均轴向固定

图 12-3　滚珠丝杠在机床上的支承方式

横向导轨系统的设计计算过程与纵向类似，不再详细说明。

4. 步进电动机的规格选择计算

步进电动机规格选择需确定步进电动机的最大静转矩 M_{jmax}，而 M_{jmax} 的确定分以下三步：

（1）计算空载起动转矩 M_q

$$M_q = M_L + M_0 + M_{ap} \qquad (12\text{-}14)$$

1）负载转矩 M_L（N·m）：

$$M_{\mathrm{L}}=\frac{180}{\pi}\frac{\delta F_{\mathrm{m}}}{\alpha\eta} \tag{12-15}$$

式中 F_m ——快速空程时，$F_m=\mu W$；

η ——从电动机到丝杠的总传动效率，各传动件的效率可查机床设计手册，丝杠与电动机直连时，可以取 η=0.9，不直连时可以取 η=0.85；

α ——步距角（°）；

δ ——脉冲当量（m）。

2）滚珠丝杠副预紧引起的附加转矩 M_0（N·m）：

$$M_0=\frac{180}{\pi}\frac{\delta F_0}{\alpha\eta} \tag{12-16}$$

式中 F_0 ——丝杠副的预紧力（N）；

k ——预紧螺母内部的摩擦系数，k=0.1 ～ 0.3；

其他字母含义同前。

3）加速度转矩 M_{ap}（N·m）：

$$M_{\mathrm{ap}}=\frac{\pi\alpha}{180}\left(\frac{f_1-f_0}{t}\right)J \tag{12-17}$$

式中 f_1 ——电动机工作频率，快速运动时，按空行程速度 $v_{快}$计算，$f_1=1000v_{快}/(60\delta)$；

f_0 ——突跳起动频率，取 f_0 =200Hz；

t ——加速时间（s），t=0.1s；

J ——传动系统折算到电动机轴上的等效转动惯量（kg·m²）。

如图 12-4 所示，对于一级齿轮传动系统，J 按式（12-18）计算：

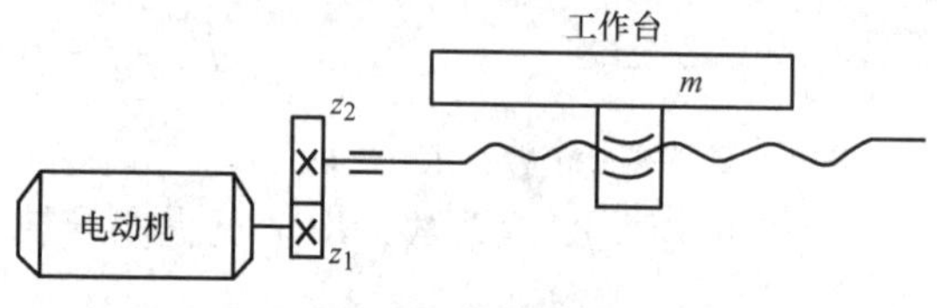

图 12-4 传动系统

$$J=(J_0+J_1)+\left(\frac{Z_1}{Z_2}\right)^2(J_2+J_3)+m\left(\frac{180\delta}{\pi\alpha}\right)^2 \tag{12-18}$$

式中 J_0 ——电动机转子的转动惯量（kg·m²），此处忽略为 0；

J_1、J_2 ——齿轮 z_1、z_2 的转动惯量（kg·m²）；

J_3 ——丝杠的转动惯量（kg·m²）；

m ——工作台总质量（kg）；

α ——步距角（°）；

δ ——脉冲当量（m）。

对于材料为钢的圆柱形零件，转动惯量 $J=7.8\times10^{-4}D^4L$。其中，D 为圆柱零件直径（mm）；L 为零件长度（mm）。

按表 12-2 中 M_q 与 M_{jmax} 的关系，计算系统空载起动时所需的步进电动机的最大静转矩 M_{j1}。

表 12-2　空载起动转矩与最大静转矩关系

电动机相数	3		4		5		6	
运行拍数	3	6	4	8	5	10	6	12
M_q/M_{jmax}	0.5	0.866	0.707	0.707	0.809	0.951	0.866	0.866

（2）计算切削进给时的转矩 M_t

$$M_t=M_f+M_0+M_{ap} \tag{12-19}$$

式中　M_f ——摩擦负载转矩，$M_f=\dfrac{180}{\pi}\dfrac{\delta F_m}{\alpha\eta}$，其中 $F_m=KF_f+\mu(F_c+W)$；

M_{ap} ——切削状态下的加速度转矩，$M_{ap}=\dfrac{\pi\alpha}{180}\left(\dfrac{f_1-f_0}{t}\right)J$，其中 f_1 按最大切削进给速度 $v_{进}$ 计算，$f_1=1000v_{进}/60\delta$。

再用式（12-20）计算系统切削状态下所需的步进电动机最大静转矩 M_{j2}。

$$M_{j2}=\frac{M_t}{0.3\sim0.5} \tag{12-20}$$

取步进电动机的最大静转矩 M_j 大于或等于 M_{j1} 和 M_{j2} 中的较大者，即

$$M_j\geqslant\max\{M_{j1},M_{j2}\}$$

由此选择步进电动机的型号规格。

5. 进给传动齿轮间隙的消除

进给传动齿轮的齿侧间隙不仅产生换向运动误差，还影响步进伺服系统的运动平稳性，必须采用各种方法减少或消除齿轮传动间隙。这部分具体内容见相关参考文献。

6. 进给系统机械结构设计

纵向进给机构的步进电动机可布置在丝杠的任一端，步进电动机可采用一级齿轮减速，并采用双薄片齿轮消除间隙。

横向进给机构的步进电动机可安装在大滑板上，用法兰盘将步进电动机和机床大滑板连接。步进电动机可经一级齿轮减速驱动滚珠丝杠。可设置横向手动机构，以利于机床的手动调整。

为了改善导轨的摩擦特性，纵、横导轨面上均贴有聚四氟乙烯塑料导轨软带，并用黏结剂黏结在动导轨上，黏结后还应对塑料导轨面进行精加工。

后附横向进给部件装配图（图 12-5）、纵向进给部件装配图（图 12-6）可供设计时参考。

12.4　课程设计进度安排

本课程设计用 2 ～ 3 周时间完成。各部分所占时间分配大致如下：

1）熟悉任务、搜集资料　　5%
2）方案设计、主要零件计算　　15%
3）绘制部件装配图　　50%
4）绘制零件图　　15%
5）整理、编写设计说明书　　15%

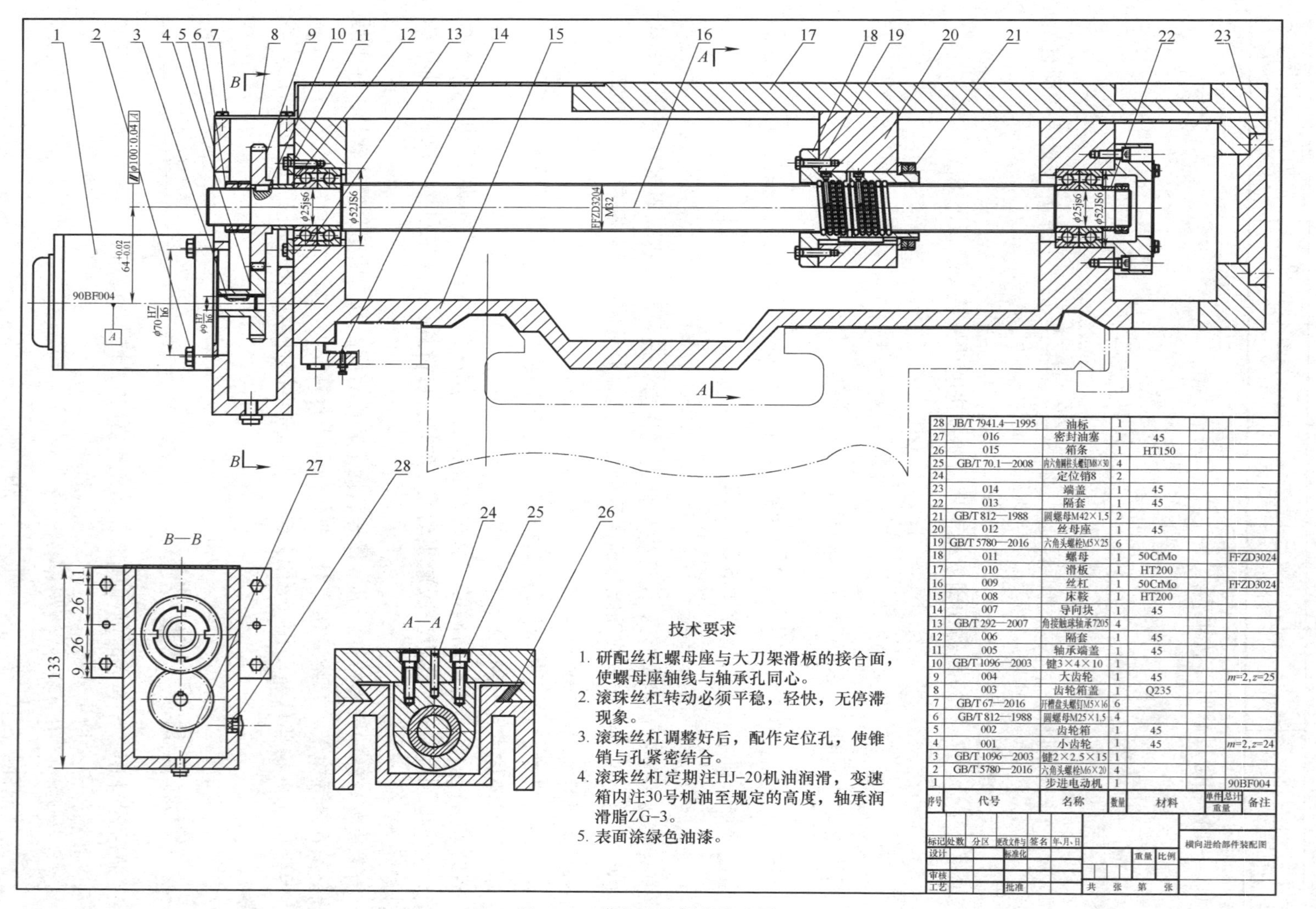

序号	代号	名称	数量	材料	单件重量	总计重量	备注
28	JB/T 7941.4—1995	油标	1				
27	016	密封油塞	1	45			
26	015	箱条	1	HT150			
25	GB/T 70.1—2008	内六角圆柱头螺钉M8×30	4				
24		定位销8	2				
23	014	端盖	1	45			
22	013	隔套	1	45			
21	GB/T 812—1988	圆螺母M42×1.5	2				
20	012	丝母座	1	45			
19	GB/T 5780—2016	六角头螺栓M5×25	6				
18	011	螺母	1	50CrMo			FFZD3024
17	010	滑板	1	HT200			
16	009	丝杠	1	50CrMo			FFZD3024
15	008	床鞍	1	HT200			
14	007	导向块	1	45			
13	GB/T 292—2007	角接触球轴承7205	4				
12	006	隔套	1	45			
11	005	轴承端盖	1	45			
10	GB/T 1096—2003	键3×4×10	1				
9	004	大齿轮	1	45			$m=2, z=25$
8	003	齿轮箱盖	1	Q235			
7	GB/T 67—2016	开槽盘头螺钉M5×16	6				
6	GB/T 812—1988	圆螺母M25×1.5	4				
5	002	齿轮箱	1	45			
4	001	小齿轮	1	45			$m=2, z=24$
3	GB/T 1096—2003	键2×2.5×15	1				
2	GB/T 5780—2016	六角头螺栓M6×20	4				
1		步进电动机	1				90BF004

图 12-5　横向进给部件装配图

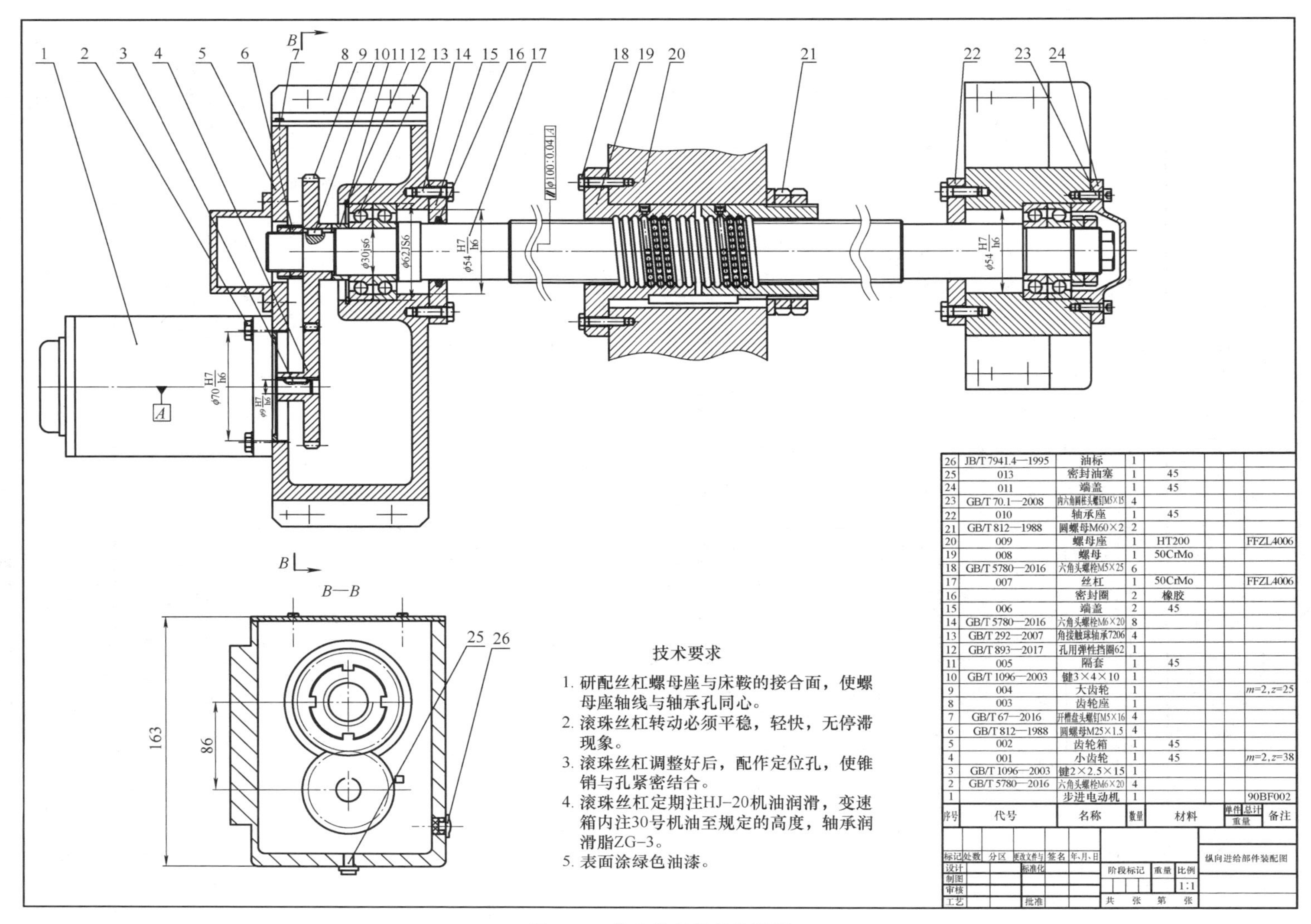

序号	代号	名称	数量	材料	单件重量	总计重量	备注
26	JB/T 7941.4—1995	油标	1				
25	013	密封油塞	1	45			
24	011	端盖	1	45			
23	GB/T 70.1—2008	内六角圆柱头螺钉M5×15	4				
22	010	轴承座	1	45			
21	GB/T 812—1988	圆螺母M60×2	2				
20	009	螺母座	1	HT200			FFZL4006
19	008	螺母	1	50CrMo			
18	GB/T 5780—2016	六角头螺栓M5×25	6				
17	007	丝杠	1	50CrMo			FFZL4006
16		密封圈	2	橡胶			
15	006	端盖	2	45			
14	GB/T 5780—2016	六角头螺栓M6×20	8				
13	GB/T 292—2007	角接触球轴承7206	4				
12	GB/T 893—2017	孔用弹性挡圈62	1				
11	005	隔套	1	45			
10	GB/T 1096—2003	键3×4×10	1				
9	004	大齿轮	1				$m=2, z=25$
8	003	齿轮座	1				
7	GB/T 67—2016	开槽盘头螺钉M5×16	4				
6	GB/T 812—1988	圆螺母M25×1.5	4				
5	002	齿轮箱	1	45			
4	001	小齿轮	1	45			$m=2, z=38$
3	GB/T 1096—2003	键2×2.5×15	1				
2	GB/T 5780—2016	六角头螺栓M6×20	4				
1		步进电动机	1				90BF002

图 12-6　纵向进给部件装配图

12.5 成绩评定标准

数控装备课程设计成绩评定标准及评定表

学生姓名：________ 学号：____________ 年级 / 班：________
所属学院（直属系）：________________ 所在专业：________

项目	分值	得分（x）					评分
		优秀（$100\geqslant x\geqslant 90$）	良好（$90>x\geqslant 80$）	中等（$80>x\geqslant 70$）	及格（$70>x\geqslant 60$）	不及格（$x<60$）	
学习态度	20	学习态度认真，工作作风严谨，严格遵守教学纪律，能充分理解团队成员和负责人角色的含义，保证设计按进度要求进行，能圆满完成设计任务	学习态度好，工作作风认真，遵守教学纪律，能理解团队成员的作用，能按期圆满完成任务书中规定的任务	学习态度尚好，遵守教学纪律较好，能按设计作息时间作业，基本能理解团队成员的作用，能较好地按期完成各项工作	学习态度尚可，能遵守教学纪律，能按期完成任务，团队协作能力一般，完成的质量一般	学习态度马虎，工作作风不严谨，不能保证设计时间和进度，不能按期完成任务或完成质量差	
技术水平与实际能力	20	有很强的识别、表达复杂机械工程问题的实际动手能力、分析能力和计算机应用能力，熟练查阅国家标准手册	有较强的识别、表达复杂机械工程问题的实际动手能力、分析能力和计算机应用能力，较熟练查阅国家标准手册	有一定的识别、表达复杂机械工程问题的实际动手能力、分析能力和计算机应用能力，会查阅国家标准手册	识别、表达复杂机械工程问题的实际动手能力、分析能力和计算机应用能力一般，能查阅国家标准手册	缺乏识别、表达复杂机械工程问题的动手能力、分析能力和计算机应用能力	
结构设计质量	30	结构设计合理，方案与计算正确，设计过程中能够考虑经济、社会、法律、安全、健康和文化等制约因素	结构设计合理，方案与计算基本正确，设计中能考虑经济、社会、法律、安全、健康和文化等制约因素	结构设计较合理，方案与计算基本正确，设计中能适当考虑经济、社会、法律、安全、健康和文化等制约因素	结构设计基本合理，方案与计算无大错，设计中能适当考虑经济性	结构设计不合理，方案与计算有原则错误	
图样、说明书质量	30	图样非常工整、清晰。整体符合规范化要求。说明书结构严谨，逻辑性强，层次清晰，语言准确，具备正确运用本国语言和文字撰写技术报告的能力	图样工整、清晰。规范化程度高。说明书结构合理，符合逻辑，层次分明，语言准确，具备运用本国语言和文字撰写技术报告的能力	图样比较工整、清晰。基本达到规范化要求。说明书结构合理，层次较为分明，文理通顺，基本具备运用本国语言和文字撰写技术报告的能力	图样比较工整。布图基本合理、表达方案基本正确；说明书结构基本合理，逻辑基本清楚，文字尚通顺，基本能运用本国语言和文字撰写技术报告	图样不工整或不清晰。说明书内容空泛，结构混乱，文字表达不清，达不到运用本国语言和文字撰写技术报告的要求	

成绩评定：

指导教师签名： 年 月 日

注：本课程设计成绩评定表，应装入学生课程设计资料袋作为资料保存。

第13章 数控机床调整实验

教学目标：

1）了解典型数控机床的基本构造、操作面板主要旋钮按键的功用。

2）熟悉实验设备安全操作规范，掌握数控机床的调整及加工前的准备工作。

3）了解程序传输及数控加工过程，掌握程序输入及修改方法，进一步提高数控技术应用水平。

本章以 C2–6136HK 数控车床和 VMC–1600 立式加工中心为例，介绍数控机床的面板操作、数控系统的基本功能及指令系统，并结合典型零件，在数控机床上完成数控编程与加工实验。

13.1 数控车床调整实验

13.1.1 实验目的

1）了解 C2–6136HK 数控车床操作面板上各个旋钮 / 按键的功用。

2）掌握数控车床的调整及加工前的准备工作。

3）掌握程序输入及修改方法。

13.1.2 实验内容

1）做好加工前的技术准备工作。

2）演练机床的起动及原点复归。

3）熟悉 CRT/MDI 操作面板。

4）学习对刀以及刀具补偿值的输入和修改。

5）学习程序的输入及修改。

13.1.3 实验设备

C2–6136HK 数控车床，其配置和主要技术参数分别见表 13-1 和表 13-2。

表 13-1　C2-6136HK 数控车床配置

序号	名称	规格	生产厂商
1	控制系统	FANUC 0i Mate TC	北京发那科公司
2	主电动机	GW112M2-50-B5-4	成都光炜驱动设备有限公司
3	主轴轴承	7019　7016（P4 级）	哈尔滨轴承厂
4	滚珠丝杠副	ϕ32 × 6，ϕ20 × 4	国产
5	伺服电动机	A06B-0075-B103 （β 8/3000is）	北京发那科公司
6	刀架	LDB4-C6132A	常州亚兴数控设备有限公司
7	润滑系统	自动润滑	日华油机（佛山）有限公司
8	继电器	（小型）HH52P-FL	欧姆龙
9	接触器	GSC1-18　GSC1-09	天水二一三机床电器厂
10	变频调速器	VFO-055B043A	日立
11	主轴编码器	FH58C1024Z5L10 × 6TR	图尔克（天津）传感器有限公司

表 13-2　C2-6136HK 数控车床主要技术参数

序号	项目		参数值
1	床身上最大回转直径 /mm		ϕ360
2	最大工件长度 /mm		750
3	最大车削长度 /mm		650
4	横滑板上最大工件回转直径 /mm		ϕ180（排刀 ϕ130）
5	主轴通孔直径 /mm		ϕ55
6	主轴内孔锥度（莫氏 MT）		M6
7	主轴头部形式		A2-6
8	主轴转速范围 /r・min^{-1}		高速变频无级：180 ～ 3000
9	进给轴快速移动速度 /m・min^{-1}		X 轴：6　Z 轴：8
10	主电动机功率 /kW		5.5
11	进给轴驱动电动机转矩 /N・m		X 轴：4　Z 轴：6
			X 轴：7　Z 轴：7
12	进给轴重复定位精度 /mm		X 轴：0.007　Z 轴：0.01
13	进给轴最小设定单位 /mm		X 轴：0.001　Z 轴：0.001
14	横向（X 轴）移动最大行程 /mm		240
15	尾座套筒移动距离 /mm		90
16	尾座套筒内孔锥度（莫氏 MT）		M4
17	刀架刀具容量		4（可选排刀、六工位）
18	刀具规格 /mm		20 × 20
19	工作精度	圆度 /mm	0.005
		圆柱度 /mm	0.016/160
		平面度 /mm	0.01
20	表面粗糙度 Ra 值 /μm		1.6 ～ 1.25
21	机床净质量 / 机床总质量 /kg		2000/2800
22	外形尺寸$\left(\frac{\text{长}}{\text{mm}}\times\frac{\text{宽}}{\text{mm}}\times\frac{\text{高}}{\text{mm}}\right)$		2480 × 1500 × 2010

13.1.4　实验准备

1. 加工前的技术准备工作

根据零件图、工件材料、工艺文件、数控车床编程手册及刀具清单，进行加工前的技术准备工作，以保证加工出符合要求的零件。

2. 实验的技术准备流程（图 13-1）

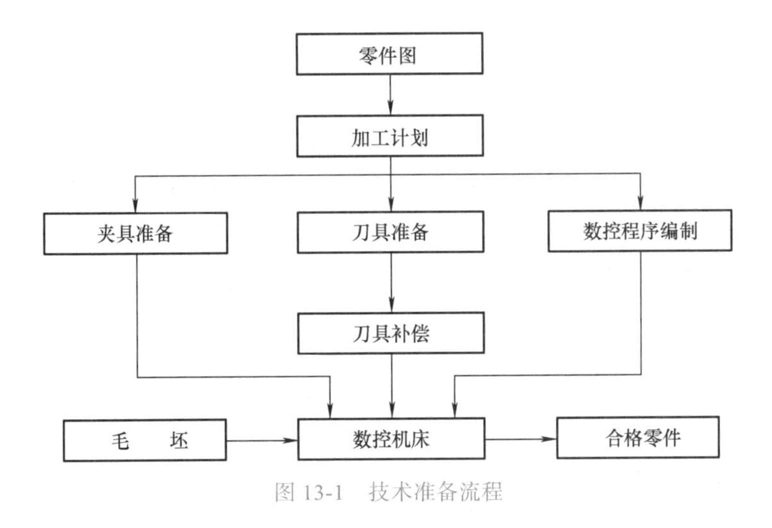

图 13-1　技术准备流程

3. 机床调整流程（图 13-2）

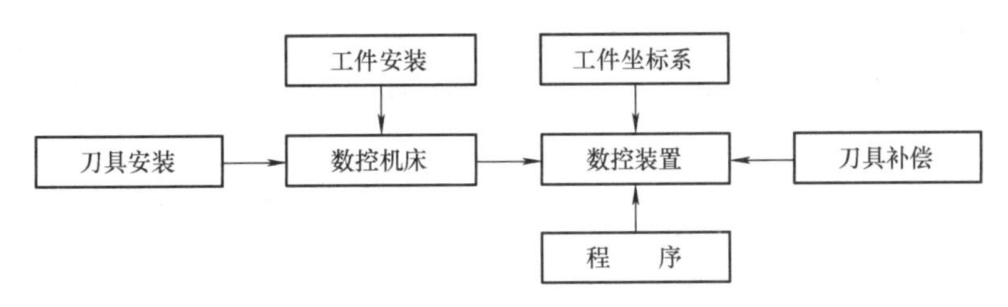

图 13-2　机床调整流程

4. 数控车床安全操作规程

1）操作机床前，要穿好工作服，大袖口要扎紧，衬衫要系入裤内。女同学要戴安全帽，并将发辫纳入帽内。不得穿凉鞋、拖鞋、高跟鞋、背心、裙子和戴围巾进入车间。注意：不允许戴手套操作机床。

2）注意不要移动或损坏安装在机床上的警告标牌。

3）注意不要在机床周围放置障碍物，以保证工作空间应足够大。

4）应在指定的机床上进行操作。未经允许，不得乱动其他机床设备、工具或电器开关等。

5）通电后，检查机床有无异常现象。

6）刀具要垫好、放正、夹牢，使用的刀具应与机床允许的规格相符，有严重破损的刀具要及时更换。

7）安装的工件要找正、夹紧，安装完毕应及时取出卡盘扳手。

8）换刀时，刀架应远离卡盘、工件和尾座；在手动移动滑板或对刀过程中，在刀尖接近工件时，进给速度要小，移位键不能按错，且一定要注意按移位键时不要误按成换刀键。

9）自动加工之前，程序必须通过模拟或经过指导教师检查，确保无误后方能运行。

10）自动加工之前，确认起刀点的坐标无误。

11）加工时要关闭机床的防护门，且加工过程中不能随意打开。

12）数控车床的加工虽然为自动进行，但仍需要操作者实时监控，不允许随意离开岗位。

13）若发生异常，应立即按下急停按钮，并及时报告指导教师以便分析原因。

14）不得随意删除机内的程序，也不能随意调出机内程序进行自动加工。

15）不能更改机床参数设置。

16）不要用手清除切屑，可用钩子清理，发现切屑缠绕工件时，应停车清理。

17）机床只能单人操作。

18）加工时，决不能把头伸向刀架附近观察，以防发生事故。

19）工件转动时，严禁测量工件、清洗机床、用手去摸工件，更不能用手制动主轴头。

20）关机之前，应将溜板停在 X 轴、Z 轴中央区域。

5. 机床操作面板

C2-6136HK 数控车床操作面板主要旋钮 / 按键的功能及用法说明如下：

（1）系统电源

1）“系统上电”键：按此键接通数控系统的电源。

2）“系统断电”键：按此键断开数控系统的电源。

（2）程序保护锁　当输入程序时，把钥匙转到“OFF”位置；当输入完毕时转到“ON”处，此时内存程序锁定，即不能对程序进行编辑。

（3）“模式选择”旋钮　如图 13-3 所示，在对机床进行操作时必须先选择操作模式。

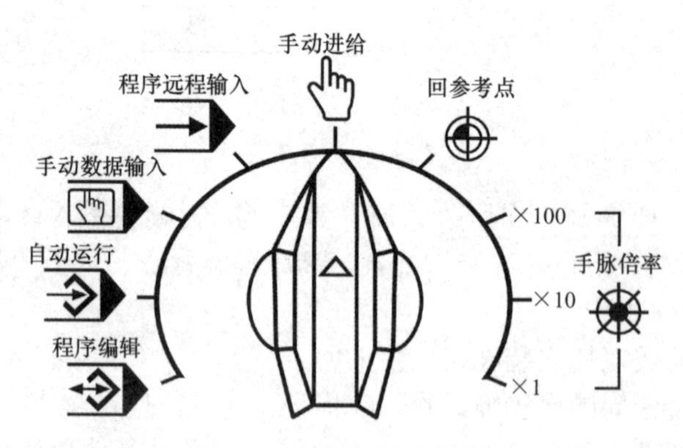

图 13-3 “模式选择”旋钮

1）程序编辑：可利用 MDI 键盘将工件加工程序手动输入到存储器中，也可以对存储器内的加工程序内容进行修改、插入、删除等。

2）自动运行：在此方式下，机床可按存储的程序进行加工。

3）手动数据输入：可以通过 MDI 键盘直接将程序段输入到存储器内，单击“程序启动”按钮可执行所送入的程序段。

4）程序远程输入：对外部计算机或网络中的程序进行在线加工。

5）手动进给：单击“+”或“-”进给按钮，可使滑板沿坐标轴方向连续移动。

6）回参考点：单击“+X”和“+Z”按钮可分别使车床溜板返回参考点。当机床刀架回到零点时，对应的 X 轴或 Z 轴回零指示灯亮。

7）手脉倍率（×100、×10、×1）：转动手轮一个刻度使刀架沿坐标轴方向移动“最小移动单位”的相应倍数。

（4）“手动倍率 / 进给倍率 / 快速倍率”旋钮　如图 13-4 所示，在手动或自动运行期间用于手动、进给速度、快速移动的调整。可改变程序中 F 设定的进给速度，调整范围为 0% ～ 150%。

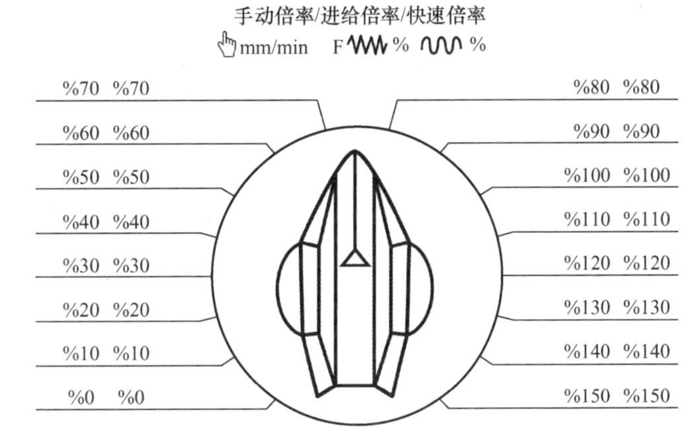

图 13-4 “手动倍率 / 进给倍率 / 快速倍率”旋钮

（5）刀具选择按钮　在手动方式下，单击“手动刀架”按钮，进行四工位刀架的旋转换刀。

（6）主轴手动操作按钮

1）“主轴正转”按钮。在手动操作方式（包括手动进给和手轮）下单击“主轴正转”按钮，对应灯亮，主轴正向旋转。

2）“主轴停止”按钮。单击此按钮，对应灯亮，主轴停止转动。

3）“主轴反转”按钮。单击此按钮，对应灯亮，主轴反向旋转。

4）“主轴点动”按钮。单击此按钮，主轴正转，松开此键，主轴停止转动。

5）“主轴升速”按钮。每单击 1 次，主轴的实际转速比设置转速提高 10%。

6）“主轴降速”按钮。每单击 1 次，主轴的实际转速比设置转速降低 10%。

（7）手动进给操作按钮　分别按着“+X”“-X”“+Z”“-Z”按钮，刀架以“倍率旋钮”的进给速度向相应坐标方向移动，松开按钮，机床停止移动；若在按住此按钮期间，打开快速移动开关，则刀架以机床快速移动速度运动。

（8）“手轮”旋钮　手轮每旋转一格，刀架的移动量为 0.001mm/0.01mm/0.1mm；选择移动轴后，手轮顺时针转动，刀架正向移动，反之刀架负向移动。

（9）自动运行操作按钮

1）“程序启动”按钮。在自动或手动数据输入运行方式下，单击此按钮，对应灯亮，程序自动执行。

此按钮在下列情况下起作用：单击“程序暂停”按钮，再单击此按钮可以使机床继续工作；单击“单程序段”按钮，单击此按钮，执行下一段程序；单击“任选停止”按钮，单击此按钮，机床继续按规定的程序执行。

2）“程序暂停”按钮，也称为循环保持或进给保持按钮。在自动或手动数据输入运行期间，单击此按钮，对应灯亮，刀架停止移动，但M、S、T功能仍然有效。要使机床继续工作，单击“程序启动”按钮，刀架继续移动。在循环保持状态，可以对机床进行任何的手动操作。

（10）切削液启动按钮　单击“冷却启动”按钮，对应灯亮，开启切削液。

（11）辅助按钮

1）“跳跃程序段”按钮。此按钮对应灯亮时，程序中带有“/”标记的程序段不执行。

2）“任选停止”按钮。当任选停止功能有效时，程序中的“M01”指令有效，即执行完成有“M01”的程序段后，自动程序暂停、车床主轴停转、切削液停止。要使机床继续按程序运行，须再单击“程序启动”按钮。

3）“单程序段”按钮。“单程式段”指示灯亮时，单击“程序启动”按钮，程序只运行一段即停止。

在单击“单程式段”按钮执行一个程序段后的停止期间，通过“模式选择”按钮可以转换到任何其他的操作方式下操作车床。

4）“机床锁住”按钮。车床锁住时，刀架不能移动，但其他（如M、S、T）功能执行和显示都正常。此按钮在检验程序时使用。

注意：本机床此功能不能使用。

5）“空运行”按钮。启动此功能时，程序中设定的F功能无效，刀架快速移动，但不能用于加工，只能用于检验程序。

6）“超程释放”按钮。当机床移动超过工作区间的极限时称为超程。

解除超程步骤：依次选择“手动进给”方式→单击“超程释放”按钮→同时按与超程方向相反的轴向按钮，使机床返回到工件区间→单击“RESET”按钮，机床解除报警状态。

（12）“急停”按钮　在紧急状态下单击此按钮，机床各部分将全部停止运动，控制系统清零。单击“急停”按钮后，必须重新进行回零操作。

6. 机床的起动及原点复归

机床的起动：检查机床右侧的润滑油，油面应在上、下油标线之间。合上总电源开关，再接通机床侧面的总电源开关，单击操作面板上的“系统上电”按钮，至显示器出现X、Z坐标值，再以顺时针方向转动“急停”按钮，将“急停”按钮复位。

机床的原点复归：选择“回参考点”模式；选择较小的快速进给倍率（25%）；按下“+X”按钮，直至X轴指示灯闪烁，X轴即返回了参考点；按下“+Z”按钮，直至Z轴指示灯闪烁，Z轴即返回了参考点。

注意：各轴要有足够的回零距离，为了安全，一定要先复X轴后复Z轴，否则转塔刀架有碰撞到尾座心轴的危险，这将是一种严重的事故。

在下列几种情况必须回参考点：每次开机后；超程解除后；单击“急停”按钮后；机械锁定解除后。

13.1.5　实验步骤

1）检查机床右侧的润滑油油标，合上总电源开关，再接通机床侧面的总电源开关，单击操作面板上的“系统上电”按钮，至显示器出现X、Z坐标值，再以顺时针方向转动

“急停”按钮，将“急停”按钮复位，此时机床启动完毕。

2）把加工中所需的刀具根据程序中的刀号在刀架上按号装好，再根据工件的大小，调整好自定心卡盘，夹紧工件。

3）把“模式选择”旋钮转到“回参考点”处；选择较小的快速进给倍率（25%）；按下“+X”按钮，直至 X 轴指示灯闪烁，X 轴即返回了参考点；按下“+Z”按钮，直至 Z 轴指示灯闪烁，Z 轴即返回了参考点。

注意：先复归 X 轴，后复归 Z 轴。

4）对加工中所用刀具逐个进行校正。

5）用手动把刀具从工件处移开，将所用程序调出，把“模式选择”旋钮转到“自动运行”处，单击辅助按钮中的“单程序段”“任选停止”和“空运行”按钮，再单击“程序启动”按钮，把程序单节预演一遍，检查程序有无差错。

6）如果程序无误，关好拉门，调好快速进给率、切削进给率，打开切削液，取消单节执行，按下启动按钮，即可加工零件。

7）加工完零件后，在关机时单击“急停”按钮，再单击操作面板上的“系统断电”按钮，然后关闭机床侧面的总开关，最后断开总电源开关。

13.1.6　思考题

1）数控车床 C2-6136HK 调整操作时应注意什么问题？

2）数控车床适合加工什么类型的工件？适合多大的批量？

3）数控车床开启后，为什么必须先进行原点复归？

4）数控车床的加工精度是由哪些因素决定的？提高尺寸精度和表面质量的途径有哪些？

13.1.7　实验报告

实验名称：数控车床调整实验

专业班级：________　学号：________　姓名：________　实验日期：________

1. 在实验报告表中列出刀具、刀柄的规格及刀具补偿值

刀具清单

刀具号	刀具名称	规格

2. NC 程序单

NC 程序单

程序段号	程序	程序说明

13.2 加工中心调整实验

13.2.1 实验目的

1）了解 VMC-1600 立式加工中心的基本构造、操作面板主要旋钮 / 按钮的功用。
2）掌握加工中心的调整及加工前的准备工作。
3）了解程序传输及试切加工。

13.2.2 实验内容

1）加工中心总体介绍。
2）加工中心状态调整。
3）数控程序传输。
4）工件定位与装夹。
5）刀柄选择及刀具安装。
6）对刀、测量及补偿值设定。
7）试切加工。

13.2.3 实验设备

1. VMC-1600 立式加工中心的主要技术参数（表 13-3）

表 13-3 VMC-1600 立式加工中心的主要技术参数

项目	单位	规格
工作台		
工作台尺寸（长度 × 宽度）	mm	1700 × 750
T 形槽尺寸	mm	18 × 5 × 130

（续）

项目	单位	规格
工作台		
推荐载质量	kg	1500
行程		
X 轴	mm	1600
Y 轴	mm	800
Z 轴	mm	660
主轴鼻端至台面距离	mm	188 ～ 848
主轴中心至机柱距离	mm	820
主轴		
主轴锥度		#50
主轴转速（同步带）	r/min	50 ～ 8000
速度		
切削速度	mm/min	1 ～ 7000
快移速度（*X*/*Y* 轴）	mm/min	20000
快移速度（*Z* 轴）	mm/min	20000
换刀（斗笠式 S 型）		
刀具数量		32
刀具最大质量	kg	15
刀具最大尺寸（直径 × 长度）	mm	125 × 300
刀柄		BT–50
拉把螺栓		MAS–P50T–1
电动机		
控制系统		FANUC 0i
主轴功率（30min 定额）	kW	21
X/*Y*/*Z* 轴驱动功率	kW	HA100
定位精度及重复定位精度（JIS6338）		
定位精度（半闭环）	mm	± 0.005/300
重复定位精度（半闭环）	mm	± 0.0015
其他		
所需气压	N/cm^2	44.1 ～ 63.7
所需动力	kV・A	45
占地面积（长度 × 宽度）	mm	4350 × 4080

2. 操作面板

操作面板由控制面板和机械面板（MACHINE PANEL）组成，如图 13-5 所示。其中，控制面板包括显示器（CRT）、手动输入面板（MDI），如图 13-6 所示。

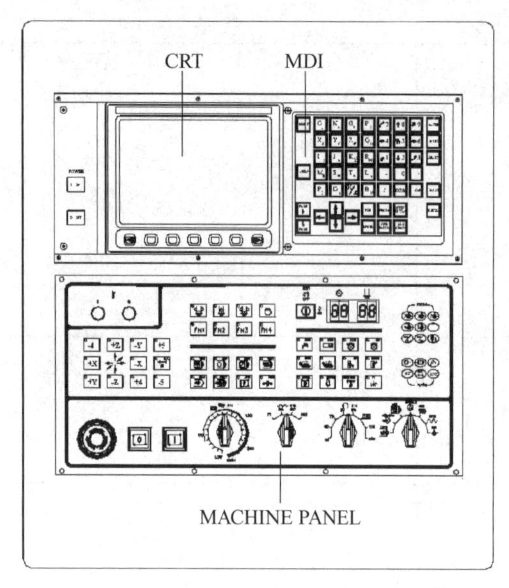

图 13-5　操作面板

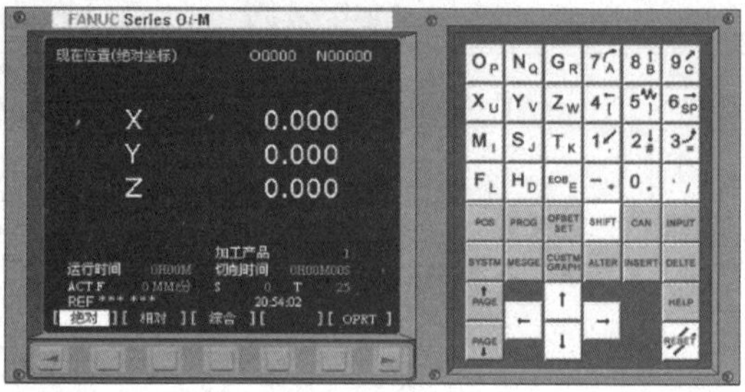

图 13-6　控制面板

13.2.4　实验准备

（1）实验的技术准备流程　如图 13-1 所示。

（2）机床调整流程　如图 13-2 所示。

（3）实验资料

1）加工零件图，如图 13-7 所示。

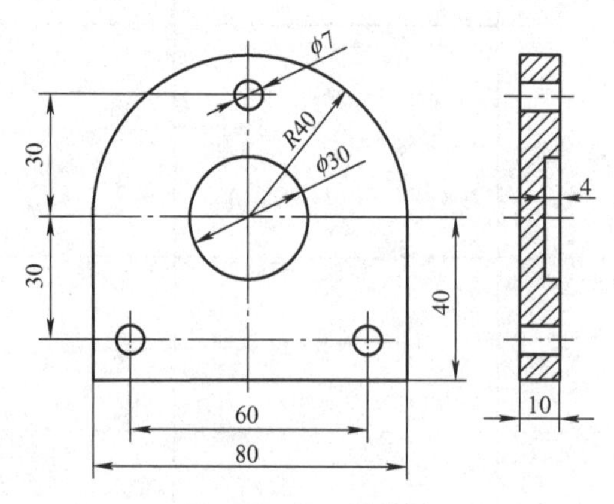

图 13-7　加工零件图

2）刀具清单（表 13-4）。

表 13-4 刀具清单

刀具号	刀具型号	补偿号
T01	ϕ16mm 立铣刀	D01、H01
T02	中心钻	H02
T03	ϕ7mm 麻花钻	H03

（4）实验步骤 实验共分为以下几个步骤：

1）开机启动。

① 接通机床总电源。

② 将机械面板上的钥匙开关（图 13-8）旋至“ON”位置。

③ 单击机械面板上的 NC 电源开关（图 13-9）。

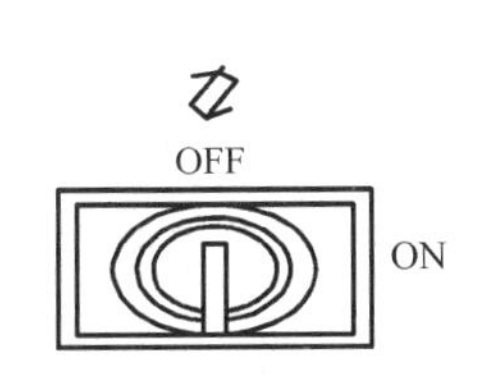

图 13-8 钥匙开关

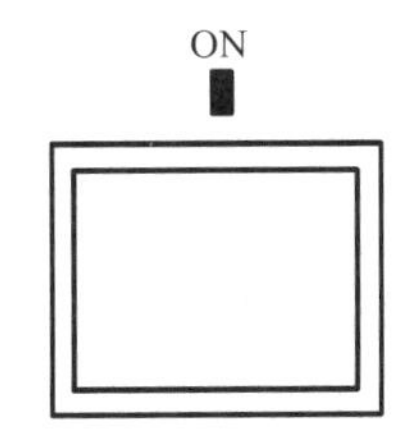

图 13-9 NC 电源开关

2）机床原点复位操作。将“模式选择”旋钮旋至“ZRN”档（原点复位模式），如图 13-10 所示。

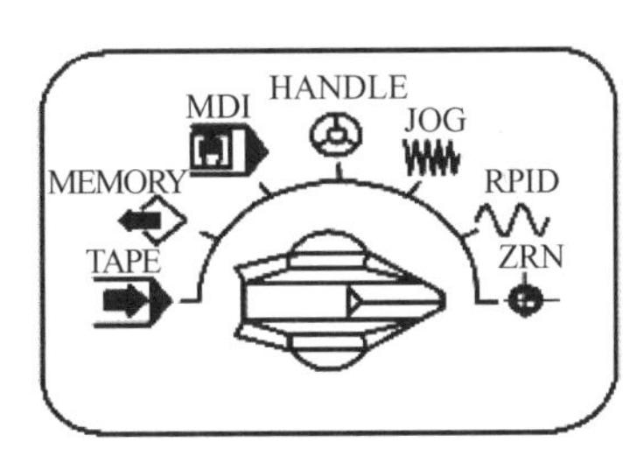

图 13-10 “ZRN”档（原点复位模式）

注意：先单击“+Z”按钮，后单击“+X”和“+Y”按钮。

3）输入程序。程序的输入可利用 MDI 键盘手工输入，也可用外部计算机通过接口传输。本实验用接口传输（实验人员演示）。

4）工件定位与夹紧。加工中心的工件定位、夹紧原理与普通机床相同，符合六点定位原理。实验中使用随机附件——通用夹具组。工件夹紧时，注意工件加工行程是否足够，刀具、主轴与工件在换刀过程中是否干涉等问题。

5）刀具测定及补偿值的设定。将 Z 轴设定仪放于工件上表面，“模式选择”旋钮（图 13-11）旋至“HANDLE”档（手动模式），转动手摇脉冲发生器，使刀具与设定仪上表面微微接触，记下此时 Z 轴机械坐标值，此值与设定仪高度之和即为长度补偿值。

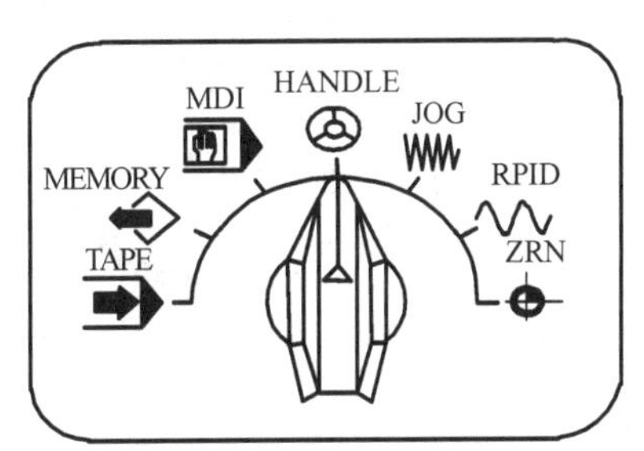

图 13-11 手动模式

单击“OFSET SET”键，找到刀具补偿界面，将上述

长度补偿值输入到对应的补偿号 H 中。

依上述方法，将其他刀具的长度补偿值逐个设定。半径补偿值的设定方法与此类似，只是补偿值地址为 D。

6）对刀与工件坐标系设定。本实验以工件对称中心为坐标原点。

① 将“模式选择”旋钮（图 13-11）旋至“HANDLE”档，单击 MDI 键盘上“POS”键，显示器上选择“相对”命令。

② 将寻边器（电子对刀仪）装于主轴上，“模式选择”旋钮（图 13-11）旋至“HANDLE”档，转动手摇脉冲发生器，使寻边器移动到工件 X 方向的左侧，微微接触工件，记下此时 X 轴机械坐标值 X_1。将寻边器离开工件，使寻边器移动到工件 X 方向的右侧，微微接触工件，记下此时 X 轴机械坐标值 X_2。

③ 重复上述操作，得到 Y 轴的两个机械坐标值 Y_1、Y_2。

④ 计算：$X=\dfrac{X_1+X_2}{2}$，$Y=\dfrac{Y_1+Y_2}{2}$。

⑤ 单击“OFSET SET”键，找到工件坐标系设定界面，其序号 01 ～ 06 对应 G54 ～ G59，将光标移至与程序中指令对应的序号下，输入计算所得的 X、Y 值，单击“INPUT”键，工件坐标系设定完毕。

7）试切加工。“模式选择”旋钮（图 13-11）旋至“MEMORY”档（自动模式），单击机械面板中“试运转功能”按钮（图 13-12），再按下“启动”按钮（图 13-13），开始试切加工。此时，进给速度由切削“进给率”旋钮（图 13-14）控制。

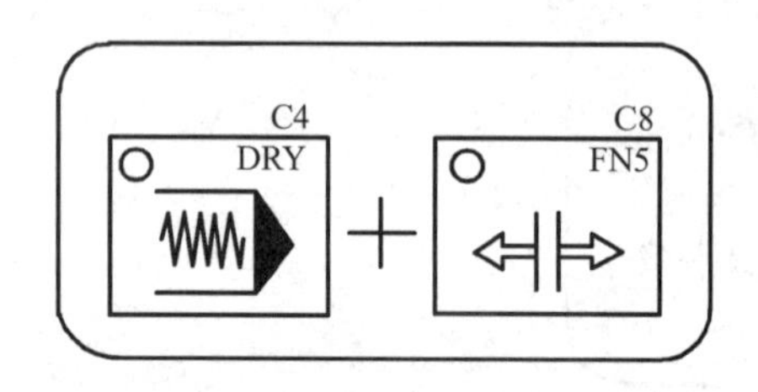

图 13-12 “试运转功能”按钮

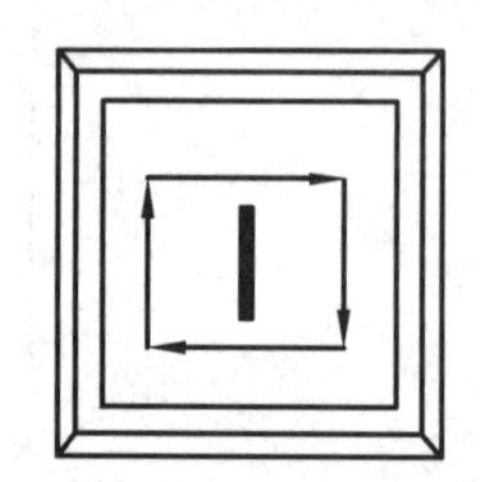
图 13-13 “启动”按钮

8）关机。加工完毕后，单击“电源关闭”按钮（图 13-15），再关掉机床后面的总电源。

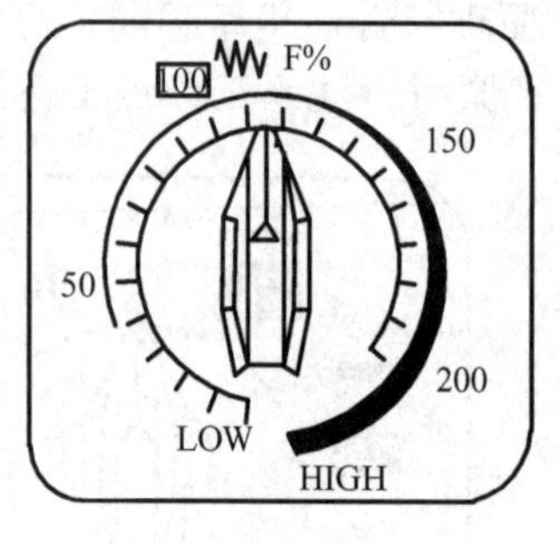

图 13-14 “进给率”旋钮

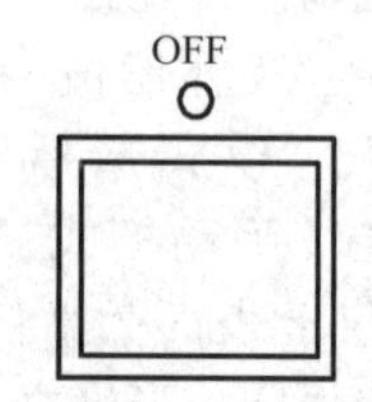

图 13-15 “电源关闭”按钮

（5）操作注意事项　机床必须在适当的环境，以正确的使用方法操作，否则，机床的加工精度、加工能力均无法正常发挥。操作方法错误会损害机床，也会使操作人员处于危险状态。所以，必须听从实验人员的指挥。手动在主轴上装卸刀具应注意以下几点：

1）装刀时，刀具必须垂直装于主轴，绝对不可倾斜；按住主轴正面的刀具放松按钮，直到刀具插入后再放开按钮，这样刀具即会拉紧；放开按钮后，手应扶稳刀具，确认刀具确实拉紧后手才能离开刀具。

2）从主轴卸下刀具时，先用手握住刀具，再按主轴正面的刀具放松按钮，此时主轴内部拉紧装置放开，注意握紧刀具；拔刀时，刀具下降，必须注意工作台上的工件、夹具不要发生干涉。

3）机床运转中，手不可进入自动换刀装置及换刀动作范围内。

4）必须使用符合规范要求的拉钉，绝对不能使用自制拉钉，否则，主轴将不能正确拉紧刀具，机床会处于非常危险的状态。

5）过重的刀具不能使用。本机使用的刀具最大质量为 6kg，使用过重的刀具，会发生危险。

6）超过直径的刀具不能使用。本机使用的刀具最大直径为 90mm。

13.2.5　思考题

1）机床上工件的实际坐标系与程序中的坐标系是如何有机联系起来的？

2）在加工中心上装夹工件应注意哪些问题？

3）加工中心加工前应做好哪些参数设定工作？

4）建立加工坐标系的方式有哪些？

5）确定工件坐标系，编写 NC 程序单。

13.2.6　实验报告

实验名称：加工中心调整实验

专业班级：________　学号：________　姓名：________　实验日期：________

1. 说明工件的定位夹紧方式，画出加工零件时的配置图，标出工件坐标系原点的绝对坐标值

2. 在实验报告表中列出刀具、刀柄的规格及刀具补偿值。

刀具清单

刀具号	刀具名称	规格	半径补偿值	长度补偿值	刀柄名称	刀柄规格

3. NC 程序单

NC 程序单

程序段号	程序	程序说明

参考文献

[1] 陈蔚芳，王宏涛．机床数控技术及应用[M]. 4版．北京：科学出版社，2019.
[2] 吴波，刘旦．机床数控技术[M]. 北京：化学工业出版社，2022.
[3] 王眇，张振明，李龙，等．数控技术发展状况及在智能制造中的作用[J]. 航空制造技术，2021，64（10）：20-26.
[4] 娄锐．数控应用关键技术[M]. 北京：电子工业出版社，2005.
[5] 龚仲华．数控技术[M]. 2版．北京：机械工业出版社，2010.
[6] 胡占齐，杨莉．机床数控技术[M]. 4版．北京：机械工业出版社，2023.
[7] 胡自化，张平，杨冬香，等．三轴数控侧铣空间刀具半径补偿算法[J]. 机械工程学报，2007（5）：138-144.
[8] 中国机械工业联合会．工业自动化系统与集成　机床数值控制坐标系和运动命名：GB/T 19660—2005[S]. 北京：中国标准出版社，2005.
[9] 张兆隆，孙志平，张勇．数控加工工艺与编程[M]. 2版．北京：高等教育出版社，2019.
[10] 杜国臣．机床数控技术[M]. 北京：机械工业出版社，2017.
[11] 周利平，尹洋，董霖．数控技术基础[M]. 成都：西南交通大学出版社，2011.
[12] 董霖．数控技术基础实训指导[M]. 成都：西南交通大学出版社，2012.
[13] 王小荣．机床数控技术及应用[M]. 北京：化学工业出版社，2017.
[14] 张继和．电工学：上册　电工技术[M]. 北京：机械工业出版社，2022.
[15] 张新义．经济型数控机床系统设计[M]. 北京：机械工业出版社，1994.
[16] 蒋增福．车工工艺与技能训练[M]. 3版．北京：高等教育出版社，2014.
[17] 龚仲华．FANUC-0i D编程与操作[M]. 北京：机械工业出版社，2013.
[18] 张晨，张承瑞，马威，等．NURBS双向插补中改进的误差圆整策略研究[J]. 机械设计与制造，2021（11）：122-126；131.
[19] 上海宇龙软件工程有限公司．FANUC数控加工仿真系统使用手册[Z]. 2012.
[20] 刘雅静．CAXA数控机床操作及仿真实训教程[M]. 北京：北京航空航天大学出版社，2003.
[21] 张德泉．数控机床实验[M]. 天津：天津大学出版社，1997.
[22] 李家杰．数控机床编程与操作实用教程[M]. 南京：东南大学出版社，2005.
[23] 卢孔宝，顾其俊．数控车床编程与图解操作[M]. 北京：机械工业出版社，2018.
[24] 严育才，张福润．数控技术[M]. 3版．北京：清华大学出版社，2022.
[25] 房连琨，王洪艳，贾绍勇．数控车床编程与加工实训教程[M]. 重庆：重庆大学出版社，2017.
[26] 曾海波，宋爱华，张炼兵．数控铣床/加工中心编程与实训[M]. 北京：化学工业出版社，2013.
[27] 翟瑞波．数控铣床/加工中心编程训练图集[M]. 北京：化学工业出版社，2015.
[28] 刘书华．数控机床与编程[M]. 北京：机械工业出版社，2001.
[29]《机械工程师手册》编委会．机械工程师手册[M]. 北京：机械工业出版社，2007.
[30] 黄翔，李迎光．数控编程理论、技术与应用[M]. 北京：清华大学出版社，2006.
[31] 王爱玲．现代数控原理及控制系统[M]. 2版．北京：国防工业出版社，2005.
[32] 毕承恩，丁乃建，等．现代数控机床[M]. 北京：机械工业出版社，1986.
[33] 廖效果，朱启逑．数字控制机床[M]. 武汉：华中理工大学出版社，1992.
[34] 王伟．数控技术[M]. 北京：机械工业出版社，2017.
[35] 朱鹏程，史春丽，王文英．数控机床与编程[M]. 北京：高等教育出版社，2016.
[36] 杨有君．数控技术[M]. 北京：机械工业出版社，2005.
[37] 罗学科，张超英．数控机床编程与操作实训[M]. 2版．北京：化学工业出版社，2005.
[38] 蒋建强．数控编程技术200例[M]. 北京：科学出版社，2004.
[39] 顾京．数控机床加工程序编制[M]. 5版．北京：机械工业出版社，2017.

[40] 中国机械工业教育协会 . 数控加工工艺及编程 [M]. 北京：机械工业出版社，2001.
[41] 王洪 . 数控加工程序编制 [M]. 北京：机械工业出版社，2002.
[42] 解乃军，仲高艳 . 数控技术及应用 [M]. 北京：科学出版社，2014.
[43] 宋放之，等 . 数控工艺培训教程：数控车部分 [M]. 北京：清华大学出版社，2003.
[44] 杨伟群 . 数控工艺培训教程：数控铣部分 [M]. 2 版 . 北京：清华大学出版社，2006.
[45] 范超毅，赵天婵，斌方 . 数控技术课程设计 [M]. 武汉：华中科技大学出版社，2007.
[46] 周利平 . 数控装备设计 [M]. 2 版 . 重庆：重庆大学出版社，2023.
[47] 关云卿 . 机械制造装备设计与实践 [M]. 北京：机械工业出版社，2015.
[48] 罗永顺 . 机床数控化改造技术 [M]. 2 版 . 北京：机械工业出版社，2013.